工程力学

胡少伟 主编

黄河水利出版社

内容提要

本教材是依照水利工程、水利水电工程、工业与民用建筑、道路桥涵等水利、土木建筑类专业教学计划和有关课程教学基本要求编写的。本教材包括:绪论、静力学基础、平面力系、空间力系、平面体系的几何组成分析、静定结构的内力计算、杆件的应力与强度计算、静定结构的位移计算和刚度条件、超静定结构的内力计算、影响线、压杆稳定、截面的几何性质等内容,每章都配有该章教学要求、一定数量的思考题和习题,以助于学生学习掌握有关知识。

本教材可用于高职高专和职大的水利及土建类专业工程力学课程教学,亦可作为水利水电工程等建筑工程技术人员的参考用书。

图书在版编目(CIP)数据

工程力学/胡少伟主编．—郑州:黄河水利出版社,2009.2
ISBN 978-7-80734-332-5

Ⅰ.工… Ⅱ.胡… Ⅲ.工程力学-高等学校:技术学校-教材 Ⅳ.TB12

中国版本图书馆 CIP 数据核字(2009)第 002822 号

出 版 社:黄河水利出版社
地址:河南省郑州市顺河路黄委会综合楼十四层 邮政编码:450003
发行单位:黄河水利出版社
发行部电话:0371-66026940 传真:0371-66022620
E-mail:hhslcbs@126.com
承印单位:黄委会设计院印刷厂
开本:787 mm×1 092 mm 1/16
印张:20.5
字数:500 千字 印数:1—1 000
版次:2009 年 2 月第 1 版 印次:2009 年 2 月第 1 次印刷

定价:36.00 元

前　言

工程力学是土建类建筑学、城市规划、交通工程、水利等专业的重要技术基础课程。近年来,随着教育改革的不断深入,工程力学的课程内容、体系、学时等各种因素也在变化中,编者根据教学的实际需要编写了本教材。本教材从力学知识的统一性和连贯性出发,淡化了理论力学、材料力学和结构力学三者之间的明显分界,重在杆件和结构的力学计算与分析,目的是使学生掌握结构分析的基本概念和方法,为后续课程打下良好的力学基础。另外,在内容上做了适当的删减,突出重点,便于学生对基本内容的掌握。

本教材适用于90~120学时的工程力学课程,亦可作为土建类其他专业中少学时工程力学参考书,还可供从事土建、水利、机械与工程力学等专业的工程技术人员参考。

全书共十一章:第一章绪论;第二章静力学基础;第三章平面力系;第四章空间力系;第五章平面体系的几何组成分析;第六章静定结构的内力计算;第七章杆件的应力与强度计算;第八章静定结构的位移计算和刚度计算;第九章超静定结构的内力计算;第十章影响线;第十一章压杆稳定;附录A平面图形的几何性质;附录B型钢规格表。

参加本书编写工作的有:南京水利科学研究院的胡少伟(第一章,第三章,第四章,第十章,第十一章);河南濮阳职业技术学院的黄慧和周建华(第五章和第六章),曾桂香和肖新华(第二章,第七章,附录A),韩卫卫和姚笛(第八章和附录B),丁晓玲和何玉红(第九章)。全书由胡少伟教授担任主编,由丁晓玲和曾桂香担任副主编并最后统稿。

由于编者水平有限,加之编写时间仓促,书中的缺点和错误在所难免,敬请广大读者批评指正。

编　者

2008年10月

目录

第一章　绪　论

第一节　工程力学的任务

一、工程力学的任务

任何建筑物在施工过程中和建成后的正常使用中,都要受到各种各样的力的作用,如建筑物的自重,人、物品和设备的重量,以及风压、雪压、地震力的作用等。这些力在工程上统称为荷载。

建筑物中支承和传递荷载而起骨架作用的部分称为**结构**。在房屋建筑中,结构由屋架、梁、板、柱、墙和基础等部件组成,这些组成结构的各个部件称为**构件**。图 1-1 是一个单层工业厂房的结构和构件的示意图。

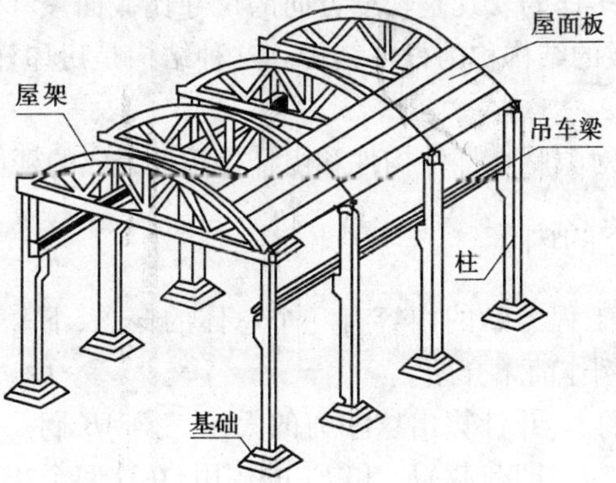

图 1-1

工程上无论是单层工业厂房,还是各种工业和民用建筑,组成结构的各个构件均相对地面保持静止状态,工程上把这种状态称为**平衡**。

为研究结构或构件的平衡规律,需要对其进行受力分析,确定平衡时作用于其上的力所应满足的条件,称为**平衡条件**。同时,结构构件在荷载作用下要发生变形,并且存在破坏的可能,为保证结构构件安全正常的工作,必须使其具有足够的承载能力。承载能力主要包括强度、刚度和稳定性三个方面的要求:

(1)强度是指结构或构件抵抗破坏的能力。如果强度不足,结构或构件在荷载等的作用下将产生显著的塑性变形或断裂而导致破坏。如房屋中的楼板,当强度不足时,在一定的荷载作用下就可能折断,这显然在工程上是绝对不允许的。因此,要使结构或构件能承受荷载而不发生破坏,就必须具有足够的强度。

(2)刚度是指结构或构件抵抗变形的能力。任何结构或构件在外力作用下都会产生变形，如果变形过大将影响其安全工作，因此需要对其变形加以限制，使其变形不超过一定的范围，这就要求结构或构件具有足够的刚度。

(3) 稳定性是指结构或构件保持其原有直线状态的能力。例如，轴向受压的细长直杆，当压力增加到一定值时，杆件会突然变弯，这种现象称为丧失稳定性(简称失稳)。构件具有足够的稳定性，就是要求构件在工作时不能失稳。

结构及构件的承载能力，不仅与其受力有关，还与其形状、尺寸、组成、工作条件、材料的力学性质等有关。在结构设计中，如果构件截面面积设计得过小，则构件不能满足强度条件或刚度条件；如果构件的截面面积设计得过大，则用料过多会造成浪费。显然，结构和构件的安全性和经济性是相矛盾的，后者要求用好的材料、大的截面尺寸，而前者则要求用低廉材料、最经济的截面尺寸。那么，怎样才能使两者达到完美的统一呢？这就需要依靠科学理论和实践来探索材料的受力性能、确定构件的受力计算方法，使设计出的结构和构件既安全又经济。

因此，工程力学的任务是：研究建筑结构及构件的平衡规律、承载能力和材料的力学性质，为保证结构或构件既安全可靠又经济合理提供必要的计算理论。

二、工程力学研究的对象

结构和构件是多种多样的。凡是长度方向的尺寸比截面尺寸大得多的构件称为杆件，如梁、柱等。由杆件组成的结构称为杆件结构。这种结构是房屋建筑中应用最广泛的一种结构。

本书所研究的主要对象就是杆件构件和由杆件构件组成的杆件结构。

三、工程力学研究的内容

为了使大家能够对工程力学的内容有一个总体的概念，下面以图 1-2 所示的梁为例作简单介绍。

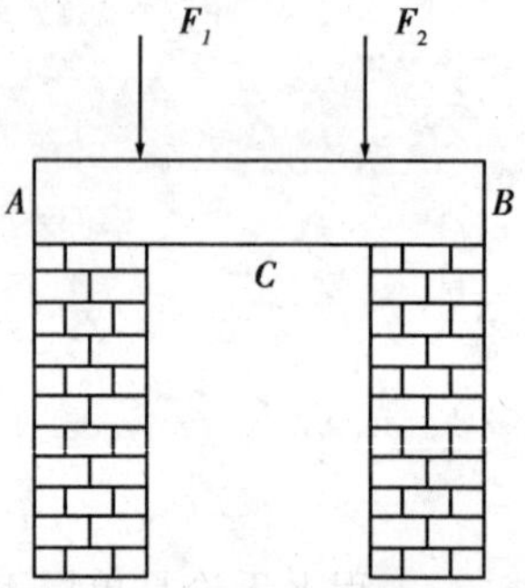

图 1-2

(1) 确定此梁所受的力，并计算出这些力的大小。梁 AB 搁在砖墙上，其上受有已知力(即荷载) F_1 和 F_2 的作用，在这两个力的作用下，梁 AB 有向下坠落的趋势，但由于墙体的支承作用，才使其不致落下，而维持平衡状态。在墙对梁的支承处，墙产生了对梁的支承力 F_A 和 F_B。则荷载 F_1 和 F_2 与支承力 F_A 和 F_B 就具有某种关系，这种关系称为平衡条件。一旦知道了这种关系就可由荷载 F_1 和 F_2 求出支承力 F_A 和 F_B。

这一工作的关键在于研究力的平衡条件。

(2) 荷载 F_1 和 F_2 与支承力 F_A 和 F_B 统称为梁 AB 的外力。当梁上的全部外力求出后，便可进一步研究这些力怎样可以使梁破坏或产生变形。梁 AB 在外力 F_1、F_2、F_A 和 F_B 的作用下，产生弯曲，同时梁的内部也将产生一种力抵抗外力，这种力称为内力，例如梁 AB 在图示荷载作用下，跨中截面 C 很可能首先出现裂缝继而断裂。这就说明，跨中截面 C 有引起破坏的最大内力存在，是梁的危险截面。

这一工作主要是研究外力与内力的关系，是分析承载能力的关键。

(3) 上述工作相当于找出梁的破坏因素。为了保证梁不发生破坏，就需要进一步研究梁本身抵抗破坏的能力，找出引起梁破坏的因素和梁抵抗破坏能力之间的关系，就可以选择梁的材料和截面尺寸，使梁既具有足够的承载能力，又使材料用量最少。

各种不同的受力方式会产生不同的内力，相应有不同的计算方法。这些方法就构成了工程力学的研究内容。这些内容又可划分为三个部分：静力学、材料力学和结构力学。

第二节　变形固体的基本假设

自然界中的物体不仅受多种外部因素的影响，而且其本身性质也是多种多样的。

在工程力学的研究中，不可能将各种因素同时加以考虑。这就需要忽略若干次要性质，集中讨论其主要性质，即将复杂的真实物体抽象简化为只具有主要性质的理想物体，然后再对其进行研究。

一、刚体与变形固体

在静力平衡问题的研究中，将被研究物体视为刚体。实际上，自然界中并不存在绝对的刚体——永不变形的固体。一般的固体刚体，例如房屋的各个部分或机器的各个零部件，受力后都将发生变形，但这种变形通常都非常小。因此，在进行力的外效应(力作用使物体的机械运动状态发生改变)计算时，都不考虑它们受力后所发生的微小变形，而把它们看做是不变形的刚体。力使受力物体发生变形，称为力的内效应或变形效应。在考虑力对物体的内效应时，必须考虑物体几何形状与尺寸的变化，即将物体视为变形固体。本教材静力学部分所讨论物体均视为刚体，其余各章均为变形固体。

二、完全弹性体与小变形

变形固体在外力作用下产生的变形，就其变形性质可以分为两种：弹性变形和塑性变形。弹性变形是指变形体上外力去掉后可以消失的变形。塑性变形是指外力去掉后残留的变形，又称为残余变形。

去掉外力后能完全恢复原状的物体，称为完全弹性体。虽然自然界并不存在完全弹性体，但常用的一些工程材料，如金属、木材等，当外力不超过某一限度时，很接近于完全弹性体，这时可以将其看做完全弹性体。本教材中所讨论的问题，除特别指明外，均将所研究的物体视为完全弹性体。

工程中大多数的构件，在荷载作用下产生的变形与构件本身尺寸相比很小，称为“小变形”。本教材中所研究的变形均属小变形的范围。因此，在研究构件的平衡问题时，可以用构件变形前的原始尺寸进行计算；在进行变形计算时，也可以略去变形的高次项。

三、材料的连续、均匀和各向同性

连续是指固体内部没有空隙。相应地，固体内出现的物理量(如变形、位移等)也可以看成是连续的，从而可以用坐标的连续函数来描述。

均匀是指固体内各处的力学性质完全相同，从而可以取出物体的任意微小部分来研究，其结果可以推广至整个物体；同时也可以将那些用大尺寸试件在实验中获得的材料的力学性质用到任何微小部分上去。

各向同性是指固体在各个方向上具有相同的力学性质。这样,在研究了材料沿某一方向的力学性质后,就可以将其结论用于任何方向。

根据上述假设,将常用的工程材料(如钢、铸铁、塑料以及混凝土等)简化为连续、均匀、各向同性的理想介质,不仅使工程计算得以大大简化,更重要的是这些假设虽具有近似性,但已为实践所验证,依据它们所得出的结论是可以满足工程所需精确度的。

第三节　杆件变形的基本形式

一、杆件变形的基本形式

杆件在不同的外力作用下,将发生不同形式的变形。杆件变形的基本形式有以下四种:

(1)轴向拉伸和轴向压缩(见图1-3(a));

(2)剪切(见图1-3(b));

(3)扭转(见图1-3(c));

(4)弯曲(见图1-3(d))。

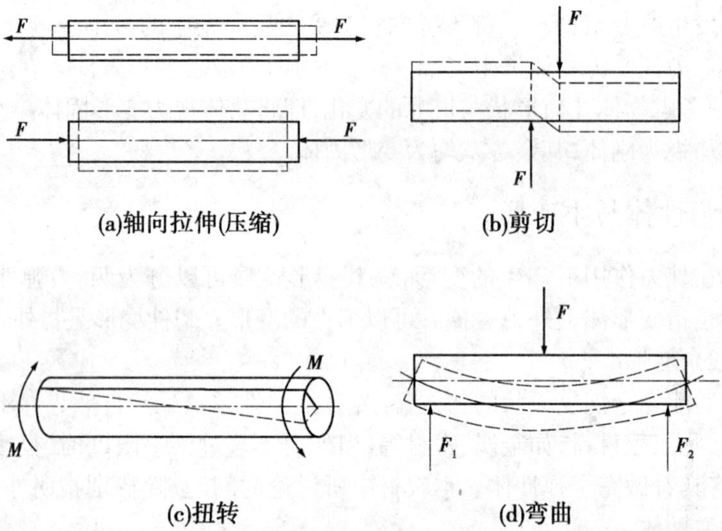

图1-3

二、工程力学与安全、质量的关系

显然,作为结构设计人员,必须掌握工程力学,否则将无法正确地计算各个构件及结构,设计也就无法进行。

同样,作为一名安全员或质量检查员也需要掌握工程力学。安全员和质量检查员的主要任务是保证建筑施工过程中的绝对安全和保证结构的施工质量符合要求,这就需要知道结构或构件的受力情况,什么位置是危险截面,各种力的传递途径,以及结构和构件在这些力的作用下将会发生怎样的破坏等。这样才能制定出合理的安全措施和质量保证措施，做到心中有数，从而保证建筑施工过程中的绝对安全，保证工程质量，避免发生质量安全事故，使国家财产和人民生命免受损失，确保建筑施工正常地进行。

近年来，在许多建筑施工中，尤其是由某些乡镇集体建筑企业承担的工程中，质量安全事故时有发生。其中许多事故就是由于工地管理人员缺乏或不懂力学知识所造成的。例如：由于没有力矩平衡的概念，造成阳台倾覆、塔吊倾翻；不懂内力的分布规律，使雨篷或阳台的受力筋放错，造成雨篷或阳台折断；不懂预应力知识，造成预应力圆孔板在运输、堆放、吊装过程中破坏；不懂几何不变体系的组成规则，少加或拆除必要支撑，使脚手架倒塌等。

因此，作为一名安全员或质量检查员负有重大的责任与使命，必须以工程力学为指南，去指导和改进工作。这正是建筑施工企业对安全员和质量检查员的基本要求之一。

第二章　静力学基础

学习目标

(1)理解力、平衡、刚体和约束的概念。
(2)掌握静力学四个公理和两个推论的内容,明确其使用范围。
(3)掌握几种常见的约束和支座的约束特征及其约束反力的确定。
(4)了解结构计算简图的意义和作图原则,明确从哪些方面进行简化。
(5)能从简单的物体系中恰当地选取研究对象,正确画出其受力图。

第一节　概　述

一、力的概念

力是人们日常生活中很熟悉的概念,它是我们研究力学的基本概念。人们对于力的认识,最初是与推、拉、举、掷时肌肉的紧张和疲劳的主观感觉相联系得出的。后来在人们长期的生产和生活中,通过反复的观察、实验和分析,逐步认识到,无论是在自然界,还是在工程实际中,物体机械运动状态的改变或变形,都是物体间相互机械作用的结果。例如:机床、汽车等在刹车后,速度会很快减小,最后静止下来;吊车梁在跑车起吊重物时会产生弯曲等。这样,人们通过科学的抽象,得出了力的定义:力是物体间相互的机械作用,这种作用的结果是使物体的机械运动状态发生改变,或使物体产生变形。

物体间机械作用的形式是多种多样的,大体上可以分为两类:一类是通过物质的一种形式而起作用的,如重力、万有引力、电磁力等;另一类是由两个物体直接接触而发生的,如两物体之间的压力、摩擦力等。这些力的物理本质各不相同。在力学中,我们不研究力的物理本质,而只研究力对物体的效应,一个力对物体作用的效应一般可以分为两个方面:一是使物体的机械运动状态发生改变,二是使物体的形状发生改变。前者叫做**力的运动效应**或**外效应**,后者叫做**力的变形效应**或**内效应**。就力对物体的外效应来说,又可以分为两种情况:例如,人沿直线轨道推小车使小车产生移动,这是力的移动效应;人作用于汽车方向盘上的力使方向盘转动,这是力的转动效应。而一般情况下,一个力对物体作用时,既有移动效应,又有转动效应。如打乒乓球时,如果球拍作用于乒乓球的力恰好通过球心,将只有移动效应;如果此力不通过球心,则不仅会有移动效应,而且还会有绕球心的转动效应。

二、力的三要素

实践证明,力对物体的作用效应取决于力的大小、方向和作用点,即力的三要素。

(一)力的大小

力的大小表示物体间机械作用的强弱程度,它可通过力的运动效应或变形效应来度量,在静力学中常用测力器和弹性变形来测量。为了度量力的大小,必须确定力的单位。本教材采用国际单位制，力的单位是牛[顿](N)或千牛[顿](kN)，1 kN = 10^3 N。

(二)力的方向

力的方向表示物体间的机械作用具有方向性。它包含方位和指向两层含义。如重力“铅直向下”，其中的“铅直”是指力的作用线在空间的方位，“向下”是指力沿作用线的指向。

(三)力的作用点

力的作用点是指力作用在物体上的位置。实际上，当两个物体直接接触时，力总是分布地作用在一定的面积上。如手推车时，力作用在手与车相接触的面积上。当力作用的面积很小以至于可以忽略其大小时，就可以近似地将力看成是作用在一个点上，而作用于一个点上的力称为集中力。如果力作用的面积很大，这种力称为分布力。例如，作用在墙上的风压力或压力容器上所受到的气体压力，都是分布力。有的力不是分布地作用在一定的面积上，而是分布地作用于物体的每一点上，如地球吸引物体的重力。

第二节　静力学公理

静力学公理科学地总结和概括了力的基本性质，是研究力系合成和平衡条件的基础。

一、二力平衡公理

作用在一个物体上的两个力，使该物体处于平衡状态的必要和充分条件是：**这两个力的大小相等、方向相反、作用在同一条直线上**。

这个公理说明了一个物体在两个力作用下处于平衡状态时应满足的条件(见图2-1)。

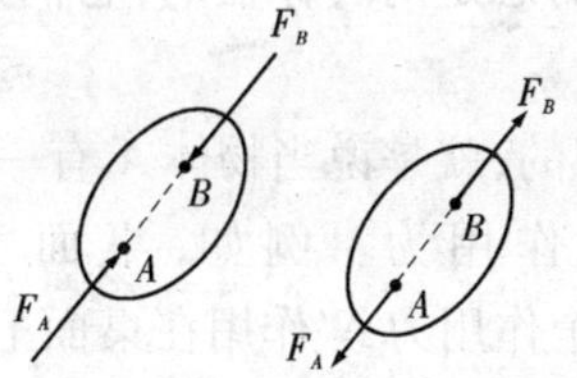

图2-1

例如，图2-2所示的绳索，当受到大小相等、方向相反的拉力时可以平衡；当受到大小相等、方向相反的压力时，则不能平衡。

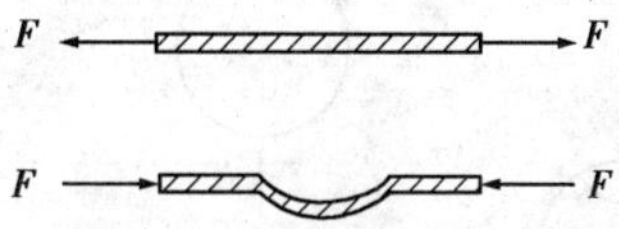

图2-2

有许多这样的事例，可以说明一个物体只受到两个力作用而平衡时，这两个力一定满足二力平衡公理。在两个力作用下平衡的杆件称为**二力构件**，在物体受力分析中，据此可以确定二力构件中未知力作用线的位置。

二、加减平衡力系公理

在作用于某物体的力系中，加上或减去一个平衡力系，并不改变原力系对物体的作用效果。这是因为一个平衡力系作用在物体上，对物体的运动状态是没有直接影响的，所以在原来作用于物体的力系中加上或减去一个平衡力系，物体的运动状态是不会改变的，即新力系与原力系对物体的作用效果相同。

推论（力的可传递性原理） 作用于物体上的力可沿其作用线移到物体的任一点，而不改变力对物体的作用效果。

如图 2-3 所示用推力 F 作用于小车的 A 点。在图 2-3(a) 中力 F 的作用线上任取一点 B，并在 A、B 两点上分别加上等值、反向、共线的力 F_1、F_2（见图 2-3(b)），且使 $F_1 = F_2 = F$，由于增加的 F_2 和 F_1 是一个平衡力系，所以图 2-3(b) 中的三个力和图 2-3(a) 中的一个力等效。而作用于 A 点的力 F 和 F_2 也是一个平衡力系，把它们去掉，于是，只剩下作用于 B 点的 F_1（见图 2-3(c)），所以力 F_1 和力 F 等效。这样就把作用在 A 点的力 F 沿其作用线移到了 B 点。力沿其作用线移动的性质，使得推车和拉车的效果相同。

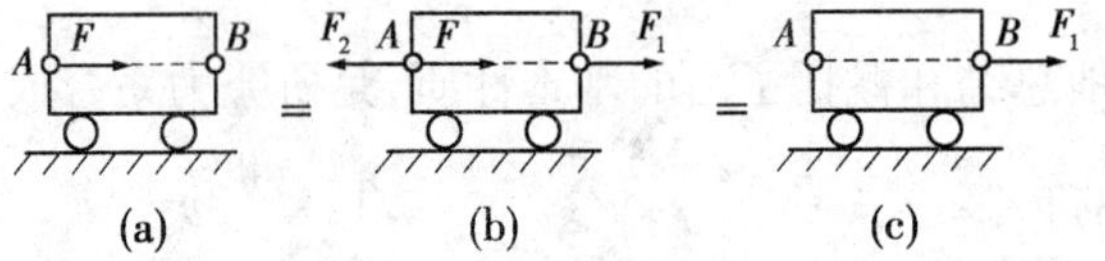

图 2-3

三、作用力与反作用力公理

两个物体的作用力与反作用力总是同时存在的，它们大小相等，方向相反，沿同一条直线，分别作用在两个物体上。

此公理表明，力总是成对出现的，就是说当物体 A 有一个力作用于物体 B 上时，则物体 B 同时对物体 A 也有一个反作用力。例如，桌面上有一个圆球处于静止状态（见图 2-4(a)），圆球对桌面有一个作用力 N' 作用在桌面上，而桌面对圆球同时也有一个反作用力 N 作用在圆球上，力 N' 和 N 的大小相等，方向相反，沿同一条直线，分别作用在桌面和圆球上，如图 2-4(b) 所示。

圆球上作用着两个力 G 和 N（见图 2-4(c)）。G 为圆球的重力，N 是桌面对圆球的作用力，因圆球处于静止状态，故作用在圆球上的两个力 G 和 N 是一对平衡力。

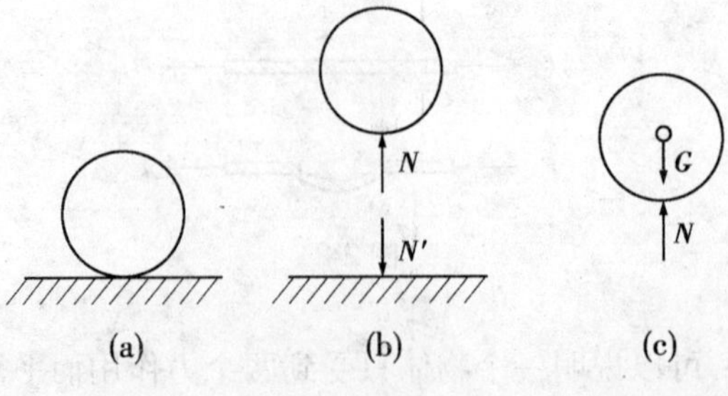

图 2-4

需要指出，作用与反作用关系和二力平衡条件有本质的区别：作用力与反作用力是分别作用在两个不同的物体上；而二力平衡条件中的两个力则是作用在同一个物体上，它们是平衡力。

四、平行四边形法则

重量为 G 的重物，用一根绳悬挂（见图 2-5（a））或者用两根绳悬挂（见图 2-5（b）），都能使物体处于平衡状态。因此，一个力 R 对重物的作用，相当于两个力 F_1、F_2 对重物的作用。我们把力 R 叫做力 F_1、F_2 的合力，而力 F_1、F_2 叫做力 R 的两个分力。

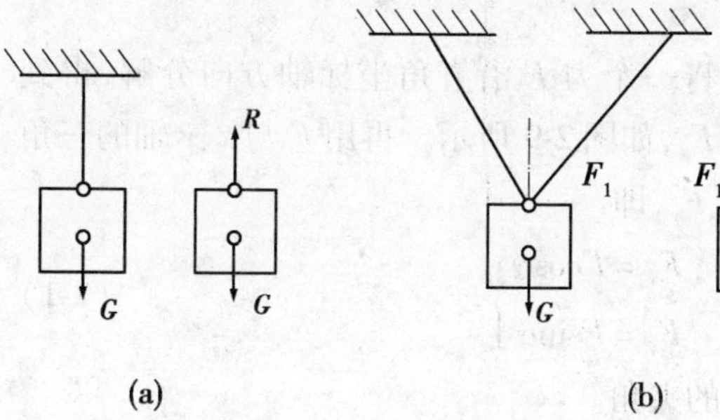

图 2-5

交于一点的两个力的合力，由力的平行四边形法则来确定：**作用于物体上同一点的两个力，可以合成为一个合力，合力的作用点也在该点，合力的大小和方向用两分力为邻边所构成的平行四边形的对角线表示。**

设两个力 T_1、T_2 作用于物体上的同一点 A，$T_1=35$ kN，$T_2=20$ kN，试用力的平行四边形法则求其合力。如图 2-6 所示，首先选定比例，如以图示单位长代表 10 kN，按比例截取线段 AB、AC 分别为 3.5 个单位长和 2 个单位长，即得 $T_1=35$ kN，$T_2=20$ kN，以 AB 和 AC 为邻边作平行四边形，则对角线 AD 就是 T_1、T_2 的合力 R；由图中量得 AD 为 5.1 个单位长，所以 $R=51$ kN。

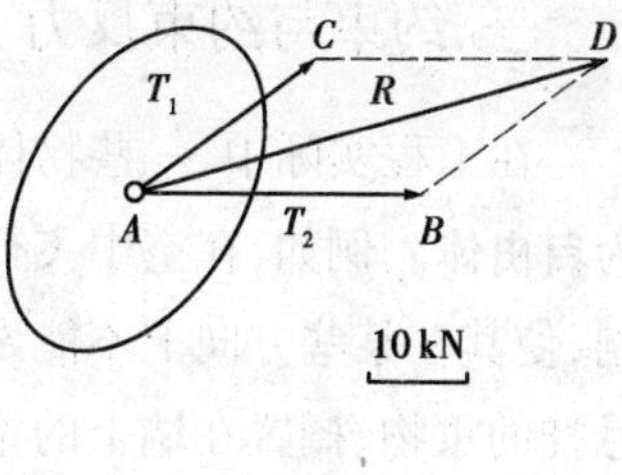

图 2-6

应用力的平行四边形法则可将交于一点的两个力合成为一个合力；反之，亦可用力的平行四边形法则将一个已知力分解为两个合力。但以同一个力为对角线可作无数个平行四边形，这就是说将一个已知力分解为两个分力的解答不是唯一的，如图 2-7 所示。力 R 既可分解为 R_1 与 R_2，也可分解为 R_3 和 R_4 等。要想得到唯一的解答，必须增加条件。例如，已知合力的两个分力的方向，则两个分力的大小也就确定了。在图 2-8 中，若已知重物的重力为 $G=20$ kN，则两绳的合力 $R=G=20$ kN，此时就可将合力 R 沿两绳的方向分解为两个分力。过 R 的末端分别作 OA 和 OB 的平行线，分别交于 H、K，在图上量得线段 OH 为 1.7 个单位长，线段 OK 为 0.9 个单位长，于是得到分力 $F_1=17$ kN，$F_2=9$ kN。

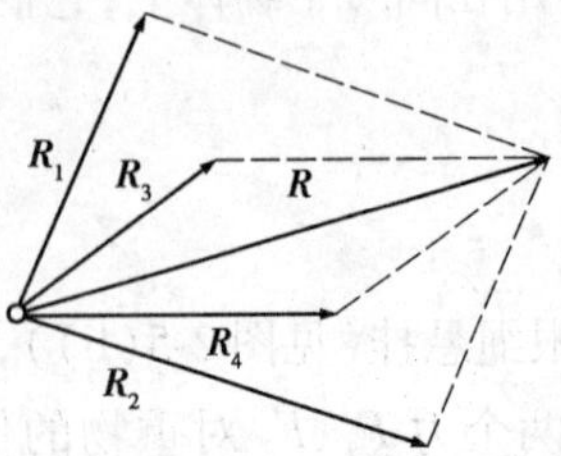

图 2-7

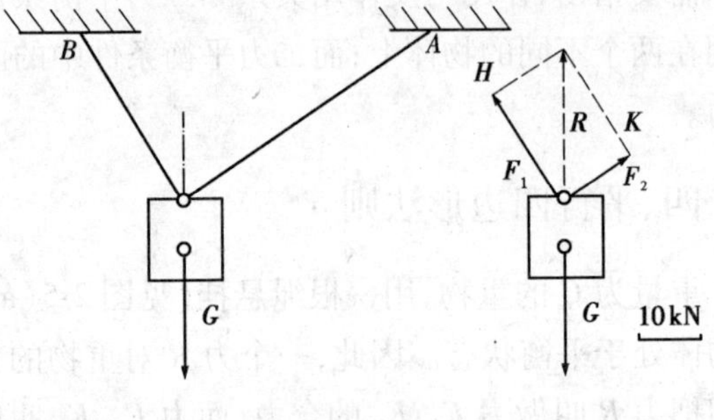

图 2-8

在工程实际问题中，常将一个力 F 沿直角坐标轴方向分解，得到两个互相垂直的分力 F_x 和 F_y，如图 2-9 所示。再用 F 与 x、y 轴的三角函数求出 F 的两个投影 F_x、F_y，即

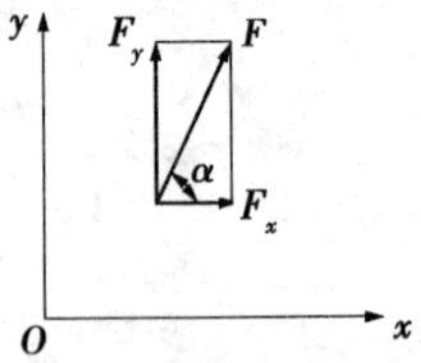

图 2-9

$$\left.\begin{aligned}F_x &= F\cos\alpha\\F_y &= F\sin\alpha\end{aligned}\right\}\qquad(2\text{-}1)$$

式中　α——F 与 x 轴之间的夹角。

必须指出，力的投影与力的分力是两个不同的概念。力的投影是代数量，而力的分力是力沿该方向的分作用，是矢量。

第三节　约束与约束反力

一、约束与约束反力

在工程实际中，一些物体可以在空间自由运动，获得任何方向的自由位移，这些物体称为**自由体**。例如，在空中飞行的飞机、炮弹等。另一些物体在空间的运动受到其他物体的限制，使其在某些方向上不能发生位移，这些物体称为**非自由体**或**受约束物体**。例如，用绳索悬挂的重物、搁置在墙上的梁、支撑在柱子上的屋架、在轨道上行驶的车等。限制非自由体运动的周围物体，称为非自由体所受的约束。上述绳索对重物、墙对梁、柱子对屋架、轨道对车等都是约束。

既然约束限制着物体的运动，那么当物体沿着约束所能限制的方向有运动趋势时，约束对该物体必然有力的作用，这种约束作用于非自由体上的力称为**约束反力**，简称为**反力**。约束反力的方向总是与约束所限制的非自由体的运动方向相反，它的作用点就在约束与被约束物体的接触点。作用于非自由体上的约束反力以外的力统称为主动力。如重力、风力、土压力等都是主动力，主动力在工程上称为荷载。

静力分析在研究物体的平衡问题时，主动力一般是已知的，而约束反力往往是未知的，它们需要根据平衡条件来确定。然而，不同类型的约束，约束反力也不相同，根据约束的特征可确定其约束反力的特征。

二、工程中常见的约束及其约束反力

(一)柔体约束

柔软且不可伸长的绳子、皮带、链条、钢丝等柔索类约束,称为柔体约束。由于柔索只能承受拉力,即柔索只能限制物体沿柔索中心线且背离柔索方向的运动,所以柔索给物体的约束反力**作用在接触点,沿柔索的中心线且背离物体(为拉力)**(见图 2-10(a)、(b))。

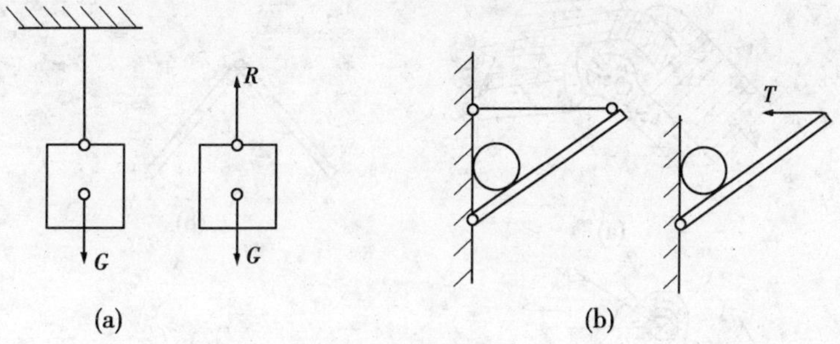

图 2-10

(二)光滑面约束

当物体与约束的接触面之间的摩擦很小很小可以忽略不计时,则认为接触面是光滑的,这种光滑的平面或曲面对物体的约束,称为**光滑面约束**。光滑面约束只能限制物体沿接触点公法线且向着约束内部运动,不能限制物体沿接触点公切线方向的运动,所以光滑面的约束反力**作用在接触点处,沿接触面的公法线并指向被约束的物体**(见图 2-11(a)、(b)),这种约束反力称为法向约束反力。

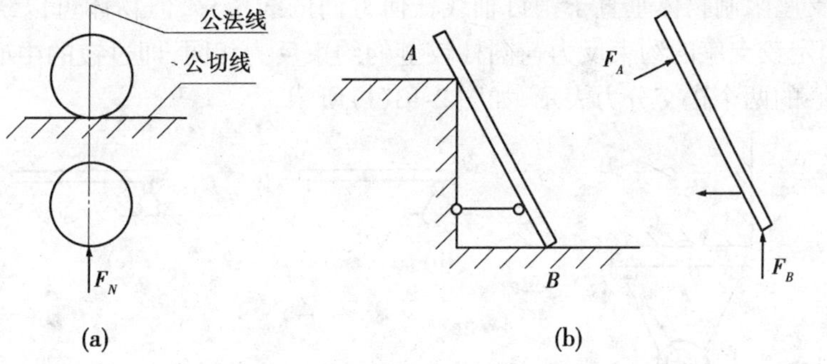

图 2-11

(三)光滑圆柱铰链

圆柱铰链又简称铰链,是工程上连接两个或两个以上构件的常见约束方式。在两个物体上做出相同直径的孔并用一个圆柱形销钉连接起来(见图 2-12(a)),即构成圆柱铰链。圆柱铰链的简图如图 2-12(b)所示。

铰链连接的两个构件可以绕销钉的轴线相对运动,但在垂直于销钉轴线的平面内不能沿任何方向相对移动。由于铰链的圆柱销钉与构件的圆孔之间为光滑面接触,所以当一个物体相对于另一个物体有运动趋势时,销钉与孔壁便在某处接触,销钉给物体的约束反力沿着接触点的公法线方向(即接触点与销钉中心线的连线)(见图 2-12(c)),但接触点的位置与构件所受的荷载有关,一般是未知的。视铰链所连接的两个构件互为约束,则光滑圆柱铰链给每个构件的约束反力在垂直于销钉轴线的平面内,通过销钉的中心,方向未知(见图 2-12(c)),常用过铰链中心的两个正交分力表示(见图 2-12(d))。

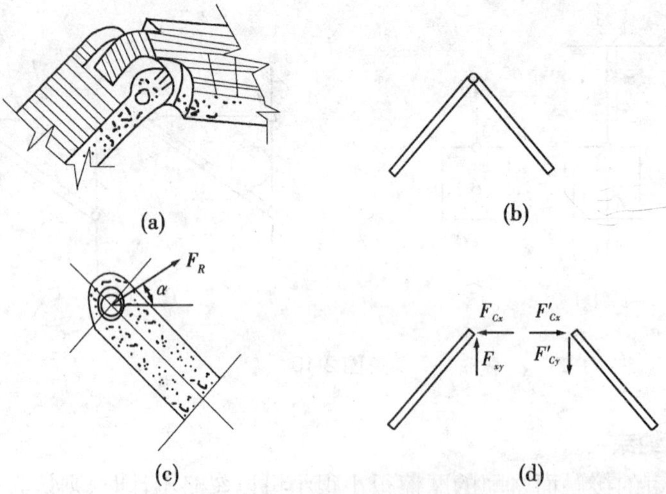

图 2-12

(四)固定铰支座

将结构或构件用铰链与基础或其他固定的结构物连接,这样构成的约束称为**固定铰支座**。图 2-13(a)为固定铰支座的构造示意图,它的计算简图如图 2-13(b)、(c)、(d)、(e)所示。固定铰支座限制物体垂直于销钉轴线任何方向的线位移,但物体可以绕销钉的轴线转动。因此,固定铰支座的约束反力与圆柱铰链的约束反力相同,即**过铰的中心,方向未知**,常用过铰链中心的两个正交分力表示,如图 2-13(f)所示。

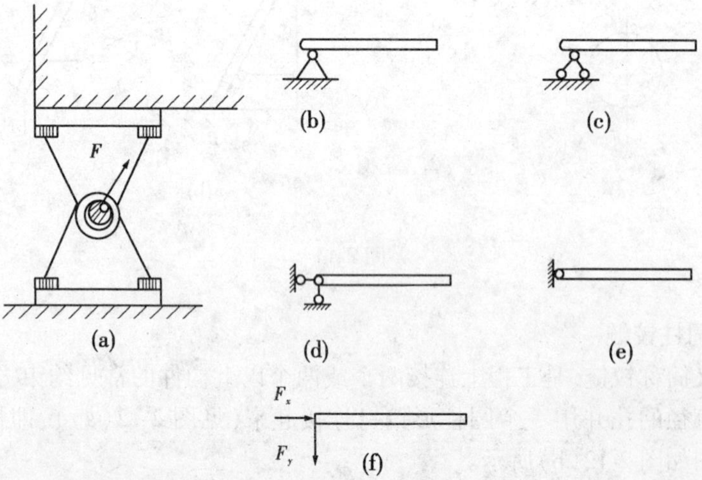

图 2-13

（五）可动铰支座

如图 2-14（a）所示为可动铰支座的构造示意图。在铰支座的下面用几个滚轴支承于平面上，但支座的连接不允许支座脱离支承面，这样就构成可动铰支座，其计算简图如图 2-14（b）、（c）、（d）所示。

这种支座不能限制物体绕销钉轴线的转动和沿支承面方向的移动，只能限制物体与支承面垂直方向（指向或背离支承面）的移动。因此，可动铰支座的约束反力**通过销钉中心，垂直于支承面，指向待定**（见图 2-14（e））。

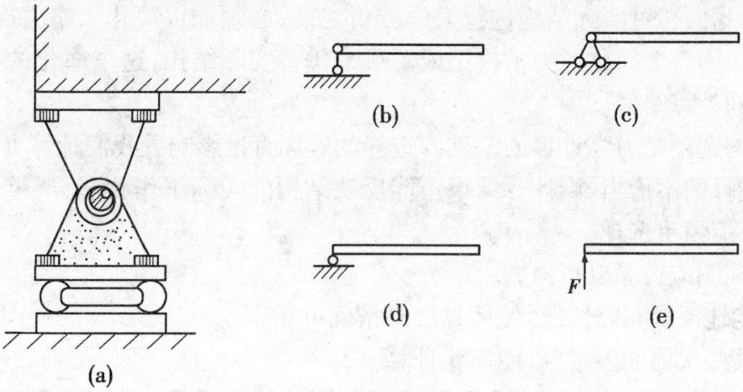

图 2-14

（六）固定端支座

如图 2-15（a）所示梁，它的一端嵌固在墙内，墙壁对梁的约束既限制它沿任何方向移动，又限制它的转动，这样的约束称为**固定端支座**，其计算简图如图 2-15（b）所示。由于固定端支座既限制物体的移动，又限制物体的转动，所以固定端支座的约束反力有水平、竖向两个正交分力和一个限制物体转动的约束反力偶（见图 2-15（c））。

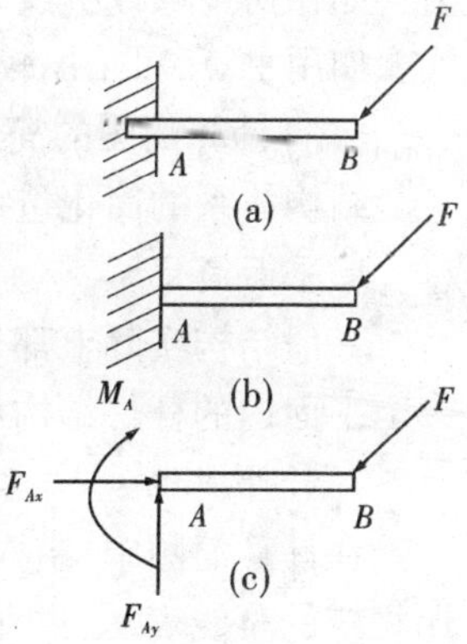

图 2-15

（七）链杆约束

链杆是两端用铰与其他构件相连，不计自重且中间不受力的杆件，如图 2-16（a）、图 2-17（a）中的 *BC* 杆均为链杆。由于链杆只在两个铰处受力，因此为二力构件。由二力平衡条件可知，链杆所受的两个力沿两铰链中心的连线。所以，链杆对物体的约束反力沿**链杆两铰链中心的连线，指向待定**，如图 2-16（b）、图 2-17（b）所示。

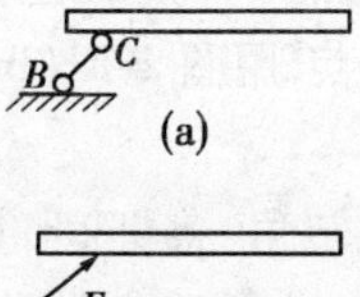

图 2-16

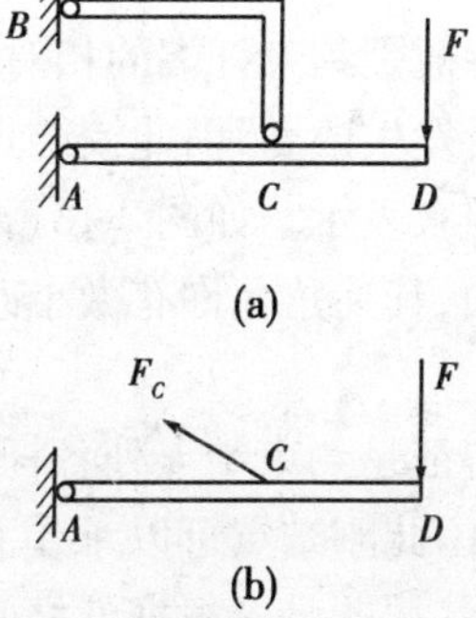

图 2-17

第四节　结构计算简图及其分类

一、结构计算简图

（一）结构计算简图的简化原则

实际结构复杂多样，完全按照结构的实际工作状态进行力学分析是不可能的，也是没有必要的。因此，我们在对实际结构进行力学分析之前，必须加以简化。略去次要的因素，突出其主要特点。用一个简化的力学模型或图形来代替实际结构，这个简化的力学模型或图形称为此结构的**计算简图**。

计算简图的选择是力学计算的基础。选择的好坏直接影响着我们计算上的工作量和精确程度，如果选择的不恰当，则计算结果不能反映结构的实际工作状态，严重的将会造成工程事故。所以，应慎重选择。

选择计算简图应遵循以下原则：

（1）尽可能地反映实际情况，使计算结果精确可靠；

（2）略去某些次要的因素，以便简化计算。

对于同一结构，在设计的不同阶段或采用不同的计算手段时，可以采用不同的计算简图。如在初步设计阶段，可采用较粗糙的计算简图；而在设计阶段，计算简图则应准确和完善。如用手算，可采用较为简单的计算简图；如用电算，则可采用较复杂的计算简图。

（二）计算简图的简化方法

结构体系的简化包括平面简化、杆件简化及结点简化等内容。

1. 平面简化

一般结构实际上都是空间结构，可以把空间结构分解为几个平面结构进行计算，使得每一个平面内的杆件结构承受该平面内的荷载。这种简化称为结构的平面简化。

2. 杆件简化

在计算简图中，结构的杆件可用其纵向轴线代替。如梁、柱等构件的纵轴线为直线，就用相应的直线表示；拱、曲杆等构件的纵轴线为曲线，则用相应的曲线来表示。

3. 结点简化

结构中两个或两个以上的杆件共同连接处称为结点。根据结点的实际构造，通常简化为铰结点、刚结点和组合结点三种类型。

1）铰结点

铰结点的特征是约束杆端的相对线位移，但铰结点处各杆端可以相对转动，各杆间的夹角受荷载作用后发生改变，因此铰结点不能承受和传递力矩。在计算简图中，铰结点用杆件交点处的小圆圈来表示。如图 2-18（a）所示为一木屋架端结点的实际构造图，各杆件之间可有微小的转动，其夹角允许有微小改变，因此可简化为铰结点，用图 2-18（b）所示。

2）刚结点

刚结点的特征是约束结点处各杆端的相对线位移和相对转角、各杆间的夹角受荷载作用后保持不变，因此刚结点可以承受和传递力矩。如图 2-19（a）所示钢筋混凝土结构的某一结点构造图，其构造是三根杆件之间用钢筋连成整体并用混凝土浇筑在一起。这种结点

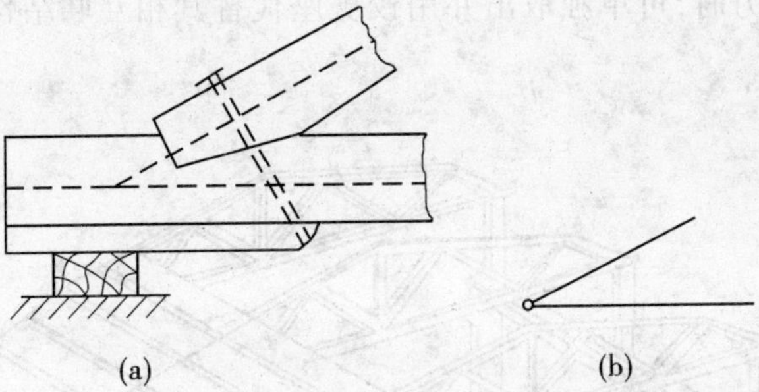

图 2-18

变形是符合上述特征的,可以简化为刚结点,其计算简图如图 2-19(b)所示。

3)组合结点

若在同一结点处,某些杆间相互刚结,而另一些杆间相互铰结,则称为组合结点,如图 2-19(c)、(d)所示。

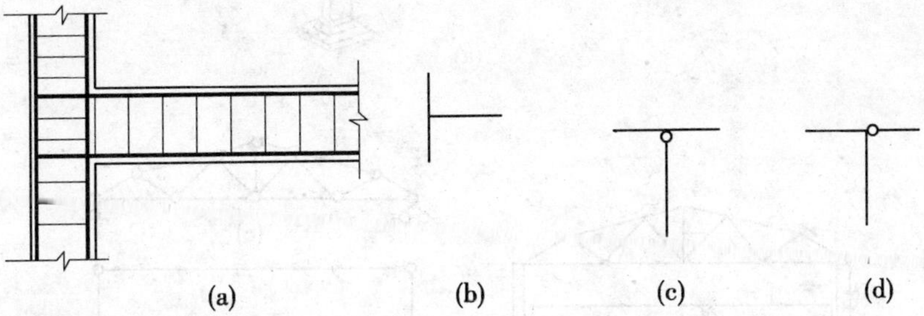

图 2-19

4. 支座的简化

结构与基础相连接起来的装置称为支座,在平面结构中,支座的实际构造型式很多,但根据其对结构的约束作用,可简化为可动铰支座、固定铰支座、固定端支座和定向支座四种类型。

5. 荷载的简化

荷载是主动作用于结构上的外力。结构上的荷载比较复杂,根据实际受力情况,通常可将荷载简化为集中荷载或分布荷载等。

二、示例

现讨论图 2-20(a)所示单层厂房结构的计算简图,它是由多个横向排架通过屋面板、吊车梁、柱间支撑等联成一个空间结构体系。从其荷载传递情况来看,屋面荷载和吊车荷载等都主要是通过屋面板和吊车梁等构件传递到一个个的横向排架上的,故在选择计算简图时,可以略去排架之间纵向联系的作用,而把这样的空间结构简化为一系列的平面排架来分析,如图 2-20(b)所示。

在分析排架柱的内力时,可用实体杆代替桁架,得出计算简图如图 2-20(d)所示。

在计算桁架的内力时,可单独取出并用铰支座代替其相互联结作用,其计算简图如图 2-20(c)所示。

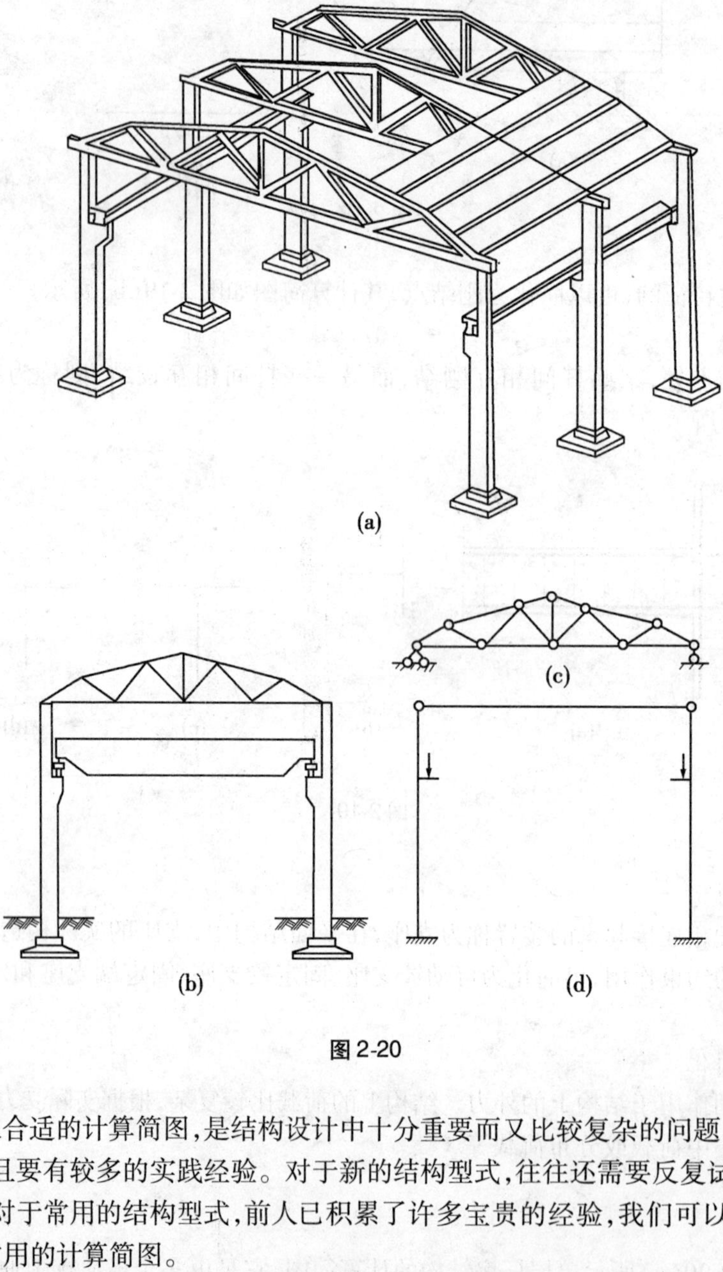

图 2-20

如何选取合适的计算简图,是结构设计中十分重要而又比较复杂的问题,不仅要掌握选取的原则,而且要有较多的实践经验。对于新的结构型式,往往还需要反复试验和实践才能确定。不过,对于常用的结构型式,前人已积累了许多宝贵的经验,我们可以采用这些已为实践验证的常用的计算简图。

三、平面杆系结构的分类

对各种常用的房屋结构进行简化和分类,有如下几种平面杆系结构类型。

(一)梁

梁是一种受弯杆件,可以是单跨的(见图 2-21(a)),也可以是多跨的(见图 2-21(b))。

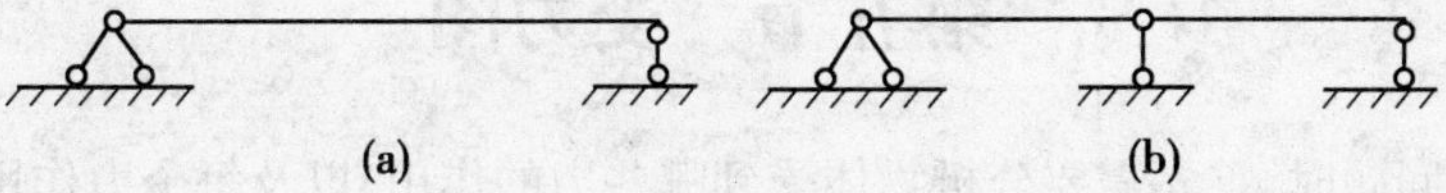

图 2-21

（二）拱

拱是曲线形的且在竖向荷载作用下将产生水平反力的杆件结构。水平反力将使拱内弯矩远小于跨度、荷载及支承情况相同的梁的弯矩。常用的拱有静定三铰拱和超静定的无铰拱、两铰拱三种，如图 2-22 所示。

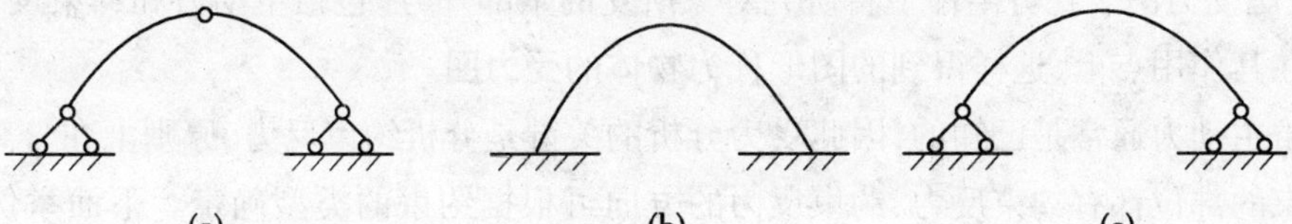

图 2-22

（三）刚架

刚架是由梁和柱组成的结构（见图 2-23），各杆件主要受弯。刚架的结点有刚结点，也可能有部分铰结点。

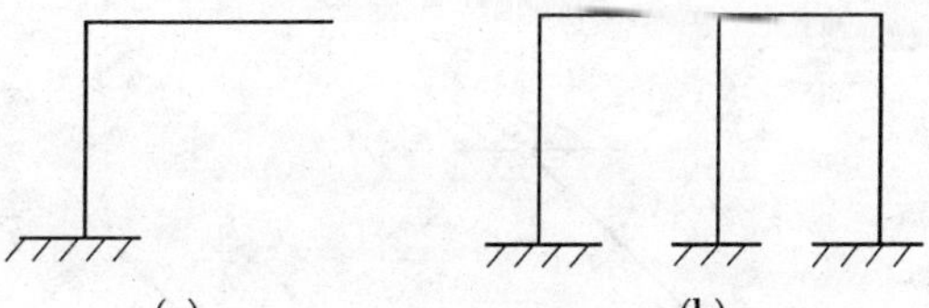

图 2-23

（四）桁架

桁架是由若干杆件在每杆两端用理想铰联结而成的结构（见图 2-24）。其各杆的轴线一般都是直线，当只受到作用于结点的荷载时，各杆只产生轴力。

（五）组合结构

在这种结构中（见图 2-25），一些杆件只承受轴力，而另一些杆件还同时承受弯矩和剪力。

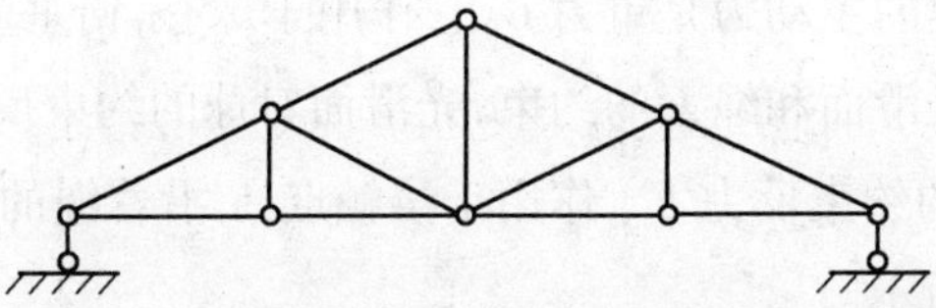

图 2-24

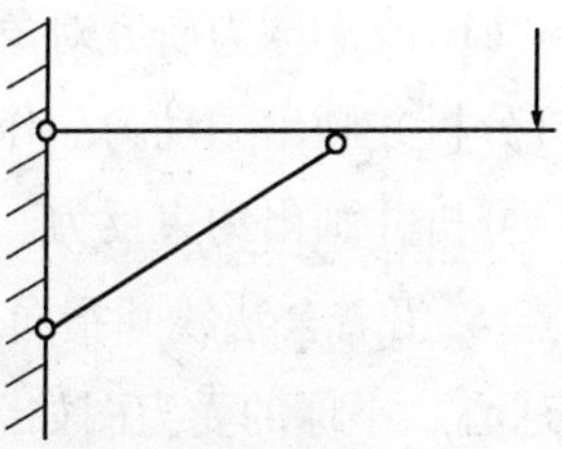

图 2-25

第五节　受力图

求解力学问题时,首先需要分析物体受到哪些力的作用,以及每个力作用线的位置和方向,这一过程称为**物体的受力分析**。

物体的受力分析包含以下两个步骤:

(1)取分离体或取研究对象。为正确分析物体的受力,根据求解问题的需要,选定某一个物体或几个物体作为研究对象,并将研究对象从周围的约束中分离出来,单独画出其简图,这一过程称为**取分离体或取研究对象**。解除了约束后的物体称为**分离体**。

(2)画受力图。在分离体上将研究对象所受的全部外力(包括主动力和约束反力)用力矢量画在其作用点上,这样得到的图形称为**物体的受力图**。

由于主动力通常是已知的,因此受力分析的关键是分析约束反力,原则上在分离体上每个受约束的部位都有约束反力,约束反力的方向可根据约束的类型确定。下面举例说明物体受力图的画法。

一、单个物体的受力图

【例2-1】　重为 G 的小球置于光滑的斜面上,并用绳索系住,如图 2-26(a)所示,试画出小球的受力图。

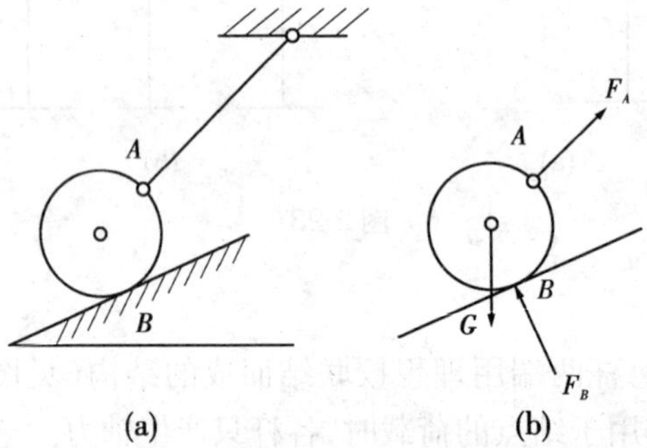

图 2-26

解　(1)取小球为研究对象,并单独画出其简图(见图 2-26(b))。

(2)分析并画出主动力。作用在小球上的主动力是重力 G,它作用于球心,铅垂向下。

(3)分析并画出约束反力。小球受到光滑面和绳索的约束,光滑面对球的约束反力 F_B,通过切点 B,沿着公法线并指向球心;绳索的约束反力 F_A,作用于接触点 A,沿着绳的中心线且背离球心。小球的受力图如图 2-26(b)所示。

【例2-2】　水平梁 AB 受已知力 F 和均布荷载 q 作用,A 端为固定铰支座,B 端为可动铰支座,如图 2-27(a)所示。梁的自重不计,试画出梁 AB 的受力图。

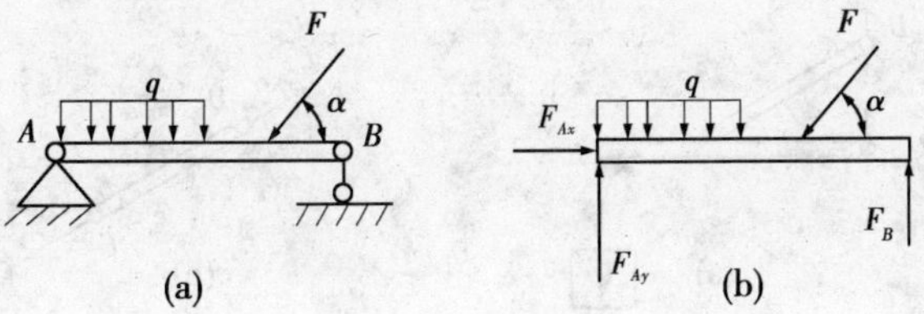

图 2-27

解 (1)取梁 AB 为研究对象，并画出其分离体图(见图 2-27(b))。

(2)梁受的主动力有集中力 F 和均布荷载 q。梁 A 端为固定铰支座，其约束反力用两个正交分力 F_{Ax} 和 F_{Ay} 表示；B 端为可动铰支座，其约束反力 F_B 垂直于支承面，指向可任意假设。梁的受力图如图 2-27(b)所示。

【例 2-3】 平面刚架 AB 受集中力 F_1、F_2 和力矩 M 作用，A 端是固定端，如图 2-28(a)所示，刚架的自重不计，试画出刚架 AB 的受力图。

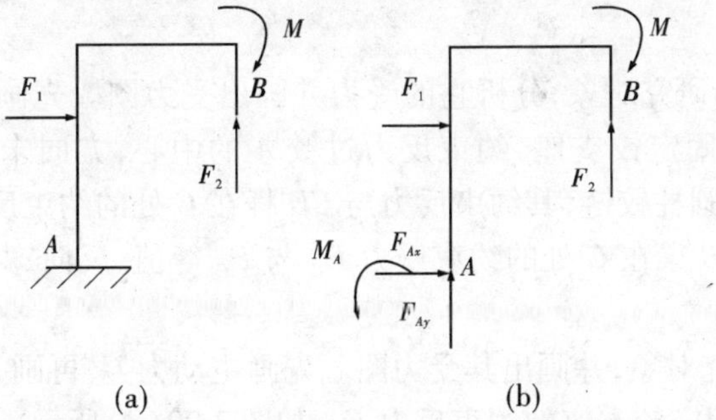

图 2-28

解 (1)取刚架 AB 为研究对象，并画出其分离体图(见图 2-28(b))。

(2)刚架 AB 受的主动力有 F_1、F_2 和力矩 M，A 端为固定铰支座，其约束反力有两个正交的分力 F_{Ax}、F_{Ay} 和约束反力矩 M_A。刚架 AB 的受力图如图 2-28(b)所示。

二、物体系统受力图

由若干个物体通过适当的约束组成的系统，称为**物体系统**，简称**物系**。物体系统的受力图与单个物体的受力图的画法相同，只是所取的研究对象可能是整个系统或系统的某一部分或某一物体。画整体受力图时，只需把整体作为单个物体一样对待。画系统的某一部分或某一物体的受力图时，要注意被拆开的相互联系处有相应的约束反力，且约束反力是相互作用的，要遵循作用力与反作用力公理。

【例 2-4】 在图 2-29(a)所示的 B 点悬挂重物为 G 的物体块，横梁 AB 和斜杆 CD 的自重不计，试分别画出斜杆 CD 和横梁 AB 及整体的受力图。

解 (1)取 CD 杆为研究对象，分析它的受力并画出受力图。CD 杆在 C、D 两点受到圆柱铰链和固定铰支座的约束反力作用而处于平衡，由于 CD 杆自重不计，因此 CD 杆为二力构件。由二力平衡条件可知，F_C 和 F_D 必沿二力作用点 C、D 的连线且等值、反向。但究竟

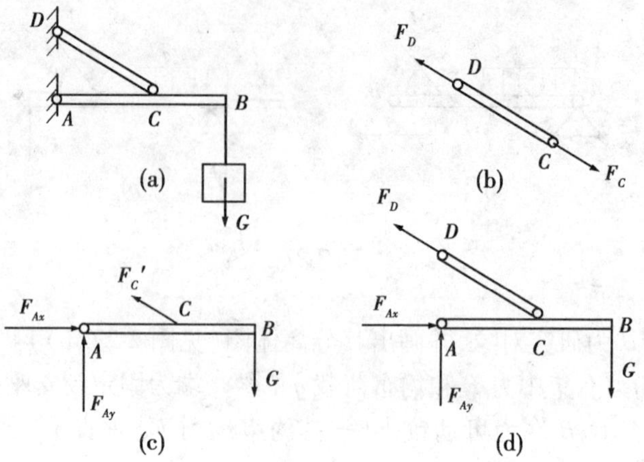

图 2-29

是拉力还是压力，不能判断，在受力分析中画成拉力或压力均可。*CD* 杆的受力图如图 2-29(b)所示。

(2)取横梁 *AB* 为研究对象，分析它的受力并画出受力图。先画主动力 *G*，再在 *A*、*C* 处画约束反力。*A* 处为固定铰支座，约束反力过铰 *A* 的中心，方向未知，可用两个正交分力 F_{Ax}、F_{Ay} 表示。*C* 处为圆柱铰链，其约束反力与 *CD* 杆在 *C* 处的约束反力 F_C 是作用力与反作用力的关系。所以，*AB* 梁在 *C* 处的约束反力 F'_C 与 F_C 等值、反向、共线。*AB* 梁的受力图如图 2-29(c)所示。

(3)取整体为研究对象，并画出其受力图。先画主动力 *G*，再画 *A* 处固定铰支座的约束反力 F_{Ax}、F_{Ay} 和 *D* 处固定铰支座的约束反力 F_D，如图 2-29(d)所示。

需要注意的是，整体受力图中某约束反力的指向应与局部受力图中同一约束反力的指向相同，如作 *CD* 杆的受力图时，已假定固定铰支座 *D* 的约束反力为拉力，则作整体的受力图时，*D* 处的约束反力也应与之相同。

在整体受力图中，没有画出铰 *C* 处的约束反力，该处的约束反力是整体的两部分(梁 *AB*、杆 *CD*)之间的相互作用力，对整体而言，属于内力，因此在整体的受力图上不应画出。

物体系统内各部分之间的相互作用的力称为**内力**，系统以外的物体对系统各物体的作用称为**外力**。在受力图上只画外力，不画内力。显然，内力与外力的区分是相对的，它随着研究对象选择的不同而改变，如在例 2-4 中铰 *C* 的约束反力就因研究对象的不同可由外力转为内力，或由内力转为外力。

【例 2-5】 如图 2-30(a)所示三铰拱桥，由左、右两拱铰接而成。设各拱自重不计，在 *AC* 拱上作用有荷载 *F*。试分别画出拱 *AC*、*BC* 及整体的受力图。

解 (1)分析拱 *BC* 的受力并画出受力图。由于拱 *BC* 自重不计，且只在 *B*、*C* 两处分别受到固定铰支座与圆柱铰链的约束，因此拱 *BC* 为二力构件，*B*、*C* 处的约束反力 F_B、F_C 沿 *B*、*C* 两点的连线且等值、反向(见图 2-30(d))。

(2)分析拱 *AC* 的受力并画出受力图。先画主动力 *F*，再画约束反力，*C* 处铰链的约束反力 F'_C 为 F_C 的反作用力，*A* 处为固定铰支座，其约束反力可用两个正交分力 F_{Ax} 和 F_{Ay} 表示，拱 *AC* 的受力图如图 2-30(c)所示。

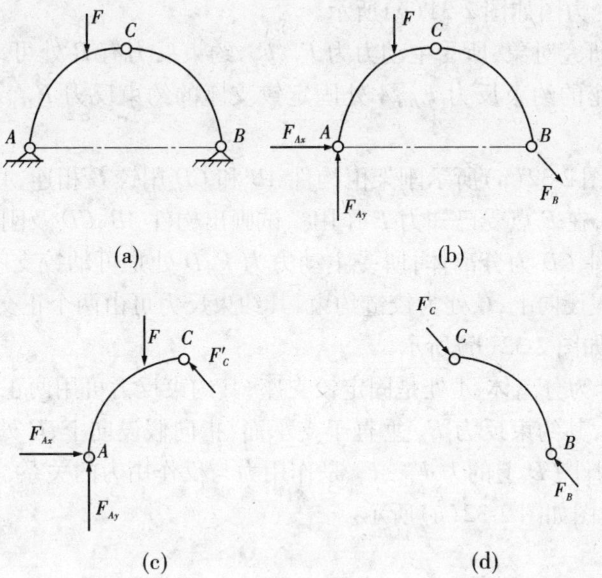

图 2-30

(3)分析整体的受力并画出受力图。先画主动力 F,再画 B 处约束反力 F_B,A 处的约束反力 F_{Ax} 和 F_{Ay},整体的受力图如图 2-30(b)所示。

【例 2-6】 多跨静定梁受力图如图 2-31(a)所示,梁 AC、CD 的自重不计,试分析画出梁 AC、CD 及整体的受力图。

解 (1)取梁 CD 为分离体,所受主动力为 F_2,约束反力有 D 处可动铰支座的约束反力 F_D,C 处铰链的约束反力用过铰中心的两个正交分力 F'_{Cx}、F'_{Cy} 表示,梁 CD 的受力图如图 2-31(b)所示。

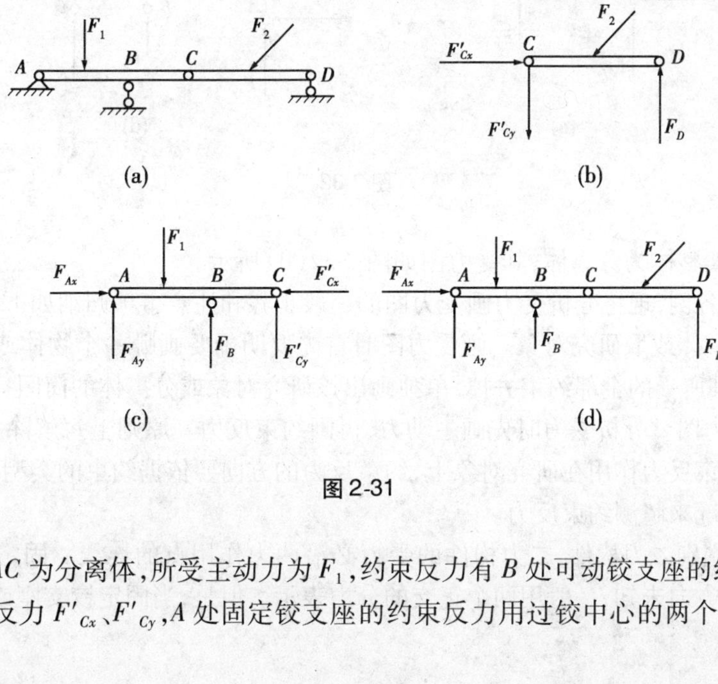

图 2-31

(2)取梁 AC 为分离体,所受主动力为 F_1,约束反力有 B 处可动铰支座的约束反力 F_B,C 处铰链的约束反力 F'_{Cx}、F'_{Cy},A 处固定铰支座的约束反力用过铰中心的两个正交分力 F_{Ax}、

F_{Ay}表示，梁 AC 的受力图如图 2-31(c)所示。

(3)取整体为研究对象，所受主动力为 F_1、F_2，约束反力有 B 处可动铰支座的约束反力 F_B，D 处可动铰支座的约束反力 F_D，A 处固定铰支座的约束反力 F_{Ax}、F_{Ay}，整体的受力图如图 2-31(d)所示。

【例 2-7】 如图 2-32(a)所示刚架由构件 AB 和 CD 用铰 C 相连，A 处是固定铰支座，B、D 处是可动铰支座，在 E 点受已知力 F 作用。试画出构件 AB、CD 及刚架整体的受力图。

解 (1)取构件 CD 为分离体，所受主动力为 F，D 处是可动铰支座，其约束反力 F_D 垂直于支承面，指向假设向上，C 处为铰链约束，其约束反力可由两个正交分力 F_{Cx} 和 F_{Cy} 表示，构件 CD 的受力图如图 2-32(b)所示。

(2)取构件 AB 为分离体，A 处是固定铰支座，其约束反力可用两正交分力 F_{Ax}、F_{Ay} 表示，B 处是可动铰支座，其约束反力 F_B 垂直于支承面，指向假设向上，C 处是铰链，其约束反力 F'_{Cx}、F'_{Cy} 和作用在构件 CD 上的力 F_{Cx}、F_{Cy} 是作用力与反作用力的关系，其指向不能再任意假设，构件 AB 的受力图如图 2-32(c)所示。

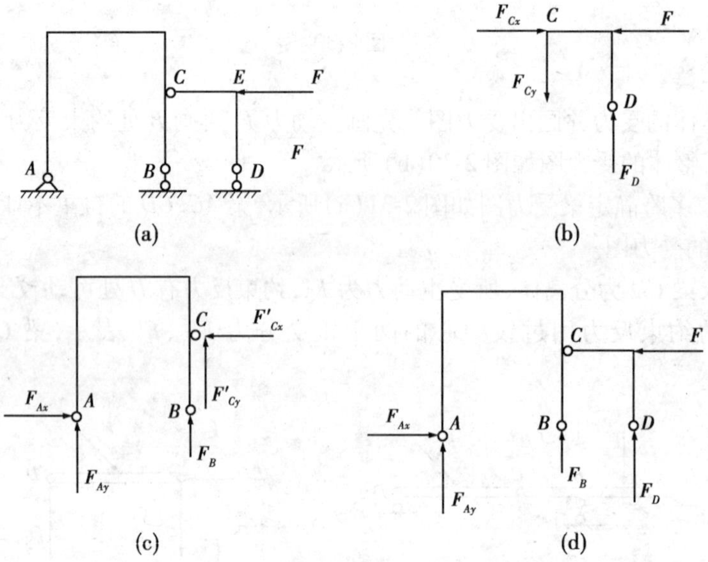

图 2-32

(3)取刚架整体为分离体，其受力图如图 2-32(d)所示。

总结以上各例，现将分析受力画受力图的一般步骤和注意事项归纳如下：

(1)取分离体或取研究对象。画受力图时首先要明确要画哪一个物体或物体系统的受力图，然后将其所受的全部约束去掉，单独画出该研究对象或分离体的简图。

(2)画受力图。分析受力时先画主动力，再画约束反力。原则上每解除一个约束，就有与它相应的约束反力作用在研究对象上，约束反力的方向要依据约束的类型来画，切不可根据主动力的情况来臆测约束反力。

(3)正确判别二力构件，二力构件的受力必沿两力作用点的连线。固定铰支座的约束反力过铰链的方向未知，一般用两个正交的分力表示。但是，当固定铰支座或铰链连接二力构件时,其约束反力作用线的位置是确定的,所以不要再用两个正交分力表示。

(4)注意作用力与反作用力的关系,在分析两物体之间相互作用时,作用力的方向一经确定,反作用力的方向就必须与它相反。

(5)如果取若干物体组成的系统为研究对象,只画研究对象所受的外力,不画内力。

(6)同一约束反力,在各受力图中假设的指向必须一致。

本章小结

一、力的概念

力的概念是力学的基本概念之一。力是物体间的一种相互作用,因此力不可能脱离物体而单独存在,任何力都是一个物体对另一个物体的作用。要分清施力体和受力体。力对物体的作用效果有两方面:一是物体的运动状态发生变化;二是物体产生变形。力对物体的运动效果取决于力的三要素:大小、方向、作用点。力是矢量,在图中用一个带箭头的并按一定比例画出的有向线段表示。

二、静力学公理

静力学公理揭示了力的基本性质,是建筑力学的理论基础。其中,二力平衡公理说明了作用在一个物体上的两个力的平衡条件;加减平衡力系公理用于力的等效代换;作用力与反作用力公理反映物体间的相互作用;平行四边形法则说明了两个汇交力系的合成的规律。

三、约束

阻碍物体运动的限制物体,称为约束。约束对物体的作用可用相应的约束反力来代替。柔体约束、光滑面约束的约束反力的作用线和方向是已知的,其余约束的约束反力的方向是未知的,是假设的。

四、结构计算简图

结构计算简图是工程中代替实际结构进行受力分析的图,包括支座、结点、构件、荷载等各方面。简化的原则是既要反映建筑结构的实际工作性能,又要便于计算。

五、受力图

受力图是表示物体受力情况的简图。正确地对物体进行受力分析并画出受力图是解决力学问题的基础。主动力是已知的,根据约束的特征正确地画出约束反力是画受力图的关键。分析物体间的相互作用力时,要注意作用力与反作用力的关系,作用力的方向一经确定,反作用力的反向就必须与它相反。另外,画物体系统图时,系统内各物体间的相互作用力不要画出。

思考题

2-1　分力一定小于合力吗？为什么？试举例说明。

2-2　二力平衡条件与作用力与反作用力都是说二力等值、反向、共线，二者有什么区别？

2-3　为什么说二力平衡公理、加减平衡力系公理和力的可传递性原理都只适用于刚体？

2-4　凡是两端铰接且不计自重的链杆都是二力构件吗？二力构件与其形状有关吗？

2-5　怎样在 A、B 两点各加一力，使图 2-33 中的物体平衡？

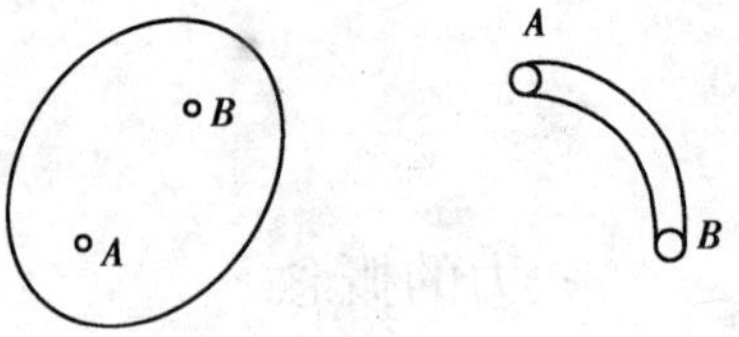

图 2-33

习　题

2-1　图 2-34 中的某物重 $G=20$ kN，用两根绳索悬挂，利用平行四边形法则求三种情况下各绳索所受的力，并回答哪种情况下绳索所受的力最大？哪种情况下绳索所受的力最小？

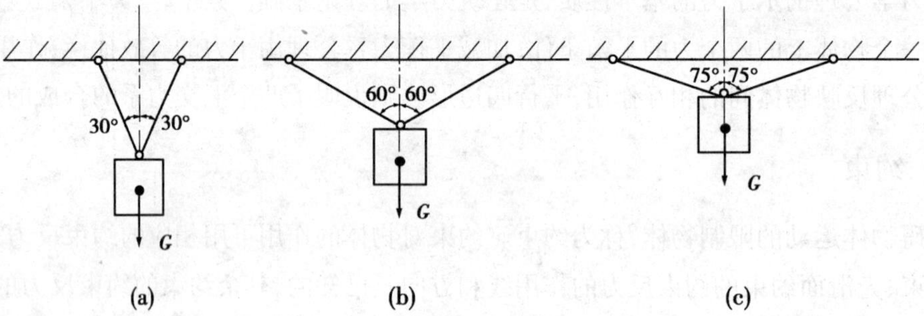

图 2-34

2-2　画出图 2-35 中 C 处约束对物体 A 的约束反力。

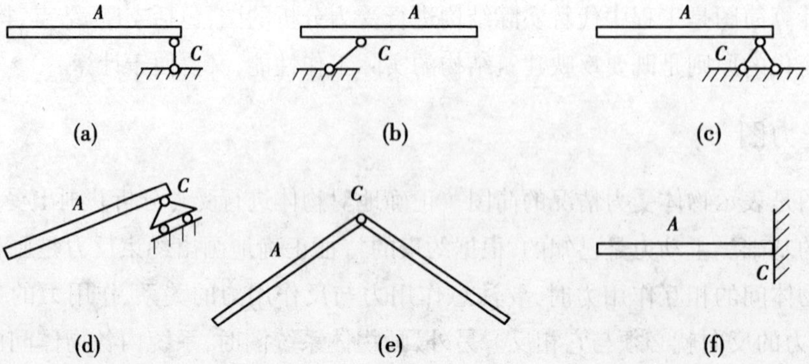

图 2-35

2-3　房屋建筑中，楼面的梁板式结构如图 2-36 所示，梁两端支承在砖墙上，楼板用以支承人群或其他物品。试画出梁的计算简图。

2-4　图 2-37 所示为预制钢筋混凝土阳台挑梁，试画出挑梁的计算简图。

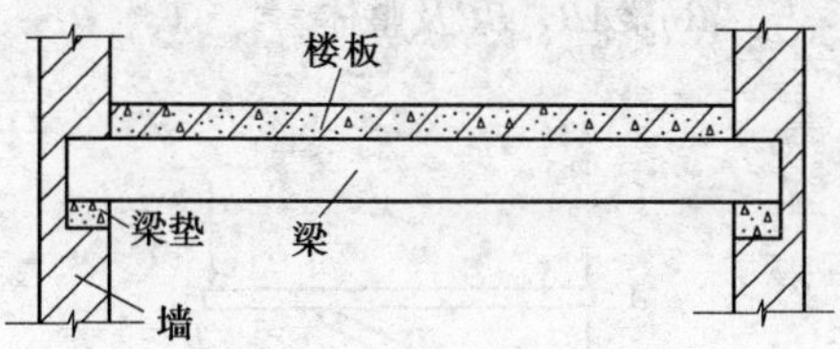

图 2-36

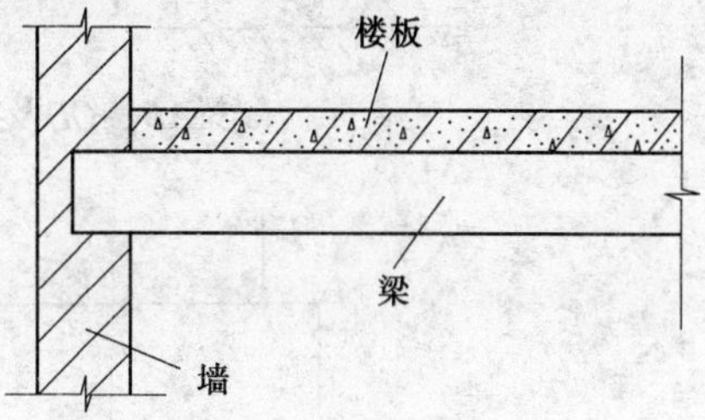

图 2-37

2-5　图 2-38 所示为吊车梁的上部为钢筋混凝土预制 T 形梁，下面各杆件由角钢焊接而成，吊车梁两端与钢筋混凝土立柱牛腿上的预制钢板焊接，试画出吊车梁的计算简图。

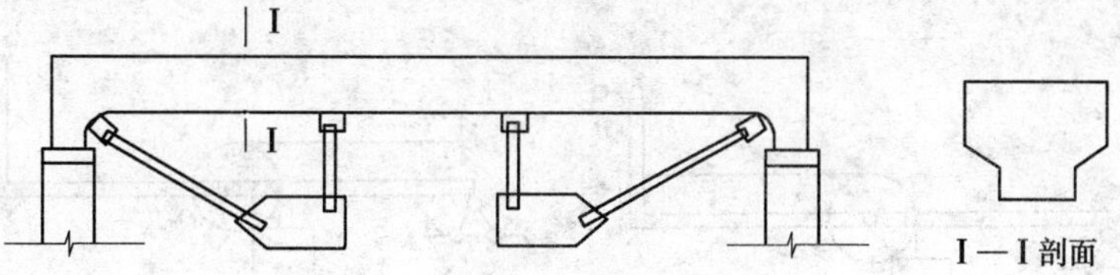

图 2-38

2-6　图 2-39 所示物体的重量除图中标注外，其余不计，并假定各接触面均为光滑接触面，画出下列各物体的受力图。

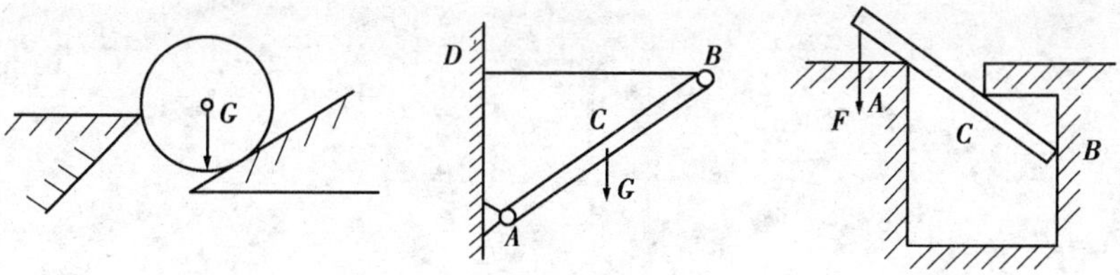

图 2-39

2-7　作出图 2-40 所示各梁的受力图。

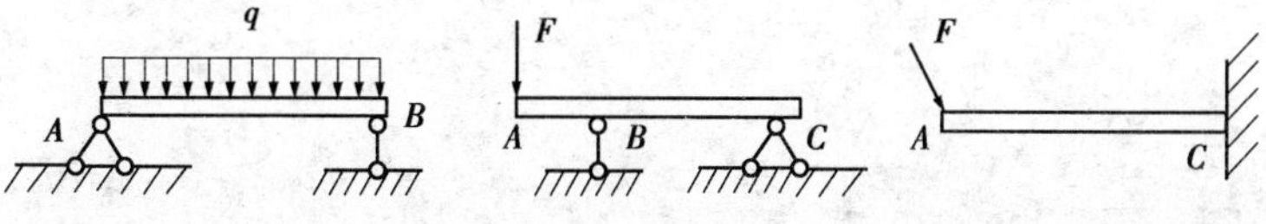

图 2-40

2-8　画出图 2-41 中各指定物的受力图。

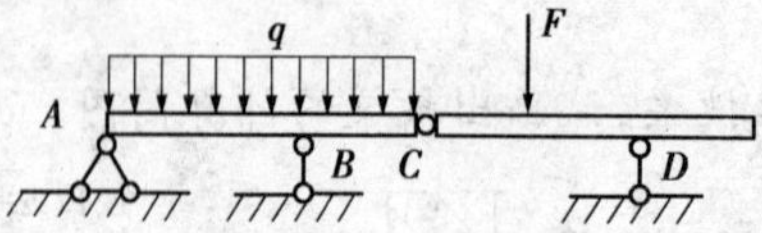

(a)梁*AB*、*CD*及整体

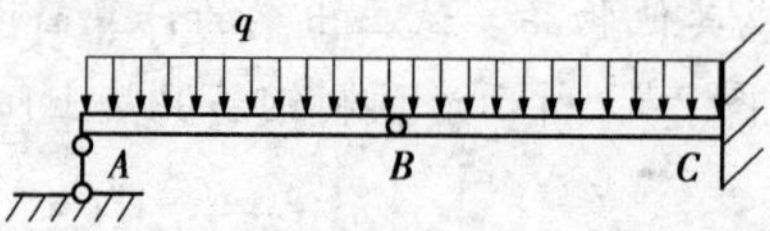

(b)梁*AB*、*BC*及整体

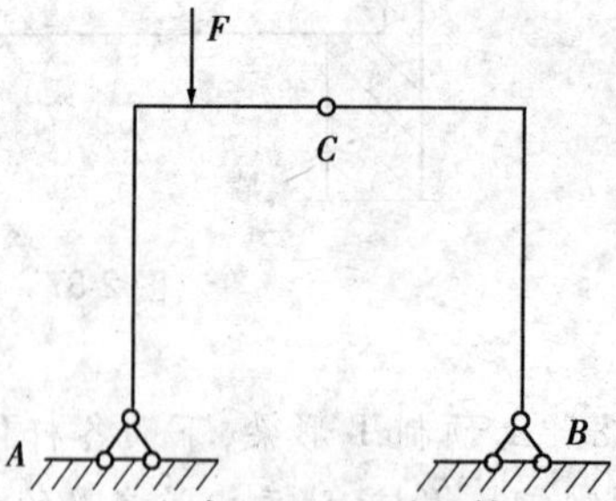

(c)杆*AC*、*BC*及整体

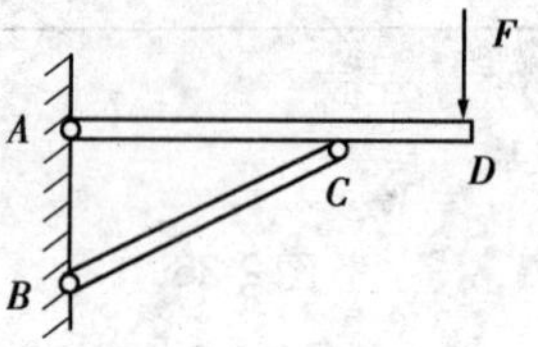

(d)杆*AD*、*BC*及整体

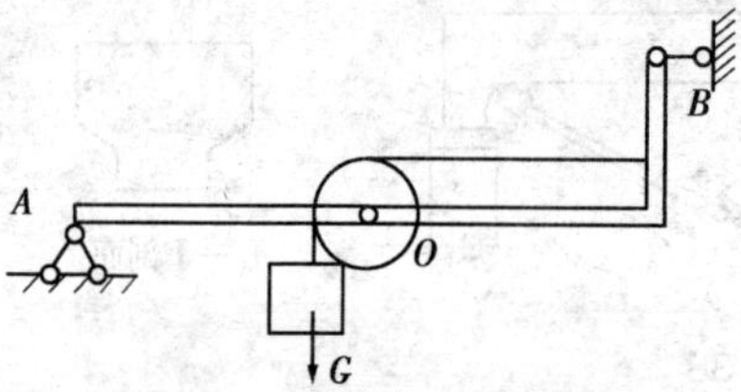

(e)杆*AB*、滑轮*O*

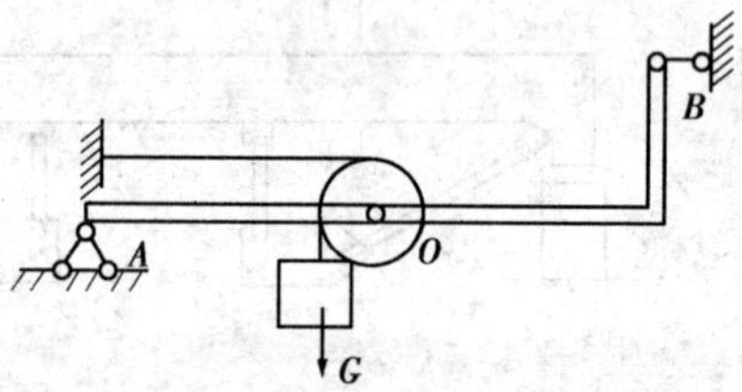

(f)杆*AB*、滑轮*O*

图 2-41

第三章　平面力系

学习目标

(1)理解平面汇交力系合成的几何法,能利用平衡几何条件求解平面汇交力系的平衡问题。

(2)理解平面汇交力系合成的解析法,掌握运用平衡解析条件求解平面汇交力系的平衡问题。

(3)理解平面力偶系合成和平衡条件,掌握运用平衡条件求解平面力偶系的平衡问题。

(4)理解平面一般力系向任一点简化的方法,会计算平面力系的主矢、主矩及简化的最后结果。

(5)熟悉平面一般力系和平行力系各种形式的平衡方程及其限制条件,能熟练地运用平面力系的平衡方程求解单个物体和简单物体系统的平衡问题。

(6)能区别静滑动摩擦力和最大静滑动摩擦定律,会计算简单的考虑摩擦时物体的平衡问题。

为了便于区分,在第三章和第四章中,矢量以黑体表示。

为了便于研究,可按合力作用线的分布情况将力系加以分类,各力的作用线都在同一平面内的力系叫**平面力系**,各力的作用线不在同一平面内的力系叫**空间力系**。在实际问题中,有些结构所受的作用虽是空间力系,但在一定条件下化为平面力系问题来处理,有些结构所受的作用分布在空间且不能简化为平面力系,则必须按空间力系计算。

平面力系可分为平面交汇力系、平面平行力系和平面任意力系。

第一节　平面汇交力系

当平面力系的作用线相交于一点时,该力系称为**平面汇交力系**。例如,起重机起吊构件时作用于吊钩 C 的力有钢绳拉力 $\boldsymbol{T}$ 及缆绳 AC 和 BC 的拉力,它们都在同一平面内并汇交于 C 点,组成一个平面汇交力系,如图 3-1 所示。

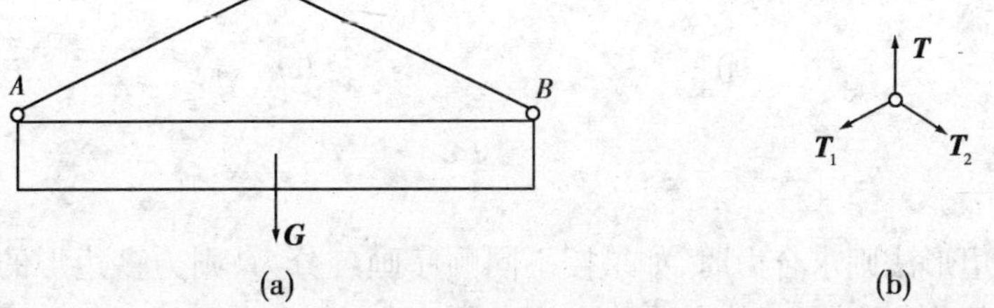

图 3-1

一、平面汇交力系合成的几何法

（一）两个汇交力系的合成（力三角形法）

设作用在物体上有汇交于 O 点的两个力 $\boldsymbol{F}_1$ 和 $\boldsymbol{F}_2$，要求这两个力的合力，可根据力的平行四边形法则求得。这两个力的合力 $\boldsymbol{F}_R$ 的作用点是原汇交点 O，其大小和方向是以 $\boldsymbol{F}_1$ 和 $\boldsymbol{F}_2$ 为邻边所构成的平行四边形的对角线，如图 3-2（a）所示。实际上，只要画出力的平行四边形的一半就能得到合力。如图 3-2（b）所示，作 $\boldsymbol{AB} /\!/ \boldsymbol{F}_2$ 且 $\boldsymbol{AB} = \boldsymbol{F}_2$，再从 $\boldsymbol{F}_2$ 的终点作 $\boldsymbol{BC} /\!/ \boldsymbol{F}_1$ 且 $\boldsymbol{BC} = \boldsymbol{F}_1$，连接 AC，三角形 ABC 称为力的三角形。矢量 $\boldsymbol{AC}$ 就代表 $\boldsymbol{F}_1$ 和 $\boldsymbol{F}_2$ 的合力 $\boldsymbol{F}_R$ 的大小和方向。这种求合力的方法叫做力三角形法则。力的三角形法则可用公式表示为

$$\boldsymbol{F}_R = \boldsymbol{F}_1 + \boldsymbol{F}_2$$

即两个汇交力的合力，等于这两个力的矢量和。

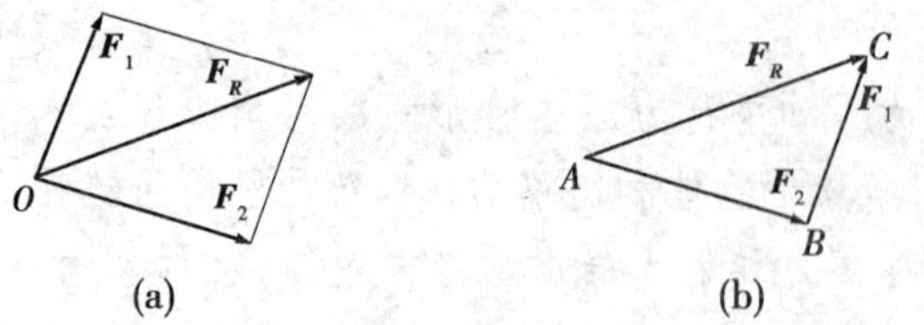

图 3-2

（二）多个汇交力的合成（力多边形法则）

设作用在物体上有汇交于 O 点的多个力 $\boldsymbol{F}_1$、$\boldsymbol{F}_2$、$\boldsymbol{F}_3$，如图 3-3 所示，要求这个汇交力系的合力时，可连续运用三角形法则。如图 3-3（b）所示，先求出 $\boldsymbol{F}_1$ 和 $\boldsymbol{F}_2$ 的合力 $\boldsymbol{F}_{R_1}$，再求 $\boldsymbol{F}_{R_1}$ 和 $\boldsymbol{F}_3$ 的合力 $\boldsymbol{F}_R$。合力 $\boldsymbol{F}_R$ 就是原汇交力系的合力。作图时，虚线 $\boldsymbol{AC}$ 表示的可不必画出，只要按一定的比例，依次作矢量 $\boldsymbol{AB}$、$\boldsymbol{BC}$、$\boldsymbol{CD}$ 分别代表力 $\boldsymbol{F}_1$、$\boldsymbol{F}_2$、$\boldsymbol{F}_3$，首端 A 和尾端 D 的连线 $\boldsymbol{AD}$ 即代表合力的大小和方向。合力的作用点仍是原汇交力系的汇交点 O。多边形 $ABCD$ 叫做**力多边形**，这种求合力的方法叫做**力多边形法则**。也就是说，力多边形的封闭边（首尾的连线）就代表原汇交力系的合力。

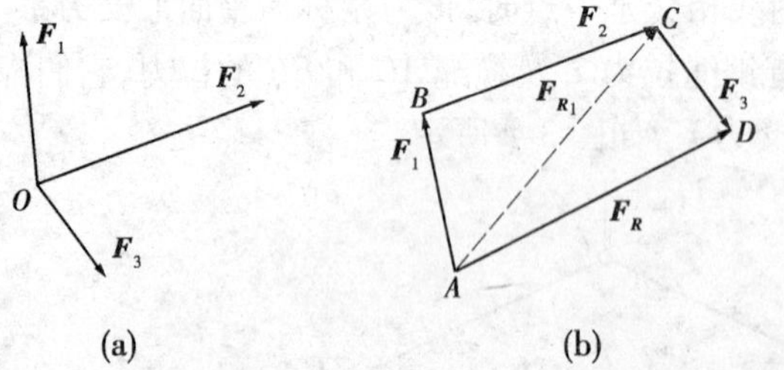

图 3-3

应用力多边形法则求合力时，如果按不同顺序画各分力，则力多边形的形状将不同，但力多边形的封闭边不变，即合力的大小和方向不变。

力多边形法则可推广到任意个汇交力的情形，可用公式表示为

$$\boldsymbol{F}_R = \boldsymbol{F}_1 + \boldsymbol{F}_2 + \cdots + \boldsymbol{F}_n = \sum \boldsymbol{F}_i$$

二、平面汇交力系平衡的几何条件

平面汇交力系的合成结果是一合力，即合力与原力系等效，若合力等于零，则该力系平衡，在该力系作用下物体处于平衡状态；反之，当物体在平面汇交力系作用下平衡时，该力系的合力为零。

因此，平面汇交力系平衡的必要条件和充要条件是：**该力系的合力为零**。用式子表示为

$$\boldsymbol{F}_R = 0 \text{ 或 } \sum \boldsymbol{F}_i = 0$$

从力多边形上看，原力系中最后一个力的终点和第一个力系的起点重合，构成一个自行封闭的力多边形。由此可见，平面汇交力系平面的几何条件是：**力多边形自行封闭**。

【例 3-1】 图 3-4(a)所示为起吊构件的情况。构件自重 20 kN，两钢丝绳与铅垂线间夹角均为 45°。当构件匀速起吊时，两钢丝绳拉力是多少？

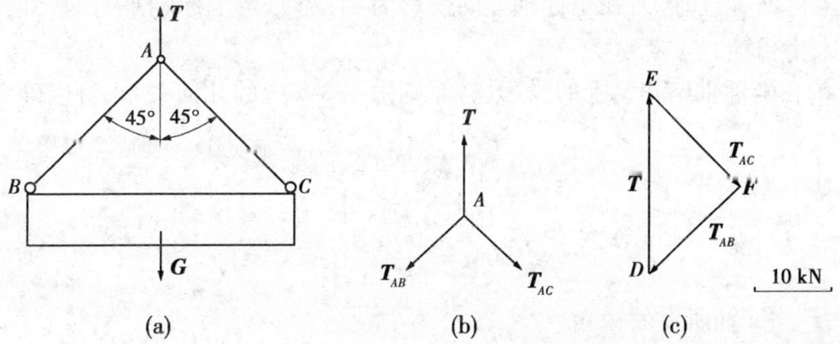

图 3-4

解 对整个系统，该问题是二力平衡问题。构件的自重 $\boldsymbol{G}$ 和拉力 $\boldsymbol{T}$ 构成平衡力系。即 $T = G = 20$ kN。吊钩 A 则受到汇交于 A 的拉力 $\boldsymbol{T}_{AB}$、$\boldsymbol{T}_{AC}$ 和 $\boldsymbol{T}$ 的作用而平衡，并可利用平面汇交的几何条件进行求解。构件 A 的受力如图 3-4(b)所示。

选定比例，线段 1 cm 代表 10 kN，作矢量 $\boldsymbol{DE}$ 等于 T($T = 20$ kN)，过 D，E 点分别作 T_{AB} 和 T_{AC} 的平行线，两线相交于 F 点，于是得到力多边形 DEF，在封闭的力多边形中，各力必须依次首尾相接，并可确定 $\boldsymbol{T}_{AB}$ 的方向如图 3-4(c)所示，按比例量得

$$T_{AB} = T_{AC} = 14.1 \text{ kN}$$

由例 3-1 可以得到三力平衡汇交定理：**物体受平面内三个互不平衡力的作用，而处于平衡时，该三力作用点必汇交于一点。**

三、平面汇交力系合成的解析法

（一）力在坐标轴上的投影

平面汇交力系的几何法简捷且直观，但其精确度较差。在力学计算中用得较多的还是

解析法。需要引入力在坐标轴上投影的概念。

设力 $\boldsymbol{F}$ 作用在物体上的 A 点，用 $\boldsymbol{AB}$ 表示，如图 3-5 所示。在力 $\boldsymbol{F}$ 的作用平面内取直角坐标系 xOy，从力 $\boldsymbol{F}$ 的起点 A 及终点 B 分别向 x 轴作垂线，得垂足 a 及 b，并在 x 轴上得线段 ab。线段 ab 加正号或负号叫做**力 $\boldsymbol{F}$ 在 x 轴上的投影**，用 F_x 表示。用同样的方法可以得到力 $\boldsymbol{F}$ 在 y 轴上的投影为线段 a_1b_1，用 F_y 表示。即

$$F_x = \pm ab \qquad F_y = \pm a_1b_1$$

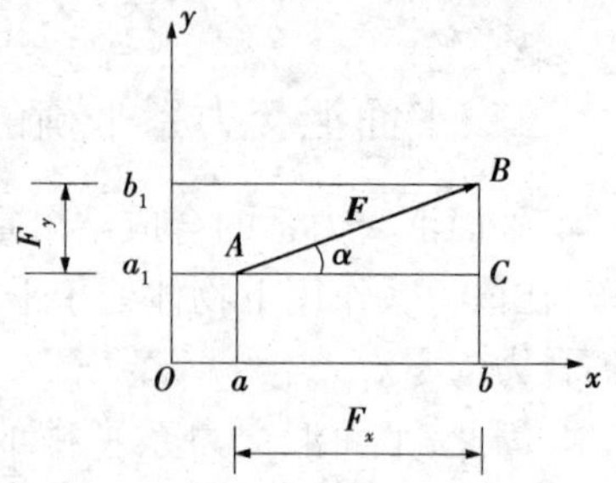

图 3-5

投影的正负号规定如下：**从投影的起点 a 到终点 b 与坐标轴正向一致时，该投影取正号；与坐标轴正向相反时，该投影取负号**。所以，在图 3-5 中，力 $\boldsymbol{F}$ 的投影 F_x、F_y 均取正。

从图 3-5 中可以看出：$ab = AC$；$a_1b_1 = CB$。设力 $\boldsymbol{F}$ 与 x 轴所构成的锐角为 α，则有

$$\left.\begin{aligned} F_x &= F\cos\alpha \\ F_y &= F\sin\alpha \end{aligned}\right\} \tag{3-1}$$

当力与坐标轴垂直时，力在坐标轴上的投影为零；当力与坐标轴平行时，其投影的绝对值与该力的大小相等。

如果力 $\boldsymbol{F}$ 在坐标轴 x 和 y 上的投影已知，则由图 3-5 中的几何关系，可以确定力 $\boldsymbol{F}$ 的大小和方向

$$\left.\begin{aligned} F &= \sqrt{F_x^2 + F_y^2} \\ \tan\alpha &= \left|\frac{F_y}{F_x}\right| \end{aligned}\right\} \tag{3-2}$$

式中　α——$\boldsymbol{F}$ 与 x 轴所夹的锐角。

力的具体方向由两投影 F_x、F_y 的正负号来确定。

【例 3-2】　试求图 3-6 中各力在 x，y 轴上的投影。已知 $F_1 = F_2 = F_3 = F_4 = 100$ kN。

解　$F_{1x} = F_1\cos30° = 100 \times 0.866 = 86.6(\text{kN})$

$F_{1y} = F_1\sin30° = 100 \times 0.5 = 50(\text{kN})$

$F_{2x} = -F_2\sin45° = -100 \times 0.707 = -70.7(\text{kN})$

$F_{2y} = F_2\cos45° = 100 \times 0.707 = 70.7(\text{kN})$

$F_{3x} = -F_3\cos45° = -100 \times 0.707 = -70.7(\text{kN})$

$F_{3y} = -F_3\sin45° = -100 \times 0.707 = -70.7(\text{kN})$

$F_{4x} = 0$

$F_{4y} = -F_4 = -100$ kN

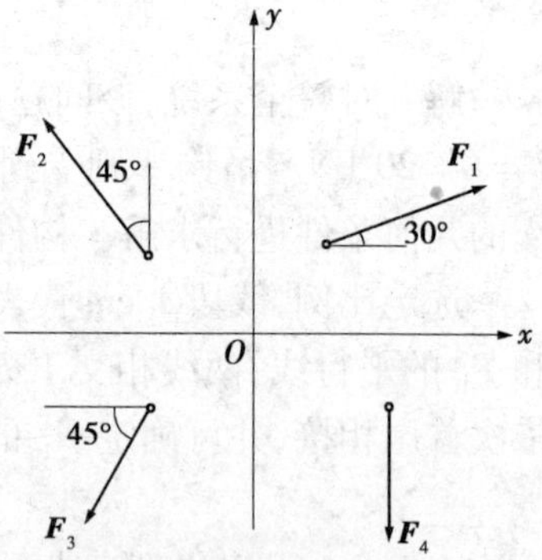

图 3-6

力投影计算时应注意以下要点：

(1)力的平移力在坐标轴上投影不变；

(2)力若垂直于某轴，则力在该轴上投影为零；

(3)力若平行于某轴，则力在该轴上投影的绝对值为力的大小。

（二）合力投影定理

由式(3-2)可知，如能求出合力在直角坐标轴 x、y 上的投影，则合力的大小及方向即可以确定。

设有一平面汇交力系 $\boldsymbol{F}_1$、$\boldsymbol{F}_2$、$\boldsymbol{F}_3$ 作用在物体的 O 点，如图 3-7(a)所示。从 A 点开始作

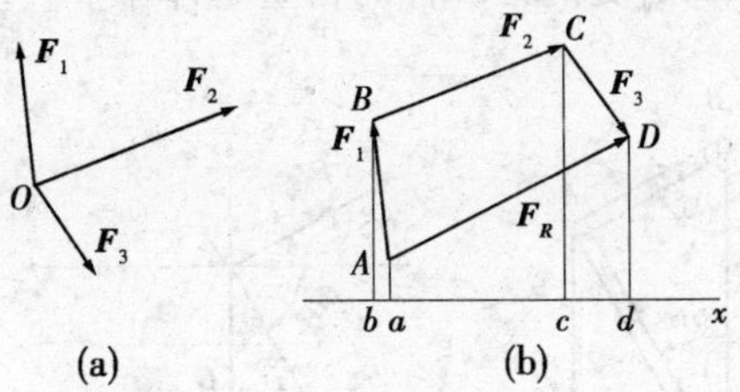

图 3-7

力多边形 $ABCD$，则矢量 $\boldsymbol{AD}$ 即表示该力系的合力的大小和方向。在力系平面内任取一轴 x，如图 3-7(b)所示，将各力都投影到 x 轴上，并令 F_{1x}、F_{2x}、F_{3x}、F_{Rx} 分别表示 $\boldsymbol{F}_1$、$\boldsymbol{F}_2$、$\boldsymbol{F}_3$ 和合力 $\boldsymbol{F}_R$ 在 x 轴上的投影，由图 3-7(b)可得

$$F_{1x} = -ab \quad F_{2x} = bc \quad F_{3x} = cd \quad F_{Rx} = ad$$

而
$$ad = -ab + bc + cd$$

故
$$F_{1x} + F_{2x} + F_{3x} = F_{Rx}$$

可推广到任意个汇交力的情形，可用公式表示为

$$F_{Rx} = F_{1x} + F_{2x} + F_{3x} + \cdots + F_{nx} = \sum F_x \tag{3-3}$$

即平面汇交力系的合力在任一轴上的投影，等于各分力在同一轴上投影的代数和，称为**合力投影定理**。

（三）解析法求平面汇交力系的合力

当平面内作用力系时，可选定直角坐标系求得力系中各力在 x 轴和 y 轴上的投影，再根据合力投影定理求出合力在 x 轴上的投影 F_{Rx}、F_{Ry}，由式(3-2)可得合力的大小和方向。

$$\left.\begin{aligned} F_R &= \sqrt{F_{Rx}^2 + F_{Ry}^2} = \sqrt{\left(\sum F_x\right)^2 + \left(\sum F_y\right)^2} \\ \tan\alpha &= \left|\frac{F_{Ry}}{F_{Rx}}\right| = \left|\frac{\sum F_y}{\sum F_x}\right| \end{aligned}\right\} \tag{3-4}$$

四、平面汇交力系平衡的解析条件

平面汇交力系平衡的必要和充分条件是：该力系的合力为零。

即
$$F_R = \sqrt{F_{Rx}^2 + F_{Ry}^2} = \sqrt{\left(\sum F_x\right)^2 + \left(\sum F_y\right)^2} = 0$$

式中，$\sum F_x^2$ 和 $\sum F_y^2$ 都恒为正数，则要使 $F_R = 0$，也只有

$$\left.\begin{aligned} \sum F_x &= 0 \\ \sum F_y &= 0 \end{aligned}\right\} \tag{3-5}$$

所以,平面汇交力系平衡的充分和必要的解析条件为:**力系中各力在两个坐标轴上投影的代数和均为零**。式(3-5)称为**平面汇交力系的平衡方程**。这是相互独立的两个方程,只能求解两个未知量。

【例 3-3】 如图 3-8(a)所示支架由杆 AB、AC 构成,A、B、C 三处都铰链,在 A 点悬挂重 $G=20$ kN 的重物,求杆 AB、AC 所受的力。杆的自重不计。

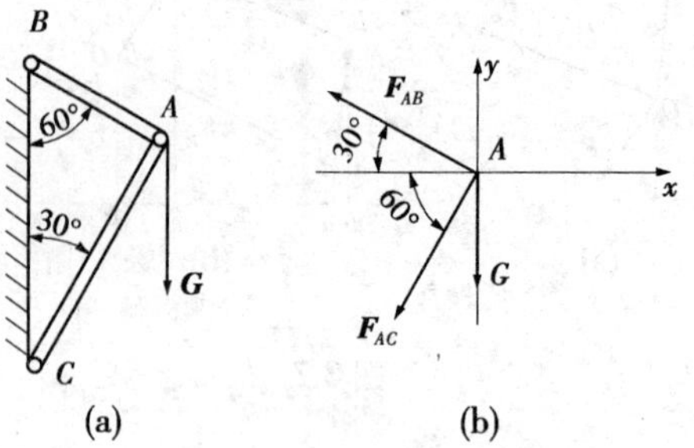

图 3-8

解 (1)以铰 A 为研究对象,受力图如图 3-8(b)所示。

杆 AB、AC 都是二力杆,故 $\boldsymbol{F}_{AB}$、$\boldsymbol{F}_{AC}$ 的作用线都沿杆轴方向,指向可先任意假设如图 3-8(b)所示。$\boldsymbol{F}_{AB}$、$\boldsymbol{F}_{AC}$和 $\boldsymbol{G}$ 三力汇交于 A 点,处于平衡状态。

(2)建立坐标系,并列出平衡方程式

$$\sum F_x = 0 \qquad -F_{AB}\cos30° - F_{AC}\cos60° = 0$$

$$\sum F_y = 0 \qquad F_{AB}\sin30° - F_{AC}\sin60° - G = 0$$

解联立方程可得

$$F_{AB} = 10\ \text{kN}$$

$$F_{AC} = -17.32\ \text{kN}$$

求出的结果为正值,说明假设的指向与实际指向一致;求出的结果为负值,说明假设的指向与实际指向相反。

第二节 力矩与力偶

一、力矩

(一) 力矩的概念

从实践中知道,力对物体的作用效果除能使物体移动外,还能使物体转动,力矩就是度量力使物体转动效果的物理量。

力使物体产生转动效应与哪些因素有关呢? 现以扳手拧螺帽为例,如图 3-9 所示。手加在扳手上的力 $\boldsymbol{F}$,使扳手带动螺帽绕中心 O 转动。力 $\boldsymbol{F}$ 越大,转动越快;力的作用线离转动中心越远,转动也越快;如果力的作用线与力的作用点到转动中心 O 点的连线不垂直,则转动的效果就差;当力的作用线通过转动中心 O 时,无论力多大也不能扳动螺帽;只有当力的作用线垂直于转动中心与力作用点的连线时，转动效果最好。另外，当力的大小和作用线不变而指向相反时，则使物体向相反的方向转动。在建筑工地上使用撬杠抬起重物，使用滑轮组起吊重物等也是实际的例子。通过大量的实践可总结得出以下的规律：使物体绕某点转动的效果，与力 $\boldsymbol{F}$ 的大小成正比，与转动中心到力的作用线的垂直距离 d 也成正比。这个垂直距离称为力臂，转动中心称为力矩中心（简称矩心）。力的大小与力臂的乘积称为**力 $\boldsymbol{F}$ 对点 O 之矩**（简称力矩）。计算公式可写为

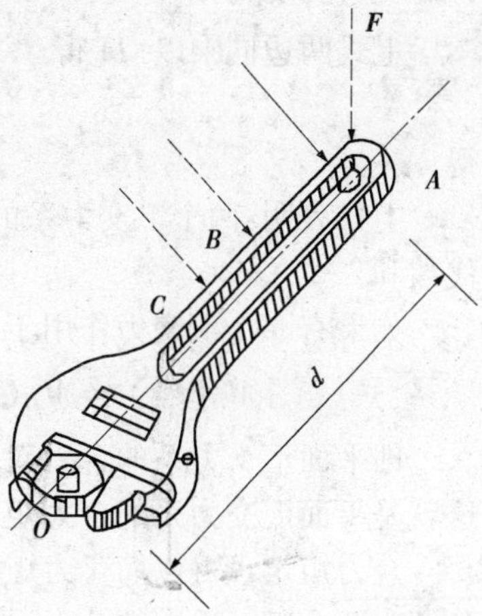

图 3-9

$$M_O(\boldsymbol{F}) = \pm Fd \tag{3-6}$$

式中的正负号表示力矩的转向。在平面内规定：力使物体绕矩心做逆时针方向转动时，力矩为正；力使物体做顺时针方向转动时，力矩为负。因此，力矩是一个代数量。

力矩的单位是 N·m 或 kN·m。

由力矩的定义可以得到如下力矩的性质：

(1)力 $\boldsymbol{F}$ 对点 O 的力矩，不仅决定于力的大小，同时与矩心有关，矩心位置不同力矩随之不同；

(2)当力的大小为零或力臂为零时，则力矩为零；

(3)力沿其作用线移动时，因为力的大小、方向和力臂均没有改变，所以力矩不变；

(4)相互平衡的两个力对同一点的力矩的代数和等于零。

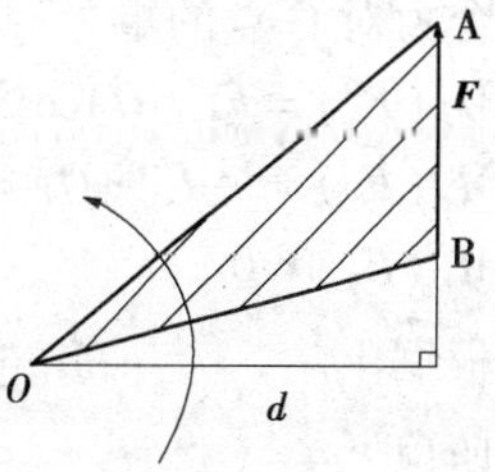

图 3-10

在图 3-10 中，A、B 代表力 $\boldsymbol{F}$ 的起点和终点，力 $\boldsymbol{F}$ 对 O 点的矩大小等于△OAB 的面积的两倍，即

$$M_O(\boldsymbol{F}) = \pm 2A_{\triangle OAB}$$

式中 $A_{\triangle OAB}$——三角形 OAB 的面积。

(二)合力矩定理

如图 3-11 所示，设在物体上有汇交于 A 点的两个共面力 $\boldsymbol{F}_1$ 和 $\boldsymbol{F}_2$，它们的合力为 $\boldsymbol{F}_R$。在平面内任取一点 O 为矩心，试求这两个汇交力的合力 $\boldsymbol{F}_R$ 对 O 点的矩与这两个分力对 O 点的矩之间的关系。

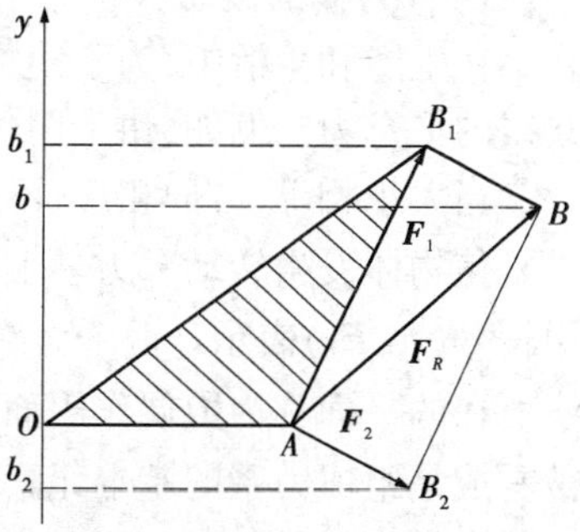

图 3-11

过 O 点并垂直于 OA 作 y 轴。$\boldsymbol{F}_1$、$\boldsymbol{F}_2$ 和 $\boldsymbol{F}_R$ 在 y 轴上的投影分别为

$$F_{1y} = Ob_1 \quad F_{2y} = -Ob_2 \quad F_{Ry} = Ob$$

各力对 O 点的矩分别是

$$M_O(\boldsymbol{F}_1) = 2A_{\triangle OAB_1} = Ob_1 \cdot OA = F_{1y} \cdot OA$$

$$M_O(\boldsymbol{F}_2) = -Ob_2 \cdot OA = F_{2y} \cdot OA$$

$$M_O(\boldsymbol{F}_R) = Ob \cdot OA = F_{Ry} \cdot OA$$

根据合力投影定理有

$$F_{Ry}=F_{1y}+F_{2y}$$

上式两边同乘以 OA 得

$$F_{Ry}\cdot OA=F_{1y}\cdot OA+F_{2y}\cdot OA$$

得
$$M_O(\boldsymbol{F}_R)=M_O(\boldsymbol{F}_1)+M_O(\boldsymbol{F}_2)$$

上式表明:两个汇交力系的合力对平面内任一点之矩,等于该两个分力对同一点的矩的代数和。

如果有 n 个汇交力作用于 A 点,同理可得

$$M_O(\boldsymbol{F}_R)=M_O(\boldsymbol{F}_1)+M_O(\boldsymbol{F}_2)+\cdots+M_O(\boldsymbol{F}_n)=\sum M_O(\boldsymbol{F}) \tag{3-7}$$

即平面汇交力系的合力对平面内任一点之矩,等于各分力对同一点的力矩的代数和。这就是**平面汇交力系的合力矩定理**。

合力矩定理可以简化力矩的计算。在求力对某点的矩时,若力臂较难确定,可将这个力分解为两个相互垂直的分力,再根据合力矩定理用两分力的力矩的代数和来代替合力对这点的矩。

【例 3-4】 求图 3-12 中汇交于 A 点各力的合力对 O 点的矩。已知 $F_1=20$ N,$F_2=40$ N,$F_3=50$ N,杆长 $OA=0.5$ m。

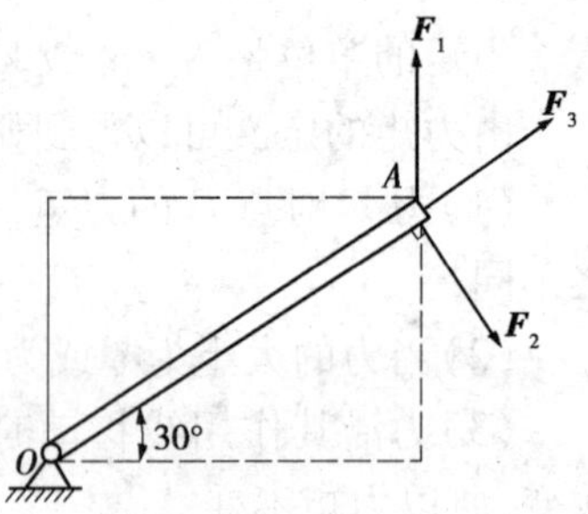

图 3-12

解 本题不必去求此汇交力系的合力及合力对 O 点之矩,可直接求各力对 O 点之矩,根据合力矩定理即得到合力对 O 点的矩。

$M_O(\boldsymbol{F}_1)=F_1\cdot OA\cos30^\circ=20\times0.5\times0.866=8.66(\text{N}\cdot\text{m})$

$M_O(\boldsymbol{F}_2)=-F_2\cdot OA=-40\times0.5=-20(\text{N}\cdot\text{m})$

$M_O(\boldsymbol{F}_3)=0$

根据 $$M_O(\boldsymbol{F}_R)=\sum M_O(\boldsymbol{F})$$

所以 $$M_O(\boldsymbol{F}_R)=8.66-20=-11.34(\text{N}\cdot\text{m})$$

二、力偶

(一)力偶的概念

在生产和生活中,为了使物体发生转动,常常在物体上施加两个大小相等、方向相反、不共线的平行力。例如,钳工用丝锥攻丝时两手加力在丝扛上,如图 3-13 所示。

当大小相等、方向相反、不共线的两个平行力 $\boldsymbol{F}$ 和 $\boldsymbol{F}'$ 作用在同一物体时,它们的作用效果是使物体发生转动。力学上把这种大小相等、方向相反、不共线的两个平行力叫做**力偶**,用符号($\boldsymbol{F},\boldsymbol{F}'$)表示。两个力作用线之间的垂直距离叫**力偶臂**(见图 3-14),两个力的作用线所在的平面称为力偶作用面。力偶不能再简化成比力更简单的形式,所以力偶与力一样被看成是组成力系的基本元素。

如何度量力偶对物体的作用效果呢? 由实践可知,组成力偶的力或力偶臂越大,力偶使物体转动的效应就越强;反之,就越弱。这说明力偶的转动效应不仅与两个力的大小有关,而且还与力偶臂的大小有关。与力矩类似,用力偶中一个力大小和力偶臂的乘积并冠以适当正负号(以示转向)来度量力偶对物体的转动效应,称为力偶矩,用 m 或 $m(\boldsymbol{F},\boldsymbol{F}')$ 表示,即

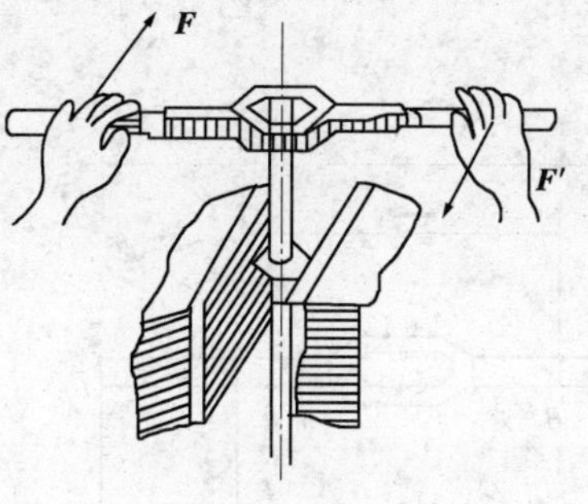

图 3-13

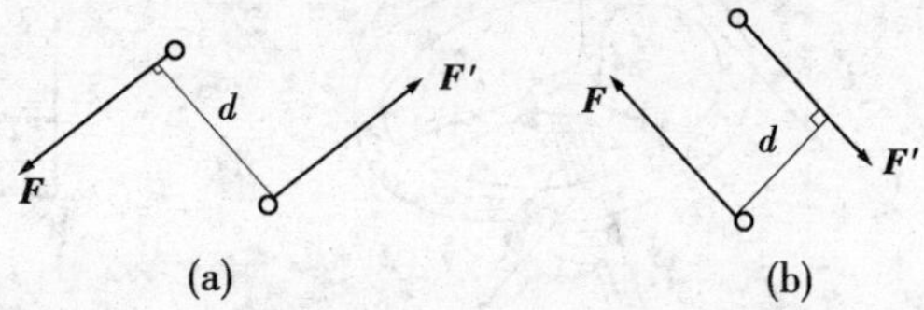

图 3-14

$$m = \pm Fd \tag{3-8}$$

使物体逆时针方向转动时，力偶矩为正；反之为负。如图 3-14 所示，所以力偶矩是代数量。力偶矩的单位与力矩的单位相同，常用单位为 N · m 或 kN · m。

大量实践证明，度量力偶对物体转动效应的三要素是：力偶矩的大小、力偶的转向、力偶的作用面。不同的力偶只要它们的三要素相同，对物体的转动效应就是一样的。

（二）力偶的基本性质

性质 1　力偶没有合力，所以力偶不能用一个力来代替，也不能与一个力平衡。

从力偶的定义和力的合力投影定理可知，力偶中的两个力在其作用面内的任意坐标轴上的投影的代数和恒为零，所以力偶没有合力。力偶对物体只能有转动效应，而一个力在一般情况下对物体有移动和转动两种效应。因此，力偶与力对物体的作用效应不同，其不能与一个力等效，也不能用一个力代替，也就是说力偶不能与一个力平衡，力偶只能与转向相反的力偶平衡。

性质 2　力偶对其作用面内任一点之矩恒等于力偶矩，且与矩心位置无关。

如图 3-15 所示的力偶$(\boldsymbol{F},\boldsymbol{F}')$，其力偶臂为 d，逆时针转向，其力偶矩 $m = Fd$，在其所在的平面内任选一点 O 为矩心，与 $\boldsymbol{F}'$的垂直距离为 x，则它到 $\boldsymbol{F}$ 的垂直距离为 $x + d$。显然，力偶$(\boldsymbol{F},\boldsymbol{F}')$对 O 点之矩是力 $\boldsymbol{F}$ 和 $\boldsymbol{F}'$分别对 O 点之矩的代数和，其值是

$$m_O(\boldsymbol{F},\boldsymbol{F}') = m_O(\boldsymbol{F}) + m_O(\boldsymbol{F}') = F(d + x) - F'x = Fd = m$$

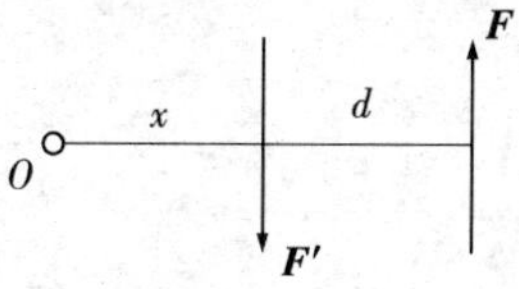

图 3-15

由于 O 点是任意选取的，所以性质 2 已得证。

性质 3　在同一平面内的两个力偶，如果它们的力偶矩大小相等、转向相同，则这两个力偶等效，称为力偶的等效条件。

从以上性质可以得到两个推论。

推论 1　力偶可在其作用面内任意转移，而不改变它对物体的转动效应，即力偶对物体的转动效应与它在作用面内的位置无关。

例如图 3-16 中所示作用在方向盘上的两个力偶$(\boldsymbol{F}_1,\boldsymbol{F}_1')$与$(\boldsymbol{F}_2,\boldsymbol{F}_2')$，只要它们的力偶矩大小相等，转向相同，作用位置虽不同，转动效应是相同的。

推论 2　在力偶矩大小不变的条件下，可以改变力偶中力的大小和力偶臂的长短，而不改变它对物体的转动效应。

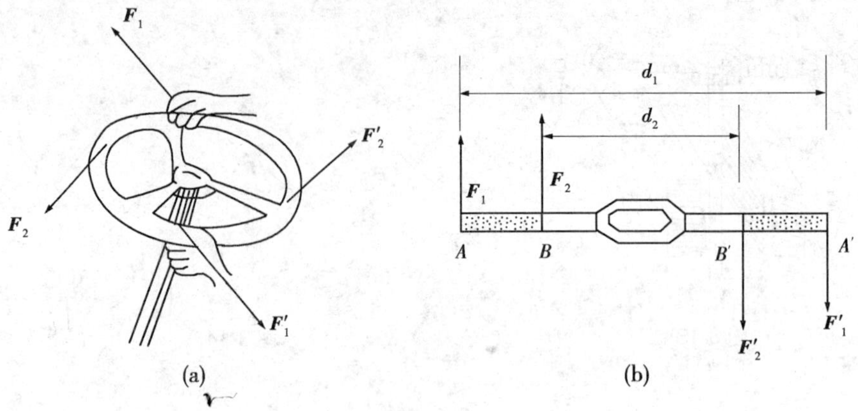

图 3-16

如图 3-16(b)所示,工人在利用丝锥攻螺纹时,作用在螺纹杠上的($\boldsymbol{F}_1,\boldsymbol{F}'_1$)和($\boldsymbol{F}_2,\boldsymbol{F}'_2$),虽然 d_1 和 d_2 不相等,但只要调整力的大小,使力偶矩 $F_1d_1=F_2d_2$,则两力偶的作用效果是相同的。

从上面两个推论可知,在研究与力偶有关的问题时,不必考虑力偶在平面内的作用位置,也不必考虑力偶中力的大小和力偶臂的长短,只需考虑力偶的大小和转向。所以,常用带箭头的弧线表示力偶,箭头方向表示力偶的转向,弧线旁的字母 m 或者数值表示力偶矩的大小,如图 3-17 所示。

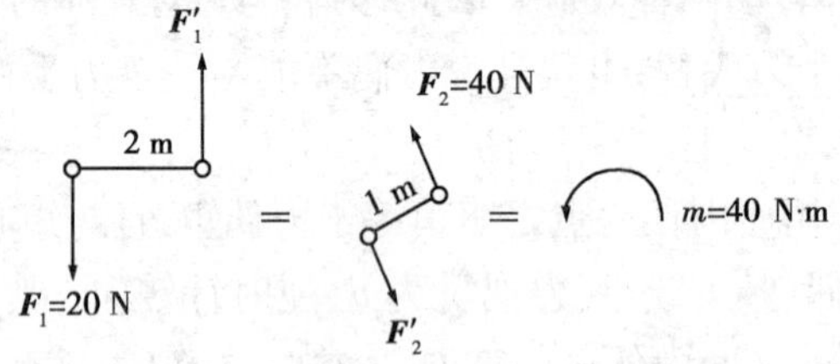

图 3-17

性质 4 力偶在任一轴上的投影等于零。因为力偶中的两个力大小相等、方向相反,所以这个结论成立。

(三)平面力偶系的合成

作用在物体上的一群力偶或一组力偶称为**力偶系**;作用面均在同一平面内的力偶系称为**平面力偶系**。

现在应用力偶的等效性来研究平面力偶系的合成问题。

设在同一个平面内的两个力偶($\boldsymbol{F}_1,\boldsymbol{F}'_1$)与($\boldsymbol{F}_2,\boldsymbol{F}'_2$),其力偶矩分别为 $m_1=F_1d_1$,$m_2=-F_2d_2$,如图 3-18(a)所示。任取线段 $AB=d$,保持力偶矩 m_1、m_2 不变而改变它们的力偶臂为 d ,得到与力偶($\boldsymbol{F}_1,\boldsymbol{F}'_1$)等效的新力偶($\boldsymbol{P}_1,\boldsymbol{P}'_1$)和与力偶($\boldsymbol{F}_2,\boldsymbol{F}'_2$)等效的新力偶($\boldsymbol{P}_2,\boldsymbol{P}'_2$)。$\boldsymbol{P}_1$、$\boldsymbol{P}_2$ 的大小可由下式算出

$$P_1=\frac{m_1}{d}\qquad P_2=\frac{m_2}{d}$$

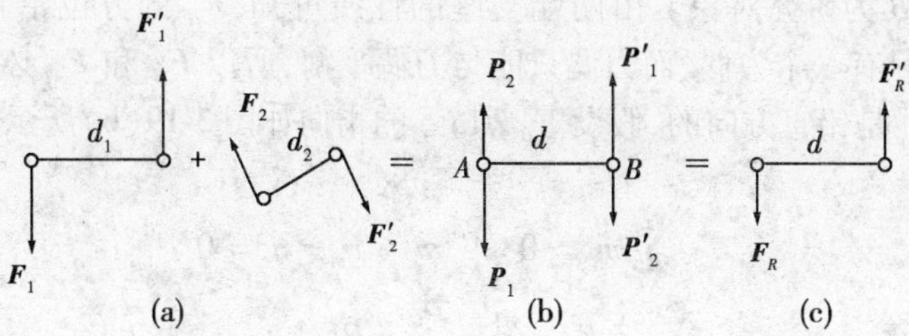

图 3-18

再将这两个新力偶在平面内移动和转动，使它们的力偶臂重合于 AB（见图 3-18（b））。然后将作用在 A 点的两个共线力合成，可得合力 $\boldsymbol{F}_R$。设 $P_1 > P_2$，则该合力 $\boldsymbol{F}_R$ 的大小为

$$F_R = P_1 - P_2$$

其方向与 $\boldsymbol{P}_1$ 相同。同理，作用在 B 点的两共线力合成为合力 $\boldsymbol{F}'_R$。可以看出，$\boldsymbol{F}_R$ 与 $\boldsymbol{F}'_R$ 等值、反向、作用线平行，它们形成了一个新力偶（$\boldsymbol{F}_R$，$\boldsymbol{F}'_R$）（见图 3-18（c））。这个新力偶与原来的两个力偶等效，是原有两个力偶的合力偶，其力偶矩是

$$m = F_R d = (P_1 - P_2)d = P_1 d - P_2 d$$

即

$$m = m_1 + m_2$$

于是可得出这样的结论：**平面力偶系可以合成为一个合力偶，其力偶矩等于各分力偶矩的代数和**，即

$$m = m_1 + m_2 + \cdots + m_n = \sum m_i \tag{3-9}$$

三、平面力偶的平衡

同时作用在物体上有两个或两个以上的力偶时，这些力偶叫做力偶系。在同一平面内的力偶系叫做平面力偶系。

平面力偶系可合成为一个合力偶，当合力偶矩等于零时，则力偶系中各力偶对物体的转动效应相互抵消，物体处于平衡状态；当合力偶矩不等于零时，则物体必有转动效应而不平衡。所以，平面力偶系平衡的必要和充分条件是：力偶中所有各力偶矩的代数和等于零，即

$$\sum m_i = 0 \tag{3-10}$$

利用式（3-10）解决平面力偶系的平衡问题，只能求一个未知量。

【例 3-5】 梁 AB 上作用一个力偶，其力偶矩 $m = Pa$，力偶的转向如图 3-19（a）所示，重量不计，求 A、B 支座的反力。

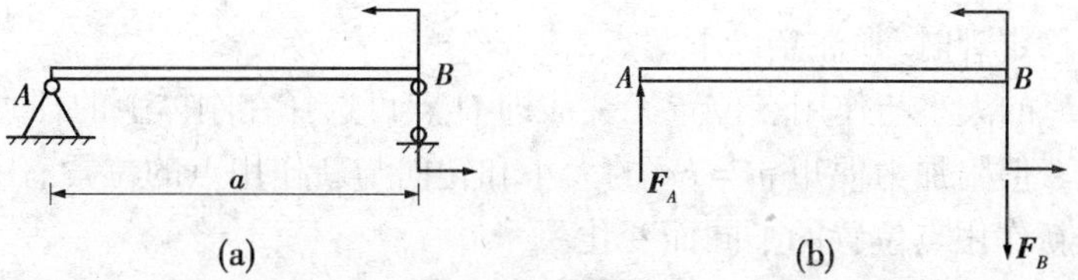

图 3-19

解　取梁 AB 为研究对象。由两端支座的性质可知，$\boldsymbol{F}_B$ 的方位铅直，而 $\boldsymbol{F}_A$ 的方位不定，但梁上荷载只有一个力偶，而力偶只能与力偶平衡，所以 $\boldsymbol{F}_B$ 和 $\boldsymbol{F}_A$ 必为一对力偶。这样 $\boldsymbol{F}_A$ 的方位也只能是铅直方向的，假设 $\boldsymbol{F}_B$ 和 $\boldsymbol{F}_A$ 的指向如图 3-19(b) 所示。由平面力偶的平衡条件得

$$\sum m = 0 \qquad m - F_A \cdot a = 0$$

$$F_A = \frac{m}{a} = \frac{Pa}{a} = P(\uparrow)$$

$$F_B = P(\downarrow)$$

第三节　平面一般力系

在平面力系中，如果各力的作用线不全汇交于一点，也不全相互平行，这样的力系叫做平面一般力系，平面一般力系是工程中常见的力系。例如，平面桁架、水坝、挡土墙等。

一、力的平移定理

根据力的可传性原理，我们知道力只有沿其作用线进行移动，才不会改变力的作用效果，如果不沿其作用线移动，任意平移又不会改变其作用效果，需要附加什么条件呢？

在图 3-20(a) 中，物体上 A 点作用有一个力 $\boldsymbol{F}$，如果在 O 点增加一对平衡力 $\boldsymbol{F}'$ 和 $\boldsymbol{F}''$，根据加减平衡力系公理可知，是不改变原力系的作用效果的。若使 $F' = F$，则力 $\boldsymbol{F}'$ 和 $\boldsymbol{F}$ 就形成一对力偶，其力偶矩为 $m = Fd = m_O(\boldsymbol{F})$。现在，原作用于 A 点的力 $\boldsymbol{F}$ 就与现在作用于 O 点的力 $\boldsymbol{F}''$ 和力偶 $(\boldsymbol{F},\boldsymbol{F}')$ 等效，即相当于将力 $\boldsymbol{F}$ 平移到 O 点，如图 3-20(c) 所示。

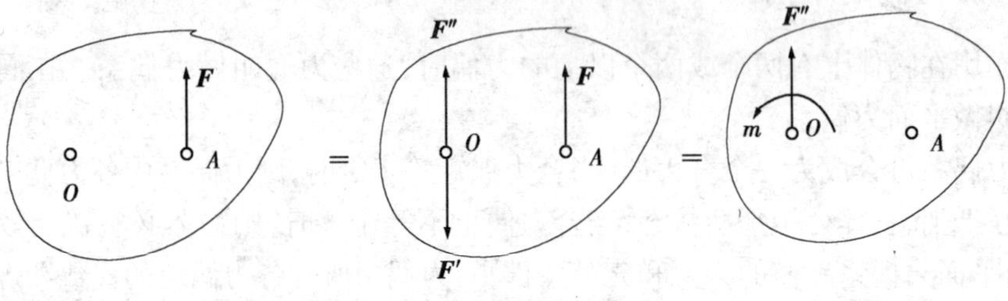

图 3-20

由以上得出：作用在刚体上的一个力 $\boldsymbol{F}$ 可以平移到同一刚体上的任一点 O，但必须同时附加一个力偶，力偶矩等于原力 $\boldsymbol{F}$ 对新作用点 O 的矩，称为力的平行移动定理，简称**力的平移定理**。

应用力的平移定理时，须注意以下两点：

(1) 平移力 $\boldsymbol{F}'$ 的大小与作用点位置无关。即 O 点可选择在刚体上的任意位置，而 $\boldsymbol{F}'$ 的大小与原力相同。但附加力偶矩 $m = Fd$ 的大小和转向与新作用点的位置有关，因为附加力偶的力臂 d 值因新作用点位置的不同而变化。

(2) 力的平移定理说明，一个力可以和一个力加上一个力偶等效。因此，也可将同一平面内的一个力和一个力偶合成为另一个力。如将图 3-20(c) 化为图 3-20(a) 的形式。

二、平面一般力系向作用面任一点简化

设在物体上作用有平面一般力系 $\boldsymbol{F}_1$、$\boldsymbol{F}_2$、…、$\boldsymbol{F}_n$，如图 3-21(a)所示，将这力系简化，首先在该力系的作用面内任选一点 O 作简化中心，根据力的平移定理，将各力系移到 O 点并附加一个力偶，如图 3-21(b)所示，于是得到一个作用于 O 点的平面汇交力系 $\boldsymbol{F}'_1$、$\boldsymbol{F}'_2$、…、$\boldsymbol{F}'_n$ 和附加力偶 m_1、m_2、…、m_n 组成的一个平面力偶系。其中，平面汇交力系 $\boldsymbol{F}'_1$、$\boldsymbol{F}'_2$、…、$\boldsymbol{F}'_n$ 中各力的大小和方向分别与原力系中各对应力相同，即

$$\boldsymbol{F}_1=\boldsymbol{F}'_1、\boldsymbol{F}_2=\boldsymbol{F}'_2、\cdots、\boldsymbol{F}_n=\boldsymbol{F}'_n$$

各附加的力偶矩分别等于原力系中各力对简化中心 O 点的力矩，即

$$m_1=M_O(\boldsymbol{F}_1) \qquad m_2=M_O(\boldsymbol{F}_2) \qquad m_n=M_O(\boldsymbol{F}_n)$$

平面汇交力系 $\boldsymbol{F}'_1$、$\boldsymbol{F}'_2$、…、$\boldsymbol{F}'_n$ 可以合成为作用在 O 点的一个力 $\boldsymbol{F}'_R$，这个力 $\boldsymbol{F}'_R$ 叫做**原力系的主矢量**；附加平面力偶系可以合成一个力偶 M'_O，这个力偶 M'_O 叫做**原力系的主矩**，如图 3-21(c)所示。

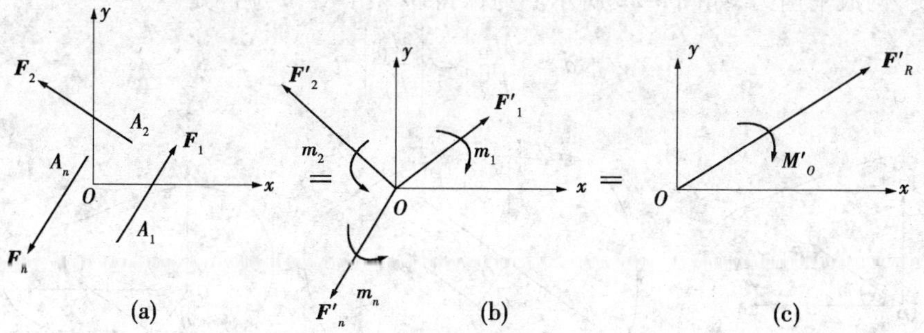

图 3-21

三、平面一般力系的合成

(一)平面一般力系的合成

主矢量的大小和方向可由平面汇交力系的合成方法得到。通过 O 点取直角坐标系，则可得

$$\left.\begin{aligned} F'_R &= \sqrt{(\sum F'_x)^2+(\sum F'_y)^2}=\sqrt{\sum F_x^2+\sum F_y^2} \\ \tan\alpha &= \left|\frac{\sum F'_y}{\sum F'_x}\right| = \left|\frac{\sum F_y}{\sum F_x}\right| \end{aligned}\right\} \tag{3-11}$$

α 为 $\boldsymbol{F}'_R$ 和 x 轴所夹的锐角，$\boldsymbol{F}'_R$ 的指向由 $\sum F_x$ 和 $\sum F_y$ 的正负号确定。

主矩 M'_O 可由平面力系的合成得到。即

$$M'_O = m_1+m_2+\cdots+m_n = M_O(\boldsymbol{F}_1)+M_O(\boldsymbol{F}_2)+\cdots+M_O(\boldsymbol{F}_n) = \sum M_O(\boldsymbol{F}) \tag{3-12}$$

由上可知：平面一般力系向作用面任一点简化的结果，是一个力和一个力偶。这个力叫

做原力系的主矢量，等于原力系各力的矢量和，作用在简化中心；这个力偶矩叫做原力系的主矩，等于原力系中各力对简化中心的力矩的代数和。

注意：作用于简化中心的主矢量 $\boldsymbol{F}'_R$ 一般并不是原力系的合力，主矩 M'_O 也不是原力系的合力偶，因为单独作用的 $\boldsymbol{F}'_R$ 和 M'_O 两者共同作用时才与原力系等效。

由式(3-11)可知，主矢量的大小和方向与简化中心的位置无关，即选取不同的简化中心，并不改变主矢量值；由式(3-12)可知，主矩一般与简化中心的位置有关，因为改变简化中心的位置，各力平移时产生的附加力偶的力偶臂将随之改变，所以对主矩应指明对哪个简化中心而言。

（二）平面一般力系简化结果的讨论

平面一般力系向一点 O 简化，一般可以得到一个主矢量 $\boldsymbol{F}'_R$ 和一个主矩 M'_O，但这并不是最后简化的结果，下面根据主矢量和主矩来研究平面一般力系合成的最后结果。

(1) 若 $\boldsymbol{F}'_R \neq 0, M'_O \neq 0$，这时根据力的平移定理的逆过程，可以进一步简化成一个作用于另一点 O' 的 $\boldsymbol{F}_R$，如图 3-22 所示，将主矩 M'_O 用两个反向平行力 $\boldsymbol{F}_R$ 和 $\boldsymbol{F}''_R$ 表示，并使 $\boldsymbol{F}''_R$ 和 $\boldsymbol{F}'_R$ 等值、共线，构成平衡力，如图 3-22 所示。为保持 M'_O 不变，d 应满足

$$d = \left|\frac{M'_O}{F'_R}\right| = \left|\frac{M'_O}{F_R}\right|$$

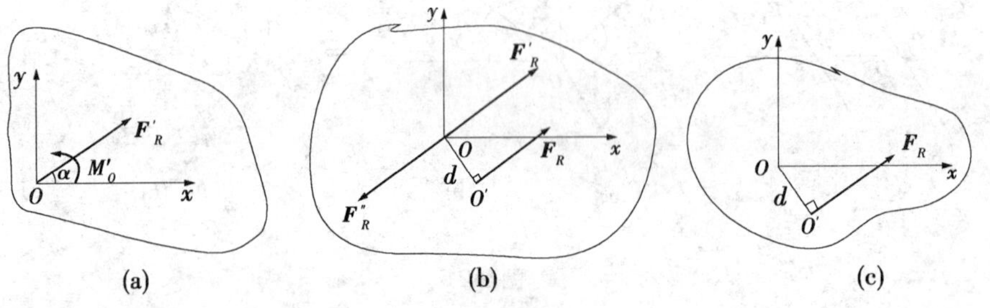

图 3-22

合力 $\boldsymbol{F}_R$ 在 O 点的哪一侧，由 M'_O 的转向和主矢量的指向来决定。

(2) $F'_R \neq 0, M'_O = 0$，则力系合成一个力。

这种结果说明原力系与通过中心的一个力等效。即原力系合成为一个合力，合力就是主矢量 $\boldsymbol{F}'_R$。这种结果与简化中心有关。

(3) $F'_R = 0, M'_O \neq 0$，则力系合成一个力偶。

这种结果说明原力系与一个力偶对任一点的矩都等于力偶矩本身，而与矩心无关，而主矢量 $\boldsymbol{F}'_R$ 与简化位置无关。所以，这种情况就是无论向哪一点简化，都是一个力偶，而且力偶矩保持不变。

(4) $F'_R = 0, M'_O = 0$，则力系平衡。

由此可知，平面一般力系合成的最后结果有三种：合成一个力或合成一个力偶，或力系平衡。

【例 3-6】 已知挡土墙自重 $G = 400$ kN，水压力 $Q = 180$ kN，土压力 $P = 300$ kN。各力的方向及作用线位置如图 3-23(a)所示，将这三个力向底面中心 O 点简化，并求简化的最后结果。

解 以底面中心 O 为简化中心，取坐标系如图 3-23 所示，由式(3-11)可求得主矢量 $\boldsymbol{F}'_R$ 的大小和方向，即

$$\sum F_x = Q - P\cos45° = 180 - 300 \times 0.707 = -32.1(\text{kN})$$

$$\sum F_y = -P\sin45° - G = -300 \times 0.707 - 400 = -612.1(\text{kN})$$

$$F'_R = \sqrt{(\sum F_x)^2 + (\sum F_y)^2} = \sqrt{(-32.1)^2 + (-612.1)^2} = 612.9(\text{kN})$$

$$\tan\alpha = \left|\frac{\sum F_y}{\sum F_x}\right| = \frac{612.1}{32.1} = 19.1$$

$$\alpha = 87°$$

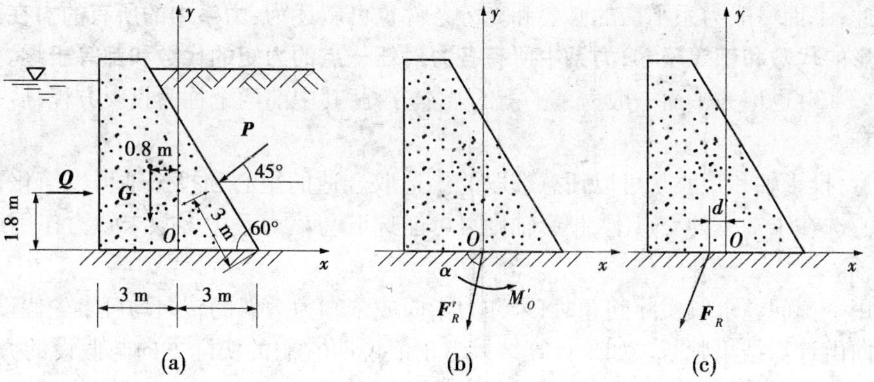

图 3-23

因为 $\sum F_x$ 和 $\sum F_y$ 都是负值，故 $\boldsymbol{F}'_R$ 在第三象限。

由式(3-12)可计算主矩

$$\begin{aligned} M'_O &= \sum M_O(\boldsymbol{F}) \\ &= -Q\times1.8 + P\cos45°\times3\times\sin60° - P\sin45°\times(3-3\cos60°) + G\times0.8 \\ &= -180\times1.8 + 300\times0.707\times3\times0.866 - 300\times0.707\times(3-3\times0.5) + 400\times0.8 \\ &= 228.9(\text{kN}\cdot\text{m}) \end{aligned}$$

计算结果为正值，表示 M'_O 逆时针转向。

因为 $F'_R \neq 0, M'_O \neq 0$，所以还可以进一步简化为一个合力 $\boldsymbol{F}_R$，$\boldsymbol{F}_R$ 的大小、方向与 $\boldsymbol{F}'_R$ 相同，它的作用线与 O 的距离为

$$d = \left|\frac{M'_O}{F'_R}\right| = \frac{228.9}{612.9} = 0.373(\text{m})$$

因 M'_O 为正，所以合力 $\boldsymbol{F}_R$ 应在 O 点左侧，如图 3-23(c)所示。

四、平面一般力系的平衡方程

平面任意力系(一般力系)的主矢和主矩都为零时，该力系处于平衡状态。要使平面一般力系平衡，则必须 $F'_R = 0, M'_O = 0$。所以，平面一般力系平衡的必要和充分条件是：**力系的**

主矢量及力系对任一点的主矩均为零。

$$F'_R = 0, M'_O = 0$$

$$F'_R = \sqrt{(\sum F_x)^2 + (\sum F_y)^2}$$

$$M'_O = \sum M_O(\boldsymbol{F})$$

故平面一般力系的平衡条件为

$$\left.\begin{aligned} \sum F_x &= 0 \\ \sum F_y &= 0 \\ \sum M_O(\boldsymbol{F}) &= 0 \end{aligned}\right\} \tag{3-13}$$

因此,平面一般力系平衡的必要和充分条件也可叙述为:**力系中的所有的力在两个坐标轴的投影的代数和都等于零;力系中所有各力对任一点的力矩的代数和都等于零。**

式(3-13)也称为平面一般力系平衡的基本方程,其中前两个称为投影方程,后一个称为力矩方程。

注意:投影轴和矩心是可以任意选取的。选取合适的矩心和投影轴可以简化计算。通常将矩心选在未知力的交点上,投影轴则尽可能选取与该力系中多数未知力作用线平行或垂直的轴。

在用平衡问题求解实际问题时,未知力指向或未知力力偶的转向均可事先假设,它们的实际方向由计算结果判断。如果计算结果为正值说明它们的实际方向与假设的方向相同;如果为负值,则说明它们的实际方向与所假设的方向相反。

【例 3-7】 一钢筋混凝土刚架受荷载及支承情况如图 3-24(a)所示:已知 $F = 10$ kN, $q = 4$ kN/m, $m = 2$ kN·m。试求支座 A、B 处支反力。

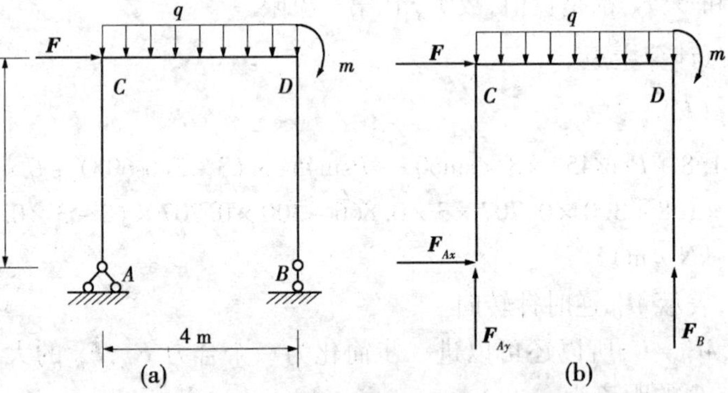

图 3-24

解 取刚架为研究对象,画其受力图,如图 3-24(b)所示。各支座反力指向都是假设的。作用在刚架上的力偶在任一坐标轴上的投影均为零。因此,力偶在投影过程中不出现;由于力偶对平面内任一点之矩等于力偶矩,而与矩心的位置无关,因此在力矩方程中可直接将力偶矩列入。

如图 3-24(b)所示,有:

由 $$\sum F_x = 0 \quad F + F_{Ax} = 0$$

得 $$F_{Ax} = -F = -10\ \text{kN}(\leftarrow)$$

由 $$\sum M_A = 0 \quad -F\times 4 - q\times 4\times 2 - m + F_B\times 4 = 0$$

$$-10\times 4 - 4\times 4\times 2 - 2 + F_B\times 4 = 0$$

得 $$F_B = 18.5\ \text{kN}(\uparrow)$$

由 $$\sum F_y = 0 \quad F_{Ay} - q\times 4 + F_B = 0$$

得 $$F_{Ay} = q\times 4 - F_B = 4\times 4 - 18.5 = -2.5(\text{kN})(\downarrow)$$

本题中，$\boldsymbol{F}_{Ay}$、$\boldsymbol{F}_{Ax}$值为负，说明$\boldsymbol{F}_{Ay}$、$\boldsymbol{F}_{Ax}$的实际指向与假设指向相反，在答案后面括号内应标注实际指向。

【例 3-8】 悬臂梁 AB 受有集度为 q 的均布荷载，并在自由端作用一集中力 $\boldsymbol{F}$，如图 3-25(a)所示，设梁长为 l。求固定端 B 的约束反力。

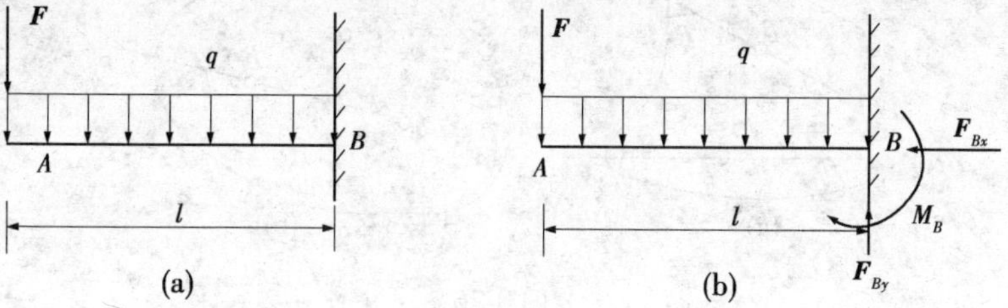

图 3-25

解 取梁 AB 为研究对象，其受力图如图 3-25(b)所示，选定坐标系，列平面一般力系平衡方程。

由 $$\sum F_x = 0$$

得 $$F_{Bx} = 0$$

由 $$\sum F_y = 0$$

得 $$-F - q\times l + F_{By} = 0$$

$$F_{By} = F + ql$$

由 $$\sum m_B = 0$$

得 $$Fl + ql\cdot\frac{l}{2} - M_B = 0$$

$$M_B = Fl + \frac{ql^2}{2}$$

力系平衡，则力系中各力在任一轴上的投影代数和必然等于零，力系中各力对任一点之矩的代数和必然等于零。因此，我们可再列其他的平衡方程，用以校核计算有无错误。

建筑工程中的雨篷、阳台等，它们一端牢固地嵌入墙内，另一端无约束，这类结构称为悬臂结构。其在力学计算时，都作为悬臂结构考虑。

五、平面一般力系平衡方程的其他形式

前面通过平面一般力系的平衡条件导出平面一般力系平衡方程的基本形式，此外，还可将平衡方程表示为二力矩形式及三力矩形式。

（一）二力矩形式的平衡方程

在力系作用内任取两点 A、B 及 x 轴，如图 3-26（a）所示，可以证明平面一般力系的平衡可改写成两个力矩方程和一个投影方程的形式。即

$$\left.\begin{aligned}\sum F_x &= 0\\ \sum M_A(\boldsymbol{F}) &= 0\\ \sum M_B(\boldsymbol{F}) &= 0\end{aligned}\right\}\tag{3-14}$$

其中 x 轴不能与 AB 连线垂直。

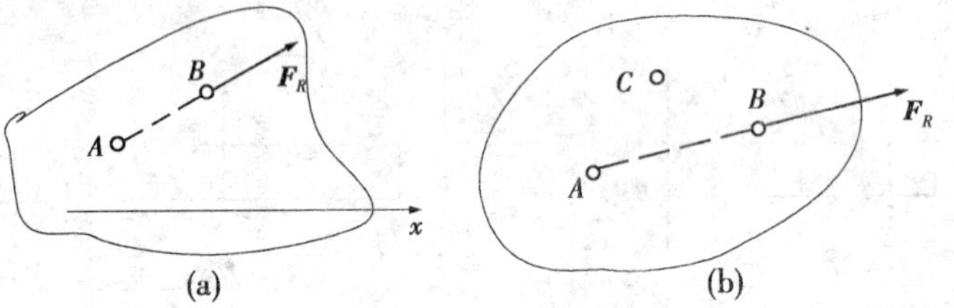

图 3-26

式（3-14）中 $\sum M_A(\boldsymbol{F})=0$、$\sum M_B(\boldsymbol{F})=0$ 两式成立，则力系可能合成为其作用线既通过 A 点又通过 B 点的一个合力 $\boldsymbol{F}_R$（见图 3-26（a））也可平衡。若 $\sum F_x=0$ 也成立，且 AB 连线不垂直 x 轴，则由图 3-26（a）可知，合力 $\boldsymbol{F}_R$ 必为零。由此可见，式（3-14）是平面一般力系平衡的必要和充分条件。

（二）三力矩形式

三力矩形式的平衡方程是

$$\left.\begin{aligned}\sum M_A(\boldsymbol{F}) &= 0\\ \sum M_B(\boldsymbol{F}) &= 0\\ \sum M_C(\boldsymbol{F}) &= 0\end{aligned}\right\}\tag{3-15}$$

式中 A、B、C 三点不在同一直线上。若式（3-15）中三式成立，则力系如果有合力，其作用线就应同时通过不在同一直线上的 A、B、C 三点（见图 3-26（b）），这是不可能的。因此，$\boldsymbol{F}_R$ 必为零，即力系必然平衡。反之，若力系平衡，则式（3-15）必然为零，即力系必然平衡。因此，三力矩形式也同样是平面一般力系平衡的必要和充分条件。

综上所述，平面一般力系有三种不同形式的平衡方程，无论采用哪种形式，都只能写出三个独立平衡方程。求出三个未知量。

【例 3-9】 图 3-27（a）所示为一个三角托架的受力情况，在横杆上 D 点作用一铅垂向下的荷载 $\boldsymbol{F}$。已知 $F=10$ kN，求铰 A、B 处的支座反力。

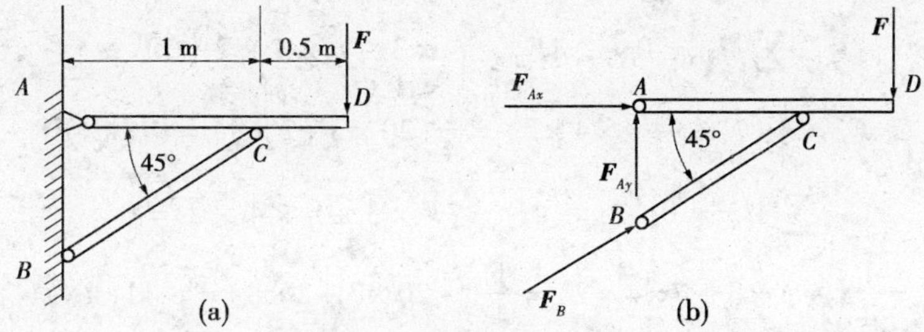

图 3-27

解 以整体三角形托架为研究对象。在托架上受到的主动力是已知荷载 F。铰 A、铰 B 是托架的约束。由于 BC 杆为二力构件，所以铰 B 的约束反力 F_B 沿杆 BC 的方向。假设 F_B 的方向如图 3-27(b)所示。铰 A 为固定铰支座，约束反力用两个未知力 F_{Ax}、F_{Ay} 表示，方向假设如图所示。画出三角托架的受力图如图 3-27(b)所示。

$$\sum M_A = 0 \qquad F_B\cos45° \times 1 - F \times 1.5 = 0$$

$$F_B = \frac{1.5F}{\cos45°} = \frac{1.5 \times 10}{0.707} = 21.2(\text{kN})$$

$$\sum M_C = 0 \qquad - F_{Ay} \times 1 - F \times 0.5 = 0$$

$$F_{Ay} = -F \times 0.5 = -10 \times 0.5 = -5(\text{kN})(\downarrow)$$

$$\sum F_x = 0 \qquad F_{Ax} + F_B\cos45° = 0$$

$$F_{Ax} = -F_B\cos45° = -21.2 \times 0.707 = -15(\text{kN})(\leftarrow)$$

$\boldsymbol{F}_{Ax}$、$\boldsymbol{F}_{Ay}$的计算结果为负值，说明假设的方向与实际方向相反。$\boldsymbol{F}_B$ 的计算结果为正，说明假设方向与实际方向相同。

【例 3-10】 求图 3-28(a)所示刚架的支座反力。

解 取整体为研究对象，A 为固定铰支座，用两个约束反力 $\boldsymbol{F}_{Ax}$、$\boldsymbol{F}_{Ay}$表示，B 支座为可动铰支座，由 $\boldsymbol{F}_B$ 表示约束反力。$\boldsymbol{F}_{Ax}$、$\boldsymbol{F}_{Ay}$方向均为假设。作整体的受力图如图 3-28(b)所示。

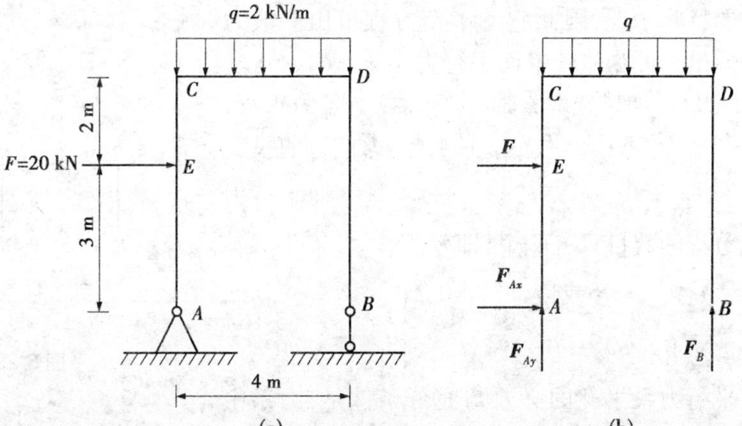

图 3-28

列平衡方程为

$$\sum M_A = 0 \qquad 4F_B - F\times 3 - q\times 4\times 2 = 0$$

$$F_B = \frac{1}{4}(F\times 3 + q\times 4\times 2) = \frac{1}{4}(20\times 3 + 2\times 8) = 19(\mathrm{kN})$$

$$\sum M_B = 0 \qquad -4F_{Ay} - F\times 3 + q\times 4\times 2 = 0$$

$$F_{Ay} = \frac{1}{4}(-F\times 3 + q\times 4\times 2) = \frac{1}{4}(-20\times 3 + 2\times 8) = -11(\mathrm{kN})(\downarrow)$$

$$\sum M_E = 0 \qquad F_{Ax}\times 3 - q\times 4\times 2 + F_B\times 4 = 0$$

$$F_{Ax} = \frac{1}{3}(-4F_B + q\times 4\times 2) = \frac{1}{3}(-4\times 19 + 2\times 8) = -20(\mathrm{kN})(\leftarrow)$$

$\boldsymbol{F}_{Ax}$、$\boldsymbol{F}_{Ay}$的计算结果为负值,说明假设的方向与实际方向相反。

校核 $\sum F_y = F_{Ay} + F_B - 4q = -11 + 19 - 4\times 2 = 0$

说明计算正确。

通过以上例题分析,可将平面一般力系平衡问题的解题步骤和方法归纳如下:

(1)根据题意选取适当的研究对象。

(2)对所选取的对象进行分析,画出受力图。

(3)根据具体情况列平衡方程。

注意:选取平衡方程时,要选取适当的坐标轴和矩心,尽量使平衡方程包含一个未知力。所选的坐标轴与未知力的作用线垂直时,该未知力在此轴上的投影为零,可使建立的投影方程中未知量的个数减少,但也要照顾到计算各力投影的方便;矩心选在两个未知力的交点上,这样通过矩心的这两个位置力的力矩等于零,使力矩方程中含有一个未知量。

(4)求出未知量后,可利用其他形式的平衡方程对计算结果进行校核。

第四节　平面平行力系的平衡

在平面力系中如果各力的作用线是相互平行的则称为**平面平行力系**。平面平行力系是平面一般力系的特殊情况,因此它的平衡方程可由一般力系的平衡方程导出。设物体受平面平行力系 $\boldsymbol{F}_1$、$\boldsymbol{F}_2$、…、$\boldsymbol{F}_n$ 的作用(见图3-29)。如果选取 x 轴(或 y 轴)与各力垂直,则不论力系是否平衡,每一个力在 x 轴(或 y 轴)上的投影恒等于零,即 $\sum F_x = 0$(或$\sum F_y = 0$),于是平面平行力系的独立平衡方程的数目只有两个,即

$$\left.\begin{aligned}&\sum F_x = 0(\text{或}\sum F_y = 0)\\&\sum M_O(\boldsymbol{F}) = 0\end{aligned}\right\}\tag{3-16}$$

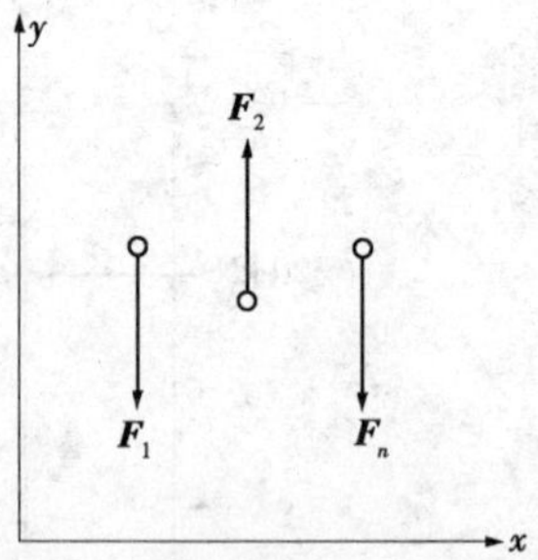

图3-29

因而平面平行力系平衡的必要与充分条件是:**力系中各力在 y 轴或 x 轴上投影的代数和等于零,各力对于作用面内任意一点之矩的代数和等于零**。式(3-16)为平面平行力系的平衡方程。

平面平行力系的平衡方程，也可用两个力矩方程的形式，即

$$\left.\begin{aligned}\sum M_A(\boldsymbol{F}) = 0\\ \sum M_B(\boldsymbol{F}) = 0\end{aligned}\right\} \tag{3-17}$$

其中 A、B 两点连线不得与各力作用线平行。

【例3-11】 简支梁 AB 所受的荷载及尺寸如图 3-30(a)所示，均布荷载 $q = 20$ kN/m，试求支座 A、B 的反力。

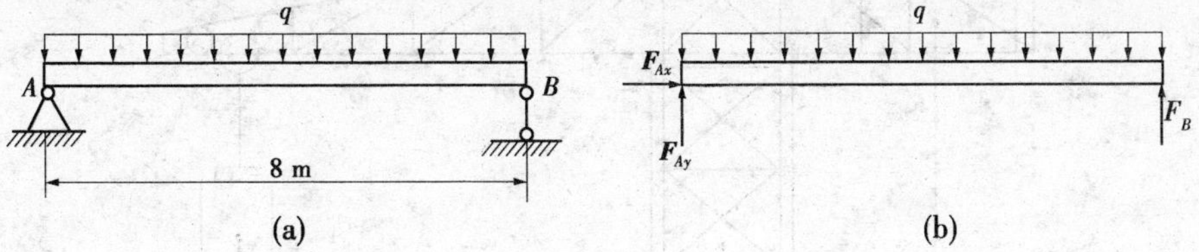

图 3-30

解 取梁 AB 为研究对象，画受力图如图 3-30(b)所示，作用在梁上的有已知荷载 q，未知力 $\boldsymbol{F}_{Ax}$、$\boldsymbol{F}_{Ay}$、$\boldsymbol{F}_B$。除 $\boldsymbol{F}_{Ax}$ 外，以上各力都互相平衡，显然在 $\sum F_x = 0$ 式中，$\boldsymbol{F}_{Ax}$ 必为零。于是，按平面平行力系的平衡方程求出 $\boldsymbol{F}_{Ax}$、$\boldsymbol{F}_B$。

根据合力矩定理，均布荷载对某矩心之和等于它们的合力 ql 对该矩心的力矩，均布荷载的合力 $ql = 20 \times 8 = 160$(kN)，方向与均布荷载相同，作用在 AB 段的中点。

由 $$\sum M_A = 0$$

得 $$-160 \times 4 + F_B \times 8 = 0$$

$$F_B = 80 \text{ kN}$$

由 $$\sum M_B = 0$$

得 $$160 \times 4 - F_{Ay} \times 8 = 0$$

$$F_{Ay} = 80 \text{ kN}$$

校核： $$\sum F_y = 80 - 160 + 80 = 0$$

说明计算正确。

【例3-12】 塔式起重机如图 3-31 所示，机架中 $G = 700$ kN，其作用线通过塔架的中心，最大起重量 $F_P = 200$ kN，其作用线到右轨的距离 $l = 10$ m，最大悬臂长 12 m，轨道 AB 的间距为 $b = 4$ m。平衡荷载重 F_Q 作用线到左轨的间距为 $a = 4$ m。为保证起重机在满载和空载时都不致翻倒，求平衡荷载重 F_Q 应为多少？

解 取起重机为研究对象。要使起重机不翻倒，应使作用在起重机上的所有力满足平衡条件。起重机所受的力有荷载的重力 $\boldsymbol{F}_P$、机架的重力 $\boldsymbol{G}$、平衡荷重 $\boldsymbol{F}_Q$ 及轨道的约束反力 $\boldsymbol{F}_A$、$\boldsymbol{F}_B$。受力图如图 3-31 所示。

当满载时，为使起重机不绕 B 点翻倒，这些力必须满足平衡方程 $\sum M_B = 0$。在临界情况下，$F_A = 0$，这时求出的 $\boldsymbol{F}_Q$ 值是所允许的最小值。即

$$\sum M_B = 0 \qquad F_{Q\min} \times (4 + 4) + 2 \times G - F_P \times 10 = 0$$

$$F_{Q\min} = 75 \text{ kN}$$

当空载时，$F_P = 0$ 为使起重机不绕 A 点翻倒，其上所受的力也必须满足平衡方程 $\sum M_A = 0$ 。在临界情况下，$F_B = 0$，这时求出的 F_Q 值是所允许的最大值。即

$$\sum M_A = 0 \qquad F_{Q\max} \times 4 - 2 \times G = 0$$

$$F_{Q\max} = 350 \text{ kN}$$

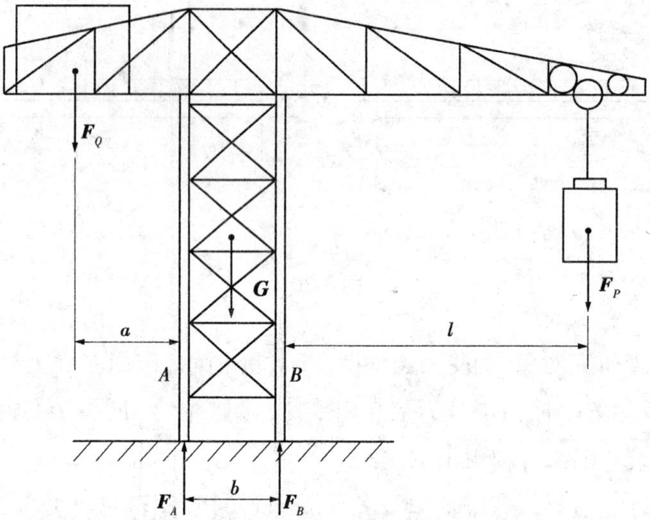

图 3-31

起重机实际工作时不允许处于极限状态，要使起重机不翻倒，平衡荷载应在 $F_{Q\min}$ 和 $F_{Q\max}$ 之间，即

$$75 \text{ kN} < F_Q < 350 \text{ kN}$$

第五节　物体系统的平衡

在实际工程中，常遇到由若干个物体通过一定的约束组成的系统。这种系统称为**物体系统**。例如，图 3-32 所示的连续梁，梁 AC 和梁 CD 通过铰 C 连接，并支承在 A、B、D 支座而组成的物体系统。研究物体系统的平衡问题时，不仅要知道外界物体对这个系统的作用力，同时还应分析系统内物体与物体之间的相互作用力。常将物体系统以外的物体作用在此物体上的力叫外力，而把物体之间的相互作用力叫内力。例如，图 3-32 所示的连续梁作用连续梁上的均布荷载 q 和 A、B、D 支座反力就是外力。而在铰 C 处，左右两段梁之间的相互作用力就是内力。

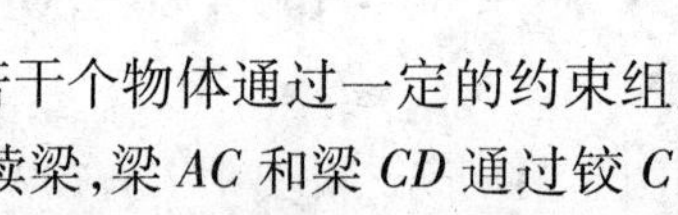

图 3-32

注意：外力和内力的概念是相对的，是对一定的研究对象而言的。例如，图 3-32 所示的连续梁，在铰 C 处两段梁的相互作用力对整体系统而言是内力，而对于梁 AC 或梁 CD 来讲就是外力。

求解外力时，就必须将物体系统拆开，分别分析各物体的受力情况，画出它们的受力图。计算物体系统的平衡问题时，可考虑整个系统的平衡，也可考虑系统内某一部分（一个物体或几个物体的组合）的平衡。因为当整个系统平衡时，系统中部分也平衡。所以，可选取整个系统作为研究对象，也可选取物体系统中某部分物体为研究对象。应用相应的平衡条件去求解未知量。对于一个由几个物体组成的物体系统来说，整个系统和每个物体都是在平面一般力系作用下的平衡问题，可以列出 3 个独立的平衡方程，对于由 n 个物体组成的物体系统就可以列出 $3n$ 个独立的平衡方程，因而可求 $3n$ 个未知量。如果系统中有的物体受平面汇交力系、平面平行力系或平面力偶系的作用，则整个系统的平衡方程个数将相应减少，而未知量也相应减少。

现举例说明求解物体系统平衡问题的方法。

【例 3-13】 多跨梁所受的荷载如图 3-33(a) 所示。已知 $F=20$ kN，$q=10$ kN/m，试求 A、B、D 的支反力及中间铰 C 的约束反力。

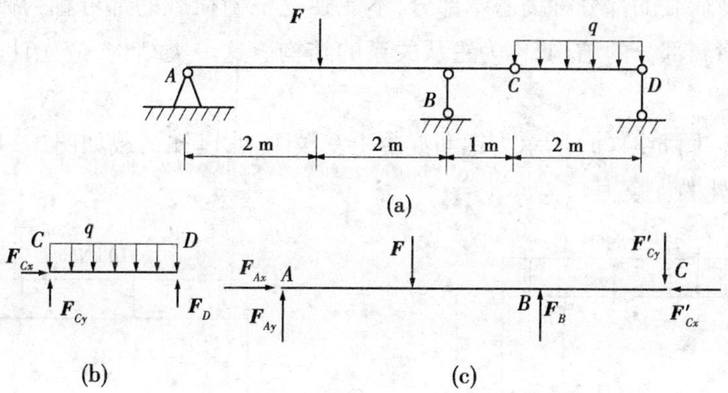

图 3-33

分析：该多跨梁由 AC 梁和 CD 梁组成，其中 A 端有 2 个未知力，B、D 支座处各有 1 个，铰链 C 处有 2 个未知力，共有 6 个未知力。若取整体有 4 个未知量不能求解；取 AC 梁为研究对象，有 5 个未知力，也不可解；取 CD 梁为研究对象，有 3 个未知力，可以求解。因此，应先取 CD 梁为研究对象，求出 C、D 的约束反力后，再取 AC 梁为研究对象求 A、B 的约束反力。

解 (1) 选取 CD 为研究对象，画其受力图如图 3-33(b) 所示，列平衡方程

$\sum F_x = 0 \qquad F_{Cx} = 0$

$\sum M_C = 0 \qquad -q \times 2 \times 1 + F_D \times 2 = 0$

$$F_D = \frac{2 \times 10 \times 1}{2} = 10(\text{kN})$$

$\sum F_y = 0 \qquad F_{Cy} + F_D - q \times 2 = 0$

$$F_{Cy} = -F_D + q\times 2 = -10 + 2\times 10 = 10(\text{kN})$$

(2)选取 AC 梁为研究对象,画 AC 梁的受力图如图 3-33(c)所示,列平衡方程

$\sum F_x = 0$　　　$F_{Ax} - F'_{Cx} = 0$

$$F_{Ax} = F'_{Cx} = 0$$

$\sum M_A(\boldsymbol{F}) = 0$　　　$-F\times 2 + F_B \times 4 - F'_{Cy}\times 5 = 0$

$$-20\times 2 + F_B\times 4 - 10\times 5 = 0$$

$$F_B = 22.5\ \text{kN}$$

$\sum M_B(\boldsymbol{F}) = 0$　　　$-F_{Ay}\times 4 + F\times 2 - F'_{Cy}\times 1 = 0$

$$-F_{Ay}\times 4 + 20\times 2 - 10\times 1 = 0$$

$$F_{Ay} = 7.5\ \text{kN}$$

讨论:

(1)本题也可在选取 CD 梁之后,再选取整体系统为研究对象。

(2)本题中的梁,如将铰链 C 去掉后,AC 梁可以独立平衡,而 CD 梁不能独立平衡。结构中能独立平衡荷载的部分称为**基本部分**,不能独立平衡荷载的部分称为**附属部分**。可分为基本部分和附属部分的结构,称为**主从关系的结构**。这一类结构,应先计算附属部分,后算基本部分。

【例 3-14】　图 3-34(a)所示为钢筋混凝土三铰刚架,已知荷载如图 3-34(a)所示,求支座 A、B 及铰 C 处的支反力。

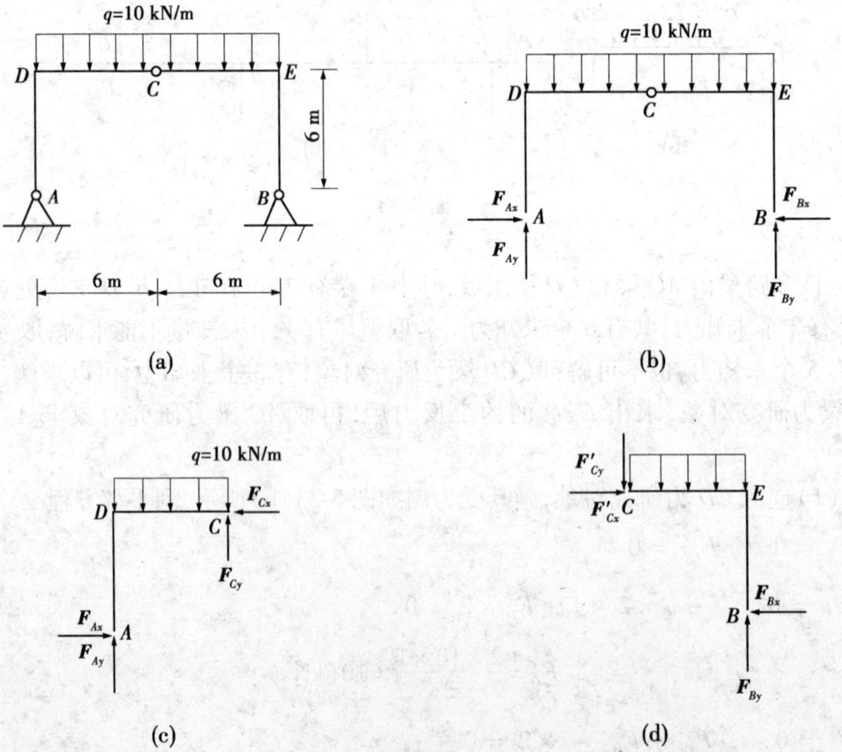

图 3-34

分析：三铰刚架由左右两个部分组成，作用在结构上均布荷载 q，约束反力为 $\boldsymbol{F}_{Ax}$、$\boldsymbol{F}_{Ay}$、$\boldsymbol{F}_{Bx}$、$\boldsymbol{F}_{By}$。画受力图如图 3-34(b)所示。

取左半部分为研究对象，约束反力也有 4 个未知力，$\boldsymbol{F}_{Ax}$、$\boldsymbol{F}_{Ay}$、$\boldsymbol{F}_{Cx}$、$\boldsymbol{F}_{Cy}$。同理，右半部分也有 4 个未知力，但 $\boldsymbol{F}_{Cx}$、$\boldsymbol{F}_{Cy}$ 和 $\boldsymbol{F}'_{Cx}$、$\boldsymbol{F}'_{Cy}$ 是作用力和反作用力关系。所以，总的未知量有 6 个，可分别选取整体和半个结构为研究对象，或选取左右两部分为研究对象，列出 6 个平衡方程，求解 6 个未知量。

解 (1)取整体为研究对象，画受力图如图 3-34(b)所示。

$$\sum M_A(\boldsymbol{F}) = 0 \qquad -q \times 12 \times 6 + F_{By} \times 12 = 0$$

$$-10 \times 12 \times 6 + F_{By} \times 12 = 0$$

$$F_{By} = 60 \text{ kN}$$

$$\sum M_B(\boldsymbol{F}) = 0 \qquad q \times 12 \times 6 - F_{Ay} \times 12 = 0$$

$$10 \times 12 \times 6 - F_{Ay} \times 12 = 0$$

$$F_{Ay} = 60 \text{ kN}$$

$$\sum F_x = 0 \qquad F_{Ax} = F_{Bx}$$

(2)取左半部分为研究对象，如图 3-34(c)所示。

$$\sum M_C(\boldsymbol{F}) = 0 \qquad q \times 6 \times 3 + F_{Ax} \times 6 - F_{Ay} \times 6 = 0$$

$$10 \times 6 \times 3 + F_{Ax} \times 6 - 60 \times 6 = 0$$

$$F_{Ax} = 30 \text{ kN}$$

$$\sum F_x = 0 \qquad F_{Cx} = F_{Ax} = 30 \text{ kN}$$

$$\sum M_A(\boldsymbol{F}) = 0 \qquad -q \times 6 \times 3 + F_{Cx} \times 6 + F_{Cy} \times 6 = 0$$

$$-10 \times 6 \times 3 + 30 \times 6 + F_{Cy} \times 6 = 0$$

$$F_{Cy} = 0$$

本章小结

一、平面汇交力系的合成与平衡

平面汇交力系的合成与平衡运用了几何法和解析法。

(一)平面汇交力系的合成

平面汇交力系的合成结果是一个合力。

几何法：根据力的多边形法则求合力，力多边形的封闭边表示合力的大小和方向。

解析法：根据合力投影定理，利用力系中各分力在两个直角坐标轴的投影的代数和，求合力的大小和方向。

(二)平面汇交力系平衡的必要与充分条件

平面汇交力系平衡的几何条件是：力多边形自行封闭。

平面汇交力系平衡的解析条件是：力系中各力在两个坐标轴上投影的代数和均为零。

$$\left.\begin{aligned}\sum F_x &= 0\\ \sum F_y &= 0\end{aligned}\right\}$$

二、力矩、力偶系的合成与平衡

(一)力矩

力矩是力使物体绕矩心转动效应的度量。力的大小与力臂的乘积称为力 $\boldsymbol{F}$ 对点 O 之矩。

力矩正负号在平面内规定:力使物体绕矩心做逆时针方向转动时,力矩为正;力使物体做顺时针方向转动时,力矩为负。

(二)合力矩定理

平面汇交力系的合力对平面内任一点之矩,等于各分力对同一点的力矩的代数和。

(三)力偶

大小相等、方向相反、不共线的两个平行力叫力偶。

力偶的基本性质如下。

性质 1 力偶没有合力,所以力偶不能用一个力来代替,也不能与一个力平衡。

性质 2 力偶对其作用面内任一点之矩恒等于力偶矩,且与矩心位置无关。

性质 3 在同一平面内的两个力偶,如果它们的力偶矩大小相等、转向相同,则这两个力偶等效,称为力偶的等效条件。

推论 1 力偶可在其作用面内任意转移,而不改变它对物体的转动效应,即力偶对物体的转动效应与它在作用面内的位置无关。

推论 2 在力偶矩大小不变的条件下,可以改变力偶中力的大小和力偶臂的长短,而不改变它对物体的转动效应。

性质 4 力偶在任一轴上的投影等于零。

(四)平面力偶系

平面力偶系可以合成为一个合力偶,其力偶矩等于各分力偶矩的代数和,即

$$m = m_1 + m_2 + \cdots + m_n = \sum m_i$$

平面力偶系平衡的必要和充分条件是:力偶中所有各力偶矩的代数和等于零,即

$$\sum m_i = 0$$

三、平面一般力系的合成与平衡

(1)力的平移定理。作用在刚体上的一个力 $\boldsymbol{F}$ 可以平移到同一刚体上的任一点 O,但必须同时附加一个力偶,力偶矩等于原力 $\boldsymbol{F}$ 对新作用点 O 的矩,称为力的平行移动定理,简称力的平移定理。

(2)平面一般力系向作用面内任一点简化的结果,是一个力和一个力偶。这个力叫做原力系的主矢量,等于原力系各力的矢量和,作用在简化中心;这个力偶矩叫做原力系的主矩,等于原力系中各力对简化中心的力矩的代数和。

(3)平面一般力系的平衡方程有以下三种形式:

基本形式

$$\left.\begin{aligned}\sum F_x &= 0\\ \sum F_y &= 0\\ \sum M_O(\boldsymbol{F}) &= 0\end{aligned}\right\}$$

二力矩形式

$$\left.\begin{aligned}\sum F_x &= 0\\ \sum M_A(\boldsymbol{F}) &= 0\\ \sum M_B(\boldsymbol{F}) &= 0\end{aligned}\right\}$$

适用条件:A、B 两点的连线不与 x 轴垂直。

三力矩形式

$$\left.\begin{aligned}\sum M_A(\boldsymbol{F}) &= 0\\ \sum M_B(\boldsymbol{F}) &= 0\\ \sum M_C(\boldsymbol{F}) &= 0\end{aligned}\right\}$$

适用条件:A、B、C 三点的连线不共线。

平面一般力系只有三个独立的平衡方程,可求解三个未知力。

(4)平面平行力系的平衡方程为

$$\left.\begin{aligned}&\sum F_x = 0(\text{或}\sum F_y = 0)\\ &\sum M_O(\boldsymbol{F}) = 0\end{aligned}\right\}$$

或

$$\left.\begin{aligned}\sum M_A(\boldsymbol{F}) &= 0\\ \sum M_B(\boldsymbol{F}) &= 0\end{aligned}\right\}$$

其中 A、B 两点的连线不平行于各力的作用线。

平面平行力系只有两个独立的平衡方程,可求解两个未知力。

(5)计算物体系统的平衡问题时,可考虑整个系统的平衡,也可考虑系统内某一部分(一个物体或几个物体的组合)的平衡。

思考题

3-1 某平面力系向 A、B 两点简化的主矩皆为零,此力系简化的最终结果可能是一个力吗?可能是一个力偶吗?可能平衡吗?

3-2 平面汇交力系向汇交点以外简化,其结果可能是一个力吗?可能是一个力偶吗?可能是一个力和一个力偶吗?

3-3 若平面汇交力系的各力在任意两个互不平行的轴上的投影之代数和均为零,试说明该力系一定平衡。

3-4 平面一般力系的合力与其主矢量的关系怎样?在什么情况下其主矢量即为合力?

3-5 在简化一个已知平面力系时,选取不同的简化中心,主矢和主矩是否相同?力系简化的最后结果会不会改变？为什么？

3-6　已知两个矢量 $\boldsymbol{F}_1$ 和 $\boldsymbol{F}_2$，试说明下列式子的意义和区别：

(1) $\boldsymbol{F}_1 = \boldsymbol{F}_2$；

(2) $F_1 = F_2$；

(3) 力 $\boldsymbol{F}_1$ 等效于力 $\boldsymbol{F}_2$；

(4) $\boldsymbol{F}_R = \boldsymbol{F}_1 + \boldsymbol{F}_2$；

(5) $F_R = F_1 + F_2$；

(6) 合力 $\boldsymbol{F}_R = \boldsymbol{F}_1 + \boldsymbol{F}_2$。

习　题

3-1　起吊时构件在图 3-35 所示的位置平衡，构件重 $G = 30$ kN，试用几何法求钢索 AB、AC 的拉力。

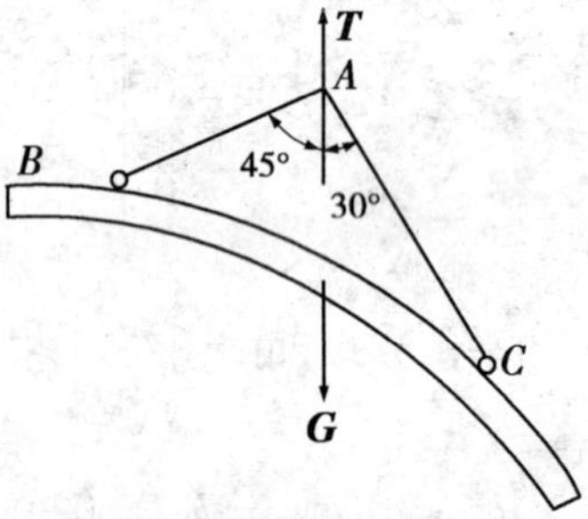

图 3-35

3-2　已知 $F = 10$ kN，A、B、C 三处都是铰接，杆的自重不计，求图 3-36 所示的三角支架各杆所受的力。

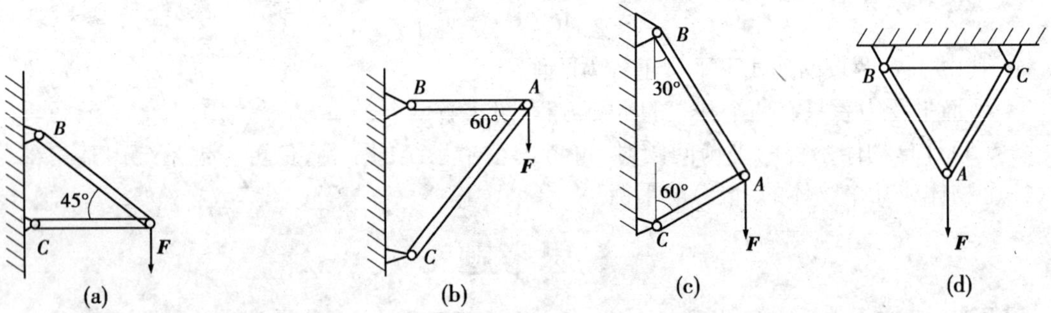

图 3-36

3-3　如图 3-37 所示，起重机用钢丝绳吊起重量 $G = 2$ kN 的重物，A、B、C 三处为铰接，不计自重及滑轮的大小，求杆 AB 和 AC 所受的力。

3-4　各梁受荷载作用如图 3-38 所示。试求：

(1) 各力偶分别对 A、B 点的矩。

(2) 各力偶在 x、y 轴上的投影。

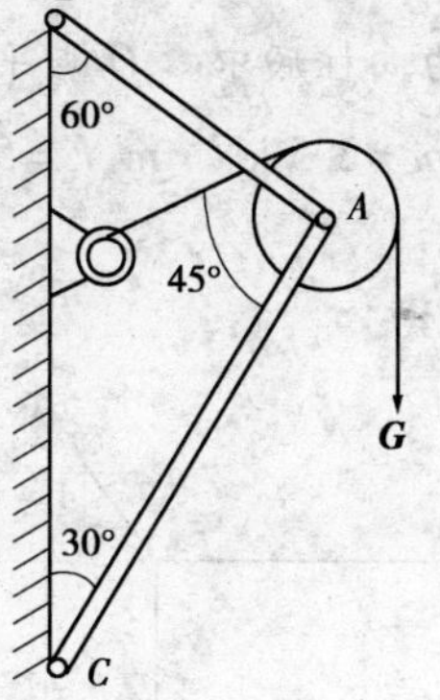

图 3-37

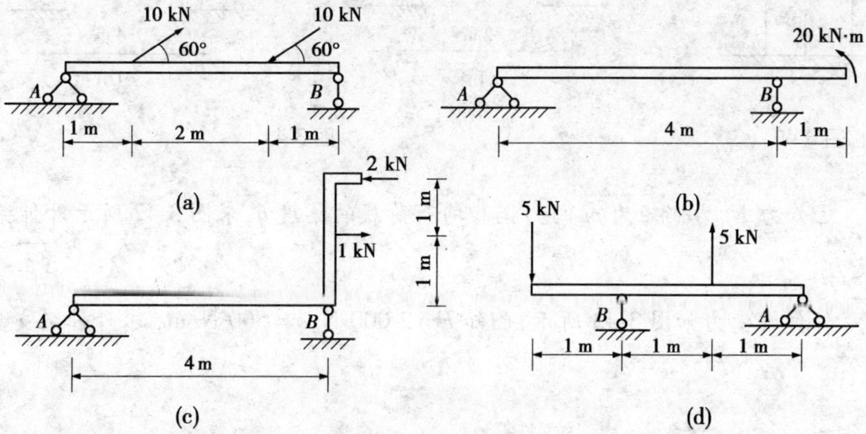

图 3-38

3-5　求图 3-39 所示各梁的支反力。

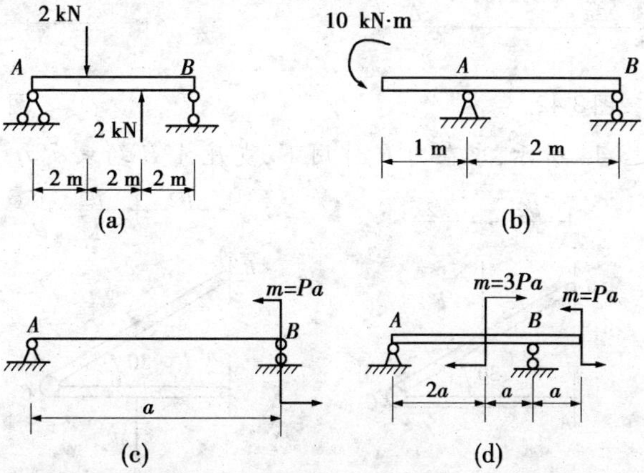

图 3-39

3-6　图 3-40 所示中某厂房柱受吊车荷载 $P=400\ \mathrm{kN}$，屋顶传来荷载 $F=10\ \mathrm{kN}$，已知 $e_1=0.15\ \mathrm{m}$，$e_2=0.25\ \mathrm{m}$，试将此两力向柱底中心 O 点平移，计算其附加力偶矩。

3-7　如图 3-41 所示刚架，已知 $m=2.5\ \mathrm{kN\cdot m}$，$F=5\ \mathrm{kN}$，$q=1\ \mathrm{kN/m}$。试求刚架支座 A、B 的约束反力。

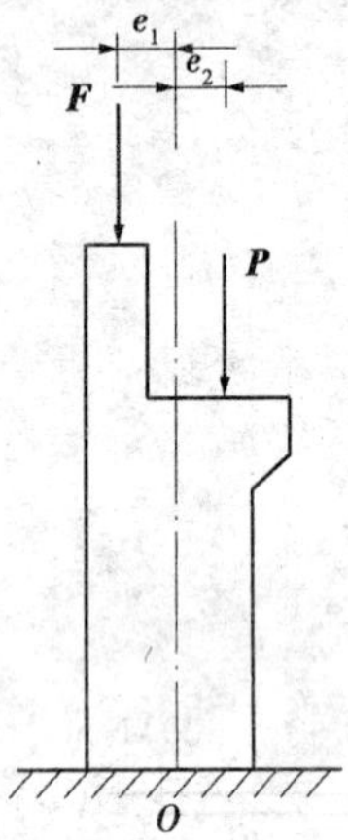

图 3-40

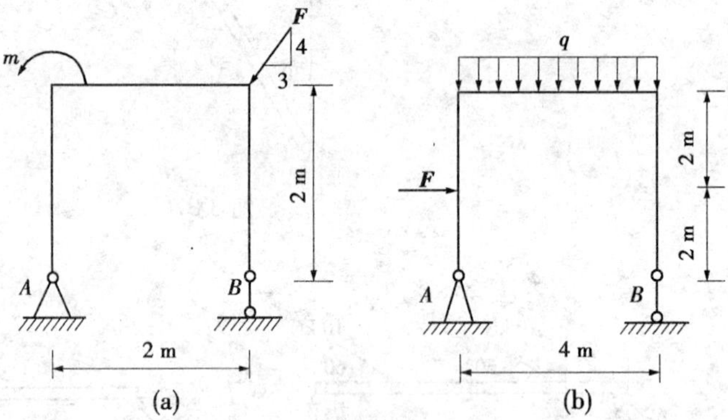

图 3-41

3-8　已知力 $\boldsymbol{F}$、力偶矩为 m 的力偶和均布荷载的集度 q，求图 3-42 所示外伸梁支座 A、B 约束反力。

3-9　外伸梁受力如图 3-43 所示，已知 $F=2\ 000\ \mathrm{N}$，$q=500\ \mathrm{N/m}$，求外伸梁支座 A、B 约束反力。

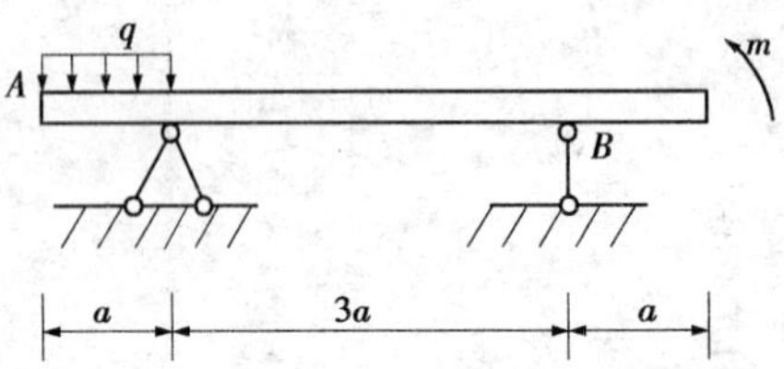

图 3-42

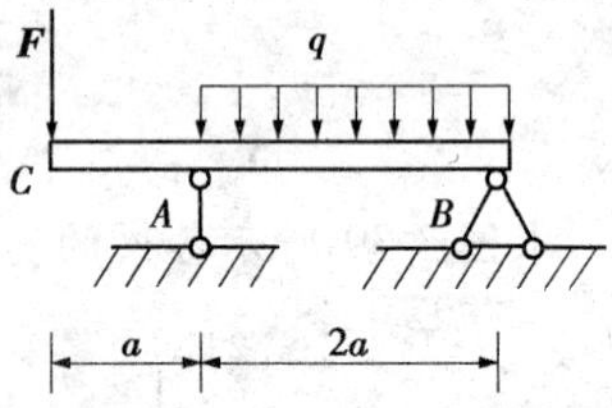

图 3-43

3-10　支架如图 3-44 所示，求在力 $\boldsymbol{F}$ 作用下，支座 A、B 约束反力。

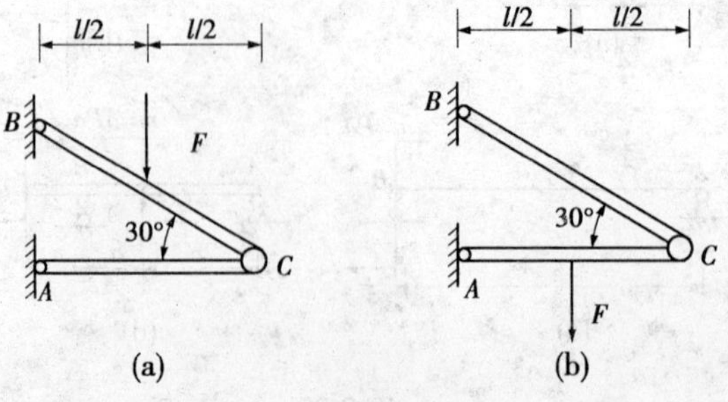

图 3-44

3-11 求如图 3-45 所示多跨静定梁的支座约束反力。

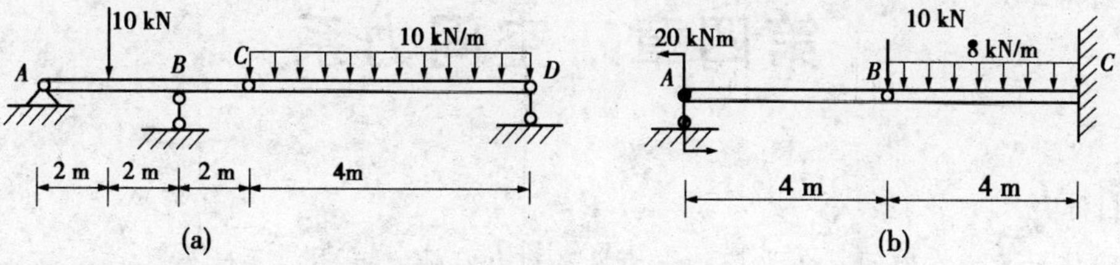

图 3-45

3-12 如图 3-46 所示三角拱,求支座 A、B 约束反力及铰链 C 的约束反力。

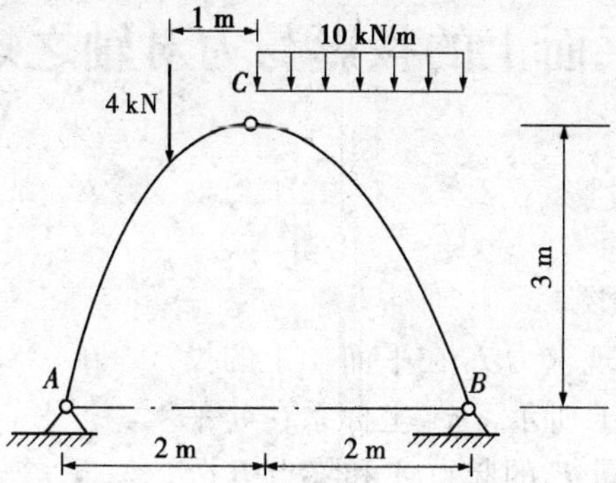

图 3-46

第四章　空间力系

学习目标

(1)能计算力在空间直角坐标轴上的投影和力对轴的矩。
(2)能运用空间力系的平衡方程求解单个物体的空间平衡问题。

力的作用线不在同一平面内时，称为空间力系。

第一节　力在平面上的投影与力对轴之矩和力对点之矩

一、力在平面上的投影

(一)力在平面上的投影

设一力和任意平面 n，现求力 $\boldsymbol{F}$ 在平面 n 上的投影。设坐标系 $Oxyz$ 如图 4-1 所示，Oxy 坐标系在 n 平面内，z 轴与其垂直。从矢量 $\boldsymbol{F}$ 的起点 A 和终点 B 分别作 Oxy 坐标平面的垂线，分别相交于 a、b 两点，则矢量$\vec{ab}$称为力矢量 $\boldsymbol{F}$ 在坐标平面上的投影，记为 $\boldsymbol{F}_{xy}$。

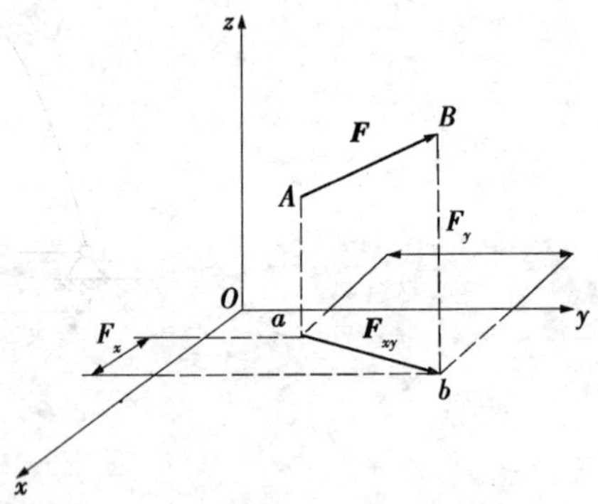

图 4-1

力在平面上的投影不但有大小，而且还有方向，是一个矢量。

用同样的方法可以求出 $\boldsymbol{F}$ 在 Oyz、Ozx 坐标平面上投影 $\boldsymbol{F}_{yz}$、$\boldsymbol{F}_{zx}$。

(二)力的大小和方向

如果已知一个力 $\boldsymbol{F}$ 在三个坐标轴上的投影，就能求出该力 $\boldsymbol{F}$ 大小，并能确定力 $\boldsymbol{F}$ 的方向。

设力 $\boldsymbol{F}$ 在 x、y、z 轴上的投影分别为 F_x、F_y、F_z(见图 4-2)，根据矢量代数的有关知识可知，力 $\boldsymbol{F}$ 的大小为

$$F = \sqrt{F_x^2 + F_y^2 + F_z^2} \qquad \text{(a)}$$

力 $\boldsymbol{F}$ 的方向由方向余弦

$$\left.\begin{aligned} \cos\alpha &= \frac{F_x}{F} \\ \cos\beta &= \frac{F_y}{F} \\ \cos\gamma &= \frac{F_z}{F} \end{aligned}\right\} \qquad \text{(b)}$$

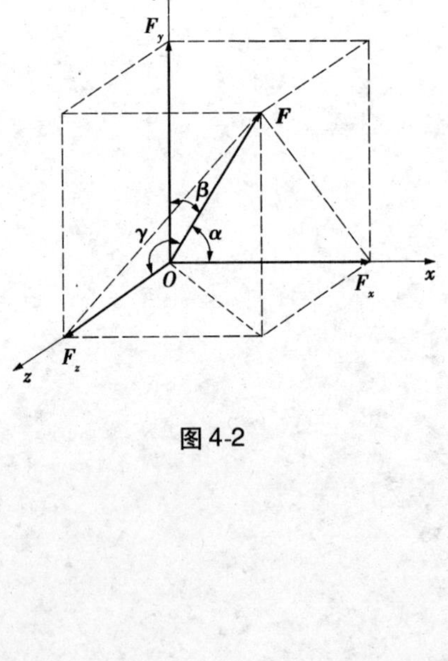

图 4-2

决定，α、β、γ 分别是矢量 $\boldsymbol{F}$ 与 x、y、z 轴的夹角，求出三个方向余弦后就能确定力 $\boldsymbol{F}$ 的方向（见图 4-2）。

二、力对轴之矩和力对点之矩

（一）力对轴之矩

设直角坐标系 $Oxyz$ 是右旋坐标（见图 4-3(a)），当右手的四指表示从 x 轴正方向到 y 轴正方向的转向时，大拇指的指向即表示 z 轴的正方向。

设一个力 $\boldsymbol{F}$，作用点 A 的坐标为 $(x、y、z)$（见图 4-3(a)），现讨论力 $\boldsymbol{F}$ 对 z 轴之矩。

为讨论方便，先把力 $\boldsymbol{F}$ 沿 x、y、z 坐标轴分解，如图 4-3(b)所示，三个分力分别为 $\boldsymbol{F}_x$、$\boldsymbol{F}_y$、$\boldsymbol{F}_z$。

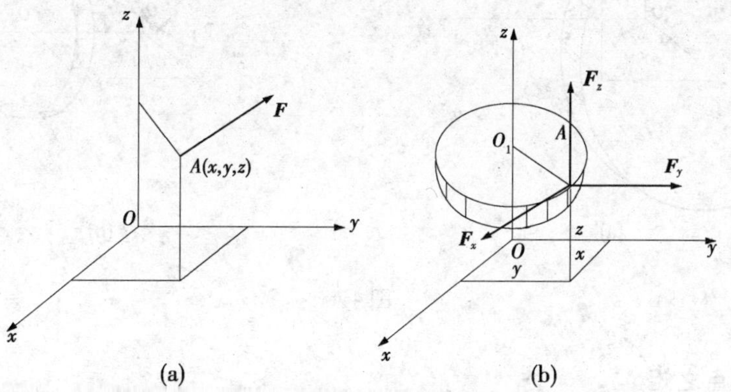

图 4-3

设想通过 A 点有一个垂直与 z 轴的圆转盘，它与 z 轴相交于 O_1 点，为圆盘的圆心（见图 4-3(b)）。力 $\boldsymbol{F}_x$ 将使圆盘绕 z 轴顺时针转动（站在 z 轴的正向观察，下同），力 $\boldsymbol{F}_y$ 将使圆盘绕 z 轴逆时针转动，力 $\boldsymbol{F}_z$ 与 z 轴平行，不会引起圆盘的转动。

为了衡量力使圆盘绕 z 轴转动的作用效果，引入力对轴之矩的概念。在力 $\boldsymbol{F}_x$ 与 z 轴垂直的情况下，把力 $\boldsymbol{F}_x$ 的大小与 $\boldsymbol{F}_x$ 到 z 轴距离 y 的乘积 $y\boldsymbol{F}_x$ 称为力 $\boldsymbol{F}_x$ 对 z 轴之矩的大小，记为 $M_z(\boldsymbol{F}_x)$，表示圆盘平面内力 $\boldsymbol{F}_x$ 对 z 轴之矩。正负号规定如下：**用右手四指顺着力 $\boldsymbol{F}_x$ 对 z 轴之矩的转向，大拇指的指向如果与 z 轴的正方向一致，则为正，反之为负。**由此可知，图 4-3(b)中 $\boldsymbol{F}_x$ 对 z 轴之矩为负，故

$$M_z(\boldsymbol{F}_x) = -yF_x \tag{a}$$

同理，$\boldsymbol{F}_y$ 对 z 轴之矩为正，故

$$M_z(\boldsymbol{F}_y) = xF_y \tag{b}$$

力 $\boldsymbol{F}_z$ 对 z 轴平行，它对 z 轴之矩等于零，则有

$$M_z(\boldsymbol{F}_z) = 0 \tag{c}$$

根据合力矩定理，$\boldsymbol{F}$ 对 z 轴之矩 $M_z(\boldsymbol{F})$ 等于三个分力对轴之矩的和，把式(a)、式(b)、式(c)相加，即得

$$M_z(\boldsymbol{F}) = xF_y - yF_x \tag{4-1a}$$

力矩的单位是 N · m 或 kN · m。

力 $\boldsymbol{F}$ 对 x、y 轴之矩，如图 4-4(a)、(b)所示，可利用同样的方法进行分析，可得到

$$M_x(\boldsymbol{F}) = yF_z - zF_y \tag{4-1b}$$

$$M_y(\boldsymbol{F}) = zF_x - xF_z \tag{4-1c}$$

力 $\boldsymbol{F}$ 对坐标轴 x、y、z 之矩 $M_z(\boldsymbol{F})$、$M_x(\boldsymbol{F})$、$M_y(\boldsymbol{F})$ 不但有大小，而且还有转向，是代数量。

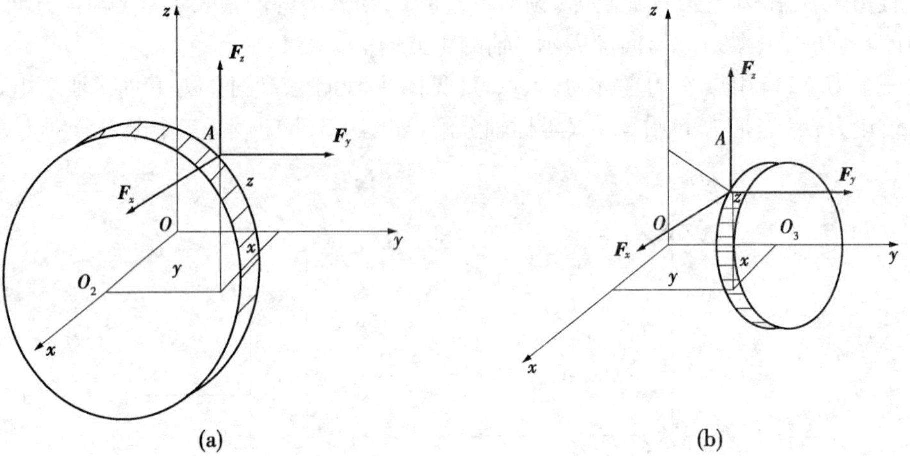

图 4-4

(二)力对点之矩

在直角坐标系 $Oxyz$ 中，力 $\boldsymbol{F}$ 对坐标原点 O 之矩是一个矢量，并记为 $M_O(\boldsymbol{F})$。经分析可知，其在 x、y、z 轴上的投影分别等于力 $\boldsymbol{F}$ 对 x、y、z 三个坐标轴之矩 $M_z(\boldsymbol{F})$、$M_x(\boldsymbol{F})$、$M_y(\boldsymbol{F})$，由此可求出力矩 $M_O(\boldsymbol{F})$ 的大小为

$$M_O(\boldsymbol{F}) = \sqrt{M_x^2(\boldsymbol{F}) + M_y^2(\boldsymbol{F}) + M_z^2(\boldsymbol{F})}$$

力矩 $M_O(\boldsymbol{F})$ 的方向可有三个方向余弦决定

$$\cos\alpha = \frac{M_x(\boldsymbol{F})}{M_O(\boldsymbol{F})}$$

$$\cos\beta = \frac{M_y(\boldsymbol{F})}{M_O(\boldsymbol{F})}$$

$$\cos\gamma = \frac{M_z(\boldsymbol{F})}{M_O(\boldsymbol{F})}$$

式中：α、β、γ 分别为力矩 $M_O(\boldsymbol{F})$ 与 x、y、z 轴的夹角。O 点称为力矩中心，简称矩心。力 $\boldsymbol{F}$ 和矩心 O 所在的平面称为力矩平面。

【例 4-1】 Oxy 平面内的四个力如图 4-5 所示，各力的大小分别为 $F_1 = 10$ kN，$F_2 = 15$ kN，$F_3 = 8$ kN，$F_4 = 12$ kN，各作用点括号内的数字为该点坐标。试求：各力对 z 轴之矩。

解 $M_z(\boldsymbol{F}_1) = x_1F_{1y} - y_1F_{1x} = 4 \times 5 - 2 \times 8.66 = 2.68(\text{kN} \cdot \text{m})$

$M_z(\boldsymbol{F}_2) = x_2F_{2y} - y_2F_{2x} = -5 \times 10.61 - 3 \times (-10.61) = -21.22(\text{kN} \cdot \text{m})$

$M_z(\boldsymbol{F}_3) = x_3F_{3y} - y_3F_{3x} = -2 \times (-4.8) - (-3) \times (-6.4) = -9.6(\text{kN} \cdot \text{m})$

$M_z(\boldsymbol{F}_4) = x_4F_{4y} - y_4F_{4x} = 4 \times (-12) - (-3) \times 0 = -48(\text{kN} \cdot \text{m})$

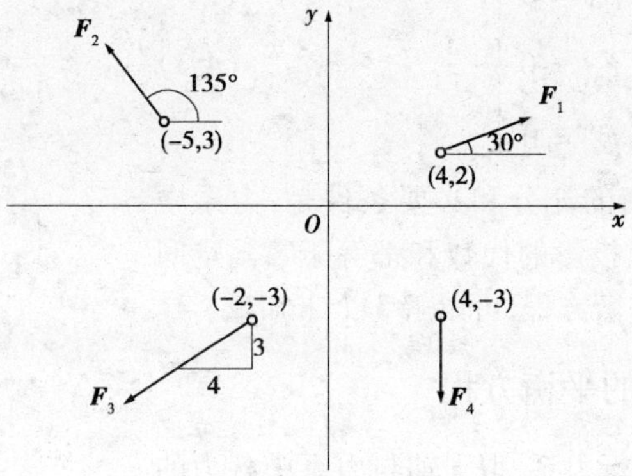

图 4-5

根据图 4-5 所示的右旋平面坐标系 Oxy，z 轴由纸面指向读者。所得结果是正号，表示力矩为逆时针转向；所得结果是负号，表示力矩为顺时针转向。

第二节　空间力系的平衡方程

一、空间一般力系的平衡方程

如图 4-6 所示为空间一般力系，当力系平衡时，物体在力系作用下沿任何方向均不产生移动效应，同时绕任何轴也不产生转动效应。因此，空间一般力系平衡的必要和充分条件是：力系中所有各力在空间直角坐标系三个坐标轴上的投影的代数和分别等于零，各力对三个坐标轴之矩的代数和分别等于零，即

$$\left.\begin{aligned}\sum F_x &= 0\\ \sum F_y &= 0\\ \sum F_z &= 0\\ \sum M_x &= 0\\ \sum M_y &= 0\\ \sum M_z &= 0\end{aligned}\right\}\qquad(4\text{-}2)$$

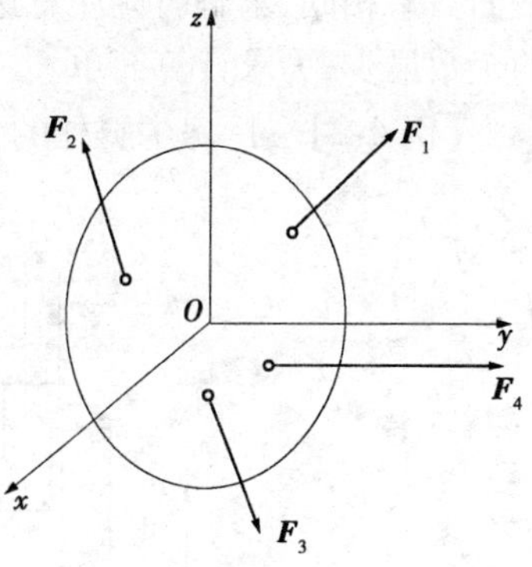

图 4-6

空间一般力系的平衡方程有 6 个，可以求解 6 个未知量。

空间一般力系是力系的一般情形，其他力系都是它的特例。因此，其他力系的平衡方程可直接由空间一般力系的平衡方程导出。

二、空间汇交力系的平衡方程

如图 4-7 所示空间汇交力系，若以汇交点 O 为坐标原点，则力系中各力对三个坐标轴之矩均等于零。因此，空间汇交力系的平衡方程为

$$\left.\begin{aligned}\sum F_x &= 0\\ \sum F_y &= 0\\ \sum F_z &= 0\end{aligned}\right\}\qquad(4\text{-}3)$$

即空间汇交力系平衡的充分和必要条件是：力系中所有各力在三个坐标轴上投影的代数和都等于零。空间汇交力系有 3 个独立的平衡方程，可以解 3 个未知量。

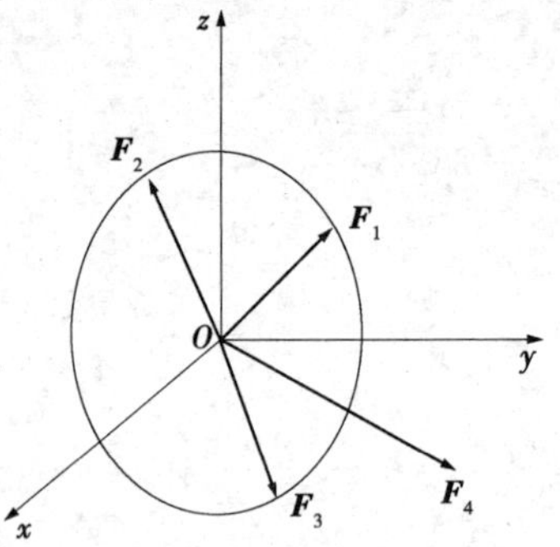

图 4-7

三、空间平行力系的平衡方程

如图 4-8 所示空间平行力系，取 z 轴与力系中各力的作用线平行，则各力在 x 轴、y 轴上的投影均等于零。因此，空间平行力系的平衡方程为

$$\left.\begin{aligned}\sum F_z &= 0\\ \sum M_x &= 0\\ \sum M_y &= 0\end{aligned}\right\}\qquad(4\text{-}4)$$

即空间平行力系平衡的必要和充分条件是：力系中所有各力在与力的作用线平行的坐标轴上投影的代数和等于零，各力对与力作用线垂直的两个坐标轴之矩的代数和等于零。空间平行力系有 3 个独立的平衡方程，可以求解 3 个未知量。空间平行力系平衡问题的求解方法与平面力系相同，求解时应注意选取适当的投影轴和力矩轴，使每一个平衡方程所包含未知量的个数最少，力求计算简单。

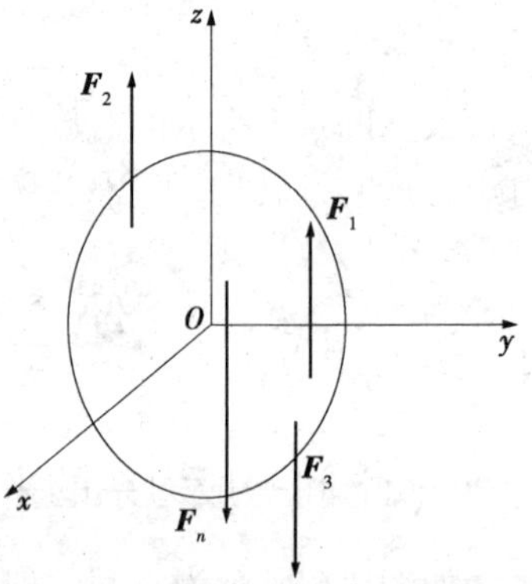

图 4-8

【例 4-2】 厂房牛腿柱的下端为固定端，上端自由，其尺寸和荷载如图 4-9 所示。已知

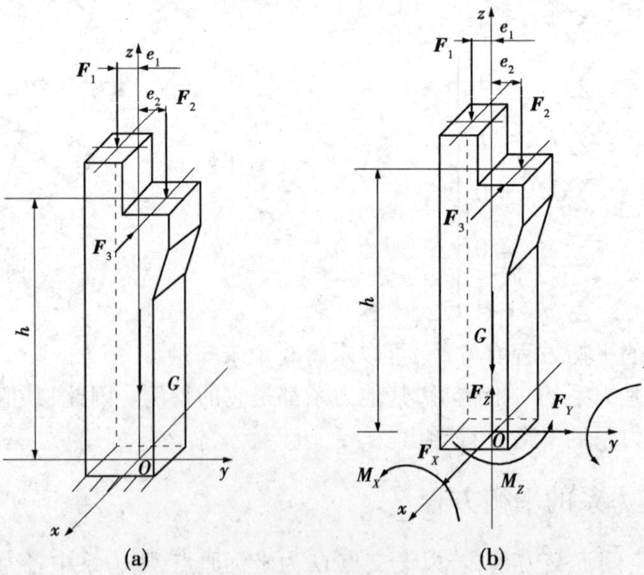

图 4-9

力 $\boldsymbol{F}_1$ 和 $\boldsymbol{F}_2$ 作用在 yOz 面内，且 $F_1=120$ kN，$F_2=300$ kN。力 $\boldsymbol{F}_3$ 与 x 轴平行，其大小为 $F_3=25$ kN，$e_1=0.1$ m，$e_2=0.34$ m，$h=6$ m。柱自重 $G=40$ kN，其作用线沿 z 轴。求固定端的约束反力。

解 取立柱为分离体。固定端的约束反力用 $\boldsymbol{F}_X$、$\boldsymbol{F}_Y$、$\boldsymbol{F}_Z$ 表示，约束反力偶矩用 M_X、M_Y、M_Z 表示，立柱的受力如图 4-9(b)所示。约束力偶 M_X 作用在 yOz 平面内，M_Y、M_Z 分别作用在 xOz 和 xOy 平面内。

列平衡方程

$$\sum F_x=0 \quad F_X-F_3=0$$

$$\sum F_y=0 \quad F_Y=0$$

$$\sum F_z=0 \quad F_Z-F_1-F_2-G=0$$

$$\sum M_x=0 \quad M_X+F_1e_1-F_2e_2=0$$

$$\sum M_y=0 \quad M_Y-F_3h=0$$

$$\sum M_z=0 \quad M_Z+F_3e_2=0$$

解得

$F_X=25$ kN　$F_Y=0$　$F_Z=460$ kN

$M_X=90$ kN·m　$M_Y=150$ kN·m　$M_Z=-8.5$ kN·m

本章小结

一、力在平面上的投影

力在平面上的投影不但有大小，而且还有方向，是一个矢量。

二、力对轴之矩

当右手的四指表示从 x 轴正方向到 y 轴正方向的转向时，大拇指的指向即表示 z 轴的正方向。

三、空间力系的平衡方程及其应用

(1)空间一般力系的平衡方程有 6 个，可以求解 6 个未知量；

(2)空间汇交力系的平衡方程有 3 个，可以求解 3 个未知量；

(3)空间平行力系的平衡方程有 3 个，可以求解 3 个未知量。

习　题

4-1 重物重 $G=100$ kN，悬挂在 D 点，杆 AD、BD 和 CD 分别在 A、B、C 三点用铰链固定，如图 4-10 所示，试求铰链 A、B、C 的约束反力。

4-2 空间桁架如图 4-11 所示。力 $\boldsymbol{F}$ 作用在 $ABCD$ 平面内，且与铅垂线成45°角，$\angle EAK=$

$\angle FBM$,等腰三角形 EAK、FBM 和 NDB 在顶点 A、B、D 处均为直角,且 $EC = CK = FD = DM$,若 $F = 10$ kN,试求各杆所受的力。

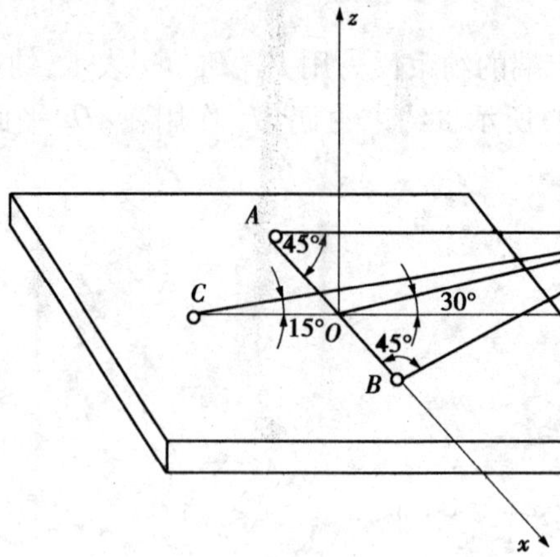

图 4-10

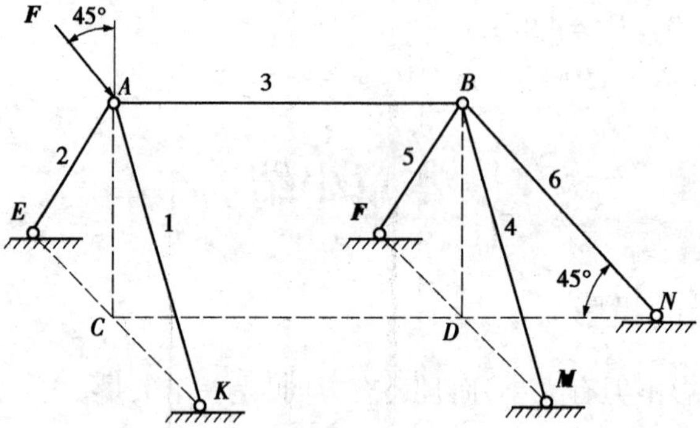

图 4-11

第五章　平面体系的几何组成分析

学习目标

(1)了解什么是几何组成分析和进行几何组成分析的目的。

(2)了解什么是几何不变体系和几何可变体系。

(3)掌握几何不变体系的基本规则,并能判别简单体系是否几何可变。

(4)掌握什么是静定结构和超静定结构,能对两种结构进行判别,并能确定简单超静定结构的超静定次数。

第一节　平面体系几何组成分析的有关概念

一、几何不变体系和几何可变体系

如图5-1(a)所示的三根杆件相互铰接,并铰联于地基,在很小的荷载 F 的作用下,显然会发生几何形状的改变而不能维持平衡。这种杆件体系不能作为结构。如在此体系上加一根杆件,如图5-1(b)所示,在荷载 F 作用下就不会改变几何形状了。可见,并非由若干杆件组成的杆件体系就一定是结构,杆件体系可分为两大类:

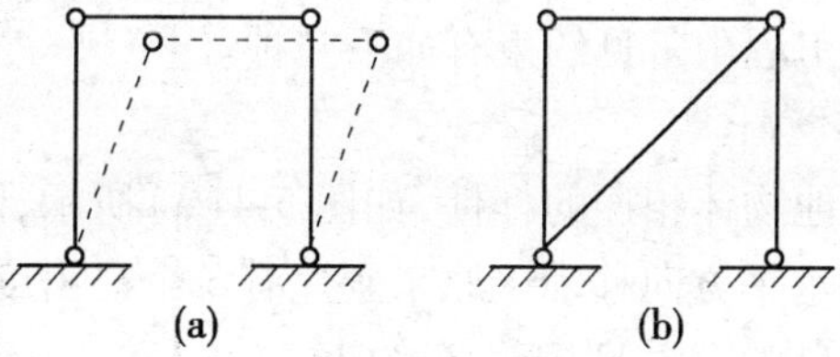

图5-1

几何不变体系——在任意力系作用下,如不考虑杆件本身的微小的弹性应变,能够保持几何形状和位置不变的体系。如图5-1(b)所示。

几何可变体系——在任意力系作用下,如不考虑杆件自身的微小的弹性应变,不能保持几何形状和位置不变的体系。如图5-1(a)所示。

结构是建筑物的骨架,它是用来承受荷载的,必须是几何不变体系。因此,应对杆件体系的几何构造进行分析,这种分析称为**几何组成分析**。此外,此分析可以判别结构中有无为保持几何不变而多余的约束,从而确定结构是静定的还是超静定的以及超静定的次数,以便采取相应的计算方法。

二、自由度

体系机动分析中所说的**自由度**是体系运动时可以独立改变的几何参数的数目,即确定体系位置所需的独立坐标的数目。

(一)一个点的自由度

平面内一个点的运动可以分解为两个方向的移动,或一个点的位置需由两个独立的坐标来确定,如图 5-2 所示。所以,一个点在平面内具有两个自由度。

(二)刚片的自由度

平面内一个刚片的运动可以分解为两个方向的移动和绕某点的一个转动,如图 5-3 所示,刚片的位置由三个坐标 x_A、y_A 和 θ 来确定。所以,一个刚片在平面内具有三个自由度。

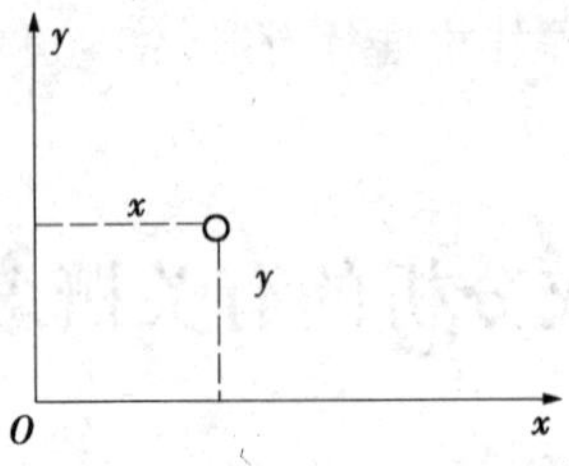

图 5-2

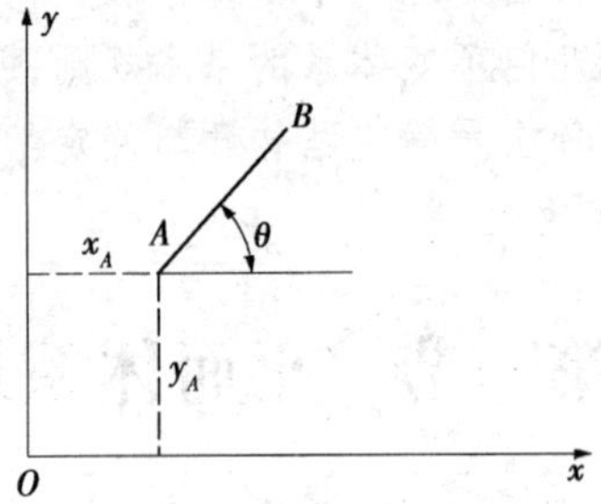

图 5-3

三、约束

能使体系减少自由度的装置称为**约束**。减少一个自由度的装置称为一个约束,减少两个自由度的装置称为两个约束。若体系中增加一个约束,而体系的自由度并不因此而减少,则此约束称为多余约束。工程中常见约束有如下几种。

(一)链杆

链杆是两端用铰与其他物体相连的杆件,如图 5-4(a)所示,刚片 *AB* 增加一个链杆后,刚片只能绕 *A* 点转动和沿水平方向移动。原来刚片有 3 个自由度,现在只有 2 个。因此,一个链杆可使刚片减少一个自由度,相当于一个约束。

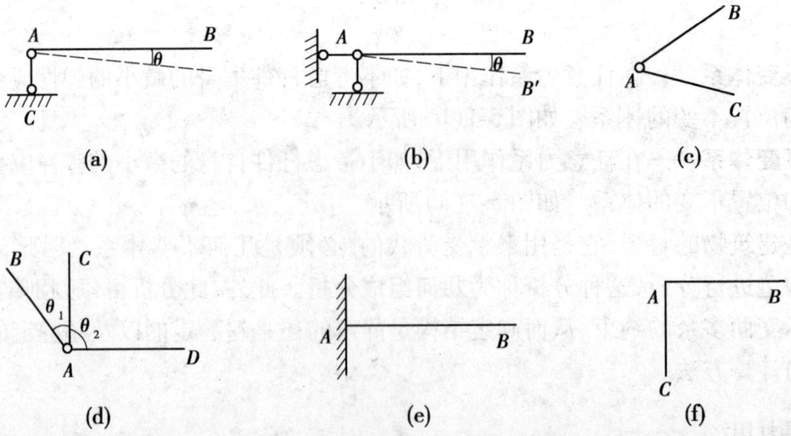

图 5-4

(二)固定铰支座

如图5-4(b)所示,增加支座A后,刚片不能上、下和左、右移动,刚片只能绕A点转动,固定铰支座可使刚片减少两个自由度,相当于两个约束,也相当于两根链杆。

(三)单铰

连接两个刚片的铰称为单铰。如5-4(c)所示,未用单铰连接前,刚片AB、AC杆各有3个自由度,共有6个自由度。在连接后,如果认为刚片AB仍有3个自由度,刚片AC则只能绕A点转动,即AC只有一个自由度,所以自由度减少为4个,因此一个单铰减少了两个自由度,相当于两个约束,也相当于两根链杆。

(四)复铰

连接3个或3个以上刚片的铰称为复铰。如图5-4(d)所示,连接3个刚片的复铰。连接前,3个刚片共有9个自由度。连接后,确定刚片AB的位置需要3个独立的参数,AB的位置一旦确定,AC、AD只能绕A点转动,体系只有5个自由度。因此,连接3个刚片的复铰相当于4个约束,亦即相当于2个单铰。一般地,连接n个刚片的复铰相当于$n-1$个单铰,相当于$2(n-1)$个约束。

(五)固定端支座

如图5-4(e)所示,固定端不仅阻止刚片AB上、下和左、右的移动,也限制AB转动。因此,固定端支座使刚片减少3个自由度,相当于3个约束。

(六)刚结点

如图5-4(f)所示,刚片AB、AC各有3个自由度,共计6个自由度。刚性连接后,刚片AC相对AD既不能上下和左右移动,也不能转动,减少3个自由度。所以,连接2个刚片的刚结点相当于3个约束。一般地,连接n个刚片的刚结点($n>3$),相当于$n-1$个链杆刚结点,也相当于$3(n-1)$个约束。

第二节　无多余约束几何不变体系的组成规则

一个几何不变体系,如果去掉一个约束就变成几何可变体系,则称为**无多余约束的几何不变体系**。比无多余约束的几何不变体系多约束的体系,则称为**有多余约束的几何不变体系**。

下面讨论无多余约束几何不变体系的基本组成规则。

一、三刚片规则

三个刚片用不在一直线上的三个铰两两相联,则组成无多余约束的几何不变体系(见图5-5)。

在图5-5中,刚片Ⅰ和刚片Ⅱ相对于刚片Ⅲ的自由度个数共为6个,而三个铰相当于6个约束,因此该体系为几何不变,且无多余约束。

三刚片规则又称为“铰结三角形几何不变规则”,它是几何不变体系组成的基本规则。

如果三铰在同一条直线上,如图5-6所示,此时A点可沿两圆弧的公切线运动,所以体系在这一瞬时是几何可变的。但经过微小的位移后,A、B、C三铰不共线,因此体系成为几何不变体系。这种本来是几何可变的,经过微小的位移后成为几何不变的体系,称为**几何瞬**

变体系。

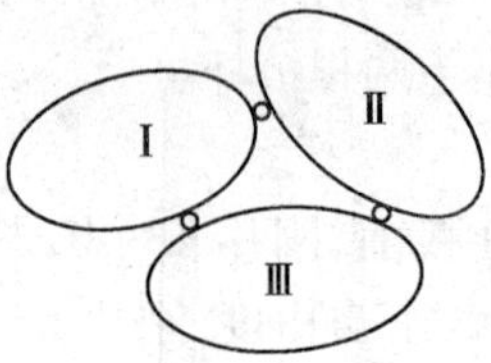

图 5-5

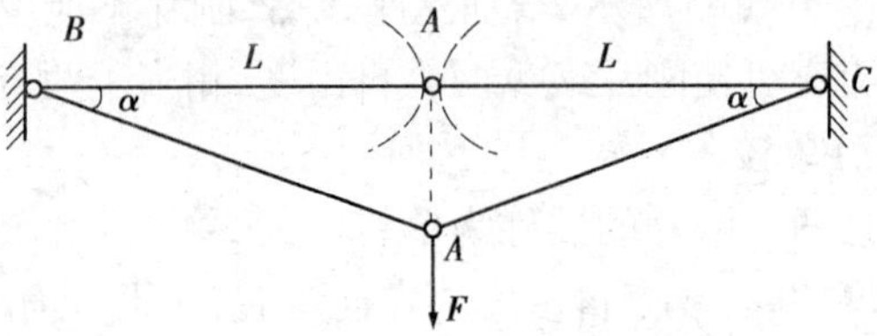

图 5-6

两链杆的交点称为**实铰**，如图 5-7(a)所示 A 点，一个铰相当于两个链杆，因此图 5-7(b)所示用铰 A 连接刚片Ⅰ和Ⅱ与图 5-7(a)中用链杆 AB 与 AC 连接刚片Ⅰ、Ⅱ效果是相同的，即刚片Ⅰ绕 A 点转动。图 5-7(c)所示的链杆 AB 与 CD 延长以后交于 O 点，这种连接两刚片的两链杆延长线的交点称为**虚铰**。虚铰的位置随链杆的转动而改变，但在研究体系指定位置的运动时，虚铰与实铰所起的作用相同。所以，三刚片规则中的任何一个铰均可用两个不共线的链杆表示。

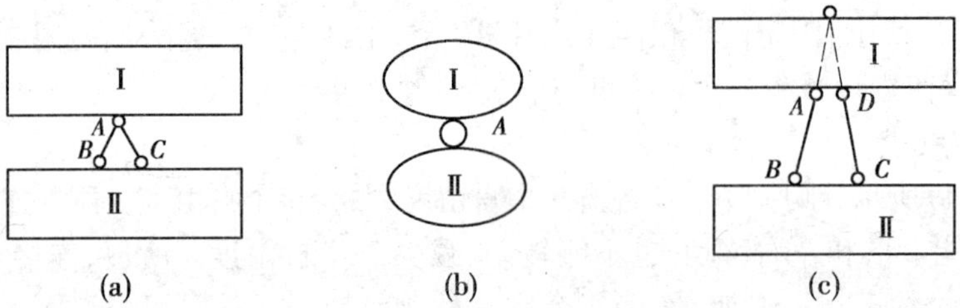

图 5-7

二、两刚片规则

用一个链杆代替二刚片规则中的一个刚片，即可得到两刚片规则。

两刚片用一个铰和不通过该铰的一个链杆相连，则可组成一个无多余约束的几何不变体系，如图 5-8(a)所示。若链杆过铰，则为瞬变体系(见图 5-8(b))。

由于一个铰相当于两个链杆，因此两刚片规则也可叙述为：**两刚片用不全平行，也不全交于一点的三个链杆相连**(见图 5-8(c))，**组成无多余约束的几何不变体系**。

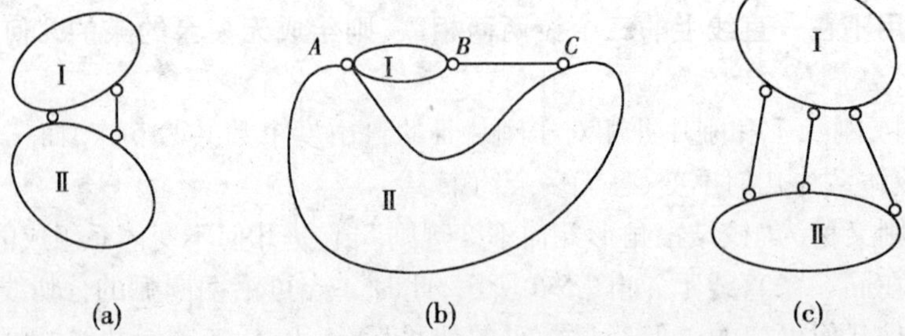

图 5-8

若连接两刚片的三链杆相交于一点(见图 5-9(a)、(b))或平行但不等长(见图 5-9(c)),则为瞬变体系。

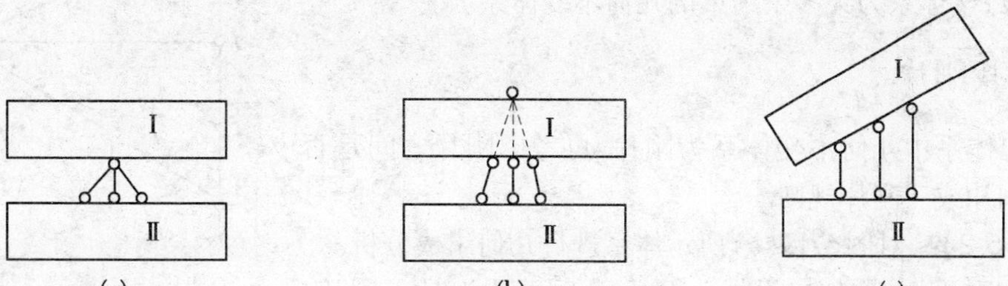

图 5-9

若连接两刚片的三链杆平行且等长,则为常变体系(见图 5-10)。

三、二元体规则

在体系几何组成分析中,把用两根不在同一直线上的链杆联结一个新结点的装置称为**二元体**,如图 5-11 所示。

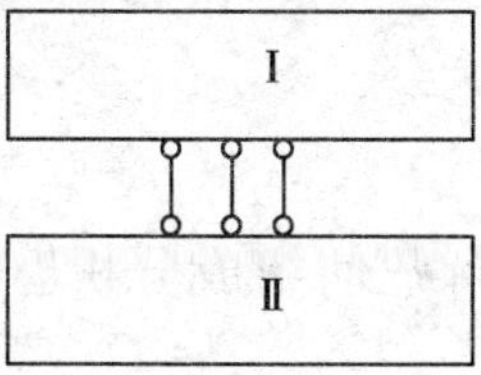

图 5-10

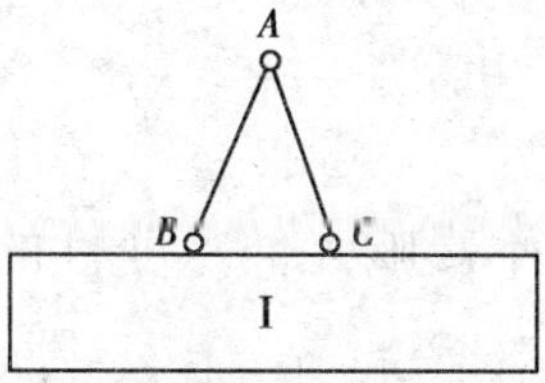

图 5-11

对于二元体,进行几何组成分析如下:刚片Ⅰ原有两个自由度,增加一个点 A 将增加两个自由度,而这两个自由度恰好为新增加的两根不共线的链杆约束所减去。因此,在一个体系上增加一个二元体不改变原体系的自由度。同理,在一个体系中减去一个二元体也不改变原体系的自由度。

二元体规则:**在一个体系上增加一个或拆除一个二元体,不改变原体系的几何组成性质,或在一个几何不变体系上增加或减少一个二元体仍是几何不变的。**

第三节　几何组成分析示例

对给定的体系分析其是否几何不变,有无多余约束,是按什么规则组成的,这一过程称为几何组成分析。下面通过实例说明几何组成分析的过程和方法。

一、去二元体

若体系中有二元体,先去掉二元体,对简化后的体系进行组成分析。

【例 5-1】 对图 5-12 所示的体系进行几何组成分析。

解 DC 和 DE 组成二元体先去掉,再去掉二元体 EF 和 EC,FC 和 AF 也是二元体,去掉后,剩下的部分符合三刚片规则。所以,该体系为无多余约束的几何不变体系。

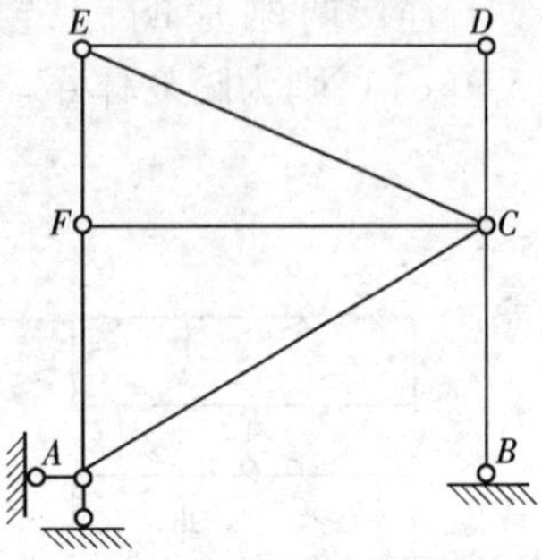

图 5-12

二、找刚片

找出体系中几何不变体系为刚片,再考虑刚片之间是否符合两刚片或三刚片规则。

【例 5-2】 对图 5-13(a)所示体系进行几何组成分析。

解 刚片 AC 增加二元体(AD,DF)后可认为是Ⅰ刚片,同样 BC 加二元体(EB,EG)后也为一刚片Ⅱ,如图 5-13(b)两刚片通过铰 C 和链杆 DE 连接,符合两刚片规则,为无多余的不变体系,再和基础相连,再根据两刚片的规则可知,该体系为无多余约束的几何变体系。

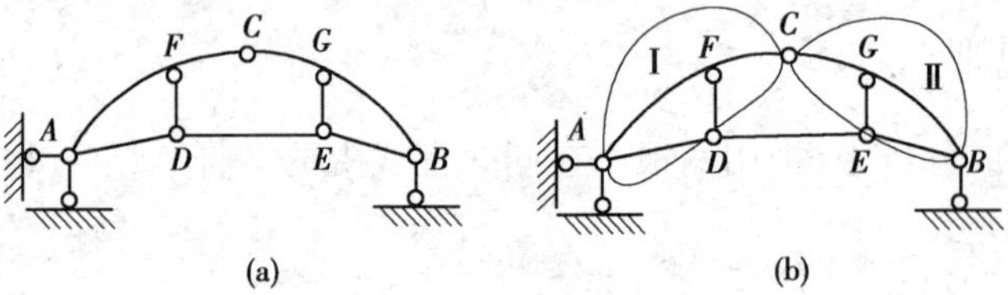

图 5-13

三、先拆出不影响几何不变性的部分再进行几何组成分析

【例 5-3】 对图 5-14 所示体系进行几何组成分析。

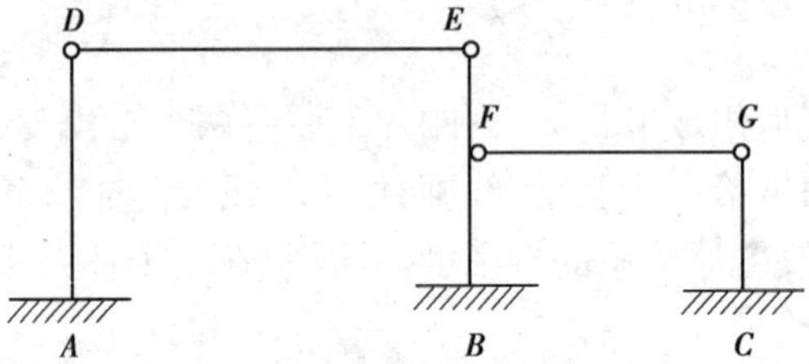

图 5-14

解 当去掉链杆 DE 和 FG 后,变为悬臂的 AD、BE 和 CG,都是无多余约束的几何不变体系。去掉一根链杆相当于去掉一个约束,因此该体系为有两个多余约束的几何不变体系。

从以上例题可见,对杆系进行几何组成分析的方法是灵活的,但结论是唯一的。体系是可变还是不可变的,不变体系中有无多余约束等,都不会因为分析方法的不同而得到不同的结论。

第四节 静定结构与超静定结构

用来作为结构的体系,必须是几何不变的。几何不变体系可分为无多余约束和有多余约束的几何不变体系。

一、静定结构和超静定结构

平面杆件结构可分为静定结构和超静定结构两种。凡由平衡方程可求出全部支座约束反力和内力的结构称为**静定结构**;仅由平衡方程不能求出全部支座约束反力和内力的结构称为**超静定结构**。

二、几何组成与静定性关系

分析体系的几何组成可以判定其是静定结构还是超静定结构。

如图5-15(a)所示简支梁是无多余约束的几何不变体系,由平衡方程可以求全部未知力,因此简支梁是静定结构。如图5-15(b)所示连续梁为有一个多余约束的几何不变体系。在荷载和支座反力的作用下,构成一个平面一般力系,可列出3个独立的平衡方程,4个支座链杆有4个约束反力,仅由平衡方程求不出全部约束反力,所以连续梁是超静定结构。

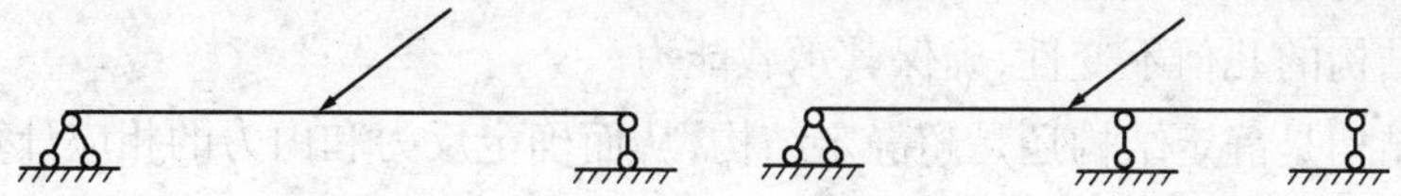

图5-15

可见,静定结构的组成特征是无多余约束的几何不变体系,超静定结构的组成特征是有多余约束的几何不变体系。

本章小结

一、结构计算简图选取的原则

(1)反映实际结构的特征。

(2)主要受力情况。

二、几何体系

(1)几何可变体系不能作为结构;

(2)几何不变体系若无多余约束为静定结构;

(3)几何不变体系若有多余约束为超静定结构。

只有几何不变体系可用做结构。

三、平面体系的约束

(1)一个链杆相当于一个约束,能使平面体系减少一个自由度;

(2)一个单铰相当于两个约束,能使平面体系减少两个自由度;

(3)一个刚结点相当于三个约束,能使平面体系减少三个自由度。

四、几何不变体系的组成规则

(一)基本原则

平面杆件体系中的铰接三角形是无多余约束的几何不变体系。

(二)组成规则

1. 三刚片组成规则

三个刚片用不在一条直线上的三个铰两两相联,则组成无多余约束的几何不变体系。

2. 两刚片组成规则

两个刚片用一个铰和不通过此铰的链杆相联,构成无多余约束的几何不变体系。

3. 二元体规则

在体系上增加或拆除二元体,不改变原体系的几何组成性质。

五、分析几何组成的目的及应用

(1)保证结构的几何不变性,确保其承载能力。

(2)确定结构是静定结构还是超静定结构,从而确定反力和内力的相应计算方法。

(3)通过几何组成分析,明确结构的构成特点,从而选择受力分析的顺序。

思考题

5-1　根据什么原则选取结构计算简图?

5-2　什么是几何可变体系?它包括哪几种类型?分别举例说明几何可变体系为什么不能作为结构使用?

5-3　几何不变体系的三条规则遵循了一条什么原则?

5-4　什么是静定结构?什么是超静定结构?它们有什么共同点?它们根本区别是什么?

5-5　为什么要对结构进行几何组成分析?

习　题

5-1　试对图5-16～图5-25体系作几何分析。如果是具有多余约束的体系,则需指出多余约束的数目。

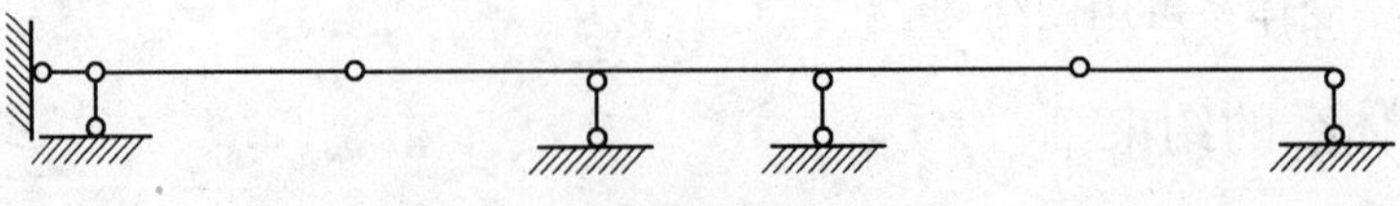

图5-16

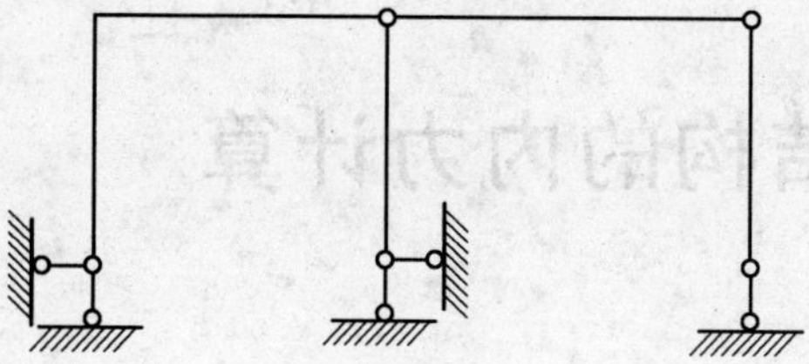

图 5-17

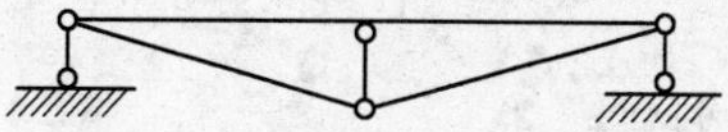

图 5-18

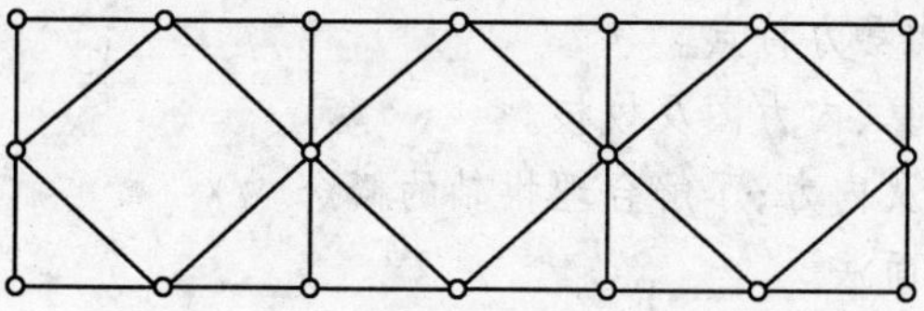

图 5-19

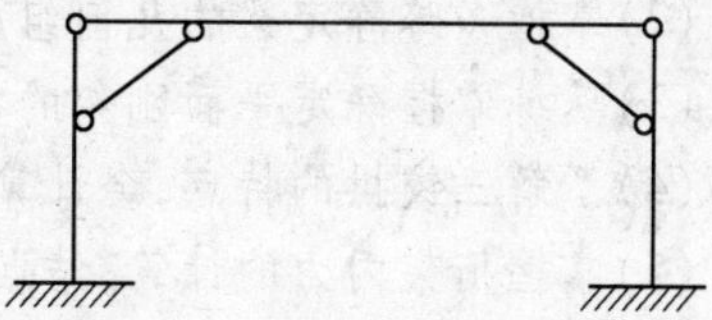

图 5-20

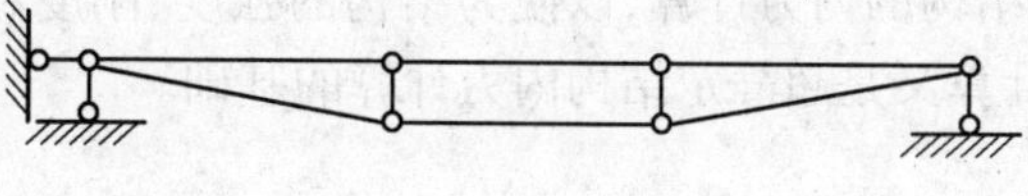

图 5-21

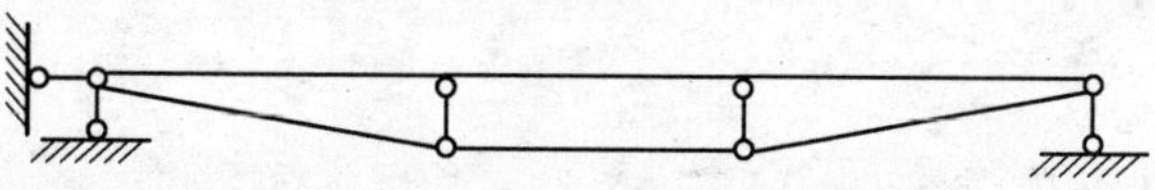

图 5-22

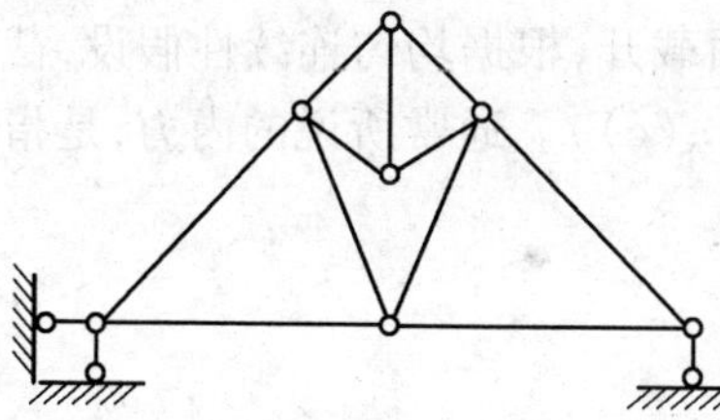

图 5-23

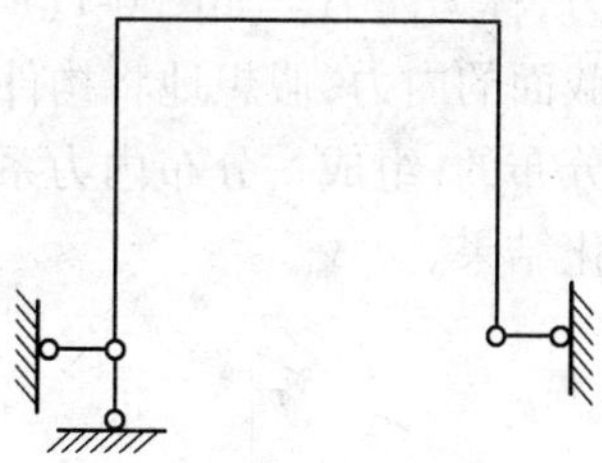

图 5-24

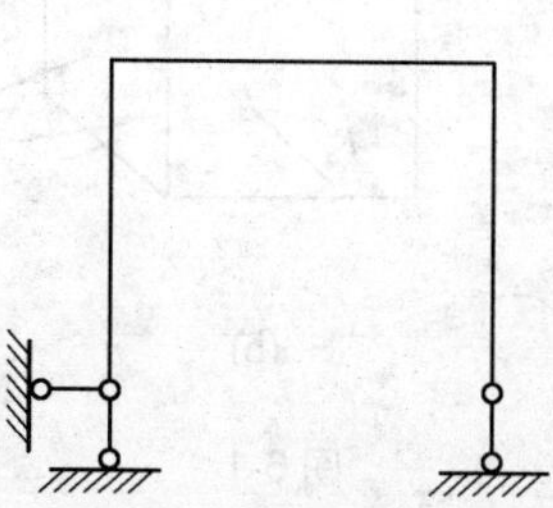

图 5-25

第六章　静定结构的内力计算

学习目标

(1)熟练掌握单跨静定梁的内力计算和内力图的绘制方法,熟练掌握绘制弯矩图的叠加法及内力图的形状特征。

(2)掌握多跨静定梁的几何组成特点和受力特点。

(3)熟练掌握静定平面刚架的特点、计算、内力图及校核。

(4)了解三铰拱的特点,会计算其反力及内力;了解合理拱轴的概念。

(5)掌握桁架内力的计算,结点法和截面法。

(6)了解平面组合结构的各杆件内力特点。

本章主要研究静定结构的内力计算,以便为结构的强度、刚度和稳定性计算提供基础。同时,静定结构的内力计算又是超静定结构内力计算的基础。

第一节　内力与截面法

一、内力

(一)外力与内力

作用于构件上的荷载和支座约束反力称为外力。在外力作用下,构件发生变形,同时构件内部各部分之间产生相互作用,以抵抗变形。在外力作用下,构件内部相连两部分之间的相互作用力,称为内力。如图 6-1(a)所示构件在外力 F_1、F_2、…、F_n 作用下处于平衡,为分析 $m—m$ 截面的内力,假想地将构件沿 $m—m$ 截面截开,根据均匀连续性假设,截面上的内力是连续分布的,组成一分布内力系(见图 6-1(b)、(c))。通常所说的内力,是指该分布内力系的简化结果。

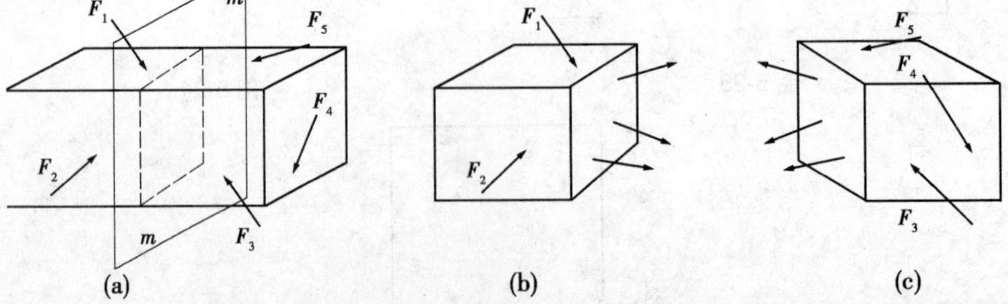

图 6-1

(二)轴力、剪力与弯矩

对于平面杆件结构,其截面上的分布内力系通常可以简化为轴力、剪力和弯矩三个内力分量。下面以简支梁为例说明轴力、剪力与弯矩的概念。

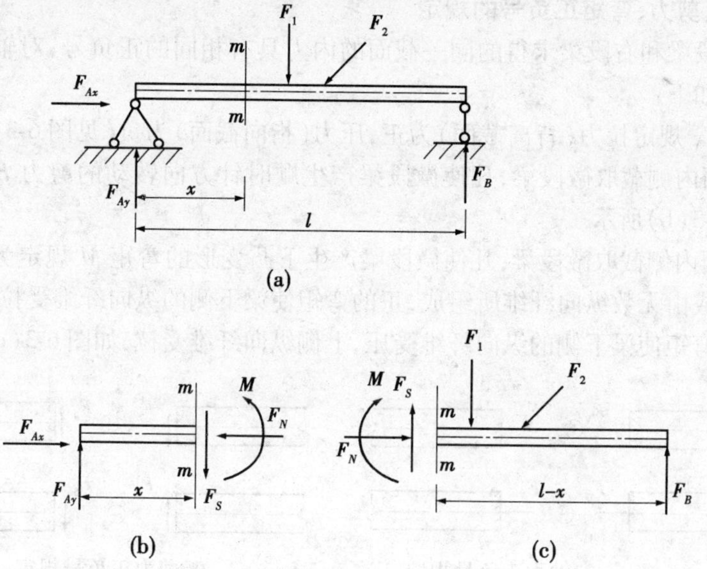

图 6-2

如图 6-2(a)所示简支梁 AB 受荷载 F_1、F_2 作用,由梁截面的平衡可求出支座反力 F_{Ax}、F_{Ay}、F_B。为分析 $m—m$ 截面上的内力,假想地沿该截面将梁截面截开,由于梁整体是平衡的,其任一局部也处于平衡。若取截面以左的梁段为研究对象(见图 6-2(b)),则左段梁在外力 F_{Ax}、F_{Ay} 和截面上的内力作用下平衡,由平衡方程 $\sum F_x = 0$ 可知,截面上必然有一个与力 F_{Ax} 等值、反向的轴向内力 F_N;由 $\sum F_y = 0$ 可知,截面上必然有一个与力 F_{Ay} 等值、反向的切向内力 F_S;由 $\sum M_C = 0$(C 为 $m—m$ 截面的形心)可知,截面上必然有一个作用面与横截面相垂直的内力偶 M。可见,$m—m$ 截面上有三个内力分量:

(1)作用线与杆件轴线重合的内力分量,称为轴力,用 F_N 表示;

(2)作用线与截面相切的内力分量,称为剪力,用 F_S 表示;

(3)作用面与横截面相垂直的内力偶矩,称为弯矩,用 M 表示。

轴力、剪力与弯矩的大小和方向可由平衡方程求出:

$$\sum F_x = 0 \quad F_{Ax} - F_N = 0 \quad 则\ F_N = F_{Ax}$$

$$\sum F_y = 0 \quad F_{Ay} - F_S = 0 \quad 则\ F_S = F_{Ay}$$

$$\sum M_C = 0 \quad -F_{Ay} \cdot x + M = 0 \quad 则\ M = F_{Ay} \cdot x$$

讨论:

(1)若取右段梁为研究对象(见图 6-2(c)),同样可求出 $m—m$ 截面上的轴力、剪力、弯矩,但与取左段梁求得的 F_N、F_S、M 分别等值、反向,即为作用与反作用的关系。

(2)若将截面左、右两部分之间互相视为固定端约束,则截面上的内力分量相当于固定端的约束反力,只不过这种约束是内约束。其中,轴力 F_N 约束截面两侧的轴向相对线位移,剪力 F_S 约束截面两侧的切向相对线位移,弯矩 M 约束截面两侧的相对转动。

(三)轴力、剪力、弯矩正负号的规定

为使取左段梁和右段梁求得的同一截面的内力具有相同的正负号,对轴力、剪力、弯矩的正负号规定如下:

(1)轴力 F_N 规定拉力(背离截面)为正,压力(指向截面)为负(见图 6-3(a))。

(2)在截面内侧截取微段梁,凡使微段梁产生顺时针方向转动的剪力 F_S 规定为正,反之为负,如图 6-3(b)所示。

(3)在截面内侧截取微段梁,凡使微段梁产生下凸变形的弯矩 M 规定为正,反之为负。如图将梁假设成由无数纵向纤维所组成,正的弯矩使梁下侧的纵向纤维受拉,上侧的纵向纤维受压。负的弯矩使梁下侧的纵向纤维受压,上侧纵向纤维受拉,如图 6-3(c)所示。

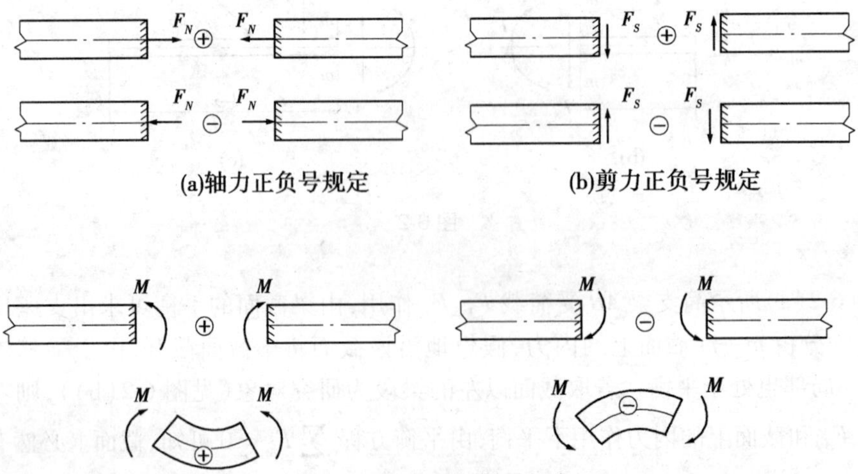

(a)轴力正负号规定

(b)剪力正负号规定

(c)弯矩正负号规定

图 6-3

将杆件假想地截开以显示内力,并由平衡方程确定内力的方法,称为**截面法**,它是计算杆件内力的基本方法,其步骤可归结为:

(1)截——沿欲求内力的截面假想地将杆件截为两部分,任取其中一部分为研究对象;

(2)代——用欲求的内力代替另一部分对研究对象的作用;

(3)平——列出研究对象的平衡方程,确定内力的大小和方向。

在应用截面法计算内力时需要注意以下两点:

(1)未知的内力均为正。若计算结果为正值,则内力的实际方向与所设的方向一致;反之,则内力的实际方向与所设的方向相反。

(2)截面不能取在集中力或集中力偶的作用面上。

二、截面法计算指定界面的内力

用截面法计算指定界面的内力的步骤如下:

(1)计算支座反力。

(2)用截面假想地在欲求内力处将梁截成两段,取其中一段为研究对象。

(3)画出研究对象的受力图。由平衡条件可知,除保留作用在梁段上的一切外力外,在截开的截面上还应有未知内力——剪力和弯矩,内力的方向先均假设为正号。

(4)建立平衡方程,求解内力。

【例 6-1】 外伸梁受荷载作用如图 6-4(a)所示。图中截面 1—1 和截面 2—2 均无限接近于截面 A,截面 3—3 和截面 4—4 均无限接近截面 D。试计算各截面的内力。

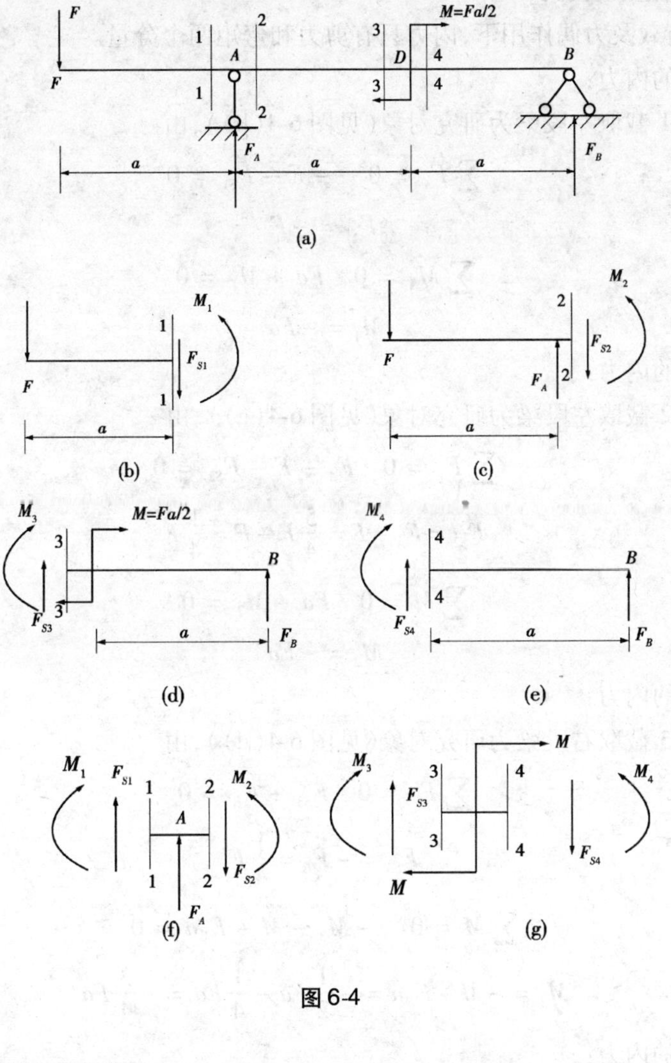

图 6-4

解 (1)求梁的支座反力。

取梁整体为研究对象,假设支座约束反力方向向上,列平衡方程,由

$$\sum M_B = 0 \quad F \times 3a - M - F_A \times 2a = 0$$

得
$$F_A = \frac{3Fa - M}{2a} = \frac{3Fa - \dfrac{Fa}{2}}{2a} = \frac{5F}{4}(\uparrow)$$

由 $$\sum M_A = 0 \quad F \times a - M + F_B \times 2a = 0$$

得 $$F_B = \frac{-Fa + M}{2a} = \frac{-Fa + \frac{Fa}{2}}{2a} = -\frac{F}{4}(\downarrow)$$

校核： $$\sum F_y = F_A + F_B - F = \frac{5}{4}F - \frac{1}{4}F - F = 0$$

说明支座反力计算正确。

(2)计算各截面的内力。

梁在竖向荷载及力偶作用下，内力只有剪力和弯矩两个分量。

截面1—1的内力：

用截面1—1截取左段梁为研究对象(见图6-4(b))，由

$$\sum F_y = 0 \quad -F - F_{S1} = 0$$

得 $$F_{S1} = -F$$

由 $$\sum M_A = 0 \quad Fa + M_1 = 0$$

得 $$M_1 = -Fa$$

截面2—2的内力：

用截面2—2截取左段梁为研究对象(见图6-4(c))，由

$$\sum F_y = 0 \quad F_A - F - F_{S2} = 0$$

得 $$F_{S2} = F_A - F = \frac{5}{4}F - F = \frac{1}{4}F$$

由 $$\sum M = 0 \quad Fa + M_2 = 0$$

得 $$M_2 = -Fa$$

截面3—3的内力：

用截面3—3截取右段梁为研究对象(见图6-4(d))，由

$$\sum F_y = 0 \quad F_{S3} + F_B = 0$$

得 $$F_{S3} = -F_B = \frac{1}{4}F$$

由 $$\sum M = 0 \quad -M_3 - M + F_B a = 0$$

得 $$M_3 = -M + F_B a = -\frac{1}{2}Fa - \frac{1}{4}Fa = -\frac{3}{4}Fa$$

截面4—4的内力：

用截面4—4截取右段梁为研究对象(见图6-4(e))，由

$$\sum F_y = 0 \quad F_{S4} + F_B = 0$$

得 $$F_{S4} = -F_B = \frac{1}{4}F$$

由 $$\sum M = 0 \quad -M_4 + F_B a = 0$$

得 $$M_4 = F_B a = -\frac{1}{4}Fa$$

讨论：

(1)比较截面1—1和截面2—2的内力，由于

$$F_{S2} - F_{S1} = \frac{1}{4}F - (-F) = \frac{5}{4}F = F_A$$

$$M_1 = M_2$$

可见，在横向集中力作用处左右两侧无限接近的截面上，弯矩相等，而剪力发生突变，突变值等于集中力的大小。因此，在集中力作用的截面，不能含糊地说该截面上的剪力是多大，而应当说在集中力作用处左侧截面和右侧截面上的剪力各为多大。

(2)比较截面3—3和截面4—4的内力，由于

$$F_{S4} = F_{S3}$$

$$M_4 - M_3 = -\frac{Fa}{4} - \left(-\frac{3}{4}Fa\right) = \frac{1}{2}Fa = M$$

可见，在集中力偶作用处左右两侧无限接近的截面上，剪力相等，而弯矩发生突变，突变值等于集中力偶矩的大小。同样，在集中力偶作用处也不能含糊地说该截面的弯矩是多大，而应当说在集中力偶作用处左侧截面和右侧截面的弯矩各为多大。

(3)若分别在截面 A 和 D 左右两侧截取微段梁为分离体(见图6-4(f)、(g))，由于梁整体是平衡的，其任一局部也平衡，而微段梁的平衡方程，可得集中力、集中力偶作用处剪力、弯矩的突变规律。

【例6-2】 图6-5(a)中的悬臂梁，已知 $q=400$ N/m，$F=500$ N，试计算距梁自由端 B 为2 m处的截面1—1的内力。

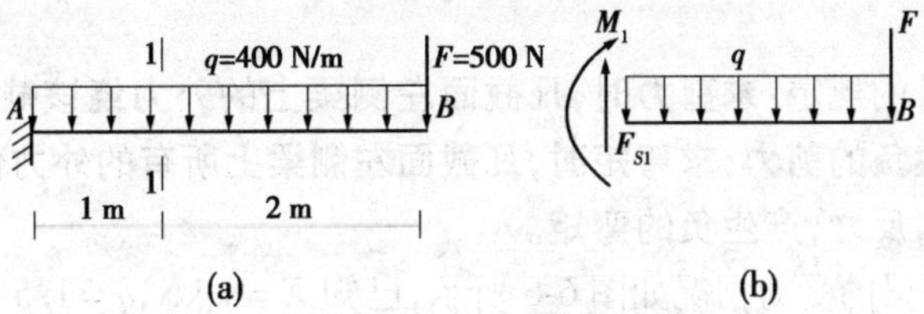

图6-5

解 将梁从截面1—1处截成两段，取右段为研究对象，可以省去求支座反力。截面1—1的剪力 F_{S1} 和弯矩 M_1 均假设为正，右段梁的受力图如图6-5(b)所示。

由 $$\sum F_y = 0 \qquad F_{S1} - q \times 2 - F = 0$$

得 $$F_{S1} = q \times 2 + F = 400 \times 2 + 500 = 1\,300(\text{N})$$

由 $$\sum M = 0 \qquad -M_1 - q \times 2 \times 1 - F \times 2 = 0$$

$$\begin{aligned} M_1 &= -q \times 2 \times 1 - F \times 2 \\ &= -400 \times 2 \times 1 - 500 \times 2 = -1\,800(\text{N} \cdot \text{m}) \end{aligned}$$

计算结果剪力为正值,说明截面1—1是正剪力;弯矩为负值,说明弯矩的实际方向与假设方向相反,截面1—1的弯矩是负弯矩。

三、直接法计算截面的内力

利用外力与截面内力的规律直接计算截面的内力。

(一)计算轴力的规律

计算轴力时,可建立构件左侧(或右侧)的投影方程 $\sum F_x = 0$,经过移项得到

$$F_N = \sum F_{x左}(或 F_N = \sum F_{x右})$$

即任一截面的轴力,其大小等于该截面一侧所有外力沿该截面轴线方向投影的代数和。

根据内力正负号规定,**当截面一侧外力背离该截面时,将在该截面产生正的轴力;反之,产正负的轴力。**

(二)计算剪力的规律

计算剪力时,可建立梁左侧(或右侧)的投影方程 $\sum F_y = 0$,经过移项得到

$$F_S = \sum F_{y左}(或 F_S = \sum F_{y右})$$

即梁上任一截面的剪力,在数值上等于该截面一侧(左侧或右侧)所有外力沿截面切向投影的代数和。

(三)计算弯矩的规律

计算弯矩时,可建立梁左侧(或右侧)对截面形心 C 的力矩方程 $\sum M = 0$,经过移项得到

$$M_C = \sum M(F_左) 或 M_C = \sum M(F_右)$$

即梁上任一截面的弯矩,在数值上等于该截面一侧(左侧或右侧)所有外力对截面形心力矩的代数和。

根据内力正负号的规定:**求剪力时,凡截面左侧梁上的外力绕该截面顺时针转动,产生正的剪力,反之,产生负的剪力;求弯矩时,凡截面左侧梁上所有的外力使该截面产生下凸变形时,产生正的弯矩,反之,产生负的弯矩。**

【例6-3】 外伸梁的受力情况如图6-6所示,已知 $F = 4$ kN,$q = 1.5$ kN/m,$m = 3$ kN·m,试求梁 F、D 左侧截面的剪力和弯矩。

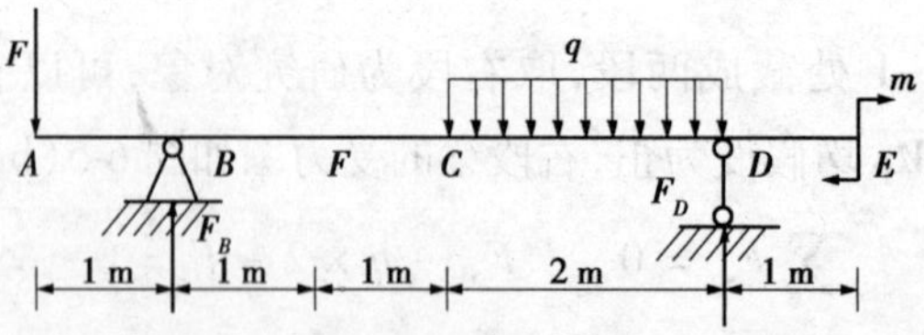

图6-6

解 (1)求支座反力。取梁整体为研究对象,列平衡方程。

由 $$\sum M_D = 0$$

$$F \times 5 + q \times 2 \times 1 - m - F_B \times 4 = 0$$

得 $$F_B = \frac{F \times 5 + q \times 2 \times 1 - m}{4} = \frac{4 \times 5 + 1.5 \times 2 \times 1 - 3}{4} = 5(\text{kN})$$

由 $$\sum M_B = 0$$

$$F \times 1 - q \times 2 \times 3 - m + F_D \times 4 = 0$$

得 $$F_D = \frac{-F \times 1 + q \times 2 \times 3 + m}{4} = \frac{-4 \times 1 + 1.5 \times 2 \times 3 + 3}{4} = 2(\text{kN})$$

校核：$\sum F_y = F_B + F_D - F - q \times 2 = 5 + 2 - 4 - 1.5 \times 2 = 0$，计算无误。

(2)求截面的内力。

截面 F 的内力，可由截面 F 以左的外力直接写出

$$F_{SF} = -F + F_B = -4 + 5 = 1(\text{kN})$$

$$M_F = F_B \times 1 - F \times 2 = 5 \times 1 - 4 \times 2 = -3(\text{kN} \cdot \text{m})$$

截面 $D_{左}$ 的内力，可由截面 $D_{左}$ 以右的外力直接写出

$$F_{SD左} = -F_D = -2\ \text{kN}$$

$$M_{D左} = -m = -3\ \text{kN} \cdot \text{m}$$

截面 $D_{左}$ 的内力，也可由 $D_{左}$ 以左的外力直接写出

$$F_{SD左} = F_B - F - q \times 2 = 5 - 4 - 1.5 \times 2 = -2(\text{kN})$$

$$\begin{aligned} M_{D左} &= F_B \times 4 - F \times 5 - q \times 2 \times 1 \\ &= 5 \times 4 - 4 \times 5 - 1.5 \times 2 \times 1 = -3(\text{kN} \cdot \text{m}) \end{aligned}$$

第二节　轴向拉压杆

一、拉压杆的内力——轴力

如图 6-7(a)、(b)所示，在杆件两端作用一对大小相等、方向相反的轴向外力 F 时，杆件将产生轴向拉伸或轴向压缩变形。如图 6-7(c)所示三角支架中，AB 杆受拉，BC 杆受压。如图 6-7(d)所示的屋架，上弦杆受压，下弦杆受拉。其受力特点是外力或外力的合力与杆件的轴线重合，变形特点是沿杆件轴线方向伸长或缩短，杆件的这种变形形式称为轴向拉伸或轴向压缩。作用线沿轴线的荷载称为轴向荷载。发生轴向拉伸或压缩变形的杆件，称为**拉压杆或轴向承载杆**。

由于拉压杆所受外力的作用线与杆的轴线重合，因此拉压杆的内力只有轴力，轴力的大小可由截面法或截面一侧的外力计算。

当杆件受到两个以上的轴向外力时，在以外力作用点为分界面的不同杆段上，其轴力也不相同。为此，用平衡于杆轴线的 x 轴表示横截面的位置，垂直于 x 轴的纵坐标 F_N 表示横截面上轴力的大小，在 $x \sim F_N$ 坐标系中按选定的比例画出轴力沿轴线方向变化的图形，称为**轴力图**。

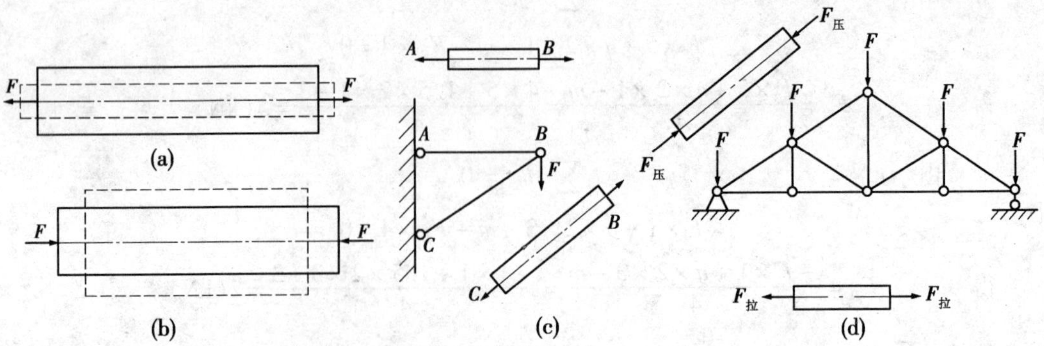

图 6-7

二、例题分析

【例 6-4】 绘图 6-8(a)所示杆件的轴力图。

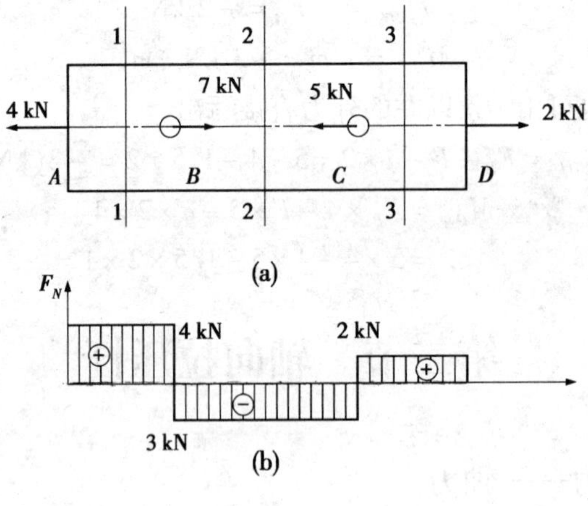

图 6-8

解 (1)分段并计算各段的轴力。

以外力作用的截面为分界点,将杆件分为 AB、BC、CD 三段,设截面 1—1、2—2、3—3 分别为 AB、BC、CD 段上的任一截面,用直接法可得

$$F_{N1}=4\ \text{kN}\qquad F_{N2}=-3\ \text{kN}\qquad F_{N3}=2\ \text{kN}$$

(2)画截面图,如图 6-8(b)所示。

讨论:对于拉压杆,在集中力作用的截面上,其轴力图发生突变,突变值等于该集中力的大小。在本例中,B 截面左侧的截面属于 AB 段,其轴力为 4 kN,B 截面右侧的截面属于 BC 段,其轴力为 -3 kN。在 B 截面处轴力图有突变,从 4 kN 突变到 -3 kN,其突变量正好等于 B 截面处的外力 7 kN,而在 B 截面上轴力是不确定的。

第三节 扭 转

当我们用改锥拧螺钉时,在改锥柄上手指的作用力构成了一个力偶,螺钉的阻力在改锥的刀口上构成一个方向相反的力偶,这两个力偶都作用在垂直于杠轴的平面内,从而使改锥杆产生了扭转变形。扭转变形在机械传动部分最常见,例如,汽车的转向轴,当驾驶员转动方向盘时,相当于在转向轴 A 端施加了一个力偶,与此同时,转向轴 B 端受到了来自转向器的阻抗力偶。于是在轴 AB 的两端受到了一对大小相等、转向相反的力偶作用,使转向轴发生了扭转变形。扭转变形的受力特点是:在垂直于杆轴线的平面内,作用有大小相等、转向相反的一对力偶。变形特点是:各横截面绕杆轴线发生相对转动。任意两个横截面间的相对转角叫做**扭转角**,用 φ 表示。图 6-9 中的 φ 角就是 B 截面相对于 A 截面的转角。工程上习惯将以扭转变形为主的构件叫轴,其中以圆轴的应用最广。

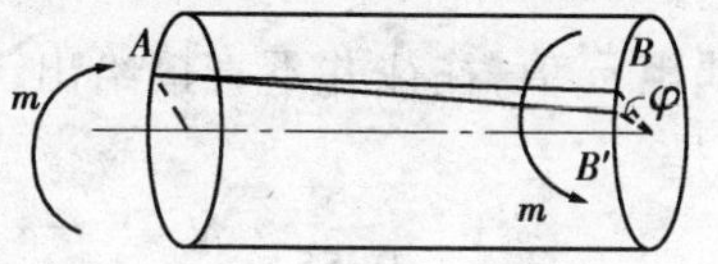

图 6-9

一、扭矩

计算扭转内力的方法仍然是截面法。

某圆轴在一对外力偶 m 的作用下产生扭转变形(见图 6-10(a))。为计算任一截面 C 的内力,可假想地将圆轴在截面 C 处截开,取左半段(或右半段)为研究对象。为保持平衡,在截面 C 上必然存在一个内力偶矩 T,与外力偶 m 平衡,这个横截面上的内力偶矩 T 叫做**扭矩**。由平衡条件 $\sum m_x = 0$,可求得这个内力偶矩的大小(见图 6-10(b))。若取右半段为研究对象,也可得到相同的结果(见图 6-10(c))。

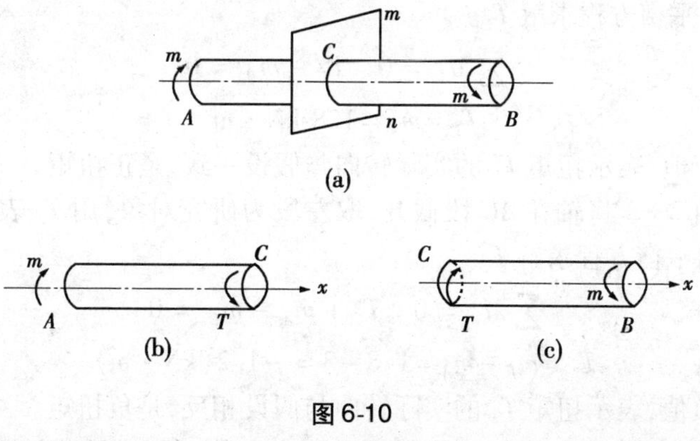

图 6-10

扭矩 T 的正负号规定如下:**用右手的四个手指代表扭矩的转向,当大拇指的指向背离截面时为正;反之为负**(见图 6-11)。

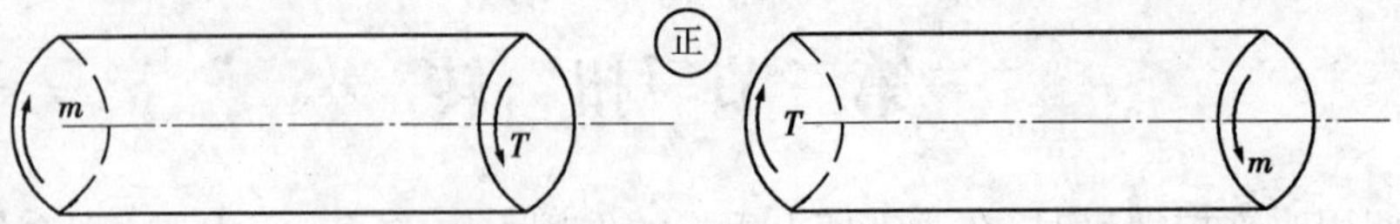

(a)

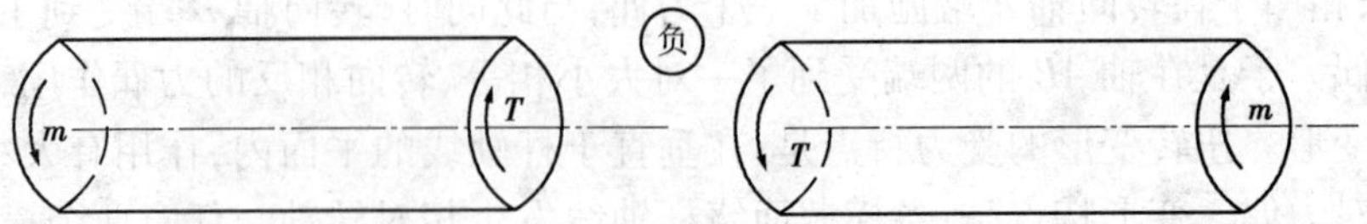

(b)

图 6-11

作用在传动轴上的外力偶矩 m 值,往往并不直接给出,而是通过该轴所传递的功率 N 和转速 n 来换算,其换算关系是

$$m = 9.55 \times \frac{N}{n}$$

式中:m 的单位为 kN·m;N 的单位为 kW;n 的单位为 r/min。

二、扭矩图

当轴上同时作用有几个外力偶时,在不同截面上轴的扭矩要分别计算。表示轴上各截面扭矩变化规律的图形叫做**扭矩图**。用横坐标表示截面的位置,纵坐标表示相应截面的扭矩,正扭矩画在横坐标轴的上方,负扭矩画在横坐标轴的下方,就得到扭矩图。

【例 6-5】 图 6-12(a)中的传动轴,轮 A、B、C 上作用有外力偶。已知外力偶矩分别为 $m_A = 3$ kN·m,$m_B = 1.8$ kN·m,$m_C = 1.2$ kN·m。试画出轴的扭矩图。

解 (1)计算各段的扭矩。

BA 段:用截面 1—1 将轴在 BA 段截开,取左段为研究对象,用 T_1 表示截面的扭矩(见图 6-12(c)),列出平衡方程求解 T_1。

由
$$\sum M_x = 0 \quad T_1 - m_B = 0$$
得
$$T_1 = m_B = 1.8 \text{ kN} \cdot \text{m}$$

计算结果为正值,表示扭矩 T_1 的实际转向与假设一致,是正扭矩。

AC 段:用截面 2—2 将轴在 AC 段截开,取左段为研究对象,用 T_2 表示截面的扭矩(见图 6-12(d)),列出平衡方程求解 T_2。

由
$$\sum M_x = 0 \quad T_2 + m_A - m_B = 0$$
得
$$T_2 = m_B - m_A = 1.8 - 3 = -1.2(\text{kN} \cdot \text{m})$$

计算结果为负值,表示扭矩 T_2 的实际转向与假设相反,是负扭矩。

(2)画扭矩图。由于在 BA、AC 段内扭矩分别为常数,所以扭矩图是由两段水平直线组成。将各段的扭矩按一定比例及正、负画法的规定,分别画在坐标轴的上、下方,如图 6-12(b)所示,就是该图的扭矩图。

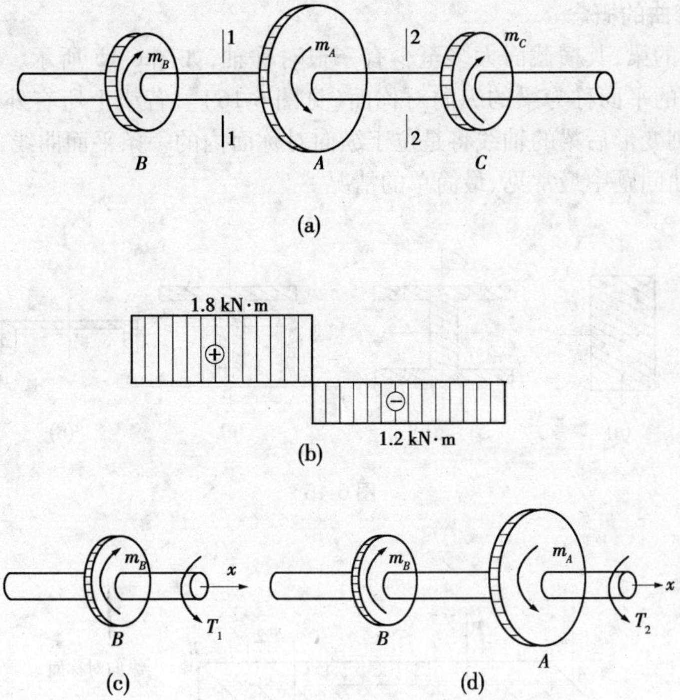

图 6-12

第四节　平面弯曲梁

一、平面弯曲的概念

弯曲变形是工程中常见的一种基本变形。例如,房屋建筑中的楼板梁、桥式起重机的横梁等。它们的受力和变形特点是:作用于杆件上的外力垂直于杆件的轴线或外力偶在轴线平面内,杆件的轴线由直线变为曲线,这种变形称为**弯曲变形**(见图 6-13)。以弯曲变形为主的构件称为梁。

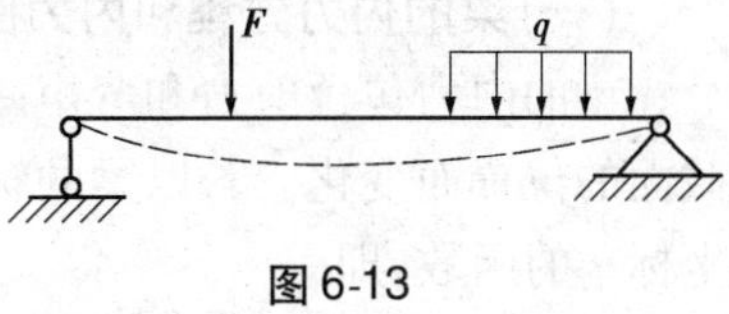

图 6-13

(一)单跨静定梁的基本形式

作用在梁上的外力包括荷载和支座反力。单跨静定梁按其支座形式可分为以下三种:

(1)简支梁:一端固定铰支座,另一端为可动铰支座的梁(见图 6-14(a))。

(2)外伸梁:一端或两端有外伸部分的简支梁(见图 6-14(b))。

(3)悬臂梁:一端固定,另一端自由的梁(见图 6-14(c))。

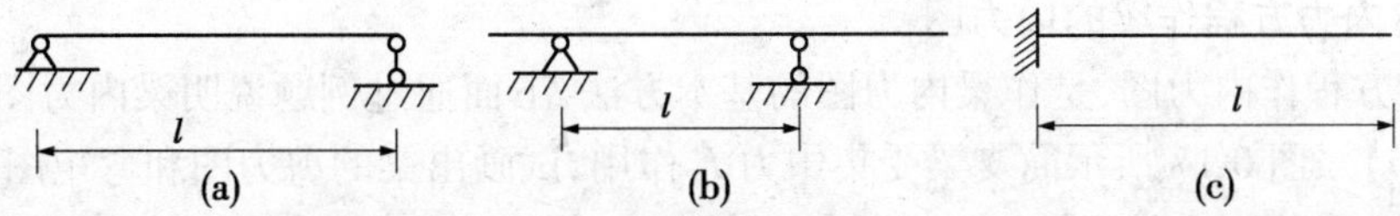

图 6-14

(二)平面弯曲的概念

工程中常见的梁,其横截面大多至少有一根对称轴,如图6-15所示。截面的对称轴与梁的轴线所确定的平面称为梁的纵向对称面(见图6-16)。若梁上所有外力都作用在梁的纵向对称面内,则变形后梁的轴线将是位于纵向对称面内的一条平面曲线,这种弯曲称为平面弯曲,它是弯曲问题中最常见、最简单的情况。

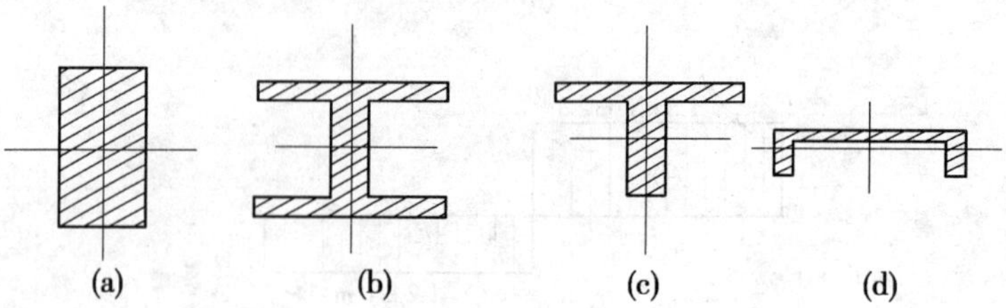

图6-15

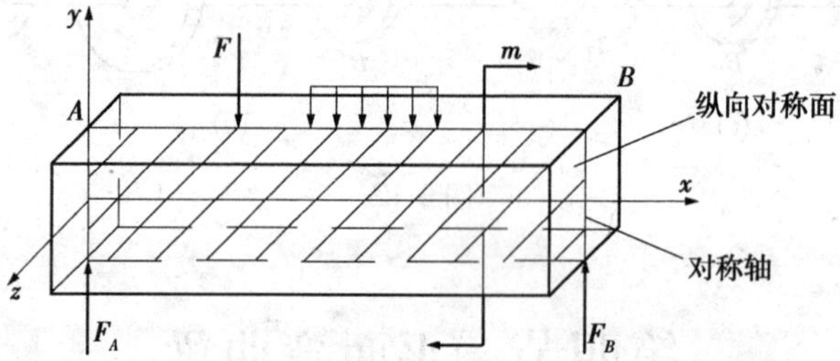

图6-16

二、由内力方程作梁的内力图

(一)梁的内力方程和内力图

梁的内力包含剪力和弯矩两个分量。一般情况下,梁横截面上的内力(剪力和弯矩)随截面的位置而变化。若以梁的轴线为 x 轴,坐标 x 表示截面的位置,则剪力和弯矩可表示为坐标 x 的函数,即

$$F_S = F_S(x)$$
$$M = M(x)$$

这种内力随截面位置变化的函数关系式,分别称为**梁的剪力方程和弯矩方程**。梁的内力随截面位置变化的图线,分别称为**剪力图和弯矩图**。由内力图可以确定梁的最大剪力和最大弯矩及其所在截面(危险截面)的位置,以便进行梁的强度计算。

(二)由内力方程作梁的内力图

由内力方程作内力图,是作梁内力图的基本方法,下面通过例题说明梁内力图的画法。

【例6-6】 图6-17所示简支梁受集中力 F 作用,试画出梁的剪力图和弯矩图。

解 (1)求支座反力。

取梁整体为研究对象。

由 $\sum M_B = 0 \quad -F_A \cdot l + F \cdot b = 0$

得

$$F_A = \frac{b}{l}F$$

由 $\sum M_A = 0 \quad F_B \cdot l - F \cdot a = 0$

得

$$F_B = \frac{a}{l}F$$

校核

$$\sum F_y = F_A + F_B - F = \frac{b}{l}F + \frac{a}{l}F - F = 0$$

计算无误。

(2)列内力方程。

梁在 C 截面处有集中力作用,故 AC 段和 CB 段的内力方程不同,须分别列出。

AC 段:

$$F_S(x_1) = F_A = \frac{Fb}{l} \qquad (0 < x_1 < a)$$

$$M(x_1) = F_A x_1 = \frac{Fb}{l}x_1 \quad (0 \leqslant x_1 \leqslant a)$$

CB 段:

$$F_S(x_2) = -F_B = -\frac{Fa}{l} \quad (a < x_2 < l)$$

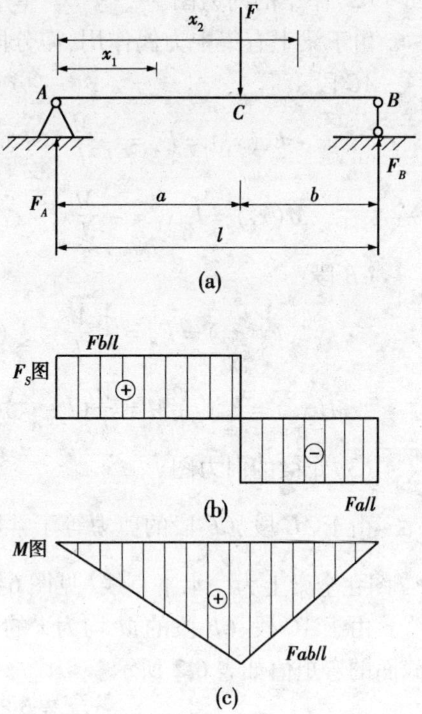

图 6-17

$$M(x_2) = F_B(l - x_2) = \frac{Fa}{l}(l - x_2) \quad (a \leqslant x_2 \leqslant l)$$

(3)作梁的内力图。

由 AC 段和 CB 段的剪力方程可知,AC 段梁的剪力图是一条在 x 轴上方的水平直线,CB 段梁的剪力图是一条在 x 轴下方的水平直线,梁的剪力图如图 6-17(b)所示。

由 AC 段和 CB 段的弯矩方程可知,两段梁的弯曲图均为斜直线。每段分别计算出两端截面的 M 值后可画出 M 图,列表计算如表 6-1 所示。

表 6-1　梁段 M 值计算

x_1	0	a	x_2	a	l
M	0	Fab/l	M	Fab/l	0

梁的弯矩图如图 6-17(c)所示。

讨论:由 F_S、M 图可知,在集中力作用的截面,剪力图发生突变,突变的方向是从左到右和集中力的指向一致,其突变值等于集中力的大小,弯矩图出现“尖点”,即 M 图在此处的斜率发生改变。

【例 6-7】　图 6-18(a)所示简支梁受集中力偶 M 作用,试作梁的内力图。

解　(1)求梁的支座约束反力

$$F_A = -\frac{M}{l} \qquad F_B = \frac{M}{l}$$

(2)作梁的内力图。

由于梁上有集中力偶作用,需分段列出剪力、弯矩方程。

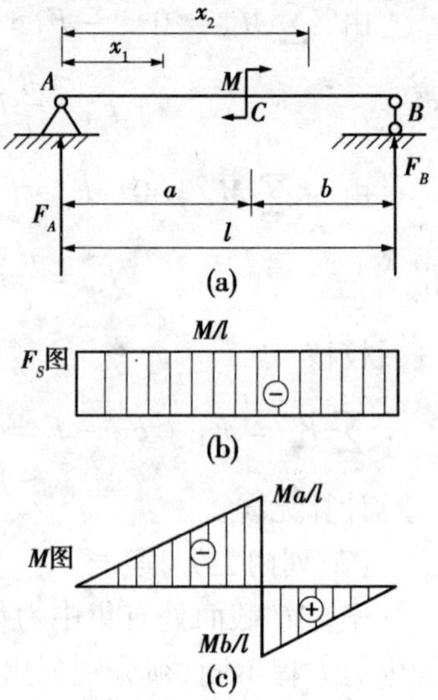

图 6-18

AC 段:

$$F_S(x_1)=F_A=-\frac{M}{l}\qquad(0<x_1\leqslant a)$$

$$M(x_1)=F_Ax_1=-\frac{M}{l}x_1\qquad(0\leqslant x_1<a)$$

CB 段:

$$F_S(x_2)=F_B=-\frac{M}{l}\qquad(a<x_2<l)$$

$$M(x_2)=F_Ax_2+M=\frac{M}{l}(l-x_2)\qquad(a<x_2\leqslant l)$$

(3)作梁的内力图。

由于 AC 段、CB 段的剪力等于常数,其值均为 $-\frac{M}{l}$,因此 F_S 图在全梁上为一水平直线(见图 6-18(b))。

由于 AC 段、CB 段的 M 均为 x 的一次函数,两段梁的 M 图均为斜直线,求出各段梁两端截面的弯矩值如表 6-2 所示。

表 6-2　各段梁两端截面弯矩值

x_1	0	a	x_2	a	l
M	0	$-Ma/l$	M	Mb/l	0

标出上述弯矩值,连以直线,即为梁的 M 图(见图 6-18(c))。

讨论:在集中力偶作用处,剪力图无变化,弯矩图出现突变,突变值等于集中力偶矩的大小。

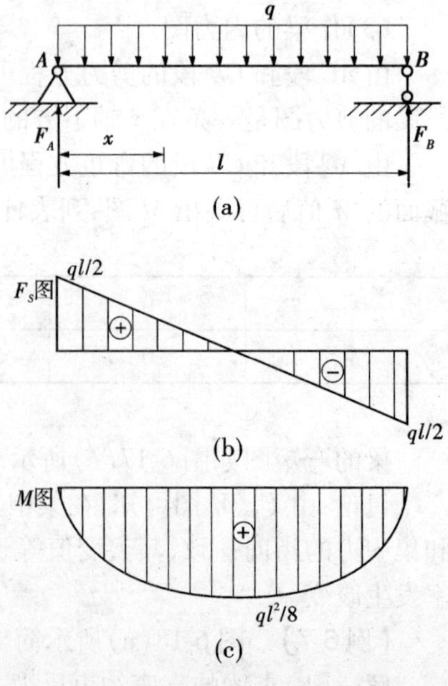

图 6-19

【例 6-8】　图 6-19(a)所示简支梁受均布荷载作用,试画出梁内力图。

解　(1)求支座反力:

$$F_A=F_B=\frac{1}{2}ql$$

(2)列内力方程:

$$F_S(x)=F_A-qx=\frac{1}{2}ql-qx\qquad(0<x<l)$$

$$M(x)=F_Ax-\frac{1}{2}qx^2=\frac{1}{2}qlx-\frac{1}{2}qx^2\qquad(0\leqslant x\leqslant l)$$

(3)画内力图。

由剪力方程可知,F_S 图是斜直线,计算梁两端处的 F_S 值:

$x=0$ 处,$F_S=\frac{1}{2}ql$

$x = l$ 处，$F_S = -\frac{1}{2}ql$

可画出 F_S 图(见图 6-19(b))。

由弯矩方程可知，M 图是一条二次抛物线，作此抛物线，需确定几个坐标点，列表计算如表 6-3 所示。

表 6-3　梁段弯矩值

x	0	$l/4$	$l/2$	$3l/4$	l
M	0	$3ql^2/32$	$ql^2/8$	$3ql^2/32$	0

标出以上各点的 M 值，并连以光滑曲线，可画出弯矩图(见图 6-19(c))。

讨论：梁受均布荷载作用时，F_S 图为斜直线，M 图为二次抛物线，且 M 图的凸向与均布荷载的指向相同，在剪力等于零的截面上弯矩取极值。

通过以上各例，可将由内力方程画内力图的步骤归纳如下：

(1)求支座反力(悬臂梁可以不求)；

(2)分段(集中力、集中力偶作用点及分布荷载的起、止点为分界线)；

(3)逐段列出内力方程；

(4)由内力方程判断各段剪力图、弯矩图的大致形状；

(5)求控制截面(分界点、极值点所在的截面)的剪力值、弯矩值；

(6)逐段作出剪力图、弯矩图。

三、由微分关系作梁的内力图

(一)弯矩 $M(x)$、剪力 $F_S(x)$ 与分布荷载集度 $q(x)$ 的微分关系

如图 6-20(a)所示，梁上作用有任意的分布荷载 $q(x)$，$q(x)$ 以向上为正。取 A 点为坐标原点，x 轴以向右为正。在距 A 点为 x 处截取长为 dx 的微段梁为分离体(见图 6-20(b))，微段左侧横截面上的剪力和弯矩是 $F_S(x)$、$M(x)$，微段右侧横截面上的剪力、弯矩分别为 $F_S(x) + dF_S(x)$、$M(x) + dM(x)$，并设它们都为正值。由于微段的长度 dx 非常小，因此在微段上作用的分布荷载 $q(x)$ 可以认为是均布的。

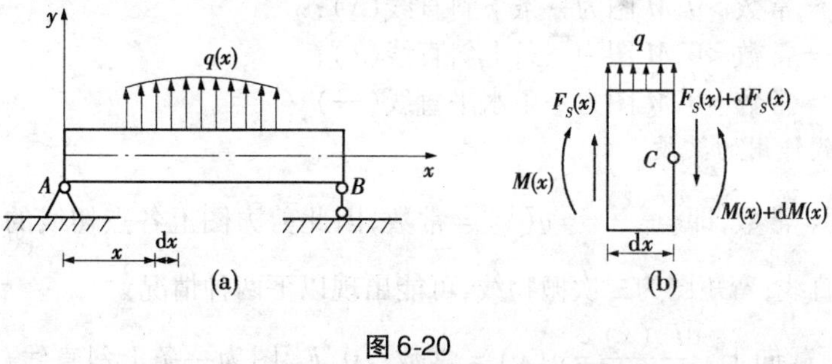

图 6-20

由于梁整体处于平衡状态，截取的微段梁也应处于平衡，由

$$\sum F_y = 0 \quad F_S(x) + q(x)dx - [F_S(x) + dF_S(x)] = 0$$

得
$$\frac{dF_S(x)}{dx}=q(x) \tag{6-1}$$

结论一:梁上任一横截面上的剪力对 x 的一阶导数等于作用在该截面处的分布荷载集度。这一微分关系的几何意义是,剪力图上某点切线的斜率等于相应截面处的分布荷载集度。

由 $\sum M_C=0$（C 点为右侧横截面的形心）得

$$-M(x)-F_S(x)dx-q(x)dx\frac{dx}{2}+[M(x)+dM(x)]=0$$

略去二阶微量$\frac{1}{2}q(x)(dx)^2$,并整理可得

$$\frac{dM(x)}{dx}=F_S(x) \tag{6-2}$$

结论二:梁上任一横截面上的弯矩对 x 的一阶导数等于该截面处的剪力。这一微分关系的几何意义是,弯矩图上某点切线的斜率等于相应截面上的剪力。将式(6-2)两边求导可得

$$\frac{d^2M(x)}{dx^2}=q(x) \tag{6-3}$$

结论三:梁上任一横截面上的弯矩对 x 的二阶导数等于该截面处的分布荷载集度。这一微分关系的几何意义是,由分布荷载集度的正负可以确定弯矩图的凹凸方向。

以上所述剪力、弯矩与荷载集度的微分关系式,实际上就代表微段梁的平衡方程。

(二)应用剪力、弯矩与荷载集度的微分关系作梁的内力图

由剪力 $F_S(x)$、弯矩 $M(x)$ 与荷载集度 $q(x)$ 的微分关系及其几何意义,可以总结出梁的荷载与剪力、弯矩图之间的关系。

1. 无分布荷载作用的梁段

由于 $q(x)=0$,即$\frac{dF_S(x)}{dx}=q(x)=0$,因此 $F_S(x)=$常数,剪力图是一条平行于 x 轴的直线。又由$\frac{dM(x)}{dx}=F_S(x)=$常数可知,该段弯矩图上各点切线的斜率为常数,因此弯矩图是一条斜直线。这时可能出现以下三种情况:

(1)$F_S(x)=$常数>0,M 图为一条下斜直线(\);

(2)$F_S(x)=$常数<0,M 图为一条上斜直线(/);

(3)$F_S(x)=$常数$=0$,M 图为一条水平直线(—)。

2. 均布荷载作用的梁段

由于 $q(x)=$常数,即$\frac{dF_S(x)}{dx}=q(x)=$常数,因此剪力图上各点切线的斜率为常数,剪力图是一条斜直线;弯矩图为二次抛物线,可能出现以下两种情况:

(1)均布荷载向上,$\frac{dF_S(x)}{dx}=q(x)=$常数>0,F_S 图为一条上斜直线(/)。$\frac{d^2M(x)}{dx^2}=q(x)>0$,$M$ 图为上凸的二次抛物线。

(2)均布荷载向下,$\frac{dF_S(x)}{dx}=q(x)=$常数<0,F_S 图为一条下斜直线(\);$\frac{d^2M(x)}{dx}=$

$q(x)<0$，M 图为下凹的二次抛物线。

3. 弯矩的极值

在剪力等于零的截面上，由于$\frac{dM(x)}{dx}=F_S(x)=0$，$M(x)$在该处有极值。

利用内力图与外力之间的规律，只要知道梁上的外力情况，就可以知道梁各段剪力图、弯矩图的形状。因此，只要计算出控制截面（分界点、极值点所在的截面）的剪力、弯矩值，就可以画出梁的剪力和弯矩图。这样，不需要列出梁的剪力和弯矩方程，而利用外力与内力图的规律画梁的剪力图和弯矩图的方法，称为**作梁内力图的简捷法**。

【例6-9】 一外伸梁如图6-21所示，已知 $q=4$ kN/m，$F=10$ kN，试画出梁的剪力图和弯矩图。

解 (1)求支座反力

$$F_A=13.5\ \text{kN}\quad F_B=28.5\ \text{kN}$$

(2)根据梁上的外力情况，将梁分为 AB 和 BC 段。

(3)画剪力图。

BC 段上，无荷载作用，其剪力图为水平线。AB 段上作用向下的均布荷载，其剪力图从左到右为下斜直线。即

$$F_{SA右}=F_A=13.5\ \text{kN}$$

$$F_{SB左}=F_A-q\times 8=-18.5(\text{kN})$$

$$F_{SB右}=10\ \text{kN}$$

$$F_{SC左}=10\ \text{kN}$$

可分别画出 AB、BC 段的剪力图，如图6-21(b)所示。

(4)画弯矩图。

AB 段梁上有均布荷载作用，其弯矩为下凹的二次抛物线，在 $F_S=0$ 的 D 截面上，弯矩取极值，由剪力图可求出截面 D 距 A 支座的距离 x 为

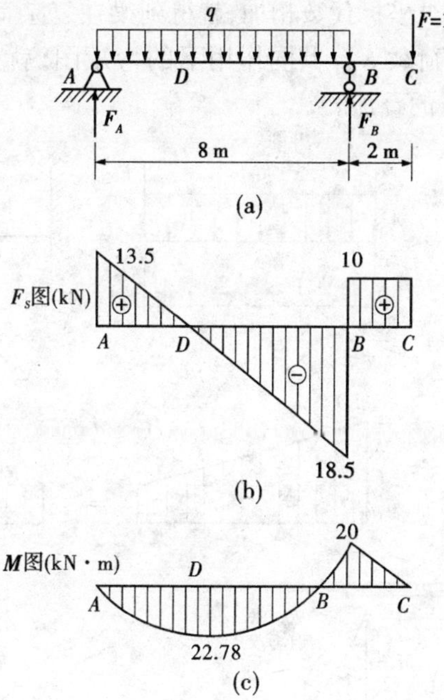

图6-21

$$x=\frac{F_{SA右}}{q}=\frac{13.5}{4}=3.375(\text{m})$$

$$M_A=0$$

$$M_D=F_A\times 3.375-q\times\frac{3.375^2}{2}=13.5\times 3.375-4\times\frac{3.375^2}{2}=22.78(\text{kN}\cdot\text{m})$$

$$M_B=-F\times 2=-20(\text{kN}\cdot\text{m})$$

BC 段无荷载作用，其弯矩图为斜直线，其中

$$M_C=0$$

可画出 AB 段、BC 段的弯矩图，如图6-21(c)所示。

通过上述例题可将由微分关系作梁内力图的步骤总结如下：

(1)求支座反力(悬臂梁除外)；

(2)分段,判断各段剪力图、弯矩图的形状;

(3)求控制截面的剪力和弯矩;

(4)逐级作剪力图和弯矩图。

上述方法也称为**控制截面法求内力图**。

四、叠加法画弯矩图

在力学计算中,常运用叠加原理。**叠加原理**是:由几组荷载作用所引起的某一参数(反力、内力、应力、变形)等于每组荷载单独作用时引起的该参数值的代数和。运用叠加原理画弯矩图的方法叫**叠加法**。用叠加法画弯矩图的步骤是:先把作用在梁上的复杂荷载分成几组简单的荷载(弯矩图简单易画),分别画出各简单荷载作用下的弯矩图;然后把它们相应的纵坐标代数相加,就得到梁在复杂荷载作用下的弯矩图。例如,在图6-22(a)中,悬臂梁在荷载 F、q 共同作用下的弯矩图,就是在荷载 F、q 单独作用下弯矩图(见图6-22(b)、(c))的叠加。

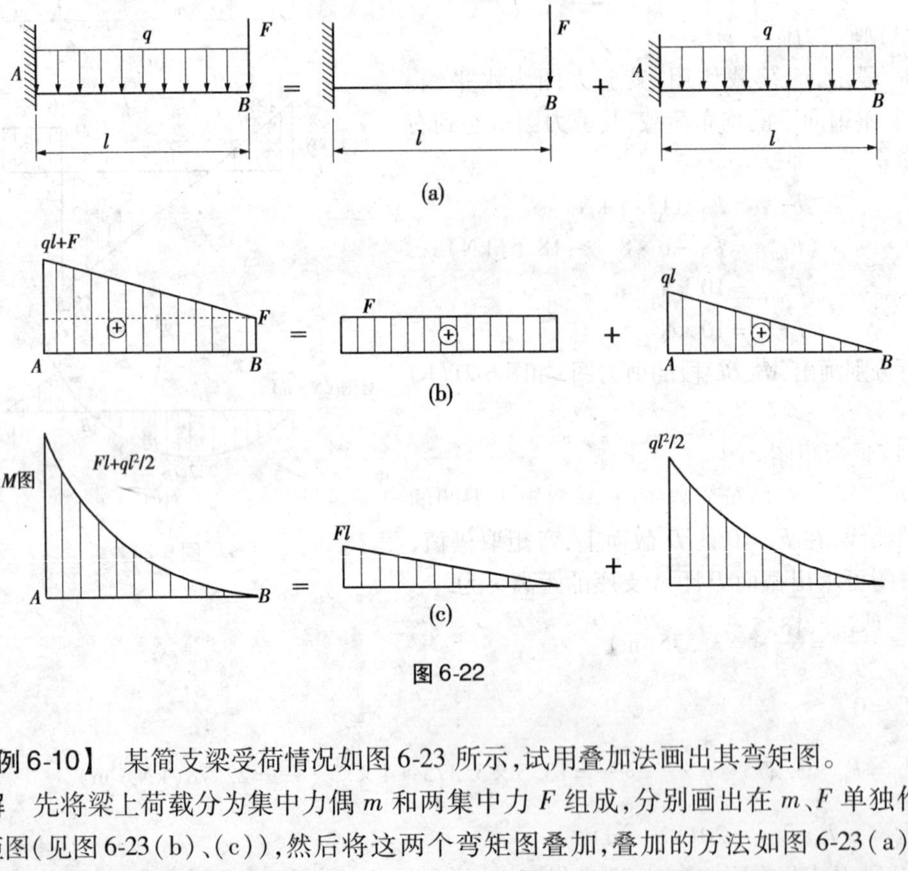

图6-22

【例6-10】 某简支梁受荷情况如图6-23所示,试用叠加法画出其弯矩图。

解 先将梁上荷载分为集中力偶 m 和两集中力 F 组成,分别画出在 m、F 单独作用下的弯矩图(见图6-23(b)、(c)),然后将这两个弯矩图叠加,叠加的方法如图6-23(a)所示。先画出 M_1 图,再以 Ab 为基线画 M_2 图,将 M_2 图控制截面的纵坐标叠画在相应的位置。例如:$M_{C2}=M_{E2}=\dfrac{Fl}{3}$,是从 Ab 上的 c、e 点分别铅垂向下量取$\dfrac{Fl}{3}$的。由于 M_1、M_2 两弯矩图的符号不同,叠加后重合部分正负相抵,所余部分就是总的弯矩图 M,然后算出 C、E 截面最后的弯矩值为

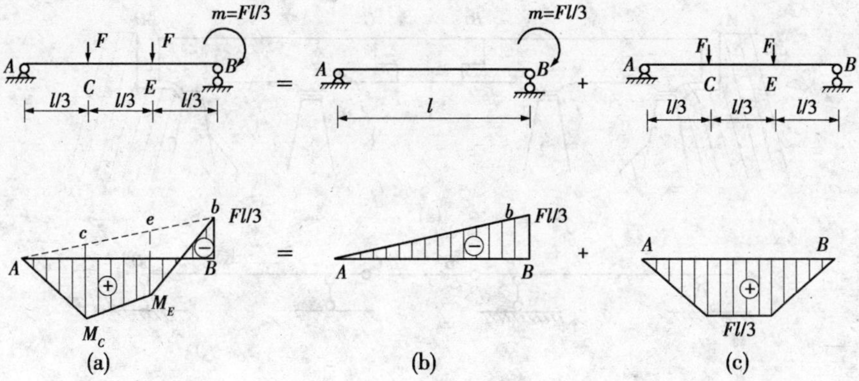

图 6-23

$$M_C=\frac{Fl}{3}-\frac{1}{3}\times\frac{Fl}{3}=\frac{2Fl}{9}$$

$$M_E=\frac{Fl}{3}-\frac{2}{3}\times\frac{Fl}{3}=\frac{Fl}{9}$$

用叠加法画弯矩图的要领是:先画直线形弯矩图,再叠加上折线形或曲线形弯矩图。

五、多跨静定梁的内力

(一)多跨静定梁

公路桥中的钢筋混凝土桥(见图 6-24(a))、房屋建筑中的木檩条(见图 6-24(d))等,都是由几根梁用铰联结成跨越几个跨度的静定梁,图 6-24(b)和图 6-24(e)分别是它们相应的计算简图。若干根梁由铰相连,再用支座与基础联结在一起而组成的静定梁,称为**多跨静定梁**。

从几何组成上看,多跨静定梁的各部分可分为基本部分和附属部分。就图 6-24(b)而言,梁 *AB* 由三根链杆直接与基础相连,它不依赖其他部分的存在就可以与基础组成几何不变体系,称为**基本部分**。同理,梁 *CD* 也是一基本部分,但在计算简图中一般只用两根竖向支座链杆与基础相连,一根水平支座链杆省略不画。梁 *BC* 是支承在梁 *AB*、*CD* 上的,必须依赖其他部分才能保持其几何不变,称为**附属部分**。

图 6-24(e)中梁 *AB* 由三根链杆与基础直接相连,是基本部分。梁 *BC* 在 *F* 点有一根链杆与基础相连,但 *B* 端的两根链杆是支撑在基础部分 *AB* 上的,所以是附属部分。同理,梁 *CD* 的 *C* 端由附属部分梁 *BC* 支承,也是附属部分。

多跨梁中力的传递关系。由于基本部分直接与基础组成几何不变体系,因此它能独立承受荷载而维持平衡。当荷载作用在基本部分时,只有该基本部分受力,其他部分将不受力;当荷载作用在附属部分上时,由于附属部分是支承在基本部分上的,荷载的作用将通过铰结点传递给基本部分,因此不仅该附属部分受力,支承它的基本部分也将受力。

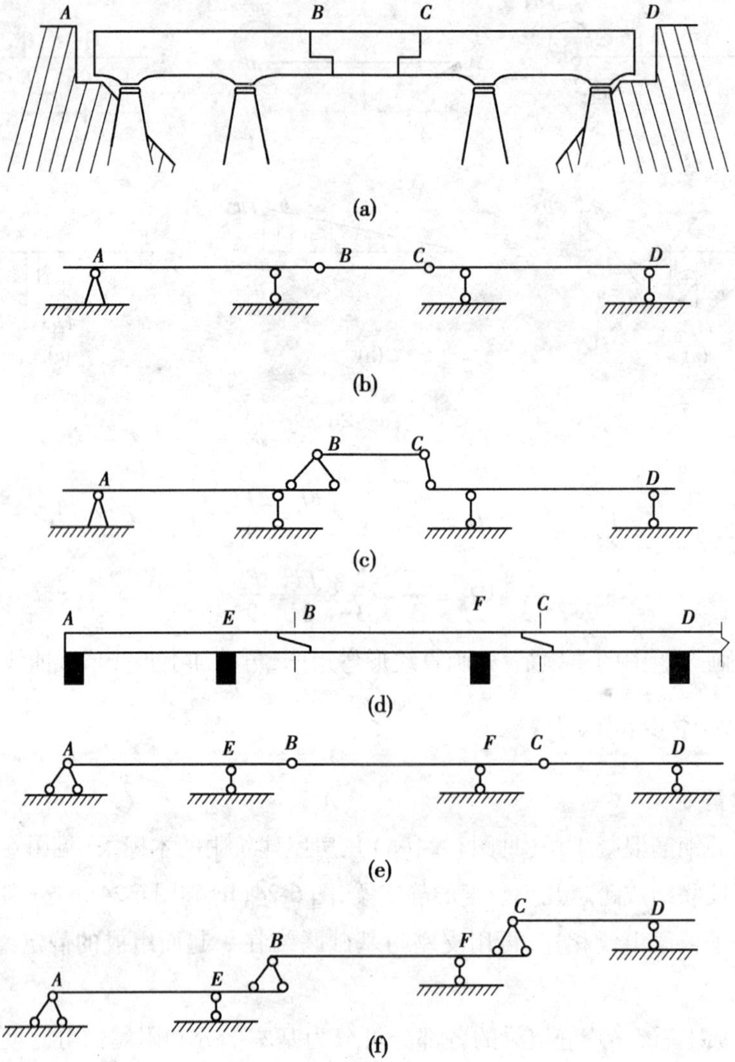

图 6-24

(二) 多跨静定梁的内力计算

为了把多跨静定梁中各部分之间的相互依存关系清晰地反应出来,把基础部分画在下层,附属部分画在上层,如图 6-24(c)和图 6-25(b)所示,这种图称为**层次图**。层次图中力的传递关系非常明确,并且每一部分都是单跨梁。这样,对多跨静定梁的分析,就分解成为各个单跨静定梁的分析,计算时先计算附属部分,然后再计算基本部分。计算附属部分时,应从附属程度最高的部分算起。计算基本部分时,把附属部分的支座反力反方向作为荷载作用在基本部分。最后,把各单跨静定梁的内力图连在一起,就是多跨静定梁的内力图。

【例 6-11】 试作图 6-25(a)所示多跨梁的内力图,并求支座反力。

解 由几何组成分析可知,*AB* 为基本部分,*BCD*、*DEF* 均为附属部分,求解顺序为先 *DEF*,后 *BCD*,再 *AB*。画出层次图如图 6-25(b)所示。

按顺序先求出各区段支承反力，标示于图 6-25(c)中，然后按上述方法逐段作出梁的剪力图和弯矩图，如图 6-25(d)、(e)所示。

C 支座反力，可由图 6-25(c)中直接得到；另一种求支座反力的方法，可取结点 C 为分离体，如图 6-25(f)所示，由 $\sum F_y = 0$，可得

$$F_{Cy} = 5.5 + 3 = 8.5(\text{kN})$$

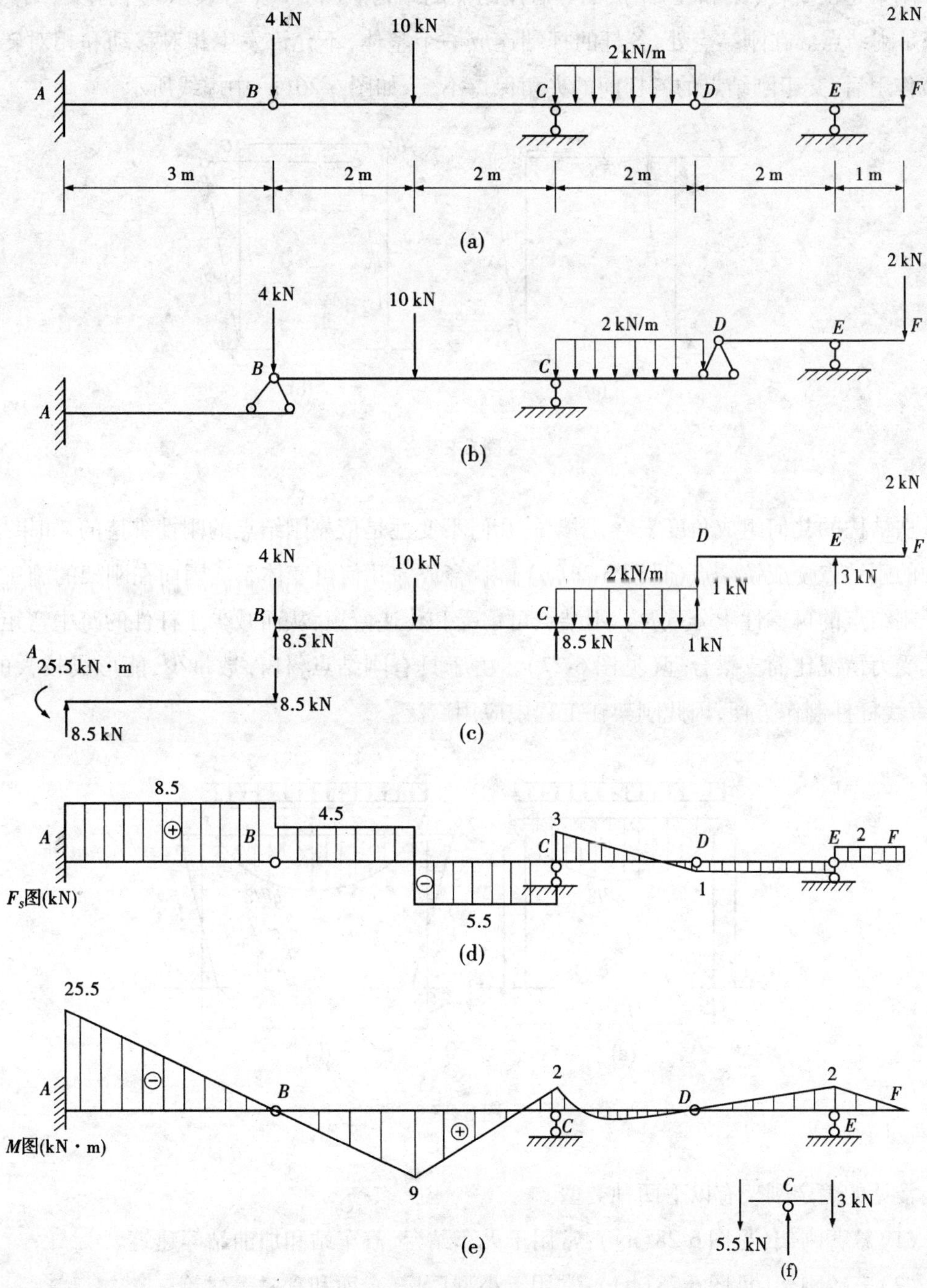

图 6-25

第五节　平面刚架

一、刚架的特点和应用

刚架是由直杆(梁和柱)组成的具有刚结点的结构。图 6-26(a)表示一个刚架,结点 B、C 都是刚结点。在刚结点处,各杆的杆端连成一个整体,不允许发生相对移动和相对转动。荷载作用后,交于刚结点的各杆间的夹角保持不变,如图 6-26(a)中虚线所示。

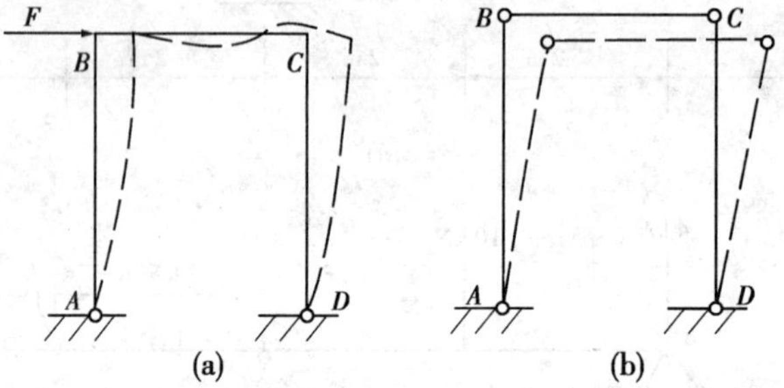

图 6-26

从结构的几何组成角度来看,刚架的几何不变性是依靠刚结点的刚性维持的,如果把刚架中的刚结点变成铰结点(见图 6-26(b)),就会成为几何可变体系。因而在刚架的施工中,保证刚结点的可靠性十分重要。刚结点可承受和传递弯矩,从而减少了杆件的跨中弯矩,因此其受力情况比简支梁合理(见图 6-27)。由于具有刚结点,杆件数量少,能形成较大的空间,直线杆件制作方便,因此刚架在工程中应用广泛。

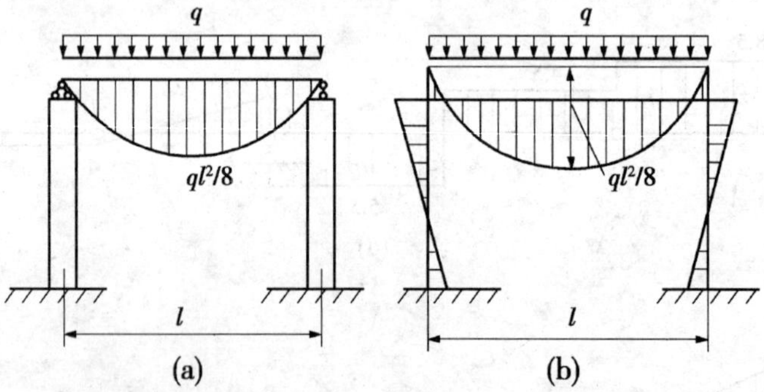

图 6-27

常见的静定刚架有以下两种类型:

(1)悬臂刚架(见图 6-28(a)):常用于火车站台、汽车站和加油站等建筑。

(2)三铰刚架(见图 6-28(b)):常用于小型厂房、仓库和食堂等建筑。

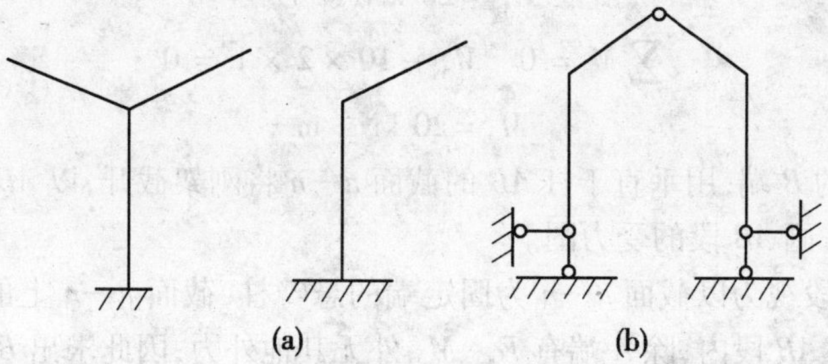

图 6-28

二、静定刚架的内力计算

静定刚架内力计算的基本方法仍然是截面法。在求出支座反力以后,可在刚结点处,用垂直于杆轴的截面将刚架截开,形成若干个杆件段。在截开的截面上,一般有剪力、弯矩和轴力三种内力,这些内力和固定支座的反力形式相同。若将所有已知力视为外力,将截面上的未知内力视为未知的约束反力,各杆段就成为悬臂梁(或柱)。于是,刚架的计算问题就转化为单个杆件的内力计算问题了。

刚架内力的符号规定如下:**弯矩的正负号可随意假设,但弯矩图画在杆件受拉的一侧,图中不标正负号;剪力以绕杆件顺时针转为正;轴力以使杆受拉为正**。剪力图和轴力图可画在杆件的任一侧,但必须标明正负号。所有内力图必须标明图的名称、控制截面内力的大小和单位。为了不使内力的符号发生混淆,规定内力名称的右下角用两个脚标:第一个脚标表示内力所属截面的编号;第二个脚标表示该杆件远端的编号。例如,AB 杆 A 端的弯矩表示为 M_{AB};AB 杆 B 端的弯矩表示为 M_{BA}。下面通过例题说明刚架内力图的作法。

【例 6-12】 试作出图 6-29(a)中悬臂刚架的内力图。

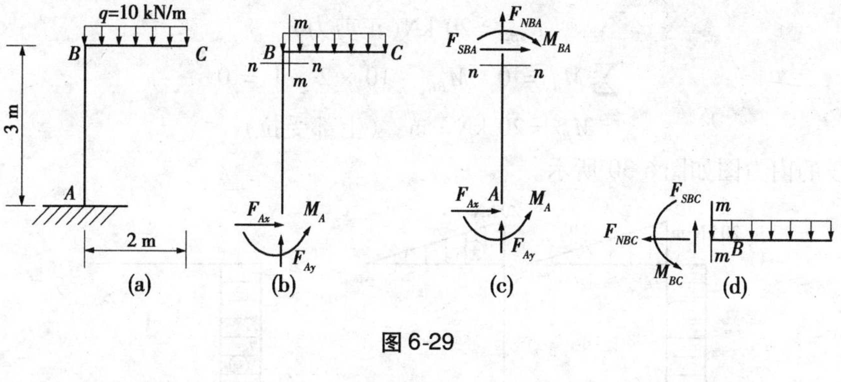

图 6-29

解 (1)计算支座反力。

利用刚架整体的平衡条件(见图 6-29(b))得

$$\sum F_x = 0 \quad F_{Ax} = 0$$

$$\sum F_y = 0 \quad F_{Ay} - 10 \times 2 = 0$$

$$F_{Ay}=20\ \text{kN}(\uparrow)$$

$$\sum M=0\quad M_A-10\times2\times1=0$$

$$M_A=20\ \text{kN}\cdot\text{m}$$

(2)在 AB 段的 B 端,用垂直于杆 AB 的截面 $n—n$ 将刚架截开,以 AB 段为研究对象,受力图见图 6-29(c),画 AB 段的受力图。

此时可将 AB 段视为以截面 $n—n$ 为固定端的悬臂柱,截面 $n—n$ 上的未知内力为 M_{BA}、F_{SBA}、F_{NBA}。在杆件 AB 段内,除 A 端有 F_{Ay}、M_A 外无其他外力,因此求出 B 端的内力之后,AB 杆段的内力图很容易画出。由 AB 杆段的平衡条件得

$$\sum F_x=0\quad F_{SBA}=0$$

$$\sum F_y=0\quad F_{NBA}+F_{Ay}=0$$

$$F_{NBA}=-F_{Ay}=-20\ \text{kN}(\text{压力})$$

$$\sum m_A=0\quad M_{BA}-M_A=0$$

$$M_{BA}=M_A=20\ \text{kN}\cdot\text{m}\quad(\text{杆左侧受拉})$$

从 AB 段的受力情况看出:AB 段无剪力;轴力和弯矩均为常数。所以,弯矩图是一条与 AB 轴线平行的直线,画在杆的左侧;轴力图也是一条平行于 AB 轴线的直线,如图 6-30 所示。

(3)用垂直于 BC 轴线的截面 $m—m$ 将 BC 段的 B 端截开,BC 段可视为 B 端固定的悬臂梁。截面 $m—m$ 的未知内力分别用 M_{BC}、F_{SBC}、F_{NBC} 表示,BC 段的受力图如图 6-29(d)所示。这是一根承受均布荷载作用的悬臂梁,其内力图是我们所熟知的。杆件的未知内力可由 BC 段的平衡条件求得

$$\sum F_x=0\quad F_{NBC}=0$$

$$\sum F_y=0\quad F_{SBC}-10\times2=0$$

$$F_{SBC}=20\ \text{kN}(\text{正剪力})$$

$$\sum M_B=0\quad M_{BC}-10\times2\times1=0$$

$$M_{BC}=20\ \text{kN}\cdot\text{m}\quad(\text{上部受拉})$$

BC 段的内力图如图 6-30 所示。

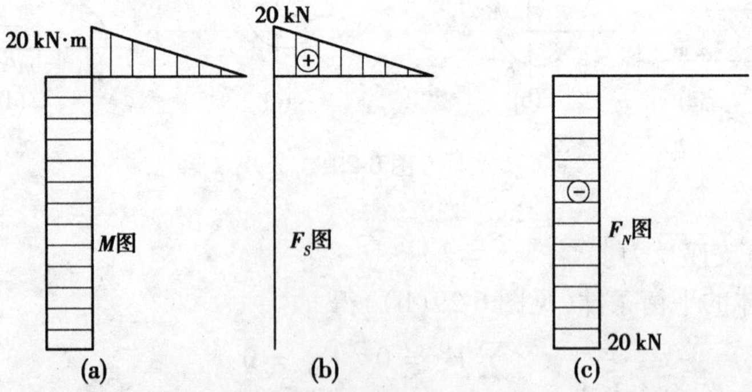

图 6-30

(4)校核。为检查内力图是否正确，可截取刚结点 B 为分离体。根据已作出的 M、F_S、F_N 在图中相应截面的内力数值及方向，画在刚结点 B 的分离体图上，检查刚结点是否满足平衡条件。刚结点 B 的分离体图如图 6-31 所示。由平衡条件得

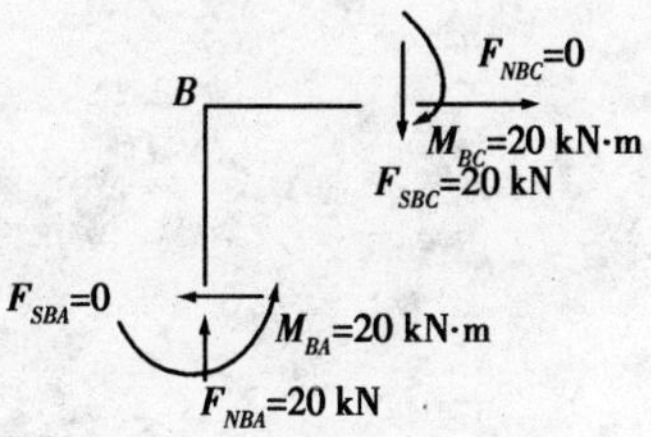

图 6-31

$$\sum F_x = F_{NBC} - F_{SBA} = 0$$

$$\sum F_y = F_{NBA} - F_{SBC} = 20 - 20 = 0$$

$$\sum M_B = M_{BA} - M_{BC} = 20 - 20 = 0$$

校核表明，此刚结点满足平衡条件。

在刚结点处无外力作用时，两杆段弯矩相等且受拉边在同一侧。一般经过刚结点平衡的校核，只能证明在刚结点处的内力计算无误。为进一步检查刚架内力图是否正确，还可从刚架中截取任意杆段，检查是否满足平衡条件，以达到校核内力图的目的。

【例 6-13】 作图 6-32(a)所示简支刚架的内力图。

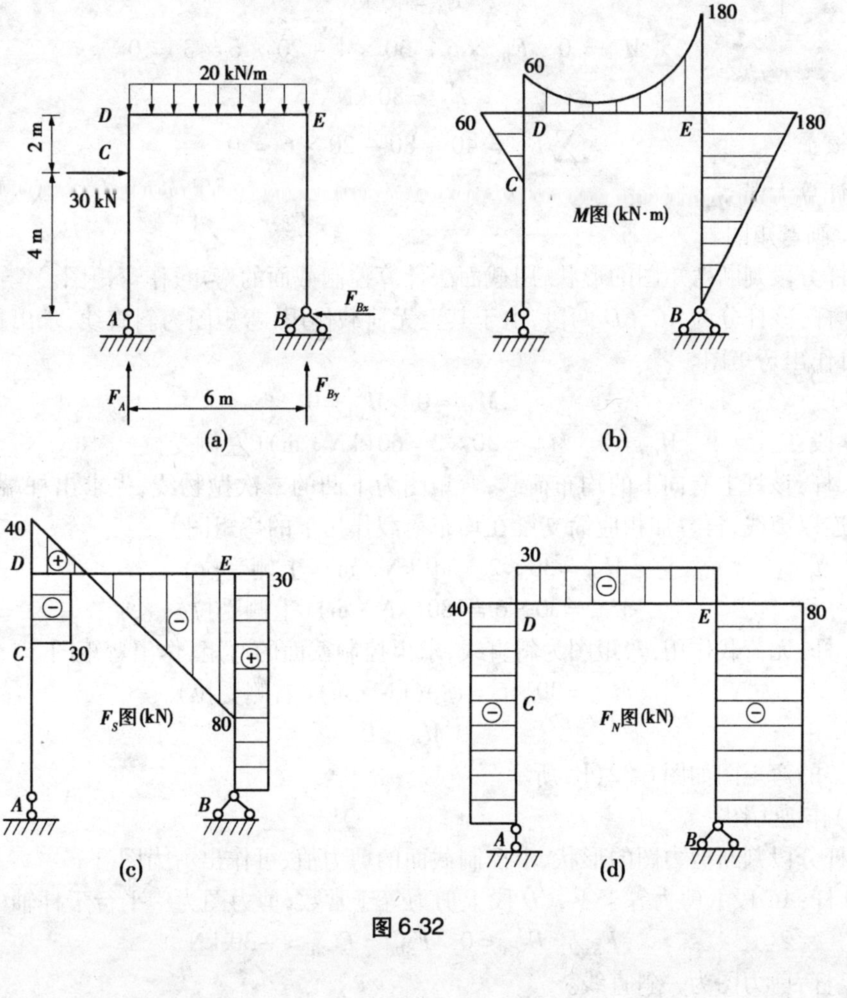

图 6-32

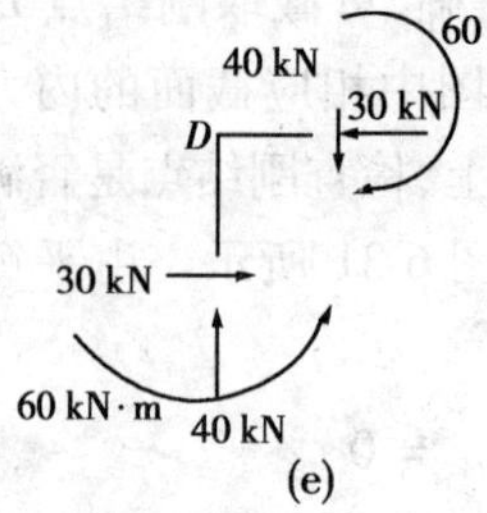

续图 6-32

解 (1)求支座反力。

取整个刚架为分离体,假设反力方向如图 6-32(a)所示。由平衡条件可得

$$\sum F_x = 0 \quad 30 - F_{Bx} = 0$$

$$F_{Bx} = 30 \text{ kN}$$

$$\sum M_B = 0 \quad -F_A \times 6 - 30 \times 4 + 20 \times 6 \times 3 = 0$$

$$F_A = 40 \text{ kN}$$

$$\sum M_A = 0 \quad F_{By} \times 6 - 30 \times 4 - 20 \times 6 \times 3 = 0$$

$$F_{By} = 80 \text{ kN}$$

校核:
$$\sum F_y = 40 + 80 - 20 \times 6 = 0$$

故计算无误。

(2)画弯矩图。

逐杆分段判断弯矩图的形状,用截面法计算控制截面的弯矩,作弯矩图。

AD 杆:该杆分为 *AC*、*CD* 两段,由于其上无荷载作用,弯矩图为斜直线,求出控制截面的弯矩,可作出弯矩图。

AC 段: $M_{AC} = 0 \quad M_{CA} = 0$

CD 段: $M_{CD} = 0 \quad M_{DC} = 30 \times 2 = 60(\text{kN} \cdot \text{m})$(左侧受拉)

DE 杆:该杆上有向下的均布荷载,弯矩图为下凸的二次抛物线,先求出杆端弯矩,将杆端弯矩连以虚线,再叠加相应简支梁在均布荷载作用下的弯矩图。

$$M_{DE} = 30 \times 2 = 60(\text{kN} \cdot \text{m})\text{(上侧受拉)}$$

$$M_{ED} = 30 \times 6 = 180(\text{kN} \cdot \text{m})\text{(上侧受拉)}$$

BE 杆:无荷载作用,弯矩图为斜直线,求出控制截面的弯矩,作出弯矩图。

$$M_{EB} = 30 \times 6 = 180(\text{kN} \cdot \text{m})\text{(右侧受拉)}$$

$$M_{BE} = 0$$

刚架的弯矩图如图 6-32(b)所示。

(3)作剪力图。

逐杆分段判断剪力图的形状,求控制截面的剪力值,可作出剪力图。

AD 杆:*AC* 段上剪力等于零,*CD* 段上剪力等于常数,剪力图为一平行于杆轴的直线。

$$F_{SAC} = F_{SCA} = 0 \quad F_{SDC} = F_{SCD} = -30 \text{ kN}$$

DE 杆:剪力图为一斜直线。

$$F_{SDC} = F_A = 40\ \text{kN} \quad F_{SED} = -F_{By} = -80\ \text{kN}$$

BE 杆:其上无荷载作用,剪力等于常数,剪力图为一平行于杆轴的直线。

$$F_{SEB} = F_{SBE} = F_{Bx} = 30\ \text{kN}$$

刚架的剪力图如图 6-32(c)所示。

(4)作轴力图。

当杆件或杆段上只有横向荷载(垂直于杆轴方向的荷载)时,由截面法可知,其上的轴力等于常数,因此轴力图是平行于杆轴的直线。

逐杆判断轴力图的形状,求出控制截面的轴力,即可作出轴力图。

AD 杆: $F_{NAD} = F_{NDA} = -F_A = -40\ \text{kN}$

DE 杆: $F_{NDE} = F_{NED} = -30\ \text{kN}$

BE 杆: $F_{NBE} = F_{NEB} = -F_{By} = -80\ \text{kN}$

作出刚架的轴力图如图 6-32(d)所示。

(5)校核内力图。

为校核内力图,可截取刚架的任一部分为分离体(在作内力图的过程中没有使用过的分离体),验算其是否满足静力平衡条件。如取结点 *D* 为分离体(见图 6-32(e)),可见作用于分离体上的力满足静力平衡条件($\sum F_x = 0, \sum F_y = 0, \sum M_D = 0$),说明内力图是正确的。

【例 6-14】 作图 6-33(a)中三铰刚架的内力图。

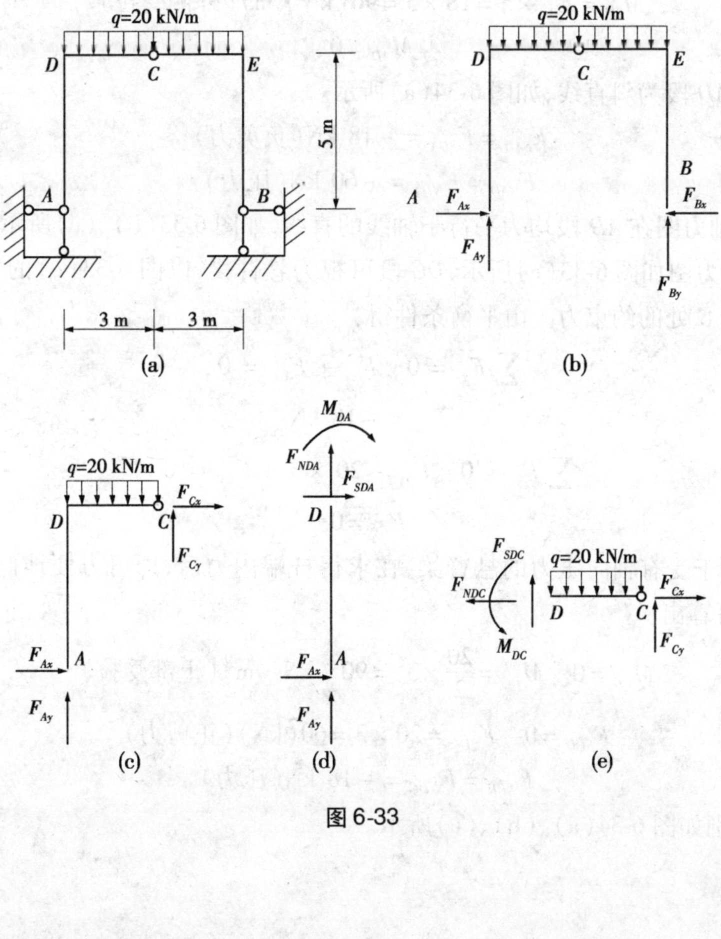

图 6-33

解 (1)求支座反力。

以刚架整体为研究对象,其受力图如图 6-33(b)所示。由平衡条件得

$$\sum M_B = 0 \quad 20 \times 6 \times 3 - F_{Ay} \times 6 = 0$$

$$F_{Ay} = \frac{20 \times 6 \times 3}{6} = 60(\text{kN})$$

$$\sum F_y = 0 \quad F_{Ay} + F_{By} - 20 \times 6 = 0$$

$$F_{By} = 20 \times 6 - 60 = 60(\text{kN})$$

$$\sum F_x = 0 \quad F_{Ax} - F_{Bx} = 0$$

$$F_{Ax} = F_{Bx}$$

将刚架从铰 C 处拆开,取左半个刚架为研究对象(见图 6-33(c)),由平衡条件得

$$\sum M_C = 0 \quad F_{Ax} \times 5 - F_{Ay} \times 3 + 20 \times 3 \times \frac{3}{2} = 0$$

$$F_{Ax} = \frac{60 \times 3 - 20 \times 3 \times 1.5}{5} = 18(\text{kN})$$

$$F_{Bx} = F_{Ax} = 18 \text{ kN}$$

(2)画内力图。

AD 段的受力图如图 6-33(d)所示,由平衡条件得

$$M_{DA} = F_{Ax} \times 5 = 18 \times 5 = 90(\text{kN} \cdot \text{m})(\text{外侧受拉})$$

$$M_{AD} = 0$$

弯矩图在 AD 段为斜直线,如图 6-34(a)所示。

$$F_{SAD} = F_{SDA} = -18 \text{ kN}(\text{负剪力})$$

$$F_{NAD} = F_{NDA} = -60 \text{ kN}(\text{压力})$$

剪力图和轴力图在 AD 段均为平行于轴线的直线,如图 6-33(b)、(c)所示。

DC 段的受力图如图 6-33(e)所示,DC 段可视为悬臂梁,以图 6-33(c)的半个刚架为研究对象,求出铰 C 处的约束力。由平衡条件得

$$\sum F_x = 0 \quad F_{Ax} + F_{Cx} = 0$$

$$F_{Cx} = -18 \text{ kN}$$

$$\sum F_y = 0 \quad F_{Ay} - 20 \times 3 + F_{Cy} = 0$$

$$F_{Cy} = 0$$

DC 段相当于受有轴向压力的悬臂梁,在求得杆端内力后,即可方便地画出其内力图。由图 6-33(e)可算出

$$M_{CD} = 0 \quad M_{DC} = \frac{20}{2} \times 3^2 = 90 \ (\text{kN} \cdot \text{m})(\text{上部受拉})$$

$$F_{SCD} = 0 \quad F_{SDC} = 20 \times 3 = 60(\text{kN})(\text{正剪力})$$

$$F_{NCD} = F_{NDC} = -18 \text{ kN}(\text{压力})$$

内力图分别如图 6-34(a)、(b)、(c)所示。

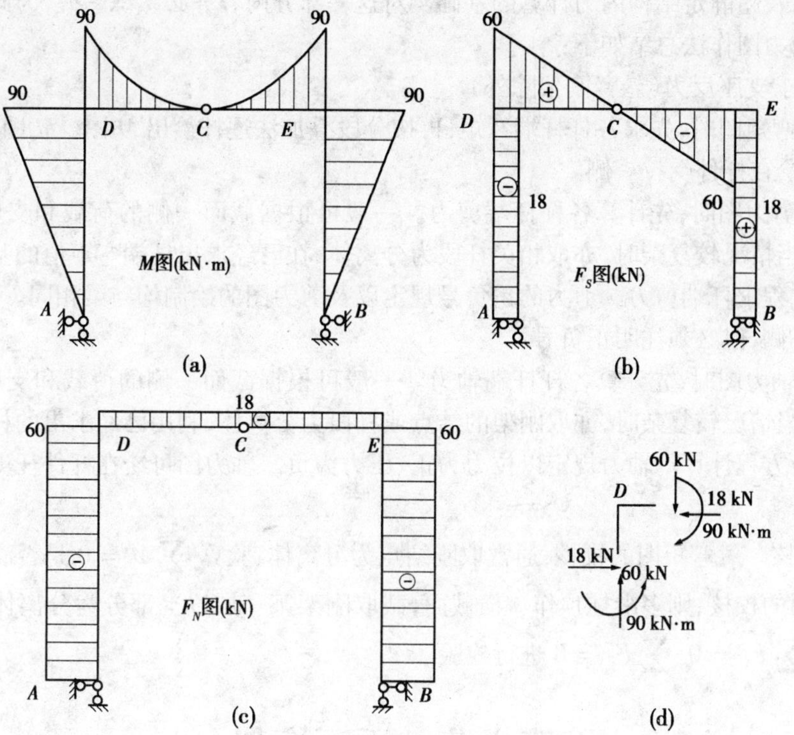

图 6-34

用相同的方法可画出右半个刚架的内力图。

(3)校核。

取结点 D 为研究对象,将相应截面的内力按实际方向画在结点 D 的受力图(见图 6-34(d))上,容易看出,该结点满足平衡条件。

(4)讨论。

从本例可看出,当结构和荷载都对称时,支座反力和内力都是对称的。从内力图来看,弯矩图和轴力图是对称的;剪力图是反对称的。其实,剪力的实际方向也是对称的,只是因为剪力的正负号的规定,才画出了反对称的内力图。

静定刚架内力图的绘制方法可归纳如下:

(1)绘制刚架内力图之前,通常要求出支座反力。

(2)将刚架在刚结点处用垂直于杆轴线的截面截成若干杆件——梁或柱,可将截面视为悬臂梁或柱的支座截面,分别画出单个杆件的内力图。在画单个杆件的内力图时,一般先根据杆段的外力作用情况,确定内力图的形状,再计算出杆端的内力、内力极值,这样就可简捷地画出内力图。

(3)内力图的校核是必要的。可截取某刚结点或某杆段的分离体,并验算它是否满足平衡条件。

三、静定平面刚架内力图作法小结

静定结构的内力分析,尤其是弯矩图的绘制,不仅是结构强度计算的主要内容,而且是

刚度计算以及超静定结构内力计算的基础。对这一部分内容务必熟练掌握,为此,现将静定平面刚架内力图作法总结如下:

(1)先求支座反力(悬臂刚架除外)。

(2)作弯矩图时,先求各杆杆端弯矩,再按分段叠加法逐杆绘出 M 图。M 图不注明正负号,但必须绘在杆件受拉一侧。

(3)作剪力图时,先计算各杆杆端剪力。一般可根据截面一侧的荷载和支座反力直接计算,但是当情况较复杂时,亦取相关杆段为分离体,在已经求出杆端弯矩值的基础上,运用力矩平衡方程求杆端剪力。剪力的正负号规定以及剪力图的绘制均与梁相同。剪力图可绘在杆件任一侧,但必须注明正负号。

(4)作轴力图时,先计算各杆杆端轴力。一般可根据截面一侧的荷载和支座反力直接计算,但是当情况较复杂时,亦取刚架的结点或杆段为分离体,利用已经求出的杆端剪力,运用投影平衡方程计算。轴力规定以拉力为正、压力为负。轴力图可绘在杆件任一侧,但必须注明正负号。

(5)校核。对弯矩图的校核,通常取刚结点为分离体,验算 $\sum M = 0$ 是否满足;对剪力图和轴力图的校核,则多沿柱顶作一横截面,截取刚架某一层以上部分为分离体,利用投影平衡方程 $\sum F_x = 0$、$\sum F_y = 0$ 进行检验。

第六节　平面桁架

一、概述

桁架是由若干直杆两端用铰连接而成的结构。各杆轴线均在同一平面的桁架称为**平面桁架**。为了简化计算,对平面桁架的计算简图通常作以下假设:

(1)桁架各结点均是光滑的铰结点。

(2)各杆轴线均为直线且通过铰的中心。各杆自重不计,必须考虑杆件自重时,可平均分配到结点上。

(3)荷载和支座约束反力均作用在结点上,并位于桁架的平面内。

符合上述假设的桁架称为**理想桁架**。桁架的杆件都是二力直杆,内力只有轴力,截面上的应力均匀分布,可以充分发挥材料的作用。与梁相比,桁架的自重轻,用料少,因此建筑工程中常用于跨越较大跨度的结构型式,如桥梁、屋架、起重机塔架及输电塔架等。

桁架各杆依其所在位置的不同,可分为弦杆和腹杆两类。桁架上、下外围的杆件称为**弦杆**,弦杆又分为上弦杆和下弦杆。上、下弦杆之间的杆件称为**腹杆**,腹杆又分为竖杆和斜杆。弦杆上相邻两结点之间的距离称为**节间**,其间距称为节间长度,桁架最高点到两支座连线的距离称为桁高,两支座之间的距离称为**跨度**,如图 6-35 所示。

根据不同特点,平面桁架可分类如下:

(1)按照桁架的几何组成方式,可分为简单桁架、联合桁架和复杂桁架。简单桁架是由铰接三角形或基础开始,依次增加二元体所组成的桁架(见图 6-36(a)、(b));联合桁架是指由两个简单桁架,按照两刚片规则组成的桁架(见图 6-36(c)、(d));不属于简单桁架和

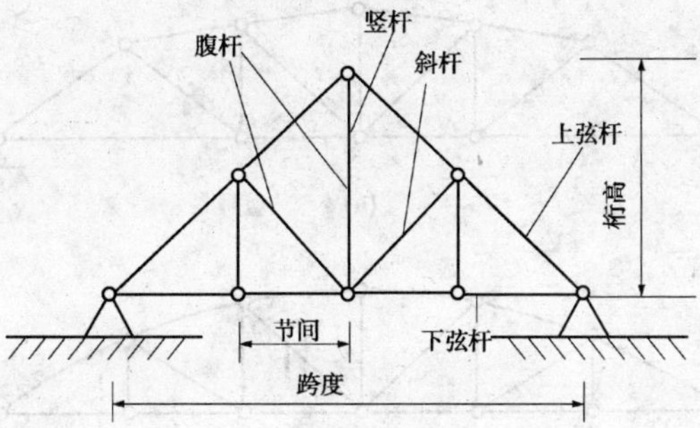

图 6-35

联合桁架的,称为复杂桁架(见图 6-36(e)、(f))。

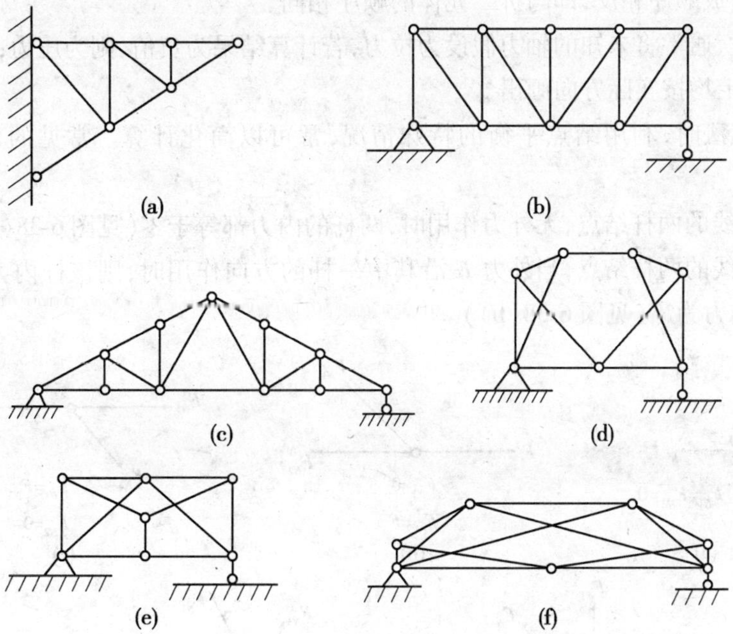

图 6-36

(2)按照桁架的外形,可分为三角形桁架(见图 6-36(a)、(c))、平行弦桁架(见图 6-36(b))、折线形桁架(图 6-37(a))以及抛物线形桁架(见图 6-37(b))。

凡是支座约束反力和内力能用静力平衡方程求出的桁架,称为**静定桁架**。

二、结点法计算桁架的内力

计算桁架的内力时,截取桁架的结点为分离体,由结点的平衡条件计算各杆内力的方法,称为**结点法**。由于桁架各杆只有轴力,作用于任一结点的各力(荷载、反力和杆件的轴力)组成平面汇交力系,每个结点可以列出两个独立的平衡方程,为避免解联立方程,在选取结点时,未知的轴力不得超过两个,并且选取只有两个轴力的结点。对于简单桁架,取结

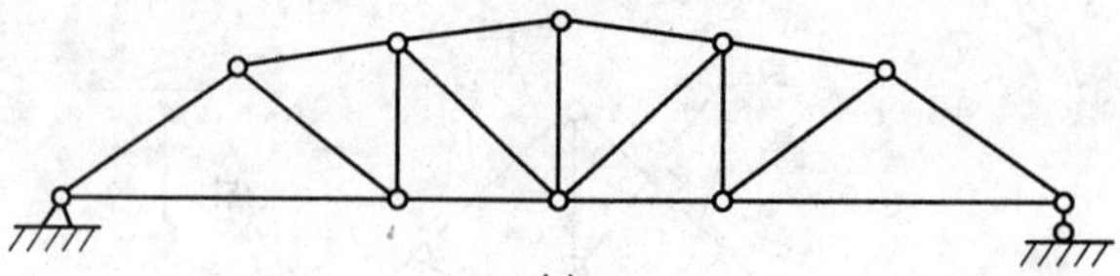

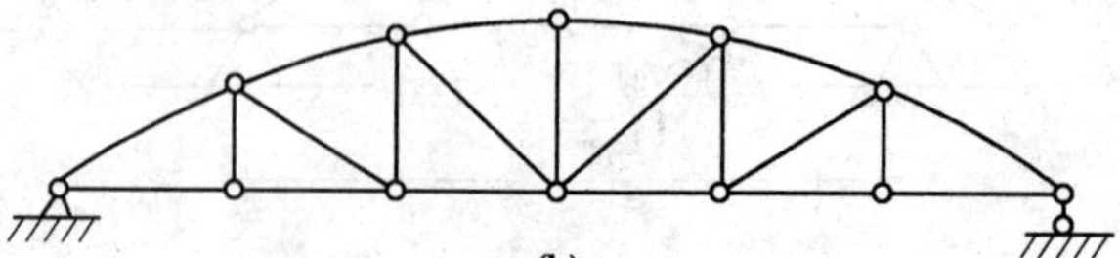

图 6-37

点的顺序与组成顺序相反，即与拆二元体的顺序相同。

在计算时，通常将未知的轴力假设为拉力，若计算结果为负值，则为压力；而对已知的轴力，在分离体上均按实际方向画出。

应用结点法时，利用结点平衡的特殊情况，常可以简化计算。常见的几种特殊情况如下：

(1) 不共线的两杆结点，无外力作用时，两杆的内力都等于零（见图 6-38(a)）。

(2) 不共线的两杆结点，当外力 F 沿其中一杆的方向作用时，则该杆内力等于外力 F，而另一杆的内力为零（见图 6-38(b)）。

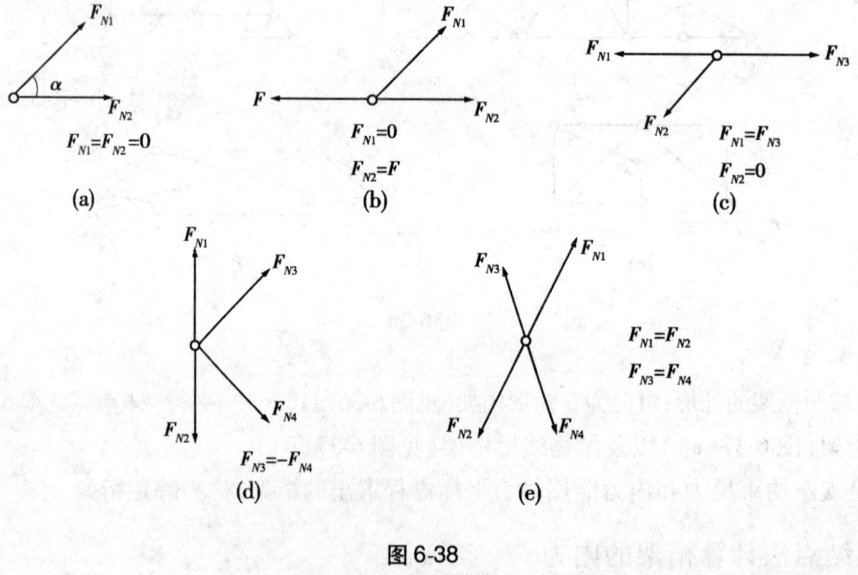

图 6-38

(3) 无外力作用的三杆结点，其中两杆共线，则第三杆的内力为零，共线的两杆内力相等且性质相同，同为拉力或压力（见图 6-38(c)）。

(4) 无外力作用的四杆结点，其中两杆共线，不共线的两杆与共线的两杆夹角相等（这种结点可称为“K”形结点)，则不共线的两杆内力相等，符号相反(见图6-38(d))。

(5)两两共线的四杆结点(“X”形结点)，无外力作用时，则在同一直线上的两杆内力相等且性质相同，同为拉力或压力(见图6-38(e))。

上述结论均可由结点的平衡条件得出。桁架中内力为零的杆件称为**零杆**。利用上述结论可判断图6-39(a)、(b)中用虚线绘出的杆件为零杆。

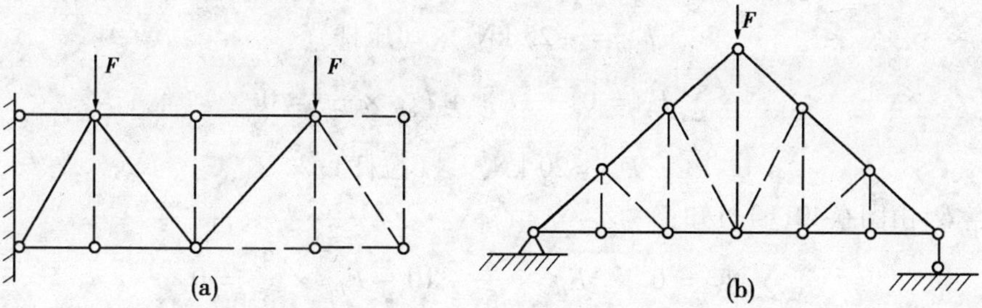

图6-39

桁架中的零杆在施工时切不可“精减”，各零杆仍起着重要的构件作用，更何况按计算简图算出的零杆，其真实内力未必为零。

【例6-15】 试求图6-40(a)所示桁架各杆的内力。

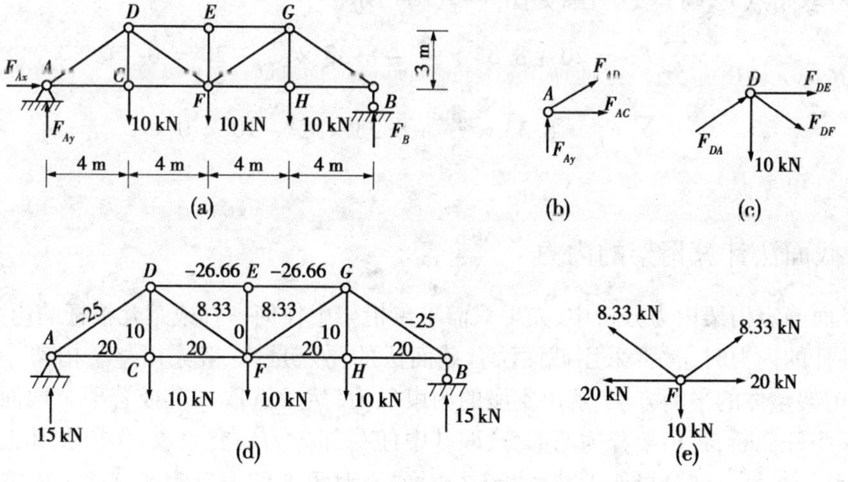

图6-40

解 (1)求支座反力。

由整体平衡条件可得：

$$F_{Ay}=F_B=15\ \text{kN}$$

$$F_{Ax}=0$$

从受力情况可知，此桁架为对称桁架，只需求出对称轴一侧杆件的内力，另一侧杆件的内力即可由对称性求得。

(2)由特殊结点可知：

$$F_{EF}=0$$

由于 C 结点为"X"结点，即 $F_{CD}=10\text{ kN}$，$F_{AC}=F_{CF}$，从 A 结点开始，依次选取只有两个未知力的结点，列平衡方程求解，求解顺序为 A 到 D，便可知全部杆件的内力，A 点、D 点的受力图如图 6-40(b)、(c)所示。

结点 A，由图 6-40(b)可知：

$$\sum F_y = 0 \qquad F_{AD}\times\frac{3}{5}+15=0$$

$$F_{AD}=-25\text{ kN} \qquad (\text{压杆})$$

$$\sum F_x = 0 \qquad F_{AC}+F_{AD}\times\frac{4}{5}=0$$

$$F_{AC}=20\text{ kN} \qquad (\text{拉杆})$$

结点 D，由图 6-40(c)可知：

$$\sum F_y = 0 \qquad F_{DA}\times\frac{3}{5}-10-F_{DF}\times\frac{3}{5}=0$$

$$F_{DF}=8.33(\text{kN}) \qquad (\text{拉杆})$$

$$F_x=0 \qquad F_{DE}+F_{DF}\times\frac{4}{5}+F_{DA}\times\frac{4}{5}=0$$

$$F_{DE}=-26.66\text{ kN} \qquad (\text{压杆})$$

根据对称性即可绘出各杆最后内力，标于图 6-40(d)。

校核：取结点 F，画其受力图，如图 6-40(e)所示。

$$\sum F_x = 20+8.33\times\frac{4}{5}-8.33\times\frac{4}{5}-20=0$$

$$\sum F_y = 8.33\times\frac{3}{5}+8.33\times\frac{3}{5}-10=0$$

计算结果无误。

三、截面法计算桁架的内力

在平面静定桁架内力分析中，如果只需求出桁架中任何一杆或某几根杆的内力，而不必求其他各杆的内力时，常常采用截面法。截面法的要点是：一般先以整个桁架作为研究对象，列出桁架整体的平衡方程，解出支座的约束反力，然后选取一个或若干个截面假想地将桁架的某些杆截断，将桁架分为两部分，取其中任一部分为研究对象，作用在其上的力有荷载和支座反力；另一部分桁架中被截断各杆对研究对象的约束反力。这些力的方位分别沿各杆的轴线，假定其指向背离结点，即假定各杆受拉。作用在研究对象上的各力组成平面任意力系且满足平衡条件，则可应用平面一般力系的平衡方程求解。各杆内力是拉力还是压力，由计算结果的正负号确定。由于平面一般力系只有三个独立平衡方程，因此使用一次截面法最多只能解出三个非共点杆件的内力。对于复杂的桁架，一般不宜单独采用结点法，而往往需要多次使用截面法或综合应用截面法和结点法，才能解出所需要的杆的内力。

【例 6-16】 用截面法求图 6-41(a)所示桁架中 1、2、3 杆的内力。

解 (1)求支座反力。

取桁架整体为研究对象，由

$$\sum M_B = 0 \qquad -F_{Ay}\times 8+100\times 4+50\times 2=0$$

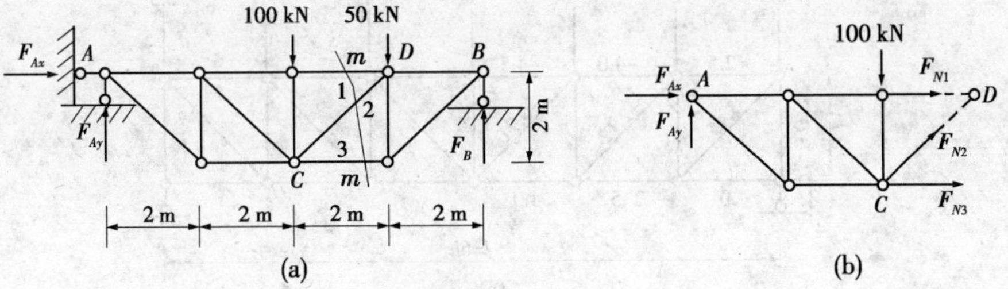

图6-41

得

$$F_{Ay} = 62.5 \text{ kN}$$

由

$$\sum M_A = 0 \quad F_B \times 8 - 100 \times 4 - 50 \times 6 = 0$$

得

$$F_B = 87.5 \text{ kN}$$

由

$$\sum F_x = 0$$

得

$$F_{Ax} = 0$$

(2)截面法求1、2、3各杆的内力。

用 m—m 截面将桁架截为两部分，取左半部分为分离体，画出其受力图(见图6-41(b))，由

$$\sum M_C = 0 \quad -F_{Ay} \times 4 - F_{N1} \times 2 = 0$$

得

$$F_{N1} = 125 \text{ kN} \quad (\text{压力})$$

由

$$\sum M_D = 0 \quad -F_{Ay} \times 6 + F_{N3} \times 2 + 100 \times 2 = 0$$

得

$$F_{N3} = 87.5 \text{ kN} \quad (\text{拉力})$$

由

$$\sum F_y = 0 \quad F_{Ay} + F_{N2}\sin 45° - 100 = 0$$

得

$$F_{N2} = 53.03 \text{ kN}$$

四、桁架的类型及受力特点

桁架类型较多，桁架的外形对于杆件内力的大小和性质有较大的影响，故设计时应选择适当类型的桁架。现将工程中常见的几种梁式桁架的受力性能作一比较。

(一)平行弦桁架

平行弦桁架(见图6-42(a))的内力分布很不均匀，上弦杆受压，下弦杆受拉，且内力值均是靠近支座处小，向跨度中间增大。腹杆则是靠支座处内力大，向跨中逐渐减小。如果按内力大小选择截面，杆件截面将沿跨度方向改变。但是这样结点构造处理较为复杂。如果采用相同截面，则靠近支座处弦杆材料浪费，但其构造上有许多优点，可使结点构造统一，腹杆标准化。因此，在轻型桁架中得以广泛应用。

(二)三角形桁架

三角形桁架(见图6-42(b))的内力分布亦很不均匀，弦杆内力两端大，中间小；腹杆及竖杆两端小，中间大。由于屋架端结点处上、下弦杆的夹角很小，因而构造复杂，但由于两面斜坡在外形上符合屋顶构造的要求，所以适应于在较小跨度的屋盖结构中采用。

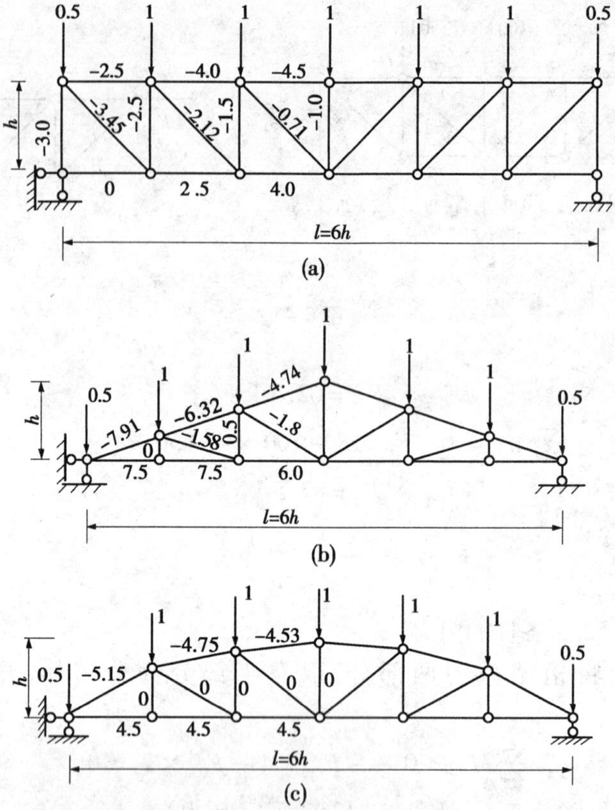

图 6-42

（三）抛物线形桁架

抛物线形桁架（见图 6-42（c））的内力分布均匀。当荷载作用于上弦杆结点时，腹杆的内力为零；当荷载作用于下弦杆结点上时，腹杆中的斜杆内力为零，竖杆的内力等于结点荷载。抛物线形桁架是一种受力性能较好的结构型式。但由于上弦杆结点在抛物线上，上弦转折太多，构造施工较复杂。因此，只在大跨度（18 ~ 30 m）的屋盖中采用。

第七节　三铰拱

一、拱的概念

拱结构是一种重要的结构型式，在桥梁和房屋建筑中都经常采用。

拱是指杆轴为曲线，而且在竖向荷载的作用下产生水平反力的结构。这种水平反力叫做**水平推力**，简称**推力**。拱结构和梁结构的区别不在于外形是直线或是曲线，关键是在于竖向荷载作用下有无水平推力的存在。图 6-43 中的结构都是曲杆，其中图 6-43（a）中的结构在竖向荷载作用下没有水平推力，它的弯矩与相应的简支梁（荷载和跨度相同的梁）相等。这种结构不是拱，可叫做曲梁。图 6-43（b）中的结构，在竖向荷载作用下有水平反力，是拱结构。

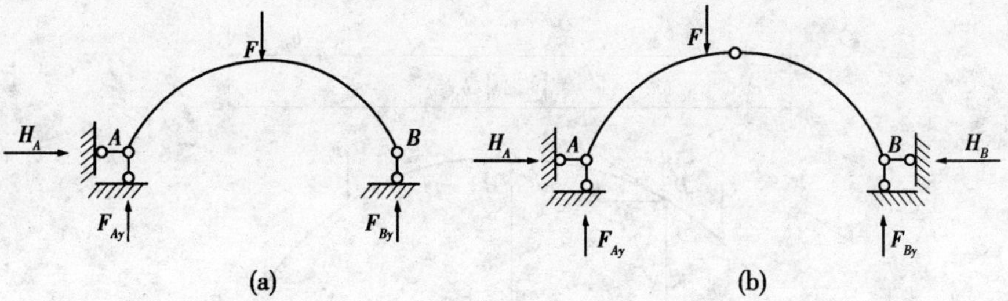

图 6-43

因支承及连接形式不同,拱可分为无铰拱(见图 6-44(a))、两铰拱(见图 6-44(b))和三铰拱(见图 6-44(c))。由几何组成分析可知,无铰拱和两铰拱都是超静定的,三铰拱是静定的。

拱的最高点叫做拱顶,拱的两端与支座的连接处叫做拱脚,两拱脚间的水平距离叫做拱跨,拱顶到两拱脚连线的垂直距离叫做拱高。拱高与跨度的比值叫做高跨比,工程中的高跨比值变化很大,一般为 1 ~ 1/10。

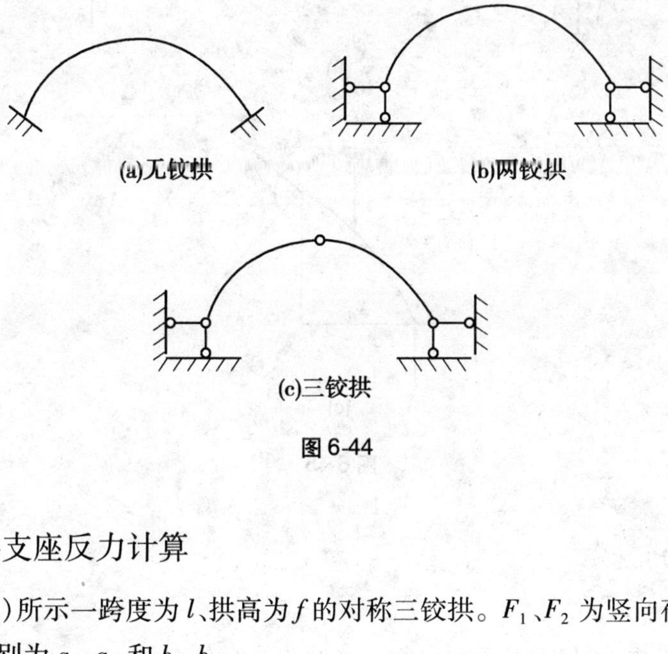

图 6-44

二、三铰拱支座反力计算

如图 6-45(a)所示一跨度为 l、拱高为 f 的对称三铰拱。F_1、F_2 为竖向荷载,它们至支座 A 和 B 的距离分别为 a_1、a_2 和 b_1、b_2。

先取整体为分离体,由 $\sum M_B = 0$ 可得

$$F_{Ay} = \frac{1}{l}(F_1 b_1 + F_2 b_2)$$

由 $\sum M_A = 0$ 可得

$$F_{By} = \frac{1}{l}(F_1 a_1 + F_2 a_2)$$

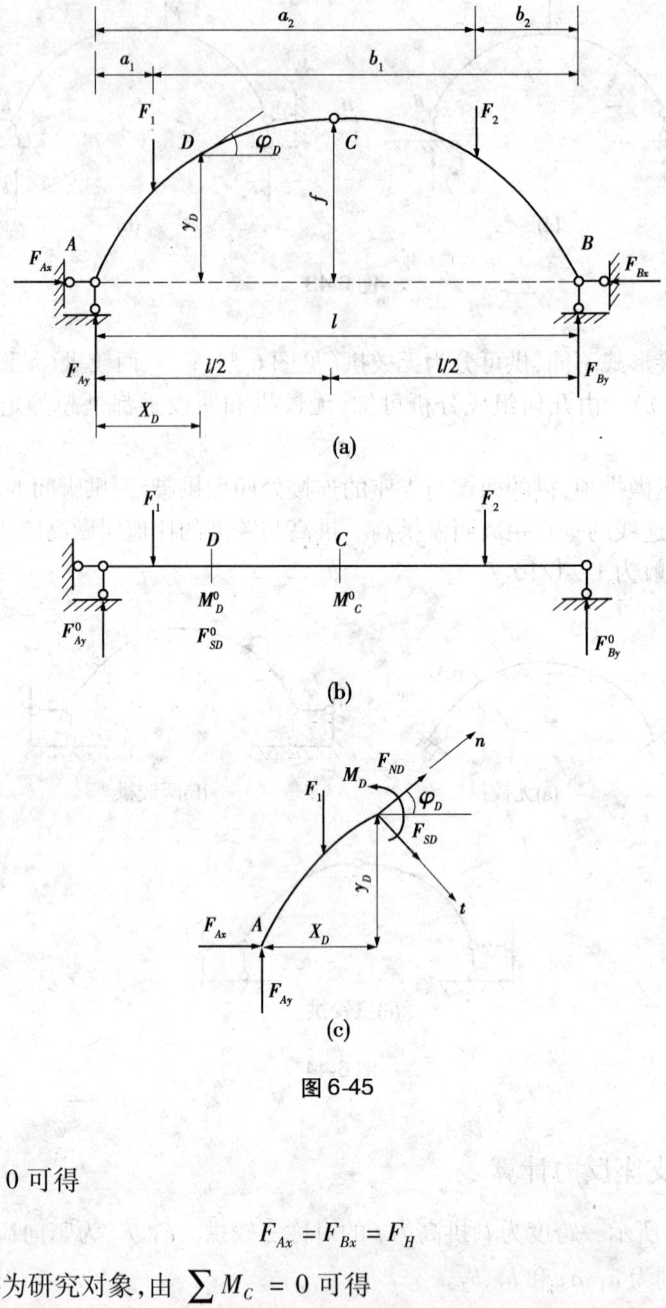

图 6-45

由 $\sum F_x = 0$ 可得

$$F_{Ax} = F_{Bx} = F_H$$

再取左半拱为研究对象，由 $\sum M_C = 0$ 可得

$$F_H = \frac{F_{Ay}\dfrac{l}{2} - F_1\left(\dfrac{l}{2} - a_1\right)}{f}$$

如图 6-45(b)所示，取相应的简支梁（具有与三铰拱同样跨度同样荷载的简支梁）研究，其反力和 C 截面弯矩为

$$F^0_{Ay} = \frac{1}{l}(F_1 b_1 + F_2 b_2)$$

$$F_{By}^0 = \frac{1}{l}(F_1 a_1 + F_2 a_2)$$

$$M_C^0 = F_{Ay}^0 \frac{l}{2} - F_1\left(\frac{l}{2} - a_1\right)$$

比较拱与相应的简支梁可得

$$\left.\begin{aligned} F_{Ay} &= F_{Ay}^0 \\ F_{By} &= F_{By}^0 \\ F_H &= \frac{M_C^0}{f} \end{aligned}\right\} \tag{6-4}$$

式(6-4)说明:三铰拱的竖向反力与相应简支梁的反力相同;拱的水平推力等于相应简支梁 C 截面的弯矩除以拱高 f。当荷载和跨度不变时,水平推力 F_H 的大小与拱高 f 成反比,拱愈扁平,其推力就愈大。

三、三铰拱内力计算

任取一截面 D,其形心的横坐标为 x_D,纵坐标为 y_D,该截面处拱轴切线的倾角为 φ_D。应用截面法,取 AD 部分为分离体(见图6-45(c)),由平衡条件可求出截面上的弯矩、剪力和轴力。

(一)弯矩

在拱中,通常规定使拱内侧受拉的弯矩为正,由 $\sum M = 0$ 可得

$$M_D = [F_{Ay}X_D - F_1(X_D - a_1)] - F_H y_D$$

而 $F_{Ay} = F_{Ay}^0$,可见上式等号右边方括号中的数值为相应简支梁(见图6-45(b))截面 D 的弯矩 M_D^0,故上式可写为

$$M_D = M_D^0 - F_H y_D \tag{6-5}$$

即拱内任一截面的弯矩,等于相应简支梁对应截面的弯矩减去水平推力 F_H 在该截面上所引起的弯矩。

(二)剪力

剪力的正负号规定与梁相同,由于剪力垂直于拱轴切线方向,剪力等于截面一侧(左侧或右侧)所有外力沿拱轴法线方向投影的代数和,由 $\sum F_t = 0$ 可得

$$F_{SD} = (F_{Ay} - F_1)\cos\varphi_D - F_H \sin\varphi_D$$

由于 $F_{Ay} = F_{Ay}^0$,$(F_{Ay} - F_1)$ 即为相应简支梁 D 截面的剪力 F_{SD}^0,故上式可写为

$$F_{SD} = F_{SD}^0 \cos\varphi_D - F_H \sin\varphi_D \tag{6-6}$$

(三)轴力

拱的轴力仍以拉力为正,任一截面的轴力等于截面一侧所有外力沿拱轴切线方向投影的代数和,由 $\sum F_n = 0$ 可得

$$F_{ND} = -(F_{Ay} - F_1)\sin\varphi_D - F_H \cos\varphi_D$$

即

$$F_{ND} = -F_{SD}^0 \sin\varphi_D - F_H \cos\varphi_D \tag{6-7}$$

式(6-5)、式(6-6)、式(6-7)是三铰拱在竖向荷载作用下任一截面 D 的弯矩、剪力和轴力的计算公式,其中角度 φ 自左至右向上倾斜时为正,反之为负。

应注意的是，由于拱轴为曲线，对于不同的截面，倾角 φ 的值也不同。当已知拱轴的曲线方程 $y=f(x)$ 时，可以由 $\tan\varphi=\frac{dy}{dx}$ 确定各截面的 φ 值。

由上述分析可知，在竖向荷载作用下，梁不产生水平反力，而拱则产生水平反力。由于水平推力的存在，拱截面上的弯矩比相应梁对应截面的弯矩小。式(6-7)表明，在拱内有轴力，而相应简支梁中不存在轴力。由于弯矩在截面上产生不均匀的正应力，而轴力在截面则产生均匀的正应力，就应力而言，拱截面上的应力分布比梁截面上的应力分布要均匀。因此，与梁相比，拱节省材料，自重较轻，可跨越较大的空间。同时，由于拱的内力主要是轴向压力，所以拱可采用抗压性能好而抗拉性能差的材料(如砖、石、混凝土等)来建筑。其缺点是需要比梁更为坚固的基础或支承结构，外形较梁复杂，施工困难些。

【例6-17】 试求图6-46所示三铰拱的支座反力，求2截面的弯矩、剪力和轴力。已知拱轴为一抛物线，设坐标原点为 A，拱轴方程为 $y=\frac{4f}{l^2}x(l-x)$。

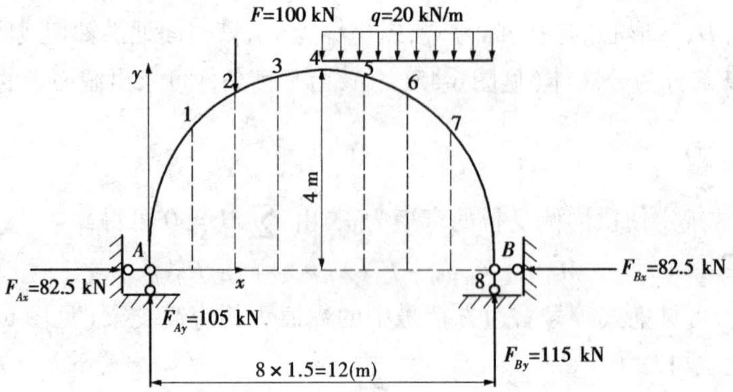

图6-46

解 (1)求支座反力。

由式(6-4)可得

$$F_{Ay}=F_{Ay}^0=\frac{100\times9+20\times6\times3}{12}=105(\text{kN})$$

$$F_{By}=F_{By}^0=\frac{100\times3+20\times6\times9}{12}=115(\text{kN})$$

$$F_H=\frac{M_C^0}{f}=\frac{105\times6-100\times3}{4}=82.5(\text{kN})$$

(2)计算内力。

本例沿 x 轴分成8等份，算出各分点的弯矩、剪力和轴力的数值。现以 $x_2=3$ m的2截面为例说明内力的计算方法。

当 $x_2=3$ m时，由拱轴方程可得

$$y_2=\frac{4f}{l^2}x_2(l-x_2)=\frac{4\times4}{12^2}\times3\times(12-3)=3(\text{m})$$

$$\tan\varphi_2=\left.\frac{dy}{dx}\right|_{x=x_2}=\frac{4f}{l^2}(l-2x_2)=\frac{4\times4}{12^2}\times(12-2\times3)=0.667$$

于是可得

$$\varphi_2=33°42' \quad \sin\varphi_2=0.555 \quad \cos\varphi_2=0.832$$

$$M_2=M_2^0-F_Hy_2=105\times3-82.5\times3=67.5(\text{kN}\cdot\text{m})$$

因为在截面 2 处作用有荷载，该截面处的剪力、轴力突变，所以应分别算出集中荷载作用处左、右截面的剪力和轴力。

$$F_{S2左}=F_{S2左}^0\cos\varphi_2-F_H\sin\varphi_2=105\times0.832-82.5\times0.555=41.6(\text{kN})$$

$$F_{S2右}=F_{S2右}^0\cos\varphi_2-F_H\sin\varphi_2=(105-100)\times0.832-82.5\times0.555=-41.6(\text{kN})$$

$$F_{N2左}=-(F_{S2左}^0\sin\varphi_2+F_H\cos\varphi_2)=-(105\times0.555+82.5\times0.832)=-126.9(\text{kN})$$

$$F_{N2右}=-(F_{S2右}^0\sin\varphi_2+F_H\cos\varphi_2)=-[(105-100)\times0.555+82.5\times0.832]$$
$$=-71.4(\text{kN})$$

四、三铰拱的合理拱轴

一般情况下，拱在竖向荷载作用下，各截面上将产生弯矩、剪力和轴力，故处于偏心受压状态，正应力在截面上的分布是不均匀的。若能使所有截面的弯矩为零（剪力也为零），则截面上只有轴向压力，此时各截面上只产生均匀分布的正应力，材料能得到充分利用，从力学观点来看，这是最经济、最合理的。因此，在某种固定的荷载作用下，使拱所有截面的弯矩均为零的轴线称为**三铰拱的合理拱轴**。

由式(6-5)可知，当拱轴为合理拱轴时，按定义有

$$M=M^0-F_Hy=0$$

由此可得

$$y=\frac{M^0}{F_H} \tag{6-8}$$

式(6-8)表明，合理拱轴的纵坐标 y 与相应简支梁的弯矩成比例。当已知拱上的荷载时，只要求出相应简支梁的弯矩方程，然后除以水平推力 F_H，即得到三铰拱的合理拱轴的轴线方程。

【例 6-18】 试求如图 6-47(a)所示三铰拱在满跨均布荷载作用下的合理拱轴。

解 作出相应简支梁如图 6-47(b)所示，其弯矩方程为

$$M^0=\frac{1}{2}qx(l-x)$$

由式(6-4)求得水平推力为

$$F_H=\frac{M_C^0}{f}=\frac{ql^2}{8f}$$

由式(6-8)可得合理拱轴的轴线方程为

$$y=\frac{\frac{1}{2}qx(l-x)}{\frac{ql^2}{8f}}=\frac{4f}{l^2}x(l-x)$$

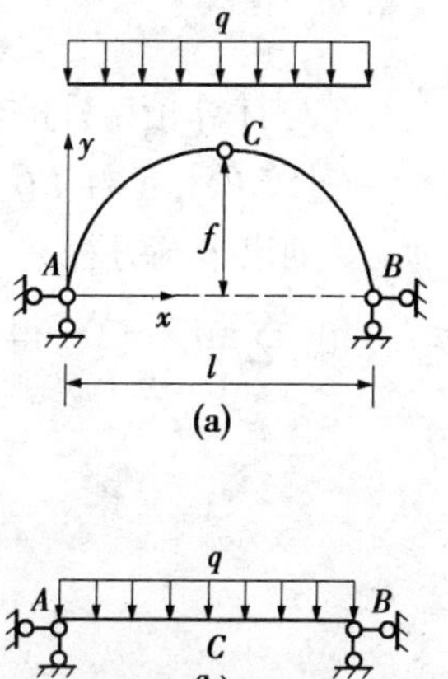

图 6-47

由此可见,在竖向均布荷载作用下,三铰拱的合理拱轴是二次抛物线。

应当注意的是,三铰拱的合理拱轴只是对一种荷载情况而言的,不同的荷载有不同的合理拱轴。工程中,拱可能受到多种荷载的作用,通常以主要荷载作用下的合理拱轴作为拱轴线。

第八节　平面组合结构

组合结构由桁架杆和刚架杆(梁式杆)组成,它常用于房屋建筑中的屋架、吊车梁及桥梁的承重结构。例如,图6-48(a)所示的三铰屋架和图6-48(b)所示的下撑式五角形屋架就是常见的静定组合结构。组合结构中桁架杆只承受轴力,刚架杆承受弯矩、剪力和轴力。

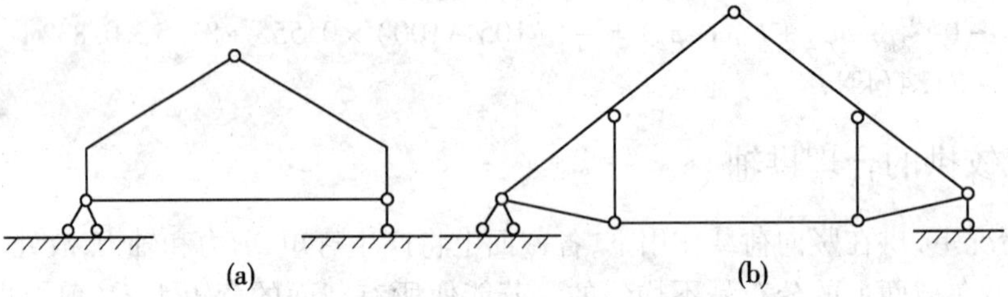

图6-48

对于静定组合结构的计算仍采用截面法。但是应注意区分两类杆件,只有两端铰接的二力直杆才是桁架杆,若中间有外力作用,或中间与其他杆件相连,或两端铰接的二力折杆均为刚架杆。若截断的杆件为桁架杆,截面上只有轴力;若截断的杆件为刚架杆,则截面上一般有弯矩、剪力和轴力。为使计算简单,应尽量避免截断刚架杆。因此,对静定组合结构的计算,一般应先计算支座反力,再计算桁架杆的轴力,最后计算刚架杆的内力,作内力图。

【例6-19】 计算图6-49(a)所示静定组合结构的内力。

解 (1)计算支座反力。

由对称性,可得

$$F_A = F_B = \frac{1}{2}ql = \frac{1}{2} \times 12 \times 12 = 72(\text{kN})$$

(2)计算桁架杆的轴力。

过铰 C 和链杆 FG 作截面1—1,将结构截为两部分,取左部分为分离体,如图6-49(b)所示,列出平衡方程。

由 $\sum M_C = 0$,得

$$-F_A \times 6 + \frac{1}{2}q \times 6^2 + F_{NFG} \times 2 = 0$$

$$F_{NFG} = \frac{72 \times 6 - \frac{1}{2} \times 12 \times 6^2}{2} = 108(\text{kN})$$

由 $\sum F_x = 0$,得

$$F_{NCD}+F_{NFG}=0$$

$$F_{NCD}=-F_{NFG}=-108\ \text{kN}$$

由 $\sum F_y=0$,得

$$F_A-F_{SCD}-q\times 6=0$$

$$F_{SCD}=72-12\times 6=0$$

再取结点 F 为分离体,如图 6-49(c)所示,列出平衡方程

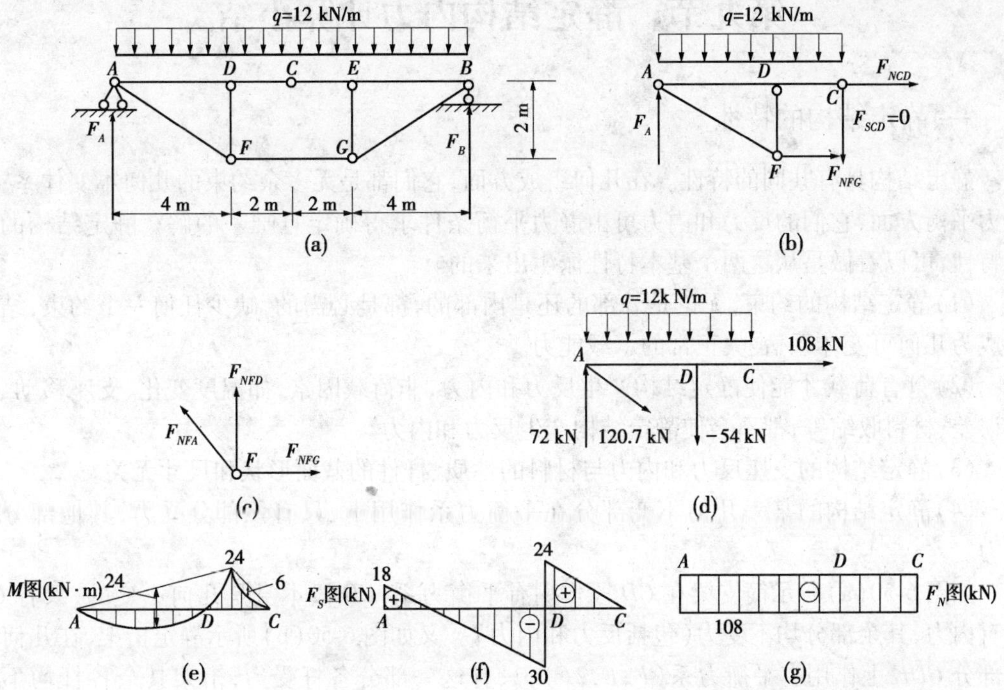

图 6-49

由 $\sum F_x=0$,得

$$F_{NFG}-F_{NFA}\times\frac{2}{\sqrt{5}}=0$$

$$F_{NFA}=108\times\frac{\sqrt{5}}{2}=120.7(\text{kN})$$

由 $\sum F_y=0$,得

$$F_{NFD}+F_{NFA}\times\frac{1}{\sqrt{5}}=0$$

$$F_{NFD}=-120.7\times\frac{1}{\sqrt{5}}=-54(\text{kN})$$

(3)计算刚架杆的内力并作内力图。

取 ADC 为分离体,如图 6-49(d)所示,计算控制截面弯矩,由叠加法作弯矩图:

$M_{AD}=0$ $M_{CD}=0$ $M_{DA}=M_{DC}=24\ \text{kN}\cdot\text{m}$ (上侧受拉)

叠加后的弯矩图如图 6-49(e)所示。

计算控制截面的剪力,作剪力图:

$F_{SAD}=18\ \text{kN}\quad F_{SDA}=-30\ \text{kN}\quad F_{SDC}=24\ \text{kN}\quad F_{SCD}=0$

剪力图如图 6-49(f)所示。

ACD 杆的轴力等于常数,由 $F_{NCD}=-108\ \text{kN}$ 可作出轴力图如图 6-49(g)所示。

图 6-49(a)所示静定组合结构轴力、弯矩左右对称,剪力图左右反对称。

第九节　静定结构内力计算小结

一、静定结构的特性

静定结构具有共同的特性。在几何组成方面,它们都是无多余约束的几何不变体系;在静力平衡方面,它们的反力和内力可由静力平衡条件求得确定且唯一的解。静定结构的其他特性,可以看做是从这两个基本特性派生出来的。

(1)静定结构的约束,无论是外部的还是内部的,都是必需的,缺少任何一个约束,结构就成为几何可变体系,丧失正常的承载能力。

(2)只有荷载才能使静定结构产生反力和内力,非荷载因素,如温度变化、支座移动、制造误差、材料收缩等,都不会使静定结构产生反力和内力。

(3)静定结构的支座反力和内力与材料的性质、杆件的截面形状和尺寸无关。

(4)静定结构的某一几何不变部分在平衡力系作用下,只有该部分受力,其他部分不受力。

如图 6-50(a)所示简支梁在 *CD* 段作用有平衡力系,*CD* 段本身是几何不变的,只有 *CD* 段有内力,其余部分均不受力(包括反力和内力)。又如图 6-50(b)所示静定桁架,在几何不变部分 *CDE* 上作用有平衡力系($F,F,2F$),只有这一部分各杆受力,桁架其余各杆均不受力。又如图 6-50(c)所示静定梁上的荷载虽然也形成平衡力系,但 *CDE* 部分是几何可变的,在平衡力系作用下不能保持平衡,因而其他部分必产生内力。

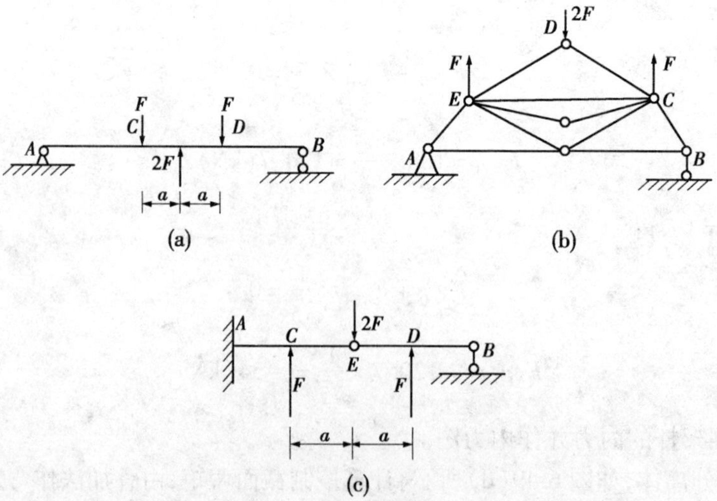

图 6-50

(5)某些静定结构可分为基本部分和附属部分,称为主从关系结构,基本部分能独立承受荷载并维持平衡,附属部分需依靠基本部分才能与荷载保持平衡。因此,作用于基本部分的荷载,只使基本部分产生内力,并不会使附属部分产生内力;但作用于附属部分的荷载,则使附属部分和基本部分同时产生内力。

(6)对静定结构某一几何不变部分作荷载的等效替换时,则只是该部分上的内力发生变化,而结构其余部分的内力不变。

荷载等效替换是指合力相等的两组力的替换。如图 6-51(a)所示荷载与图 6-51(b)所示荷载的合力相等,是等效的。因此,这两种荷载只使 *DCE* 部分的内力改变,其余部分的内力则相同。静定结构的这一特性常被用于把杆件上的荷载转化为作用于杆件两端的等效结点荷载,以达到简化计算的目的。

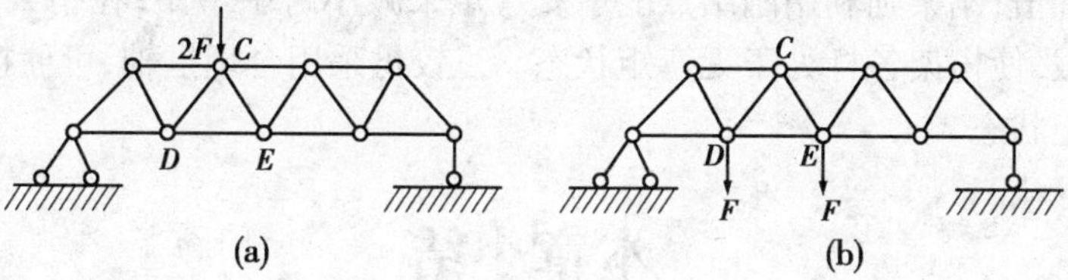

图 6-51

(7)静定结构的某一几何不变部分作组成交换(仍保持几何不变)时,其余部分的内力不变。如图 6-52(a)所示静定桁架的 *AB* 杆用图 6-52(b)所示几何不变部分 *ACBD* 替换,其余各杆的内力不变。

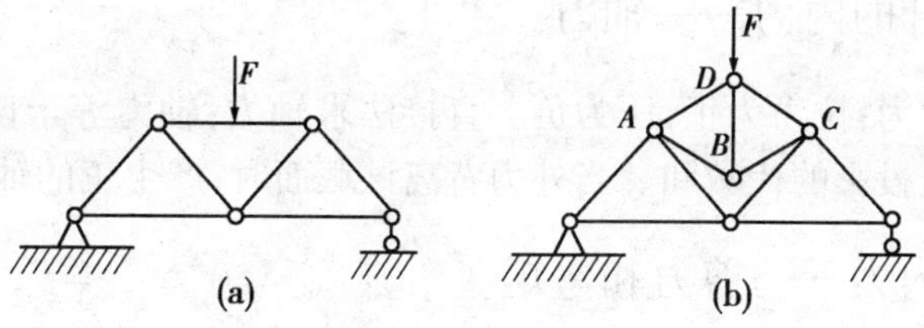

图 6-52

二、静定结构的受力分析

应用静力平衡方程可求解静定结构的未知内力。欲用静力平衡方程求解内力,就必须使内力转化为外力,即转化为暴露在分离体图上的“直观的外力”。这种转化是通过截面法实现的。截面法是应用静力平衡方程求解内力的基本手段,应熟练掌握。灵活选取截面,可使计算得到简化。

从结构体系中截取的单元(分离体),可以是结点、杆件或部分杆件体系。桁架内力计算的结点法,是以结点为单元;静定多跨梁的内力计算,是以杆件为单元;在刚架计算中常截取杆件为单元计算杆端内力;而在用截面法计算桁架内力时,截取的单元则为部分杆件体系。

截面上未知内力的个数和名称,是由被截断处的约束性质决定的:截断链杆,未知力是轴力;在铰接处截开,有水平和竖向两个未知力;在梁式杆内截开,未知内力有剪力、弯矩和轴力。

三、静定结构受力性能的比较

构件截面上的内力一般有弯矩、剪力和轴力。在弯矩和轴力的作用下,截面上产生正应力:弯矩产生的正应力呈线性分布;轴力产生的正应力均匀分布。在弯矩的作用下,截面上中性轴附近的材料不能充分发挥作用。从结构的受力分析出发,合理的结构应该是无弯矩或小弯矩结构。

各种结构型式都利用自身的力学特性以减小弯矩峰值。静定多跨梁和伸臂梁利用支座处的负弯矩可以减小跨中的正弯矩;在有推力的结构中,例如三铰拱、三角刚架,利用水平推力来减小弯矩峰值;刚架则利用刚结点能承受弯矩来减小跨中弯矩;在桁架中,利用杆端的铰接及结点荷载,使桁架各杆处于无弯矩状态。三铰拱采用合理拱轴,可使拱在给定荷载作用下处于无弯矩状态。

本章小结

一、截面法

静定结构的内力计算方法是截面法。截取结构的一部分(杆段、结点、杆系等)为研究对象,在截断面上代以未知内力,再用静力平衡方程求解内力。

二、轴向抗压杆的内力——轴力

轴力的符号规定为:拉力为正,压为负。直接法求轴力:轴力等于该截面一侧所有外力在该截面轴向方向上投影的代数和。当外力背离该截面时,产生正的轴力。

三、静定梁的内力——剪力和弯矩

(1)剪力正负号规定:在截面内截取微段梁,凡使微段产生顺时针转向的剪力 F_S 规定为正,反之为负。

(2)弯矩正负号规定:在截面内侧取微段梁,凡使微段梁产生下凸变形的弯矩 M 规定为正,反之为负。

(3)直接法求剪力和弯矩。

截面上的剪力等于该截面一侧梁段上所有外力沿截面切线方向上投影的代数和。

截面上的弯矩等于该截面一侧梁段上所有外力对截面形心力矩的代数和。

注意:当外力使该截面顺时针转动时,产生正的剪力,反之产生负的剪力;当外力使该段梁产生下凸变形时,产生正的弯矩,反之产生负的弯矩。

(4)内力图形象地表明了内力在全梁范围内的变化情况。通过内力图可以确定最大弯矩值 $|M_{\max}|$ 及最大剪力值 $|F_{S\max}|$,并能确定它们所在的位置,即“危险截面”的位置。

绘制内力图的方法仍然是截面法,即在梁上荷载变化的部位分别截取部分梁段为分离体,分别建立各梁段的内力方程,并明确各段的 x 坐标、原点位置及 x 值的取值范围,最后分段描点绘出内力图。这是绘制内力图的基本方法,必须切实掌握。在此基础上,还应掌握荷载作用方式与内力图之间的一些基本规律,这样可以免去分段截取分离体并建立内力方程的过程,用分段确定内力图的形状及计算控制截面内力值的方法,简捷地画出内力图。

四、静定多跨梁

静定多跨梁是由若干外伸梁和短梁用铰接而成的静定结构。可将梁从铰接处拆开,形成若干个单跨梁,从而使多跨梁的计算转化为单跨梁的计算(从附属部分开始,逐个计算到基本部分)。静定多跨梁在铰接处的弯矩一定为零(无外力偶作用时)。静定多跨梁比一系列简支梁弯矩峰值小些。

五、刚结点

刚架的突出优点是采用了刚结点。刚结点可承受和传递弯矩,从而减小弯矩峰值,比简支梁合理。计算刚架内力时,先用垂直于杆轴的截面将刚架截成若干段梁或柱,截面上的未知内力一般有剪力、弯矩和轴力;再用静定平衡方程求出杆端内力,然后根据内力图的规律分段画出内力图;最后可截取某刚结点或某杆段,用静力平衡条件校核。

六、拱

拱是一种外形为曲线且在竖向荷载作用下产生水平推力的结构。水平推力是拱的力学特性。拱的内力一般有剪力、弯矩和轴力。由于水平推力使拱的弯矩比对应简支梁的弯矩小很多,还可采用合理拱轴,使拱在给定荷载作用下处于无弯矩状态。拱是主要承受压力的结构,可采用受压性能好、价格低廉的砖、石、混凝土建造。拱的支座要有足够的承载力,以抵抗拱脚传来的推力,否则将发生事故。

七、桁架

桁架的突出优点是每根杆只承受轴力,横截面上的正应力均匀分布,能充分发挥材料的作用,从而取得较好的经济效果。桁架比梁能跨越更大的跨度、承受更大的荷载,但制作和施工比梁复杂。

计算桁架的内力可用结点法和截面法。结点法是截取一个结点为研究对象,每一个结点都是一个平面汇交力系,利用平衡条件可求解两个未知轴力。截面法是截取部分桁架(包括两个或两个以上结点)为研究对象,这部分桁架上的已知荷载、反力和未知轴力构成平面一般力系,然后用静力平衡条件求解三个未知轴力。

思考题

6-1 如图6-53所示,直杆 AB 的 B 端受轴向拉力 F 的作用,若将力 F 移至截面 C,对支座反力有无影响?对直杆 AB 的内力有何影响?对直杆 AB 的变形有何影响?

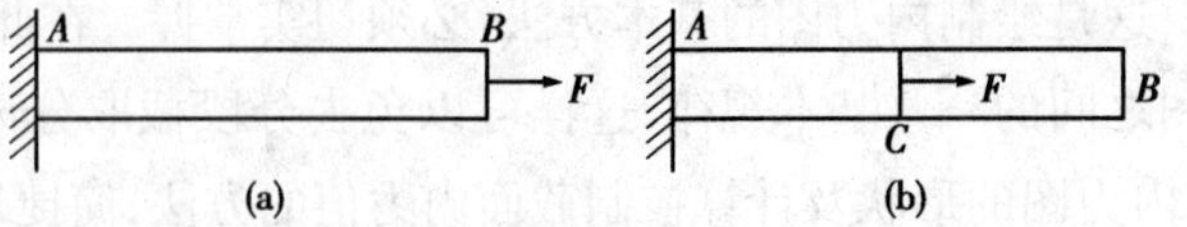

图 6-53

6-2 两根材料不同、截面不同的杆,受同样的轴向拉力作用,它们的内力是否相同?

6-3 平面弯曲的受力特点和变形特点各是什么?

6-4 剪力和弯矩的正负号是怎样规定的?与静力平衡方程中关于力的投影和力矩的正负号规定有何区别?

6-5 两根跨度相同、荷载相同的简支梁,在下列情况下,其内力图是否相同?

(1)两根梁的材料相同,截面形状、尺寸不同。

(2)两根梁的截面形状、尺寸相同,材料不同。

6-6 当荷载作用在基本部分或附属部分上时,结构的内力有何不同?

6-7 静定多跨梁的内力图在铰结点处(无外集中力和力偶作用时)有何特点?

6-8 什么是刚架?绘制刚架的内力图时有何规定?

6-9 在刚架的刚结点处(无外集中力和力偶作用时)各杆端内力有何关系?

6-10 三铰拱的弯矩为什么比对应简支梁的弯矩小?

6-11 工程中为什么常采用带拉杆的拱?

6-12 什么是合理拱轴线?

6-13 拱的特点是什么?拱和梁对比有哪些优点?

6-14 什么是计算桁架轴力的结点法、截面法?两种方法主要不同之处是什么?

6-15 桁架的特点是什么?桁架和梁对比有什么优点?

6-16 怎样判断桁架中的零杆?

6-17 什么是超静定结构?它与静定结构的主要区别是什么?

习 题

6-1 用截面法计算图 6-54 所示各梁指定截面的剪力和弯矩。

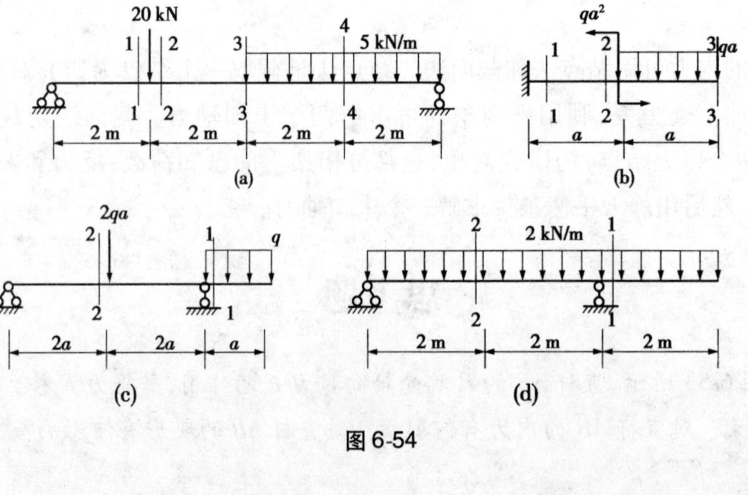

图 6-54

6-2 用直接法计算图6-55所示各梁指定截面的剪力和弯矩。

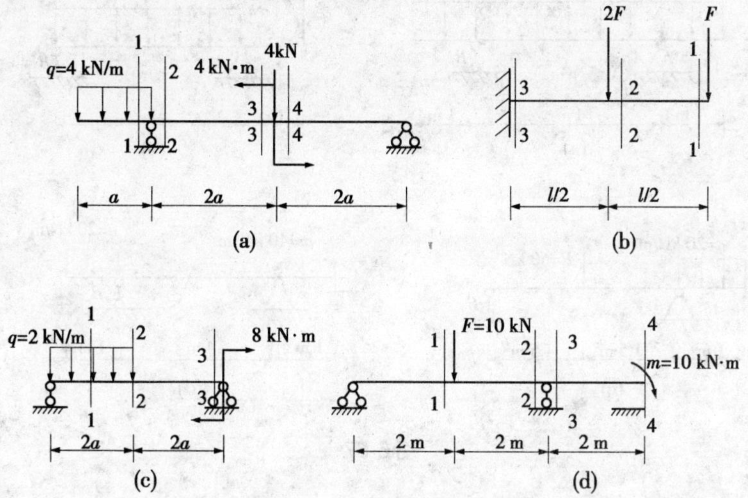

图6-55

6-3 分段列出图6-56所示各梁的剪力方程和弯矩方程,并画出它们的剪力图和弯矩图。已知 $F=4$ kN,$a=2$ m,$l=1.5$ m。

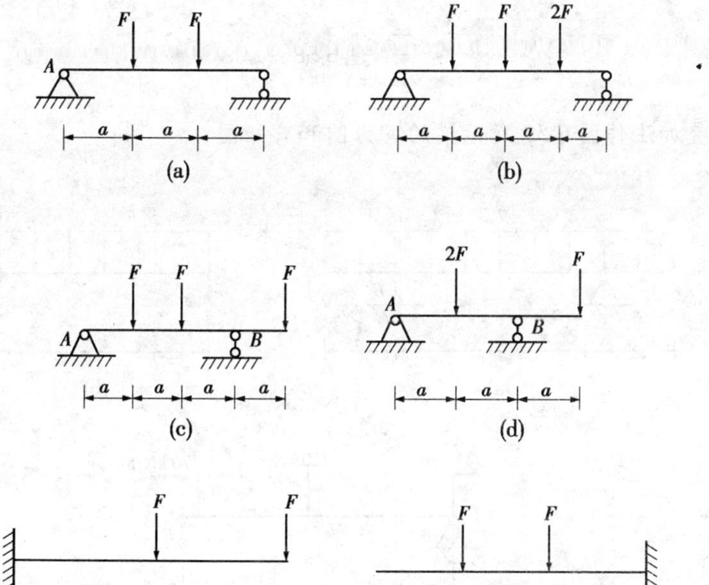

图6-56

6-4 画出图6-57所示各梁的剪力图和弯矩图,计算最大的弯矩值 M_{max}。

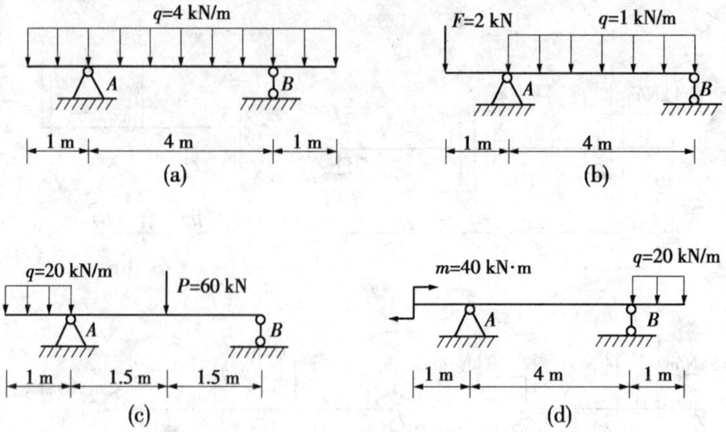

图 6-57

6-5　应用内力图的规律,绘出图 6-58 所示各梁的剪力图和弯矩图。

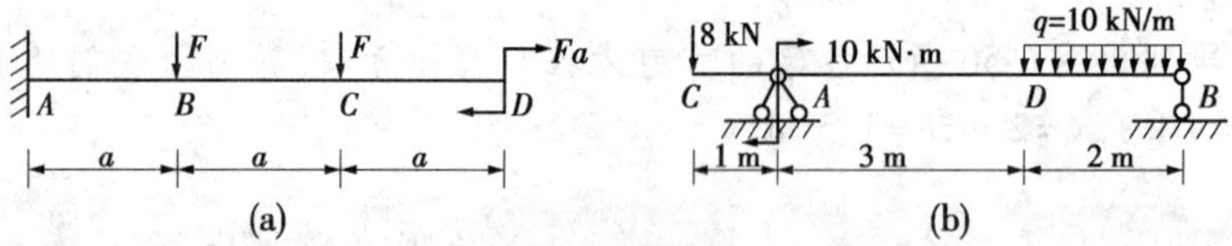

图 6-58

6-6　用叠加法作图 6-59 所示梁的剪力图和弯矩图。

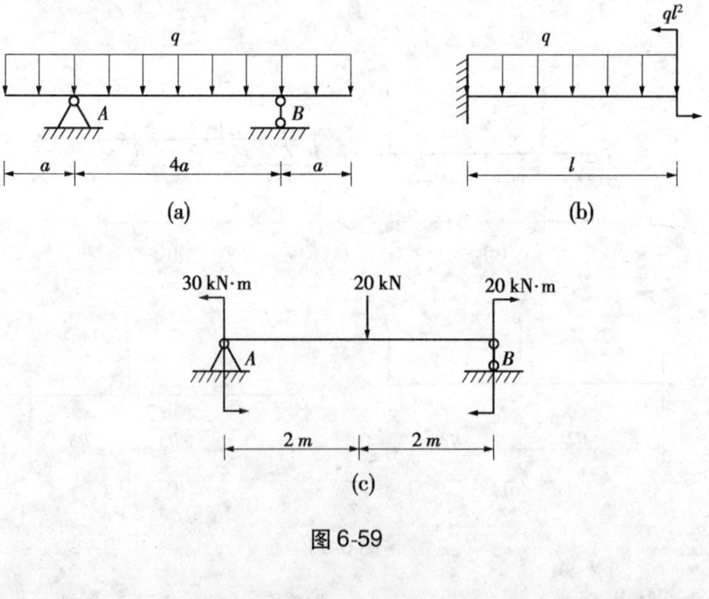

图 6-59

6-7　试绘出图 6-60 所示杆件的轴力图。

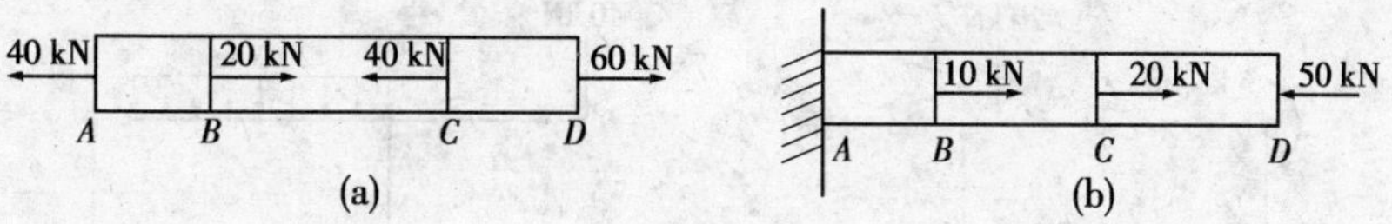

图 6-60

6-8　试绘出图 6-61 所示杆件的扭矩图。

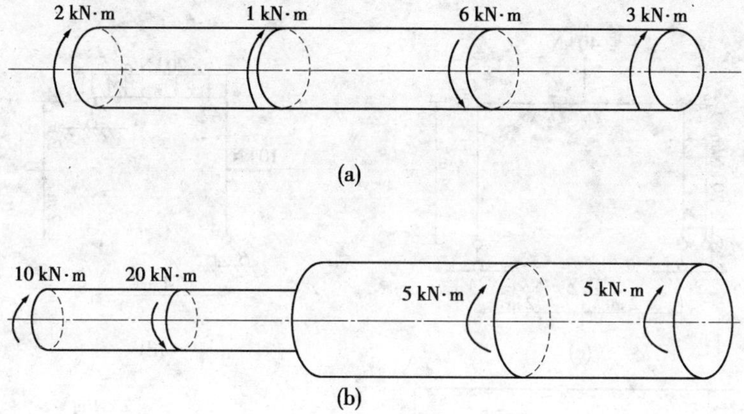

图 6-61

6-9　作图 6-62 所示多跨连续梁的内力图。

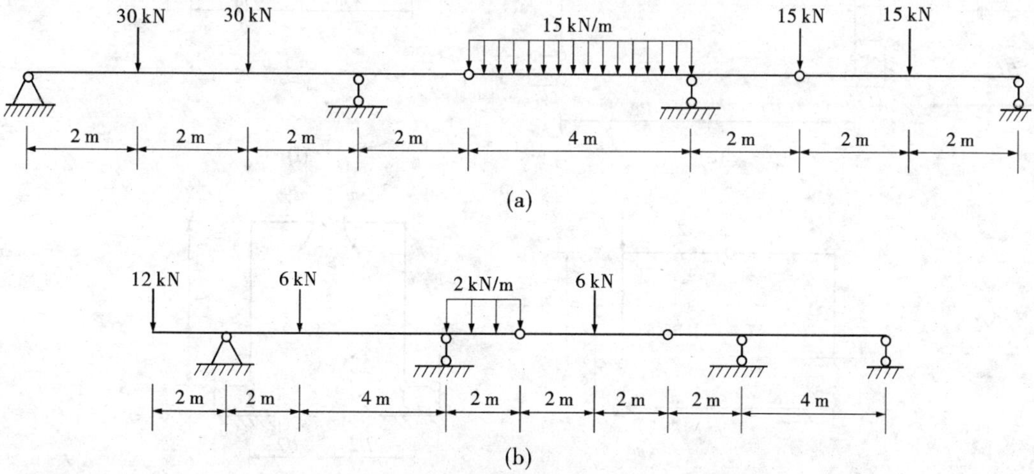

图 6-62

6-10　作图 6-63 所示刚架的内力图。

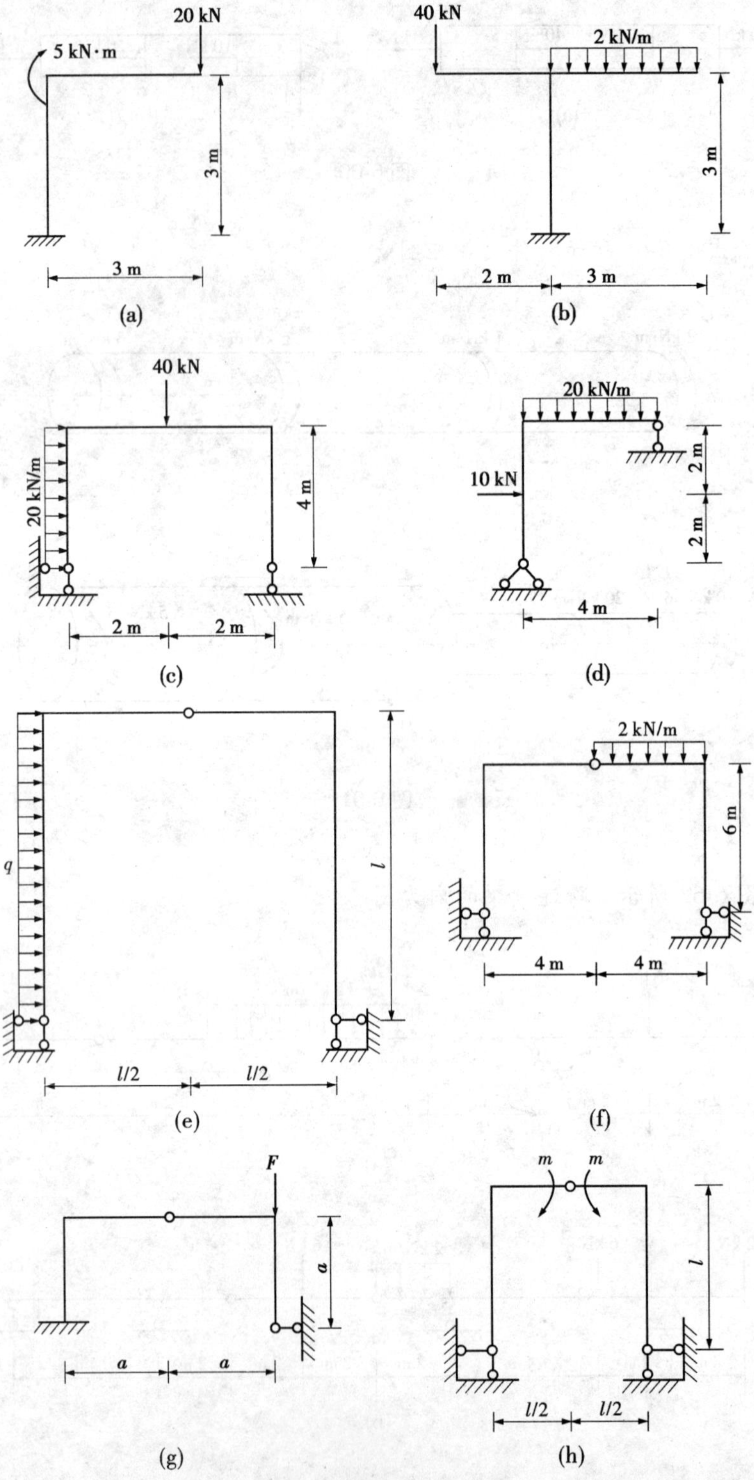

图6-63

6-11　计算图6-64所示桁架各杆的轴力。

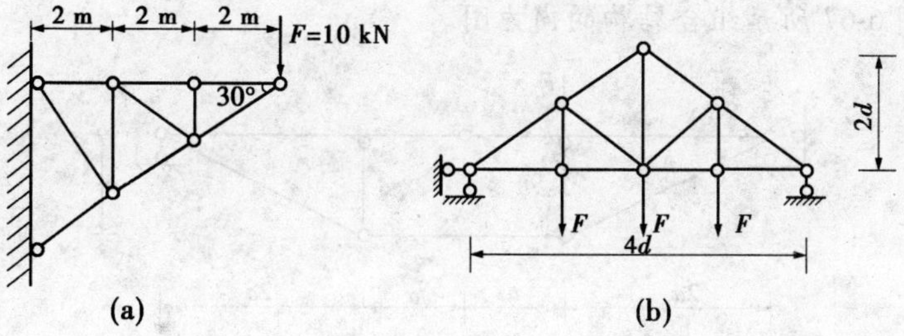

图 6-64

6-12　求图 6-65 所示各桁架指定杆的轴力。

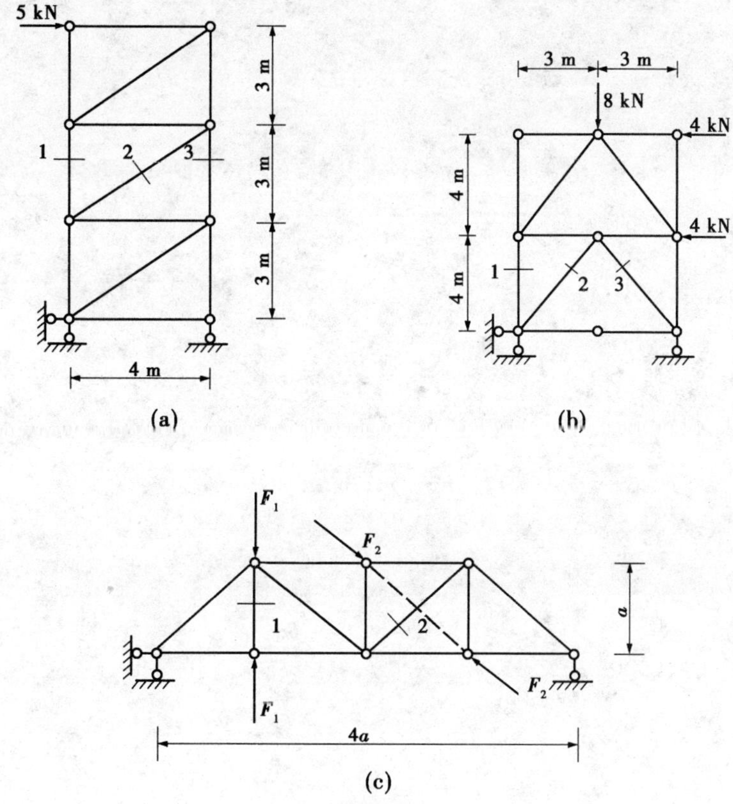

图 6-65

6-13　图 6-66 所示抛物线三铰拱的轴线方程为 $y=\frac{4f}{l^2}x(l-x)$，求 K 截面的内力。

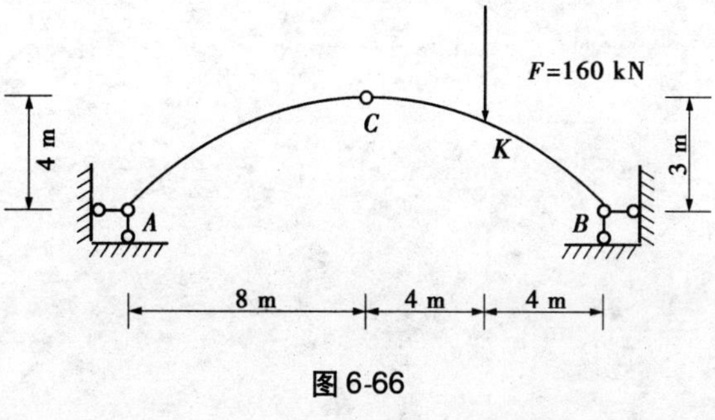

图 6-66

6-14　作图 6-67 所示组合结构的内力图。

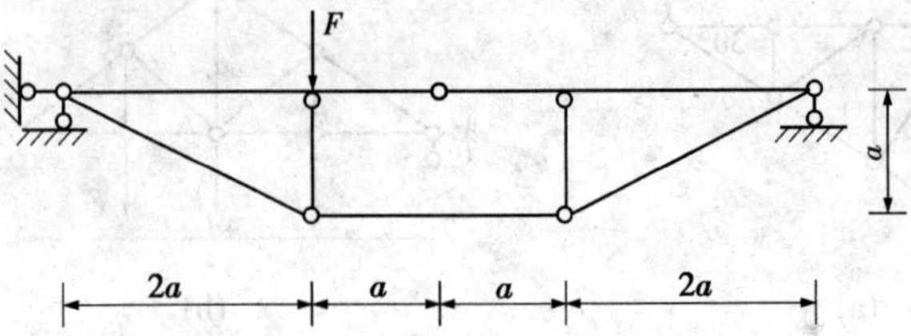

图 6-67

第七章　杆件的应力与强度计算

学习目标

(1)能正确理解正应力、应变、泊松比、弹性模量等概念,熟练掌握胡克定律,正确计算轴向拉压杆件的变形。

(2)掌握低碳钢拉伸试验的应力—应变图,正确理解应力—应变图中各特征点。

(3)理解剪切、挤压等基本概念,能正确计算轴向拉压杆件连接部分的强度问题。

(4)了解纯弯梁正应力计算公式的推导过程、物理意义、适用条件;掌握正应力的计算及其分布规律,应用正应力强度条件对梁进行强度计算。

(5)掌握矩形截面梁横截面上剪应力计算的一般公式及其分布规律;会应用剪应力强度条件对梁进行强度计算。

(6)了解提高梁拉弯强度的措施。

(7)了解组合变形的概念及其强度问题的分析方法。

(8)理解斜弯曲条件下构件的应力分析方法和强度计算。

(9)掌握偏心压缩时构件的应力分析方法和强度计算公式。

(10)理解截面核心的概念。

(11)了解圆轴扭转时应力的计算公式,掌握剪应力分布规律,会最大剪应力和扭转角的计算。

杆件在外力作用下产生内力,但确定了受力构件的内力后,还不能判断是否会发生破坏,这是因为内力是杆件横截面上分布内力的合力,横截面尺寸不同,横截面上的内力分布大小及分布内力集度就不同。研究不同受力杆件横截面上的分布内力集度,属应力计算问题。横截面上的分布内力集度相同的两杆件,由于所用材料不同,它们的破坏也是不同的。研究杆件的破坏与内力、截面几何性质及材料之间的关系,属杆件的强度计算问题。本章主要讲述受力杆件的应力计算和强度计算。

第一节　应力的概念

应力是受力杆件某一截面上的一点处的分布内力集度,它表示该点所受内力的强弱程度。如图7-1(a)所示,在截面 $m—m$ 上围绕任一点 K 取一微小的面积 ΔA,并设作用于该面积上的内力为 ΔF,则 ΔF 与 ΔA 的比值,称为面积 ΔA 内的平均应力,并用 p_m 表示,即

$$p_m = \frac{\Delta F}{\Delta A} \tag{7-1a}$$

当 ΔA 趋近于零时,平均应力 p_m 的极限值称为截面 $m—m$ 上 K 点的应力,并用 p 表示,即

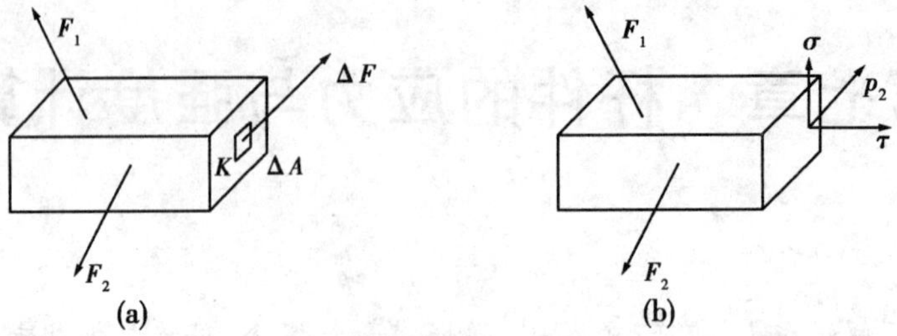

图 7-1

$$p = \lim_{\Delta A \to 0} \frac{\Delta F}{\Delta A} = \frac{dF}{dA} \tag{7-1b}$$

应力 p 的方向为 ΔF 的极限方向，如图 7-1(b)所示，通常将应力 p 沿截面的法向和切向分解为两个分量。沿截面法向的应力分量称为**正应力**，并用 σ 表示；沿截面切向的应力分量称为**切应力**，用τ表示。

关于应力应注意以下几点：

(1)应力是指受力杆件某一截面上一点处的应力，在研究应力时必须明确其是在哪个截面上哪一点处。

(2)应力是矢量。一般规定正应力 σ 的指向离开所作用的截面时为正号，反之为负号；切应力τ是对所研究的隔离体内一点产生顺时针时为正号，反之为负号。

第二节　材料在拉伸与压缩时的力学性质

构件的强度、刚度与稳定性，不仅与构件的形状、尺寸及所受的外力有关，而且与材料的力学性质有关。所谓材料的**力学性质**，是指材料在外力作用下，在强度和变形方面所表现出来的性质。本节主要介绍材料在常温(指室温)、静载(加载速度均匀缓慢)条件下的力学性质。

工程材料的种类很多，通常根据其断裂时发生的变形大小分为塑性材料和脆性材料两类。塑性材料如低碳钢、合金钢、铜和铝等，在拉断时产生较大的塑性变形；而脆性材料如铸铁、混凝土和石料等，在拉断时塑性变形很小。通常以低碳钢和铸铁分别作为塑性材料和脆性材料的典型代表，通过拉伸和压缩试验来认识这两类材料的力学性质。

一、材料拉伸时的力学性质

拉伸试验是研究材料力学性质最基本的试验。为了使试验结果能够相互比较，试验时将材料做成标准试样(见图 7-2)，通常用试样中段作为工作段来测量变形，其长度 l 成为标距。根据国家金属拉力试验的有关标准，对圆形截面的试样，标距 l 与直径 d 之比，通常规定

$$l = 10d \text{ 或 } l = 5d$$

而对于横截面积 A 的矩形截面试样，则规定

$$l = 11.3\sqrt{A} \text{ 或 } l = 5.65\sqrt{A}$$

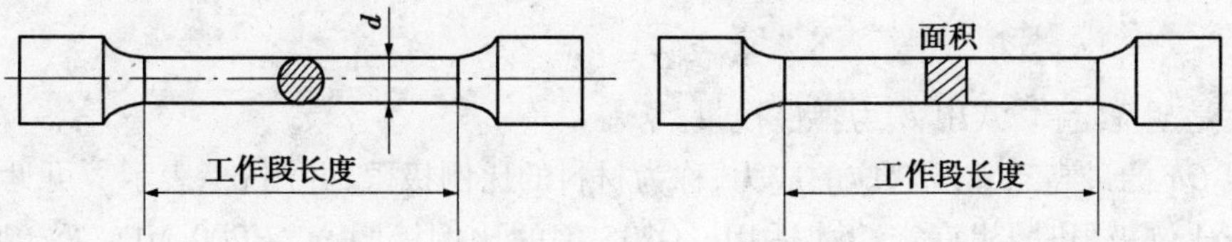

图 7-2

(一) 低碳钢拉伸时的力学性质

1. 拉伸图与应力—应变图

试验时,首先将低碳钢的标准试样安装在材料试验机工作台的上下夹头内,然后开动机器,均匀缓慢加载。在试验过程中,随着荷载 F 的增大,试样逐渐被拉长,直至试样被拉断为止。记录各时刻的拉力 F 及标距 l 段相应的纵向变形 Δl。以拉力 F 为纵坐标,Δl 为横坐标,将 F 和 Δl 的关系按一定的比例绘制成曲线,称为力—伸长曲线或拉伸图(见图 7-3(a))。一般试验机上均有自动绘图装置,试样拉伸过程中能自动绘出拉伸图。

由于拉伸图不仅与试样的材料有关,而且与试样横截面尺寸及其标距 l 的大小有关。为消除试样尺寸的影响,反映材料本身的力学性质,将纵坐标 F 除以试样横截面的原面积 A,将横坐标 Δl 除以标距 l,由此所得应力—应变的关系曲线,称为**材料的应力—应变图**,如图 7-3(b)所示。

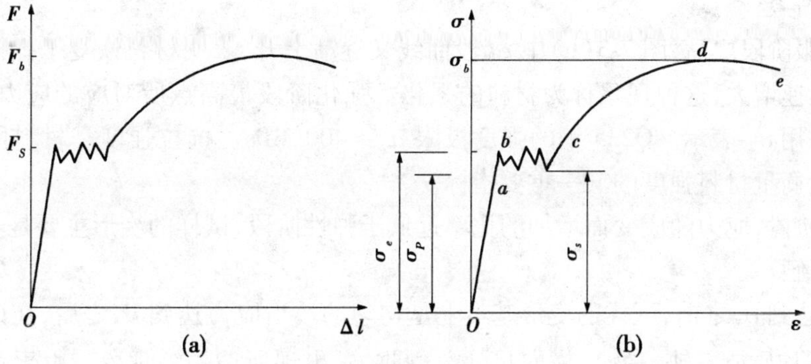

图 7-3

2. 拉伸过程的四个阶段

如图 7-3(b)为低碳钢 Q235 的应力—应变图,可以看出其应力—应变图呈现四个阶段。下面以应力—应变图为基础,并结合试验过程中所观察到的现象,介绍低碳钢拉伸时的力学性能。

1) 弹性阶段

在试样拉伸的初始阶段,σ 与 ε 的关系表现为直线 Oa,说明正应力与正应变成正比,即

$$\sigma \propto \varepsilon$$

直线段 Oa 的斜率为

$$\tan\alpha = \frac{\sigma}{\varepsilon} = E$$

所以有

$$\sigma = E\varepsilon$$

这就是胡克定律,式中 E 为弹性模量。

直线 Oa 的最高点 a 所对应的应力,称为材料的**比例极限**,并用 σ_P 表示。可见,只有当应力低于比例极限时,胡克定律才适用。Q235 钢的比例极限 $\sigma_P \approx 200$ MPa, $E = 200$ GPa。弹性阶段最高点 b 所对应的应力称为材料的弹性极限,用 σ_e 表示,在 ab 段已不再保持直线,但如果在 b 点卸载,试样的变形将会完全消失。由于 a、b 两点非常接近,因此工程对弹性极限和比例极限不做严格区分,常近似地认为在弹性范围内材料服从胡克定律。

2)屈服阶段

当应力超过弹性极限 σ_e 之后,在应力—应变图出现一段近似水平的"锯齿"形线段。应力在此阶段内几乎不变,而应变却急剧增加,材料失去继续抵抗变形的能力,这种现象称为**屈服**,bc 段称为屈服阶段。屈服阶段最低点的应力称为材料的**屈服点应力**,用 σ_s 表示,钢 Q235 钢的屈服点 $\sigma_s \approx 235$ MPa。

在屈服阶段,如果试样表面光滑,试样表面将出现与轴线约成 45°的斜线成为滑移线。这是由于在 45°斜面上存在最大切应力,材料内部晶粒沿该截面相互滑移。

材料在屈服阶段,其弹性变形基本不再增加,而塑性变形迅速增加,且在总变形中所占的比例越来越大。工程上一般不允许构件发生塑性变形,并把塑性变形作为塑性材料失效的标记,所以屈服极限 σ_s 是衡量材料强度的重要指标。

3)强化阶段

经过屈服阶段之后,图 7-3(b)中 cd 段曲线又逐渐上升,表明材料恢复了抵抗变形的能力,且变形迅速增大,这种现象称为**材料的强化**。强化阶段最高点所对应的应力,称为材料的**抗拉强度**,用 σ_b 表示。Q235 钢的强度极限 $\sigma_b \approx 400$ MPa。抗拉强度是材料所能承受的最大应力,是衡量材料强度的又一重要指标。

在强化阶段,应力随应变而增加的比率远低于弹性阶段,试样的变形主要是塑性变形。

4)颈缩阶段

在应力达到 σ_b 之前,试样的变形基本上是均匀的。当应力达到 σ_b 之后,在试样某一薄弱处(材料不均质或有缺陷处),横向尺寸急剧收缩,出现所谓颈缩现象。由于颈缩处的截面积迅速减少,试样继续变形所需要的拉力也相应减小,用原始截面积算出的应力也随之下降,因此在颈缩阶段应力—应变图逐渐下降,降至 e 点时,试样被拉断。

综上所述,在低碳钢的整个拉伸过程中,材料经历了弹性、屈服、强化与颈缩四个阶段,并存在三个特征点,相应的应力分别为比例极限、屈服点和抗拉强度。

3. 材料的塑性指标

试样断裂后,其弹性变形随着荷载的消失而消失,塑性变形则被残留下来。试样断裂后,常用塑性变形的大小来衡量材料的塑性性能。塑性性能有断后伸长率和断面收缩率两个指标。

1)断后伸长率

试样断裂后的标距长度 l_1 减去原来的标距长度 l,除以 l 后的百分比,称为材料的**断后伸长率**,并用 δ 表示,即

$$\delta = \frac{l_1 - l}{l} \times 100\% \tag{7-2}$$

Q235 钢的伸长率 δ 为 25% ~30%。

伸长率大的材料,在轧制或冷压成型时不易断裂,并能承受较大的冲击荷载。工程中常按伸长率的大小将材料分为两类。$\delta \geqslant 5\%$ 的材料,如低碳钢、铝、铜等,称为塑性材料;$\delta < 5\%$ 的材料,如铸铁、石料、混凝土等,称为脆性材料。

2)断面收缩率

设试样试验段的原面积为 A,断裂后断口的最小横截面的面积为 A_1,则比值

$$\Psi = \frac{A - A_1}{A} \times 100\% \tag{7-3}$$

称为**断面收缩率**。低碳钢 Q235 的断面收缩率为 $\Psi \approx 60\%$。

4. 卸载定律、冷作硬化

在低碳钢拉伸试验中,当首次加载到强化阶段内某点 m 时(见图 7-4),将荷载逐渐减少到零,可以看到,卸载过程中 $\sigma \sim \varepsilon$ 曲线将沿着与 Oa 近似平行的直线 mn 回到应变轴上,线段 Ok 为 m 点对应的总应变,nk 为消失的弹性应变,On 为残留下来的塑性应变。

卸载过程中卸去的应力和卸去的应变成正比,即

$$\sigma_{卸} = E\varepsilon_{卸}$$

称为卸载规律。

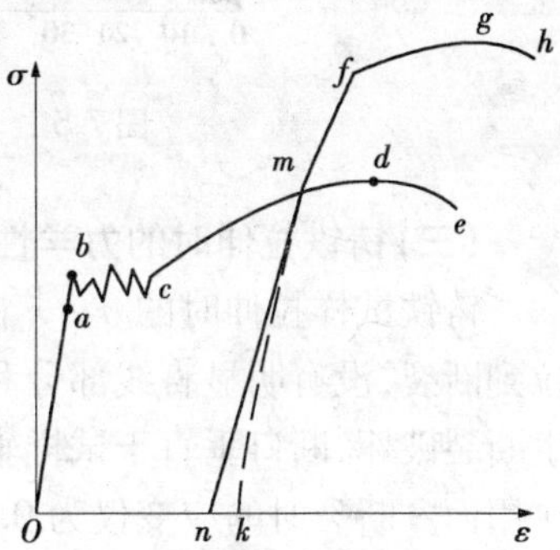

图 7-4

当首次卸载后若立即进行第二次加载,则 $\sigma \sim \varepsilon$ 曲线将基本上沿着卸载时的同一直线 nm 上升到 m 点,m 点以后的曲线与原来的 $\sigma \sim \varepsilon$ 曲线相同(图中曲线 mde)。在第二次加载中,比例极限提高到 σ_m。这种不经热处理,只是冷拉到强化阶段后再卸载,将使材料的强度提高的现象称为**冷作硬化**。冷作硬化提高了材料的比例极限,从而提高了材料在弹性范围内的承载能力,故工程中常利用冷作硬化提高构件的承载能力,如钢筋常用冷拔工艺来提高其强度。但应注意的是,冷作硬化虽然提高了强度指标,但使材料的塑性降低。

若在第一次卸载后让试样"休息"几天,再重新加载,这时的 $\sigma \sim \varepsilon$ 曲线将变为 $nmfgh$,试样获得了更高的强度指标(屈服点 σ_s 和抗拉强度 σ_b),这种现象称为**冷拉时效**。在土建工程中对钢筋进行冷拉,就是利用其冷拉时效的性质。

需要指出的是,钢筋冷拉后抗压强度指标并未提高,所以在钢筋混凝土构件中,受压钢筋无需冷拉。冷拉后钢筋提高的强度在短时间内是不稳定的,一般在常温下放置两三周才能使用。还应注意,钢筋冷拉后的塑性降低,对于承受冲击荷载和震动荷载的构件是不利的。因此,对于吊车梁、水泵基础等钢筋混凝土构件,一般不宜冷拉钢筋。

(二)其他塑性材料拉伸时的力学性质

如图 7-5 所示为几种塑性材料拉伸时的应力—应变图。它们的共同特点是断裂时均具有较大的塑性变形,不同的是有些金属材料没有明显的屈服阶段。对于不存在明显屈服阶段的塑性材料,工程规定其产生 0.2% 的塑性应变时所对应的应力作为屈服应力(见

图 7-6），称为材料的**名义屈服点**，并用 $\sigma_{0.2}$ 表示。

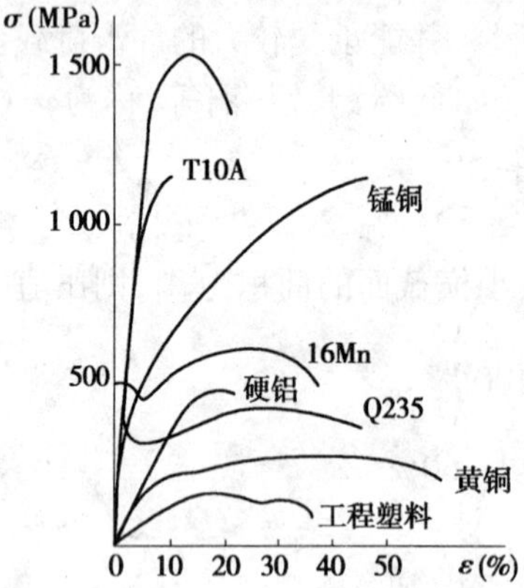

图 7-5

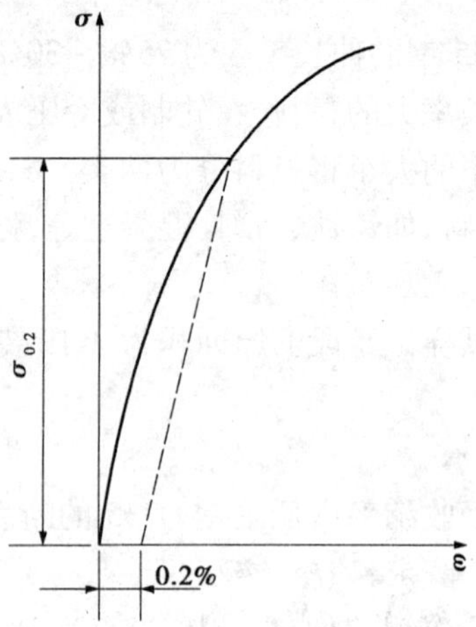

图 7-6

（三）铸铁拉伸时的力学性质

铸铁试样拉伸时的 $\sigma\sim\varepsilon$ 曲线如图 7-7 所示，从开始受拉到断裂，没有明显直线部分和屈服阶段，无颈缩现象而发生断裂破坏，断口垂直于试样轴线，即发生在最大拉应力的作用面。断裂时的应变仅为 0.4% ~0.5%，说明铸铁是典型的脆性材料。断裂时 $\sigma\sim\varepsilon$ 曲线最高点所对应的应力称为抗拉强度 σ_b。

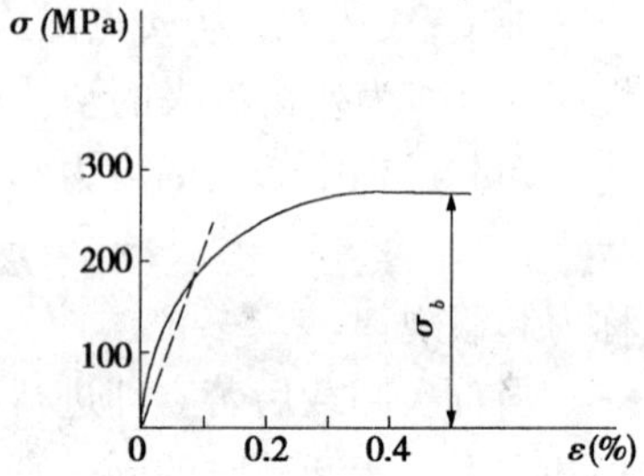

图 7-7

曲线没有明显的直线部分，表明应力与应变的正比例关系不存在。但由于铸铁拉伸时总是在较小的应力下工作，且变形很小，故可近似地认为符合胡克定律。通常在 $\sigma\sim\varepsilon$ 曲线上用割线近似地代替曲线，并以割线的斜率作为弹性模量 E。

其他脆性材料，如玻璃、石料和混凝土等，其拉伸时的力学性质和铸铁相似，在拉断前没有明显的塑性变形，弹性变形也不大，只能测出其抗拉强度，且其值也很低。

二、材料压缩时的力学性质

材料压缩试验的试样通常采用圆截面（金属材料）或方截面（混凝土、石料等非金属材料）的短柱体，为避免压弯，试样的长度与直径 d 或截面边长 b 的比值一般规定为 1 ~3。

（一）低碳钢的压缩试验

如图 7-8 所示实线为低碳钢压缩试验的 $\sigma\sim\varepsilon$ 曲线，虚线为拉伸试验的 $\sigma\sim\varepsilon$ 曲线。比较两者可知，在屈服阶段之前，两曲线重合，表明低碳钢压缩时的比例极限、屈服点、弹性模量均与拉伸是相同的。在进入强化阶段之后，试样越压越扁，先是压成鼓形，最后压成饼状，测不出强度极限。

其他塑性金属材料受压时与低碳钢相似。工程中常认为塑性金属材料在拉伸和压缩时具有相同的主要力学性质，且以拉伸时所测定的力学性质为准。

(二)铸铁的压缩试验

如图 7-9 所示为铸铁压缩时的 $\sigma \sim \varepsilon$ 曲线,曲线最高点的应力值 σ_{bc} 称为抗压强度,与拉伸时的 $\sigma \sim \varepsilon$ 曲线(图中虚线)相比,铸铁压缩时的抗压强度远高于抗拉强度(为 3 ~5 倍)。

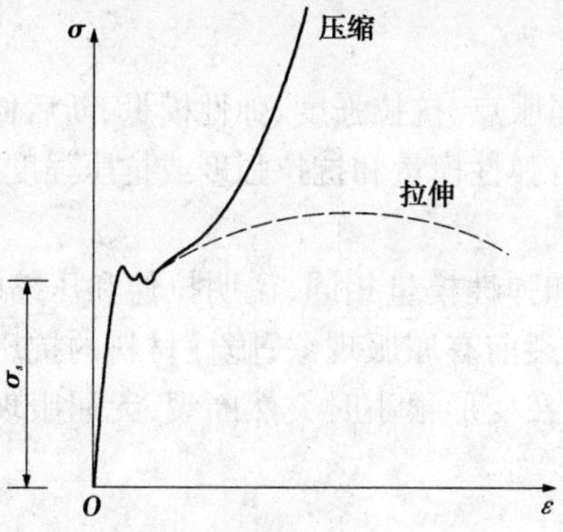

图 7-8

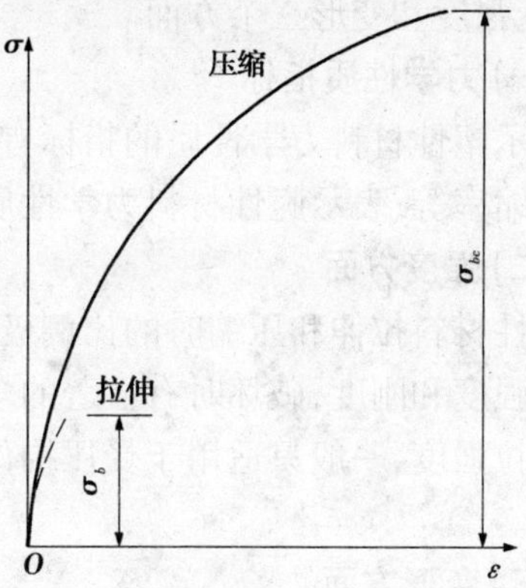

图 7-9

铸铁压缩破坏时,断口与轴线大致呈 45°倾角,这是因为在 45°斜截面上存在最大切应力,铸铁材料的抗剪能力比抗压能力差。

表 7-1 列出了几种材料的主要力学性质。

表 7-1 几种材料的主要力学性质

材料名称	牌号	屈服点 σ_s(MPa)	强度(MPa)		δ(%)
			抗拉强度	抗压强度	
普通碳素钢	Q235	235	375 ~500		25 ~27
	Q275	275	490 ~630		21
优质碳素钢	35	315	530		20
	45	355	600		16
	50	372	627		14
低合金钢	16MnV	390	530		18
	16Mn	345	510		21
合金钢	20Cr	539	833		10
	40Cr	784	980		9
	30CrMnSi	885	1 080		10
铝合金	LY12	274	412		19
灰铸铁	HT150		150	650	
	HT250		250	750	
木材			100	32	
混凝土				7 ~50	
砖				8 ~300	
有机玻璃					

三、两类材料力学性能的比较

通过对材料的上述试验研究，可知塑性材料与脆性材料力学性质的主要区别有力学性质指标、强度和变形三个方面。

(一)力学性质指标

表示塑性材料力学性质的指标有比例极限、屈服点、抗拉强度、弹性模量、断后伸长率和断面收缩率等；表示脆性材料力学性质的指标只有弹性模量和抗拉强度或抗压强度。

(二)强度方面

塑性材料拉伸和压缩时的比例极限、屈服点和弹性模量相同，说明拉伸和压缩时，具有相同的强度和刚度，破坏时有显著的塑性变形，断裂前有屈服现象；脆性材料的抗压强度远高于抗拉强度，一般只适用于受压构件，脆性材料在变形很小时突然断裂，无屈服现象和颈缩现象。

(三)变形方面

塑性材料的伸长率和断面收缩率都比较大，材料的可塑性大，便于加工及安装时的校正；脆性材料的伸长率和断面收缩率都较小，难以加工和校正。当构件承受动荷载(如振动、冲击等)时，塑性材料由于伸长率较大能起到一定的缓冲作用，而脆性材料往往会突然断裂。

必须指出，上述关于塑性材料和脆性材料的划分是指常温、静载时的情况。实际上，同一种材料在外界因素(如加载速度、温度高低、受力状态等)的影响下，可能表现为塑性，也可能表现为脆性。例如，典型的塑性材料低碳钢在低温时也会变得很脆。

四、应力集中的概念

等截面直杆在轴向荷载作用下，横截面上的应力是均匀分布的。试验表明，在构件尺寸突变的截面上，应力并不是均匀分布的。例如，开有圆孔的直杆受到轴向拉伸时，在圆孔附近的局部区域内，应力急剧增加，而离开这一区域稍远处，应力迅速降低并趋于均匀(见图 7-10)。这种因构件尺寸突变引起局部应力急剧增大的现象，称为**应力集中**。

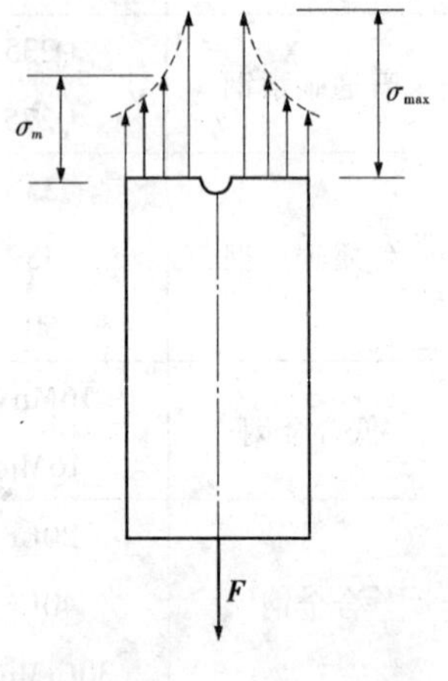

图 7-10

在发生应力集中的截面上，最大应力为 σ_{max}，平均应力 σ_m，二者的比值

$$\alpha = \frac{\sigma_{max}}{\sigma_m} \tag{7-4}$$

称为理论集中因数。它反映了应力集中的程度，是一个大于 1 的因数。试验结果表明：截面的尺寸改变越急剧，应力集中的程度就越严重。因此，构件在可能的条件下应尽量避免尖角、孔与槽的出现。在阶梯轴的轴肩处要圆弧过渡，而且在构件允许的范围内，应尽量使圆弧的半径大一些。

应力集中对构件强度的影响随构件材料的不同而不同。塑性材料具有屈服阶段，当应力集中处的最大应力达到材料的屈服点 σ_s 时(见图 7-11(a))，随着荷载的继续增加，截面上达到屈服点的区域逐渐扩大，先达到屈服点 σ_s 的各点应力将保持不变，只是应变在继续增加(见图 7-11(b)),截面上的应力趋于均匀,直到截面上的应力都达到屈服点(见图 7-11(c)),杆件才发生破坏。对于脆性材料的构件,当应力集中处的最大应力 σ_{max} 达到抗拉强度 σ_b 时,就会出现裂纹,而裂纹间断处又会引起更加严重的应力集中,使构件由于裂纹的扩展而断裂。因此,应力集中现象对脆性材料的危害比塑性材料严重得多,塑性材料在静载下可以不考虑应力集中的影响。

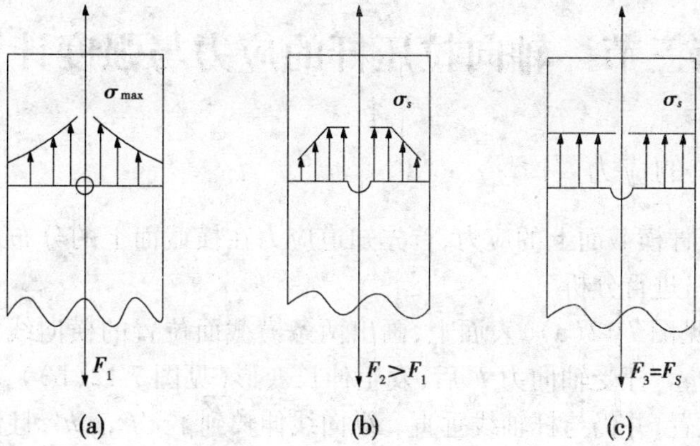

图 7-11

五、许用应力与安全因数

根据材料的力学性质可知,工程材料所能承受的应力都是有限度的,一般把材料丧失正常工作能力称为失效,材料失效时的应力称为**极限应力**,记为 σ_u。对于塑性材料,当应力达到屈服点时,将产生明显的塑性变形,从而影响构件安全正常的工作,所以塑性材料失效的标志是屈服,其极限应力为

$$\sigma_u = \sigma_s (\text{或 } \sigma_{0.2})$$

脆性材料失效的标志是断裂,因此脆性材料的极限应力为

$$\sigma_u = \sigma_b (\text{或 } \sigma_{bc})$$

构件在荷载作用下产生的应力称为**工作应力**。最大工作应力所在的截面称为危险截面。由于工程构件受载难以精确估计,以及构件材质的不均匀性、计算方法的近似性和腐蚀与磨损等诸多因素的影响,构件的最大工作应力必须小于材料的极限应力,并使构件留有必要的安全储备。因此,一般将极限应力除以一个大于 1 的因数,即安全因数 n,作为强度设计时的应力最大许可值,称为**许用应力**,用 $[\sigma]$ 表示,即

$$[\sigma] = \frac{\sigma_u}{n} \tag{7-5}$$

对于塑性材料 $$[\sigma] = \frac{\sigma_s}{n_s} \text{或} [\sigma] = \frac{\sigma_{0.2}}{n_s}$$

对于脆性材料 $$[\sigma] = \frac{\sigma_b}{n_b} \text{或} [\sigma] = \frac{\sigma_{bc}}{n_b}$$

式中:n_s、n_b 为安全因数。安全因数的确定需要考虑很多因素,如材料的均匀性、构件的工作条件及重要性等。如果安全因数取得过小,许用应力就会偏高,设计出的构件截面尺寸将会

偏小，虽能节省材料，但其安全可靠性会降低；如果安全因数取得过大，许用应力就会偏小，设计出的构件截面尺寸将会偏大，虽构件偏于安全，但需多用材料，造成浪费。因此，安全因数的选取是否得当，关系到构件的安全性和经济性。工程中一般在静载作用下，塑性材料的安全因数取 $n_s=1.2\sim2.5$，脆性材料的安全因数取 $n_b=2.0\sim3.5$。工程中各类构件的安全因数，可查阅有关设计手册。

第三节 轴向拉压杆的应力与强度计算

一、横截面上的应力

计算轴向拉压杆横截面上的应力，首先知道应力在横截面上的分布规律。下面从观察受力杆件变形入手，进行分析。

在一等直杆（见图7-12(a)）表面上，画出两条横截面位置的横向线 ab、cd 及平行于杆轴线的纵向线 ef、gh。杆受轴向力 F 后，发生伸长变形（见图7-12(b)），横向线 ab、cd 分别平移到 $a'b'$、$c'd'$ 位置，并仍与杆轴线垂直。纵向线伸长到了 $e'f'$，$g'h'$，且仍与杆轴线平行。

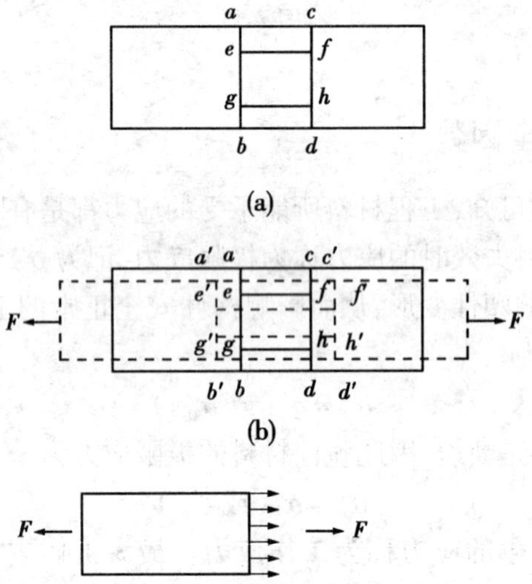

图7-12

根据这些变形特点，可得出以下两点结论：

(1)假设原为平面的横截面，在杆变形后仍为平面，且垂直于杆轴线，这就是平面假设。

(2)杆件可看做是由许多纵向纤维组成的，在受拉后，所有的纵向纤维有相同的伸长量。

有上述结论可知，轴向拉压杆横截面上只有垂直于横截面方向的正应力，且该正应力在横截面上均匀分布（见图7-12(c)）。轴向拉压杆横截面上的正应力计算公式为

$$\sigma=\frac{F_N}{A} \tag{7-6}$$

式中　F_N——杆横截面上的轴力；

A——所求应力点处的横截面面积。

正应力的单位和正负号规定已在本章第一节给出。式(7-6)只适用于轴向拉压杆。

【例7-1】 一正方形截面砖柱分上下两段，上段柱横截面的边长为24 cm，下段柱横截面的边长为37 cm，如图7-13所示。已知 $F=40$ kN，试求各段柱的应力。

解 首先画出柱的轴力图（见图7-13），由于砖柱为变截面杆，故须分段利用式（7-6）求解。

Ⅰ段柱横截上的正应力为

$$\sigma_{\mathrm{I}}=\frac{F_{N\mathrm{I}}}{A_{\mathrm{I}}}=\frac{-40\times10^3}{24\times24\times10^{-4}}=-6.9\times10^5(\mathrm{Pa})=-0.69\ \mathrm{MPa}$$

Ⅱ段柱横截上的正应力为

$$\sigma_{\mathrm{II}}=\frac{F_{N\mathrm{II}}}{A_{\mathrm{II}}}=\frac{-120\times10^3}{37\times37\times10^{-4}}=-8.8\times10^5(\mathrm{Pa})=-0.88\ \mathrm{MPa}$$

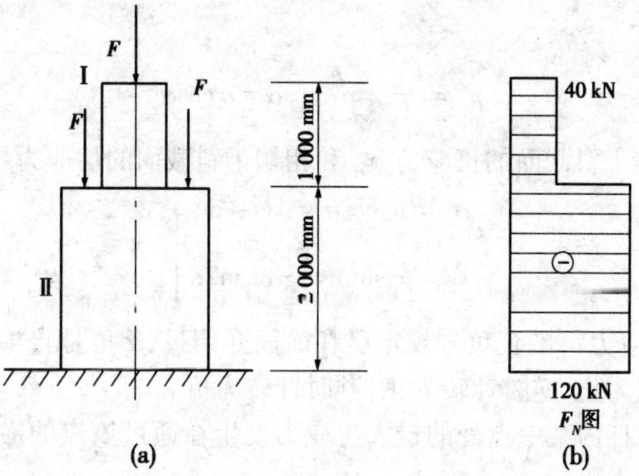

图7-13

二、斜截面上的应力

图7-14所示等截面直杆，两端受轴向拉力 F 作用，用与横截面 $m—n$ 成 α 角的假想斜截面 $m—m$ 将杆分成Ⅰ和Ⅱ两部分，取Ⅰ为隔离体（见图7-14）研究。

若杆件横截面面积为 A，$m—m$ 斜截面面积为 A_α，斜截面上的内力为 $F_{N\alpha}$，应力为 p_α，p_α 与杆轴力平行，且在斜截面上均匀分布。则由隔离体的静力平衡方程得

$$F_{N\alpha}=F \tag{a}$$

由于斜截面上的内力 $F_{N\alpha}$ 为应力 p_α 的合力，有

$$F_{N\alpha}=p_\alpha A_\alpha \tag{b}$$

而

$$A_\alpha=\frac{A}{\cos\alpha} \tag{c}$$

将式(a)、式(c)代入式(b)得

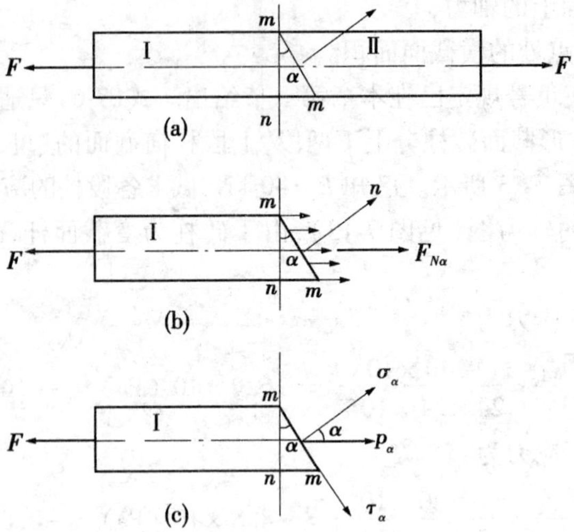

图7-14

$$p_\alpha = \frac{F_{N\alpha}}{A_\alpha} = \frac{F}{A}\cos\alpha = \sigma\cos\alpha \tag{7-7}$$

将 p_α 分解为垂直于斜截面的正应力 σ_α 和相切于斜截面的切应力 τ_α。有

$$\left.\begin{aligned}\sigma_\alpha &= p_\alpha\cos\alpha = \sigma\cos^2\alpha \\ \tau_\alpha &= p_\alpha\sin\alpha = \frac{1}{2}\sigma\sin2\alpha\end{aligned}\right\} \tag{7-8}$$

正应力 σ_α 和切应力 τ_α 的正负号规定已在前面介绍过，α 角是自横截面的外法线量起，到所求斜截面外法线为止，逆时针转为正，顺时针转为负。

由式(7-8)可知，杆内某一点处的最大正应力发生在通过该点的横截面上($\sigma_{max} = \sigma$)最大切应力发生在与横截面成45°的斜截面上($\tau_{max} = \frac{\sigma}{2}$)。

三、强度计算

为了保障构件安全工作，构件内最大工作应力必须小于许用应力，表示为

$$\sigma_{max} \leqslant [\sigma] \tag{7-9}$$

式(7-9)称为**拉压杆的强度条件**。对于等截面拉压杆，表示为

$$\sigma_{max} = \frac{F_{N\max}}{A} \leqslant [\sigma] \tag{7-10}$$

利用强度条件，可以解决以下三类强度问题。

(一)强度校核

在已知拉压杆的形状、尺寸和许用应力及受力情况的条件下，检验构件能否满足上述强度条件，以判别构件能否安全工作。

(二)设计截面

已知拉压杆所受的荷载及所用材料的许用应力，根据强度条件设计截面的形状和尺寸，表达式为

$$A \geqslant \frac{F_{N\max}}{\sigma} \tag{7-11}$$

(三)计算许用荷载

已知拉压杆的截面尺寸及所用材料的许用应力,计算杆件所能承受的许可轴力,再根据此计算结构的最大许用荷载。公式表达为

$$F_{N\max} = [\sigma]A \tag{7-12}$$

【例7-2】 图7-15所示结构,在刚性杆 AC 上作用有集中荷载 $F=95$ kN,钢拉杆 AB 由∟45×45的等边角钢制成,其许用应力$[\sigma]=160$ MPa。试校核拉杆 AB 的强度。

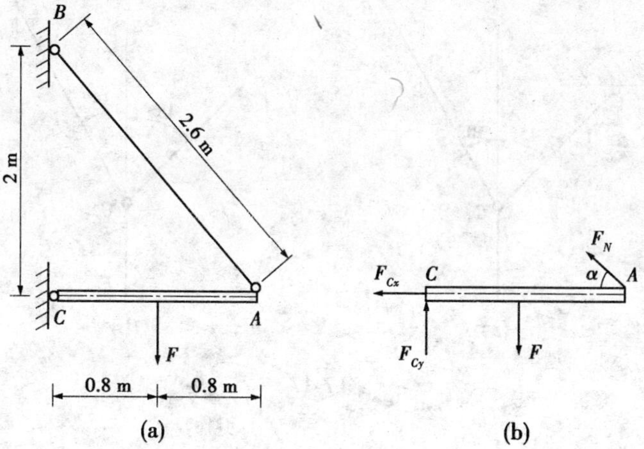

图7-15

解 (1)计算拉杆 AB 的轴力 F_N。

取 AC 杆为分离体(见图7-15(b)),对 C 点取矩,建立静力平衡方程

$$\sum M_C = 0 \quad F_N \sin\alpha \times 1.6 - F \times 0.8 = 0$$

故

$$F_N = \frac{95 \times 0.8 \times 2.6}{1.6 \times 2} = 61.75(\text{kN})$$

(2)强度校核。

由型钢表查得拉杆 AB 的横截面面积 $A=4.292\ \text{cm}^2$,则杆 AB 横截面上的应力为

$$\sigma = \frac{F_N}{A} = \frac{61.75 \times 10^3}{4.292 \times 10^{-4}} = 14.4 \times 10^7(\text{Pa}) = 144\ \text{MPa} < [\sigma] = 160\ \text{MPa}$$

故拉杆 AB 满足强度要求。

【例7-3】 某屋架下弦用两根等肢角钢制成(见图7-16)。已知该下弦承受的轴力为 $F_N=80$ kN,许用应力$[\sigma]=140$ MPa,试选择角钢的型号。

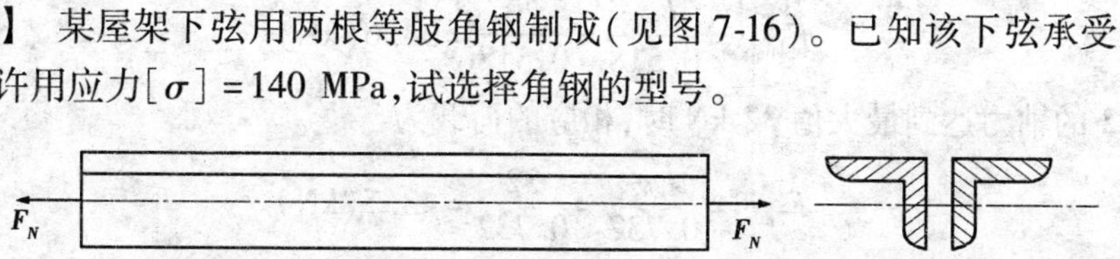

图7-16

解 根据强度条件确定所需角钢截面积

$$A \geqslant \frac{F_N}{[\sigma]} = \frac{80\ 000}{140} = 571.4(\text{mm}^2)$$

查型钢表,选 2 ∟ 40×40×4。实际面积为

$$A = 2 \times 3.086 \approx 6.17(\text{cm}^2) = 617\ \text{mm}^2$$

【例 7-4】 如图 7-17(a)所示支架,杆 1 的许用应力$[\sigma]_1 = 100$ MPa,杆 2 的许用应力$[\sigma]_2 = 160$ MPa,两杆的面积均为 $A = 200\ \text{mm}^2$,求结构的许可荷载。

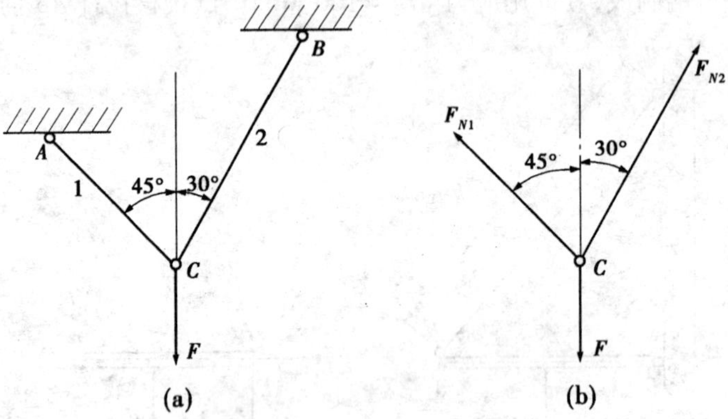

图 7-17

解 (1)计算 AC 杆和 BC 杆的轴力。

取 C 铰为研究对象,受力图如图 7-17(b)所示,列平衡方程

$$\sum F_x = 0 \quad F_{N2}\sin30° - F_{N1}\sin45° = 0$$

$$\sum F_y = 0 \quad F_{N2}\cos30° + F_{N1}\cos45° - F = 0$$

解得 $F_{N1} = 0.518F \quad F_{N2} = 0.732F$

(2)计算许可轴力。

为保证结构安全工作,杆 1、杆 2 均应满足强度条件

$$\sigma = \frac{F_N}{A} \leqslant [\sigma]$$

故 $F_{N1} \leqslant [\sigma]_1 A = 100 \times 10^6 \times 200 \times 10^{-6} = 20 \times 10^3(\text{N}) = 20\ \text{kN}$

$F_{N2} \leqslant [\sigma]_2 A = 160 \times 10^6 \times 200 \times 10^{-6} = 32 \times 10^3(\text{N}) = 32\ \text{kN}$

(3)确定许可载荷。

当杆 1 的轴力达到最大值 20 kN 时,相应的荷载为

$$F_{1\max} = \frac{F_{N1}}{0.518} = \frac{20}{0.518} = 38.6(\text{kN})$$

当杆 2 的轴力达到最大值 32 kN 时,相应的荷载为

$$F_{2\max} = \frac{F_{N2}}{0.732} = \frac{32}{0.732} = 43.7(\text{kN})$$

为保证杆 1、杆 2 均能满足强度条件,取其中较小值。故结构的许可载荷为$[F] = 38.6$ kN。

第四节　连接件的强度计算

一、剪切的概念

在日常生活中，用剪刀剪断物体就是剪切破坏的典型实例。工程中遇到的剪切变形常常发生在一些连接零件中，例如，铆钉、螺栓、销钉等。

图7-18(a)是一个铆钉连接的简图。钢板在拉力 F 的作用下使铆钉的左上侧和右下侧受力（见图 7-18（b））。这时，铆钉的上下两部分将发生水平方向的互相错动（见图7-18(c)）。当拉力很大时，铆钉将沿水平截面截断。这种破坏形式叫做剪切破坏。由此可见，剪切变形的受力特点是：作用在构件上的横向外力的合力大小相等、方向相反、作用线平行且距离很近。剪切变形的特征是：介于两横向力之间的各截面沿外力作用方向发生相互错动（见图7-19）。两横向力之间的截面叫做剪切面，破坏常在剪切面上。

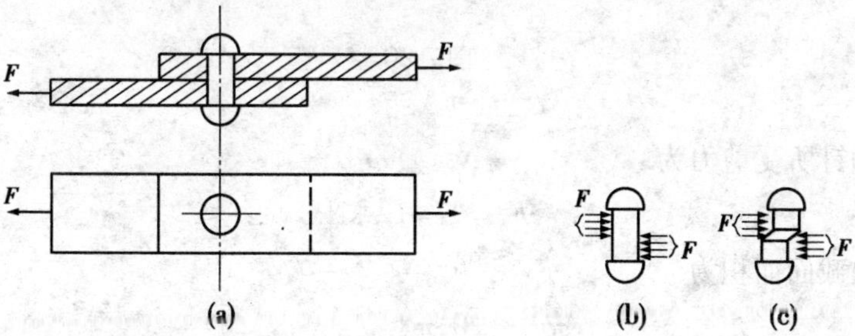

图 7-18

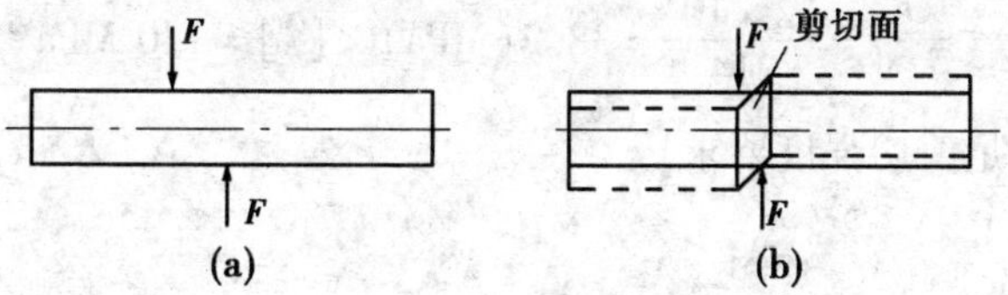

图 7-19

二、剪切的实用计算

剪切面上的内力可用截面法求得。将铆钉假想地沿剪切面截开，取下部（或上部）为研究对象，由平衡条件可知，剪切面上存在着与外力 F 大小相等、方向相反的内力 F_S，叫做剪力（见图7-20）。剪力的方向与剪切面平行。

剪力在剪切面上的分布集度叫做剪应力，用 τ 表示（见图 7-20（c））。剪应力 τ 在剪切面上的分布十分复杂，工程中通常采用试验及经验为基础的实用计算。实用计算法假定剪应力在剪切面上均匀分布，所以

$$\tau = \frac{F_S}{A} \tag{7-13}$$

式中　A——剪切面面积；

F_S——剪切面上的剪力。

剪应力τ的单位常用 MPa。

为保证构件的连接部分不发生剪切破坏，连接件的工作剪力不超过材料的许用应力，即

$$\tau = \frac{F_S}{A} \leqslant [\tau] \tag{7-14}$$

式(7-14)是剪切强度的条件。许用应力可从有关手册中查得。

【例 7-5】　在图 7-20 所示的铆钉连接中，已知 $F = 12$ kN，铆钉直径 $d = 20$ mm，许用应力$[\tau] = 140$ MPa。试校核此连接强度。

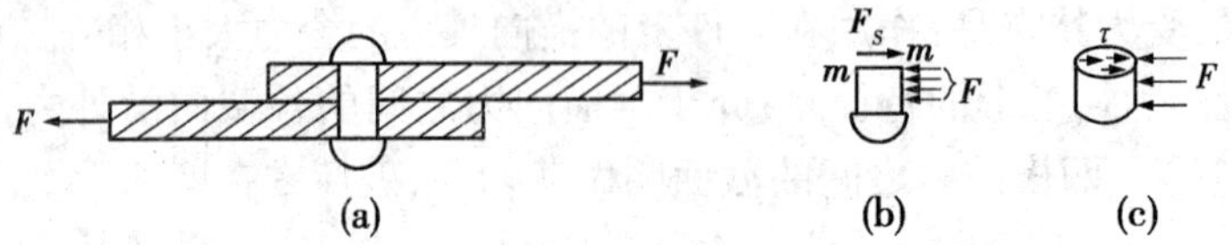

图 7-20

解　(1)铆钉所受剪力为

$$F_S = F = 12 \text{ kN}$$

(2)铆钉的截面面积为

$$A = \frac{\pi d^2}{4} = \frac{20^2 \pi}{4} = 314(\text{mm}^2)$$

(3)校核强度

$$\tau = \frac{F_S}{A} = \frac{12 \times 10^3}{314} = 38.2(\text{MPa}) < [\tau] = 140 \text{ MPa}$$

经校核此连接满足剪切强度要求。

三、挤压的概念

在图 7-21 的铆钉连接中，作用在钢板上的拉力通过钢板与铆钉的接触面传递给铆钉，钢板与铆钉的接触面积很小，却传递很大的压力。这种在接触面上传递压力而产生局部变形的现象叫做**挤压变形**，连接件与被连接件之间相互接触面上的压力叫做**挤压力**，用 F_{bs} 表示；承受挤压力的面叫做挤压面，用 A_{bs} 表示。当钢板与铆钉间的挤压力过大时，接触面将发生显著的塑性变形，使钢板的圆孔变成椭圆形或使铆钉杆挤压扁(见图 7-21(b))，这些变形都会使连接部位松动，这就是挤压破坏。因此，连接件除应作剪切强度计算外，还应作挤压强度计算。

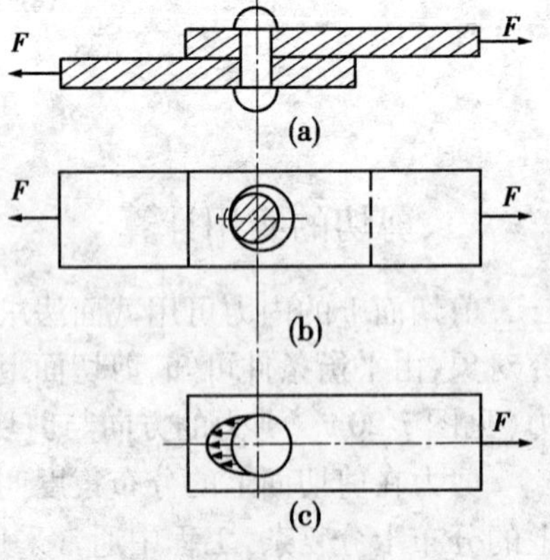

图 7-21

四、挤压的实用计算

连接部位的挤压力可用截面法求得。如在图 7-21 的连接中,铆钉承受的挤压力 $F_{bs}=F$。

挤压力在挤压面上的分布集度叫做挤压应力,用 σ_{bs}表示。挤压应力在挤压面上的分布很复杂,在实用计算中,可认为挤压应力在挤压面上均匀分布,即

$$\sigma_{bs}=\frac{F_{bs}}{A_{bs}} \tag{7-15}$$

式中 F_{bs}——挤压力;

A_{bs}——挤压面积。

当接触面为平面时,计算挤压面积就是接触面的面积;当接触面为半圆柱面时,计算挤压面积应取圆柱体的直径平面。

为保证构件不发生连接部位挤压破坏,连接件的工作挤压力不得超过材料的许用挤压应力。所以,挤压强度的条件是

$$\sigma_{bs}=\frac{F_{bs}}{A_{bs}}\leqslant[\sigma_{bs}] \tag{7-16}$$

许用挤压应力$[\sigma_{bs}]$可从有关手册中查得。

【例 7-6】 试校核图 7-22 中铆钉连接的强度。图中的钢板和铆钉的材料相同,已知许用应力$[\sigma]=160$ MPa,$[\tau_{bs}]=140$ MPa,$[\sigma_{bs}]=320$ MPa,铆钉直径 $d=16$ mm,$F=52$ kN。

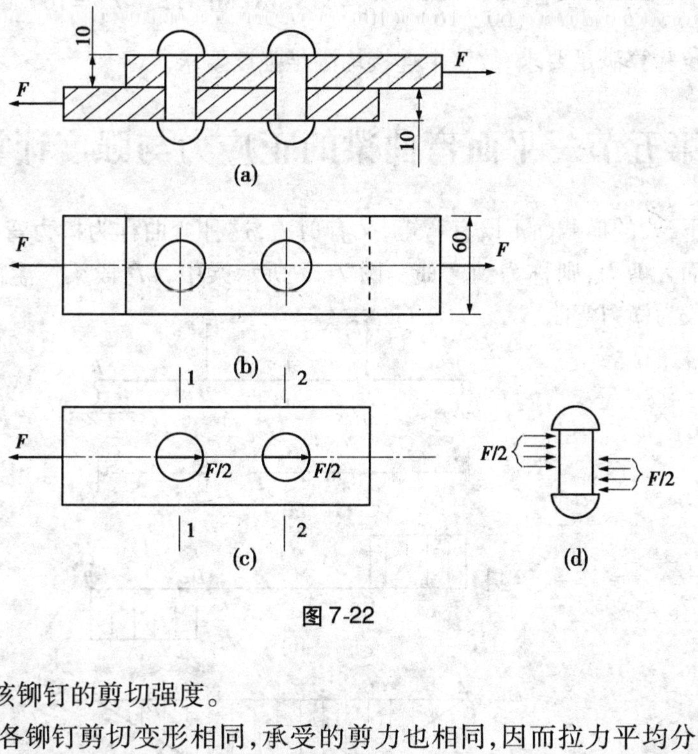

图 7-22

解 (1)校核铆钉的剪切强度。

连接部位的各铆钉剪切变形相同,承受的剪力也相同,因而拉力平均分配在各铆钉上(见图 7-22(c)),每个铆钉受的作用力为$\frac{F}{2}$。则

$$\tau = \frac{F_S}{A} = \frac{\frac{F}{2}}{\frac{\pi d^2}{4}} = \frac{26 \times 10^3}{\frac{\pi \times 16^2}{4}} = 129.38(\text{MPa}) \leqslant [\tau_{bs}] = 140\ \text{MPa}$$

此铆钉连接满足剪切强度要求。

(2)校核挤压强度。

每个铆钉受到的挤压力为

$$F_{bs} = \frac{F}{2} = 26\ \text{kN}$$

计算挤压面积为

$$A_{bs} = dt = 16 \times 10 = 160(\text{mm}^2)$$

$$\sigma_{bs} = \frac{F_{bs}}{A_{bs}} = \frac{26 \times 10^3}{160} = 162.5(\text{MPa}) \leqslant [\sigma_{bs}] = 320\ \text{MPa}$$

此铆钉连接满足挤压强度要求。

(3)校核钢板的抗拉强度。

钢板上有铆钉孔,因而削弱了钢板的截面,所以需要作抗拉强度验算。钢板截面 1—1 的轴力 $F_{N1} = F$,截面 2—2 的轴力为 $F_{N2} = \frac{F}{2}$,以上两个截面的面积相等,可见截面 1—1 是危险截面,需作抗拉强度验算

$$\sigma_1 = \frac{F_{N1}}{(b-d)t} = \frac{52 \times 10^3}{(60-16) \times 10} = 118.18(\text{MPa}) \leqslant [\sigma] = 160\ \text{MPa}$$

钢板的抗拉验算满足要求,故整个连接均满足强度要求。

第五节　平面弯曲梁的正应力与强度计算

一般情况下,梁的横截面上既有弯矩,又有剪力,这种弯曲称为**横力弯曲**。若梁的横截面上只有弯矩而无剪力,则称为**纯弯曲**。图 7-23 所示梁中,CD 段梁产生的弯曲即为纯弯曲,而 AC、DB 段为横力弯曲。

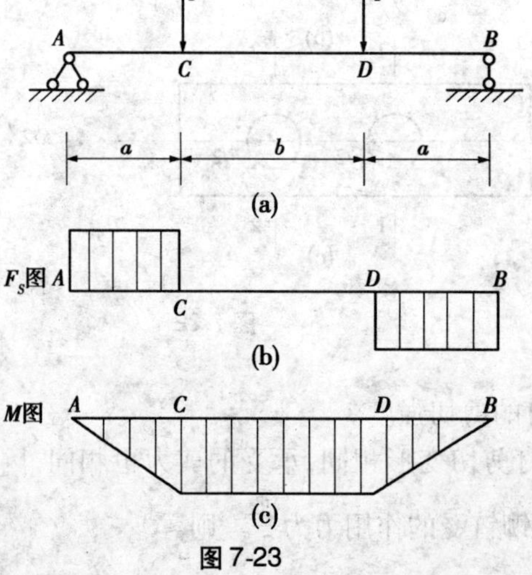

图 7-23

一、纯弯曲时梁横截面上的正应力

纯弯曲时梁的横截面上仅有正应力。为研究梁横截面上的正应力分布规律，需从几何、物理、静力平衡三方面考虑。

（一）变形几何关系

取具有纵向对称面的等直梁（如矩形截面梁），在其表面上画上纵线 aa 和 bb 及横线 mm 和 nn（见图 7-24（a）），在梁两端纵向对称面内，施加一对大小相等、方向相反的力偶，对梁做纯弯曲变形试验（见图 7-24（b））。观察梁的变形，可以看到：

（1）横向线在梁变形后仍为直线，且仍垂直于变形后的纵向线，只是横向线间做相对转动；

（2）纵向线变为曲线，靠近梁底面的纵向线伸长，靠近梁顶面的纵向线缩短；

（3）在纵向线伸长区，梁的宽度减小，而在纵向线缩短区域，梁的宽度增加，情况与轴向拉、压时变形相似。

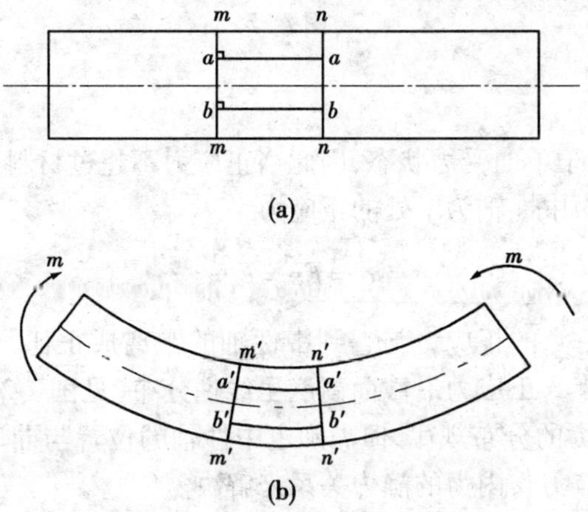

图 7-24

根据上述试验，对梁内变形和受力作如下假设：

（1）弯曲变形的平面假设。原为平面的横截面变形后仍为平面，且仍垂直于变形后梁的轴线，只是绕横截面内某一轴旋转一角度。

（2）单向受力假设。设想梁由无数纵向纤维组成。梁内各纵向纤维仅受到轴向拉伸或压缩，相互之间无挤压。

根据平面假设，横截面上各点处均无切应变，因此纯弯曲梁横截面上不存在切应力。

根据平面假设，梁弯曲变形后，靠近顶面的纵向纤维缩短，靠近底面的纵向纤维伸长。由变形的连续性可知，其间必有一层既不伸长也不缩短的纤维，这一长度不变的纵向纤维层称为**中性层**。中性层与横截面的交线称为**中性轴**。变形时横截面绕中性轴转动。平面弯曲时，梁的变形对称于纵向对称面，因此中性轴不垂直于截面的纵向对称轴。

综上所述，纯弯曲时，梁的所有横截面保持为平面，仍与变形后的梁轴线垂直，并绕中性轴相对转动，而所有的纵向纤维均处于单向受力状态。

用横截面 mm 和 nn 从梁中截取长为 $\mathrm{d}x$ 的微段梁(见图 7-25(a)),设截面 mm 和 nn 之间的相对转角为 $\mathrm{d}\theta$,中性层 $o'o'$ 的曲率半径为 ρ。沿截面的纵向对称轴与中性轴分别建立 y 轴与 z 轴,距中性轴为 y 的纵向线 bb 原长为 $\mathrm{d}x$,$\mathrm{d}x$ 等于 $\rho\mathrm{d}\theta$,变形后弧线 $b'b'$ 的长度为 $(\rho+y)\mathrm{d}\theta$。所以,纵向线 bb 的正应变为

$$\varepsilon=\frac{b'b'-\mathrm{d}x}{\mathrm{d}x}=\frac{(\rho+y)\mathrm{d}\theta-\rho\mathrm{d}\theta}{\rho\mathrm{d}\theta}=\frac{y}{\rho} \qquad (1)$$

对于确定的截面 ρ 是常量,所以各纵向线的正应变与其到中性轴的距离 y 成正比。

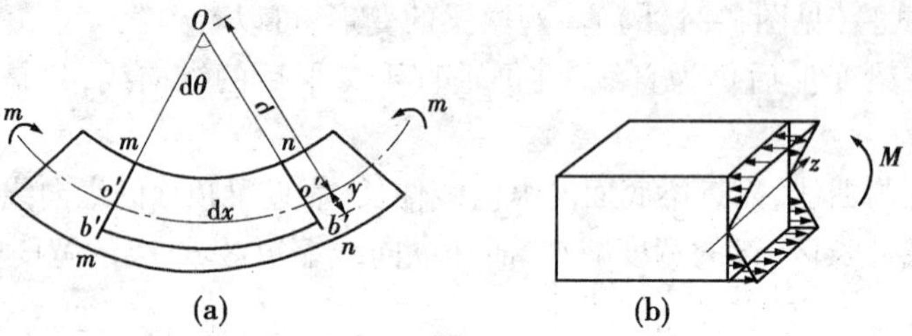

图 7-25

(二)物理关系

由于各纵向纤维处于单向受力状态,因此当正应力不超过材料的比例极限时,可应用胡克定律,得到横截面上距中性轴为 y 处的正应力

$$\sigma=E\varepsilon=E\frac{y}{\rho} \qquad (2)$$

可见,横截面上任一点的正应力与它到中性轴的距离成正比,y 值相同的点,正应力相等,中性轴上正应力为零。**正应力沿截面高度呈线性分布**(见图 7-25(b))。

式(2)给出了正应力的分布规律,但需确定中性轴的位置与曲率半径 ρ 的大小,才能计算正应力,这需要通过应力与内力的静力关系来解决。

(三)静力平衡关系

如图 7-25(b)所示,横截面上各点处的微内力 $\sigma\mathrm{d}A$ 组成一空间平行力系,而且横截面上无轴力,只有 xOy 平面内的弯矩,因此

$$F_N=\int_A\sigma\mathrm{d}A=0 \qquad (3)$$

$$M=\int_A\sigma y\mathrm{d}A \qquad (4)$$

将式(2)代入式(3),得

$$\int_A E\frac{y}{\rho}\mathrm{d}A=\frac{E}{\rho}\int_A y\mathrm{d}A=\frac{E}{\rho}S_z=0 \qquad (5)$$

式中 S_z——截面对中性轴的一次矩,$S_z=\int_A y\mathrm{d}A$。

由于 $\frac{E}{\rho}$ 为常数且不等于零,故必有 $S_z=0$。由此可见,中性轴必通过横截面的形心。

将式(2)代入式(4),得

$$\int_A E\frac{y^2}{\rho}\mathrm{d}A=\frac{E}{\rho}\int_A y^2\mathrm{d}A=\frac{E}{\rho}I_z=M \qquad (6)$$

式中　I_z——截面对中性轴 z 的二次矩，$I_z = \int_A y^2 \mathrm{d}A$。

于是式(6)可以写成

$$\frac{1}{\rho} = \frac{M}{EI_z} \tag{7-17}$$

式(7-17)是计算弯曲变形的基本公式，可确定中性轴的曲率。式中 EI_z 称为梁的弯曲刚度，EI_z 值越大，梁的弯曲变形越小。

将式(7-17)代入式(2)得

$$\sigma = \frac{My}{I_z} \tag{7-18}$$

式(7-18)即弯曲正应力的计算公式。应用式(7-18)时，M 与 y 均代入绝对值，而正应力的正负号可由梁的变形情况直观确定。上述计算公式是由纯弯曲梁推导得到的，但理论与试验证明，对于横力弯曲的细长梁(截面高度 h 和梁跨度 l 之比 $\frac{h}{l} \leqslant 0.2$ 的梁)，只要材料在弹性范围内，上述结论和公式仍然适用。

二、横截面上的最大弯曲正应力

由式(7-18)可知，梁的最大弯曲正应力发生在截面的上、下边缘处，因此

$$\sigma_{\max} = \frac{My_{\max}}{I_z} \tag{7-19}$$

令

$$W_z = \frac{I_z}{y_{\max}} \tag{7-20}$$

则式(7-19)可写成

$$\sigma_{\max} = \frac{M}{W_z} \tag{7-21}$$

式中，W_z 与二次矩 I_z 一样，是一个与截面形状和尺寸有关的几何量，称为截面对中性轴 z 的弯曲截面系数，常用单位为 m^3 或 mm^3。

对于矩形截面有

$$W_z = \frac{\frac{bh^3}{12}}{\frac{h}{2}} = \frac{bh^2}{6}$$

对于圆形截面有

$$W_z = \frac{\frac{\pi d^4}{64}}{\frac{d}{2}} = \frac{\pi d^3}{32}$$

对于圆环截面有

$$W_z = \frac{\frac{\pi D^4}{64}(1 - \alpha^4)}{\frac{D}{2}} = \frac{\pi D^3}{32}(1 - \alpha^4)$$

【例 7-7】 图 7-26 所示简支梁受均布荷载作用，$q=3.5\ \text{kN/m}$，梁的截面为矩形，$b=120\ \text{mm}$，$h=180\ \text{mm}$，跨度 $l=3\ \text{m}$。试计算跨中截面上 a、b、c 三点上的应力（见图 7-26(b)）。

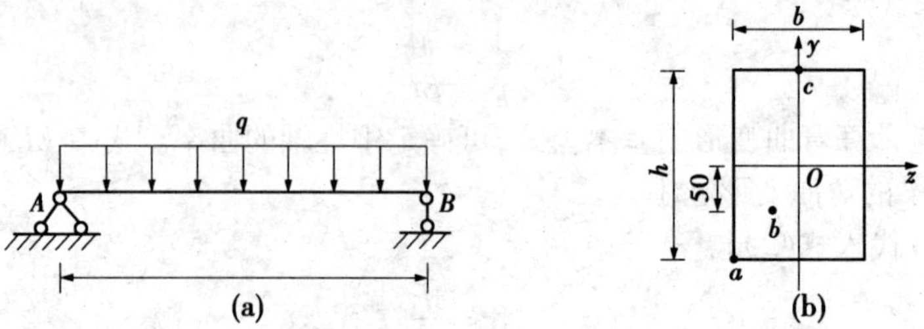

图 7-26

解 (1)跨中弯矩为

$$M=\frac{1}{8}ql^2=\frac{1}{8}\times 3.5\times 3^2=3.94(\text{kN}\cdot\text{m})$$

(2)计算正应力。用 $\sigma=\dfrac{My}{I_z}$ 计算各点的正应力。

$$I_z=\frac{bh^3}{12}=\frac{0.12\times 0.18^3}{12}=58.32\times 10^{-6}(\text{m}^4)$$

各点至中性轴的距离分别为

$$y_a=\frac{h}{2}=90\ \text{mm}\quad y_b=50\ \text{mm}\quad y_c=90\ \text{mm}$$

$$\sigma_a=\frac{My_a}{I_z}=\frac{3.94\times 10^3\times 0.09}{58.32\times 10^{-6}}=6.08\times 10^6(\text{N/m}^2)=6.08\ \text{MPa}(\text{拉应力})$$

$$\sigma_b=\frac{My_b}{I_z}=\frac{3.94\times 10^3\times 0.05}{58.32\times 10^{-6}}=3.38\times 10^6(\text{N/m}^2)=3.38\ \text{MPa}(\text{拉应力})$$

$$\sigma_c=\frac{My_c}{I_z}=\frac{3.94\times 10^3\times 0.09}{58.32\times 10^{-6}}=6.08\times 10^6(\text{N/m}^2)=6.08\ \text{MPa}(\text{压应力})$$

【例 7-8】 如图 7-27 所示悬臂梁，横截面为矩形，梁自由端 B 受集中荷载 $F=3.5\ \text{kN}$ 作用，试计算梁的最大弯曲正应力。

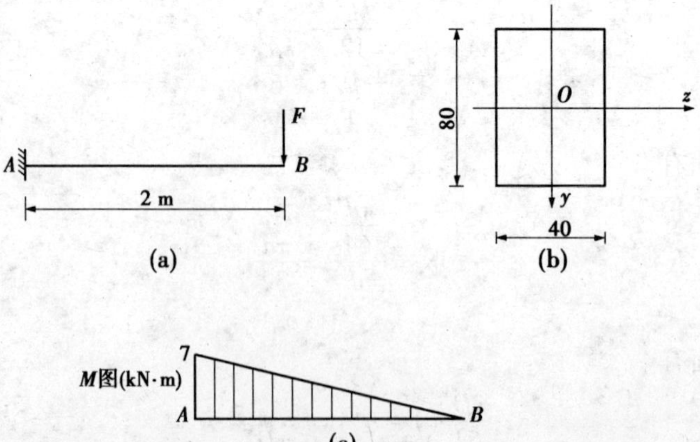

图 7-27

解 作梁的弯矩图。由悬臂梁的弯矩图(见图7-27)可知,固定端A处的弯矩最大,最大弯矩为

$$M_{max}=7\ kN\cdot m$$

计算梁固定端截面上的最大弯曲正应力。

梁的弯曲截面系数为

$$W_z=\frac{bh^2}{6}=\frac{40\times 80^2}{6}=426.7\times 10^2(mm^3)$$

由公式(7-21)得

$$\sigma_{max}=\frac{M_{max}}{W_z}=\frac{7\times 10^3}{426.7\times 10^2\times 10^{-9}}=164\times 10^6(Pa)=164\ MPa$$

三、梁的正应力强度条件

梁的正应力强度条件是

$$\sigma_{max}\leqslant[\sigma] \tag{7-22}$$

最大正应力所在截面称为危险截面,最大正应力所在的点称为危险点。

对于塑性材料,由于其抗拉和抗压强度相等,即$[\sigma_t]=[\sigma_c]=[\sigma]$,其强度条件为

$$\sigma_{max}=\frac{M_{max}}{W_z}\leqslant[\sigma] \tag{7-23}$$

对于脆性材料,抗拉强度和抗压强度不相等,即$[\sigma_t]\neq[\sigma_c]$,其强度条件为

$$\sigma_{tmax}=\frac{My_{max}}{I_z}\leqslant[\sigma_t] \tag{7-24a}$$

$$\sigma_{cmax}=\frac{My_{max}}{I_z}\leqslant[\sigma_c] \tag{7-24b}$$

根据上述强度条件,可以解决梁的强度校核、截面设计和确定许可荷载三类问题。

(一)校核强度

在已知梁的截面尺寸、材料及所受荷载情况下,对梁作正应力强度校核

$$\sigma_{max}=\frac{M_{max}}{W_z}\leqslant[\sigma]$$

(二)截面设计

在已知梁的材料及荷载时,可根据强度条件确定抗弯截面系数

$$W_z=\frac{M_{max}}{[\sigma]}$$

(三)确定许可荷载

在已知梁的材料及截面尺寸时,可根据强度条件计算此梁能承受的最大弯矩

$$M_{max}\leqslant W_z[\sigma]$$

再由M_{max}与荷载的关系计算出许可荷载值。

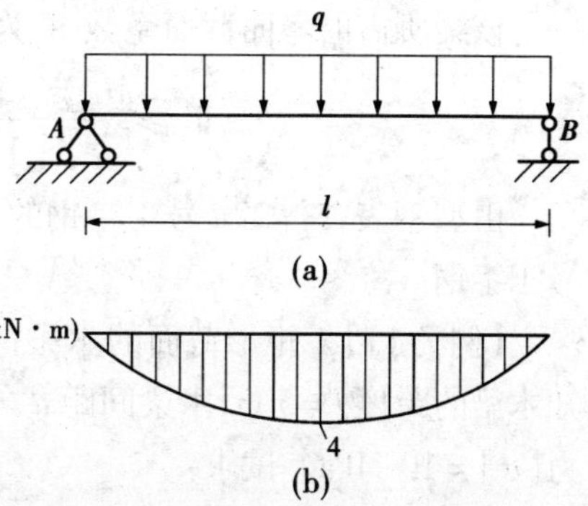

图7-28

【例7-9】 一矩形截面的简支木梁,梁上作用有均布荷载(见图7-28),已知$l=4$ m,$b=140$ mm,$h=210$ mm,$q=2$ kN/m,弯曲时木材的许用

应力$[\sigma]=10$ MPa，试校核该梁的强度。

解 梁的弯矩图如图 7-28(b)所示，梁中的最大正应力发生在跨中弯矩最大的截面上，最大弯矩为

$$M_{\max}=\frac{1}{8}ql^2=\frac{1}{8}\times 2\times 4^2=4(\text{kN}\cdot\text{m})$$

抗弯截面模量为

$$W_z=\frac{bh^2}{6}=\frac{1}{6}\times 140\times 210^2=1.03\times 10^6(\text{mm}^3)$$

则最大正应力为

$$\sigma_{\max}=\frac{M_{\max}}{W_z}=\frac{4\times 10^6}{1.03\times 10^6}=3.88(\text{MPa})<[\sigma]=10\ \text{MPa}$$

所以，梁满足强度要求。

【例 7-10】 如图 7-29 所示外伸梁，由普通热轧工字钢制成，钢材的许用应力$[\sigma]=150$ MPa，试选择工字钢型号。

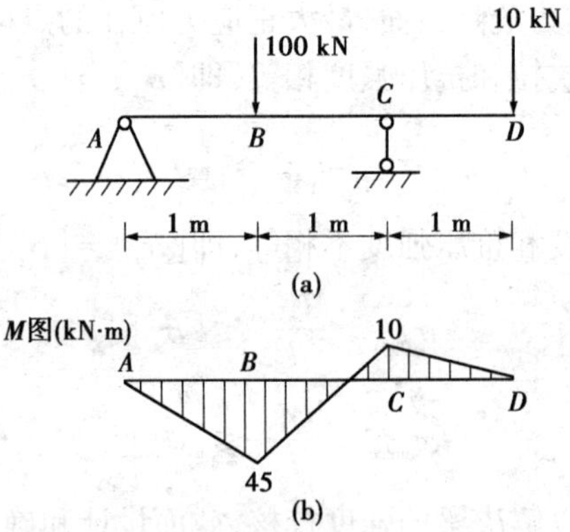

图 7-29

解 (1)作梁的弯矩图。

作梁 AD 的弯矩图，如图 7-29 所示。由弯矩图可知跨中 B 点处弯矩最大。

$$M_{\max}=45\ \text{kN}\cdot\text{m}$$

(2)选择工字钢型号。

该梁所需的弯曲截面系数 W_z 为

$$W_z\geqslant\frac{M_{\max}}{[\sigma]}=\frac{45\times 10^3}{150\times 10^6}=3\times 10^{-4}(\text{m}^3)=300\ \text{cm}^3$$

由型钢表查得 22a 号工字钢的 $W_z=309\ \text{cm}^3$，较所需的 $W_z=300\ \text{cm}^3$ 略大，故可选用 22a 号工字钢。

【例 7-11】 矩形截面的木梁两端搁在墙上，承受由楼板传来的荷载(见图 7-30)。已知木梁的跨度 $l=5$ m，木梁间距 $a=1.2$ m，楼板的均布面荷载 $p=3\ \text{kN/m}^2$，梁材料的许用应力$[\sigma]=10$ MPa。试求：

(1)设截面的高宽比为 $h/b=2$，试设计木梁的截面尺寸 b、h；

(2)若木梁采用 $b=140$ mm, $h=210$ mm 的矩形截面,计算楼板的许可面荷载[p]。

解 (1)设计木梁的截面尺寸。

木梁支承于墙上,可按简支梁计算。每根木梁的受荷宽度 $a=1.2$ m,所以每根木梁承受的均布线荷载的集度为

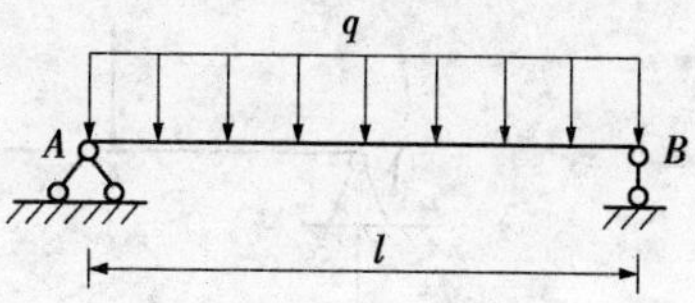

图 7-30

$$q=pa=3\times1.2=3.6(\text{kN/m})$$

最大弯矩发生在跨中截面,其值为

$$M_{\max}=\frac{1}{8}ql^2=\frac{1}{8}\times3.6\times5^2=11.25(\text{kN}\cdot\text{m})$$

根据强度条件式(7-23)可得所需的弯曲截面系数为

$$W_z\geqslant\frac{M_{\max}}{[\sigma]}=\frac{11.25\times10^6}{10}=1.125\times10^6(\text{mm}^3)$$

由于 $h/b=2$,则

$$W_z=\frac{bh^2}{6}=\frac{b(2b)^2}{6}=\frac{2}{3}b^3$$

所以
$$\frac{2}{3}b^3\geqslant1.125\times10^6$$

得

$$b\geqslant\sqrt[3]{1.125\times10^6\times\frac{3}{2}}=119(\text{mm})$$

故采用 $b=120$ mm, $h=240$ mm。

(2)求楼板的许可面荷载[p]。

当木梁的截面尺寸为 $b=140$ mm, $h=210$ mm 时,抗弯截面系数为

$$W_z=\frac{bh^2}{6}=\frac{140\times210^2}{6}=1.029\times10^6(\text{mm}^3)$$

木梁能承受的最大弯矩为

$$M_{\max}\leqslant W_z[\sigma]=1.029\times10^6\times10=10.29\times10^6(\text{N}\cdot\text{mm})=10.29\ \text{kN}\cdot\text{m}$$

而
$$M_{\max}=\frac{1}{8}ql^2=\frac{pal^2}{8}$$

即
$$\frac{pal^2}{8}\leqslant10.29$$

得
$$p\leqslant\frac{10.29\times8}{1.2\times5^2}=2.74(\text{kN/m}^2)$$

故
$$[p]=2.74\ \text{kN/m}^2$$

【例 7-12】 某倒 T 形截面的外伸梁,其受荷载情况如图 7-31 所示。已知 $F_1=44$ kN, $F_2=20$ kN,材料的许用弯曲应力分别为$[\sigma]_{拉}=45$ MPa、$[\sigma]_{压}=175$ MPa,截面各部分尺寸为 $a=40$ mm, $b=30$ mm, $c=80$ mm,形心至上、下边的距离分别为 $y_1=72$mm, $y_2=38$ mm,试校核此梁的强度。

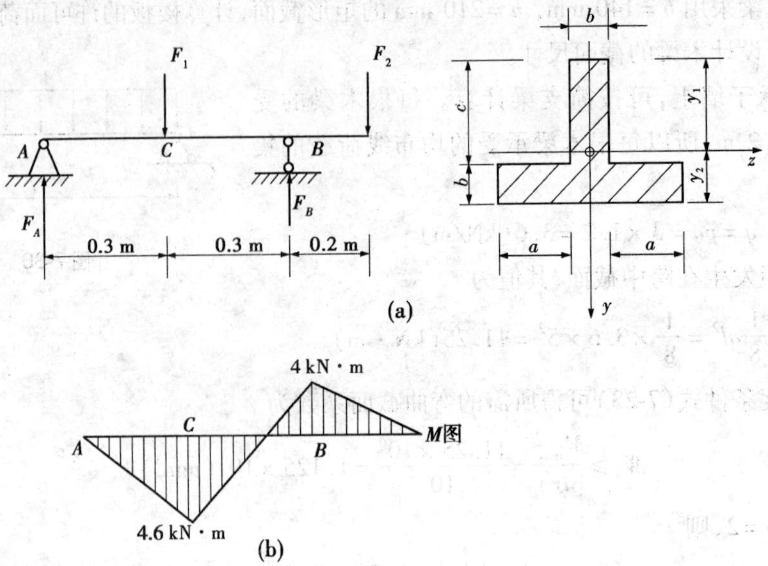

图 7-31

解 (1)画弯矩图如图 7-31(b)所示。C 截面有最大正弯矩,B 截面有最大负弯矩。

(2)计算截面对中性轴 z 的惯性矩及抗弯截面系数

$$I_z = \sum (I_C + a^2 A)$$

$$= \frac{30 \times 80^3}{12} + 32^2 \times 30 \times 80 + \frac{110 \times 30^3}{12} + 23^2 \times 30 \times 110$$

$$= 128 \times 10^4 + 245.8 \times 10^4 + 24.8 \times 10^4 + 174.6 \times 10^4 = 573.2 \times 10^4 (\text{mm}^4)$$

$$W_1 = \frac{I_z}{y_1} = \frac{573.2 \times 10^4}{72} = 79.6 \times 10^3 (\text{mm}^3)$$

$$W_2 = \frac{I_z}{y_2} = \frac{573.2 \times 10^4}{38} = 150.8 \times 10^3 (\text{mm}^3)$$

(3)校核强度。

由于材料的抗拉和抗压的许用应力值不同,且截面不对称于中性轴,所以对梁的最大正弯矩和最大负弯矩截面都要进行强度校核。

校核 C 截面强度:C 截面是正弯矩,最大拉应力发生在截面的下边缘;最大压应力发生在截面的上边缘。

$$\sigma_{\max}(\text{拉}) = \frac{M_C}{W_2} = \frac{4.6 \times 10^6}{150.8 \times 10^3} = 30.5(\text{N/mm}^2) = 30.5\ \text{MPa} < [\sigma]_{\text{拉}} = 45\ \text{MPa}$$

$$\sigma_{\max}(\text{压}) = \frac{M_C}{W_1} = \frac{4.6 \times 10^6}{79.6 \times 10^3} = 57.8(\text{N/mm}^2) = 57.8\ \text{MPa} < [\sigma]_{\text{压}} = 175\ \text{MPa}$$

校核 B 截面强度:B 截面是负弯矩,最大拉应力发生在截面的上边缘;最大压应力发生在截面的下边缘。

$$\sigma_{\max}(\text{拉}) = \frac{M_B}{W_1} = \frac{4.0 \times 10^6}{79.6 \times 10^3} = 50.3(\text{N/mm}^2) = 50.3\ \text{MPa} > [\sigma]_{\text{拉}} = 45\ \text{MPa}$$

$$\sigma_{max}(\text{压}) = \frac{M_B}{W_2} = \frac{4.0 \times 10^6}{150.8 \times 10^3} = 26.5(\text{N/mm}^2) = 26.5\ \text{MPa} < [\sigma]_{\text{压}} = 175\ \text{MPa}$$

经校核梁的强度不足。

B 截面弯矩的绝对值并非最大，但是因为截面受拉区距中性轴较远，导致最大拉应力超过了许用拉应力值。所以，当截面不对称于中性轴时，最大正弯矩和最大负弯矩截面都要进行强度校核。

四、关于梁的正应力的讨论

(1) 常见的矩形截面梁为什么截面的高度通常大于截面的宽度？

有一根矩形截面梁，其截面尺寸为 $2a \times a$，跨度为 l，承受均布荷载 q。现在比较将梁"立放"(见图 7-32(a))和"平放"(见图 7-32(b))时的正应力值。

梁"立放"时，截面宽度为 $b = a$，截面高度 $h = 2a$。"立放"时的抗弯截面系数为 W_1，最大正应力为 σ_{1max}。

$$W_1 = \frac{bh^2}{6} = \frac{a(2a)^2}{6} = \frac{2a^3}{3}$$

$$\sigma_{1max} = \frac{M_{max}}{\frac{2a^3}{3}}$$

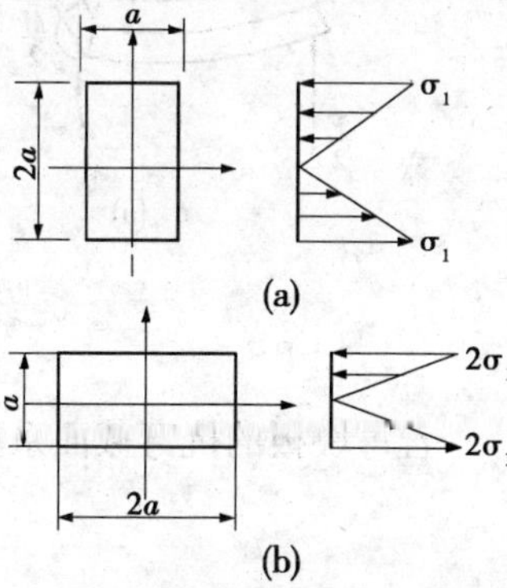

图 7-32

梁"平放"时，截面宽度为 $b = 2a$，截面高度 $h = a$。"平放"时的抗弯截面系数为 W_2，最大正应力为 σ_{2max}。

$$W_2 = \frac{bh^2}{6} = \frac{2a \times a^2}{6} = \frac{a^3}{3}$$

$$\sigma_{2max} = \frac{M_{max}}{\frac{a^3}{3}}$$

在以上两种情况下，梁的最大弯矩相等，所以最大正应力的比值是

$$\frac{\sigma_{2max}}{\sigma_{1max}} = \frac{\frac{2a^3}{3}}{\frac{a^3}{3}} = 2$$

计算结果表明：同一根梁的放置方式不同，最大正应力也不同。梁"立放"时的抗弯截面系数 W_1 是梁"平放"时的抗弯截面系数 W_2 的两倍，因而在弯矩相同时，梁"平放"时的最大正应力是"立放"时的两倍。"平放"的梁容易发生破坏，所以常见的矩形截面梁通常是截面高度大于截面宽度。

(2) 两块横截面尺寸均为 $2a \times a$ 的脚手板，怎样放置才更合理？

工地上有两块矩形截面的脚手板，截面尺寸均为 $2a \times a$，因使用一块时强度不足，要同时使用两块。图 7-33(a)表示将两块板叠放；图 7-33(b)表示将两块板侧立并排放置，哪一种放置方式更合理呢？

两块板叠放时(见图 7-33(a))，若忽略两块板之间的摩擦力，上、下两块板同时发生弯

曲变形,即两块板的上部都受压,下部都受拉,上、下板之间产生相对滑动。上块板的中性轴为 z_1;下块板的中性轴为 z_2。横截面上的弯矩由上、下板各承担一半。若最大正应力为 σ_1,则

$$\sigma_1 = \frac{\frac{M}{2}}{W_1}$$

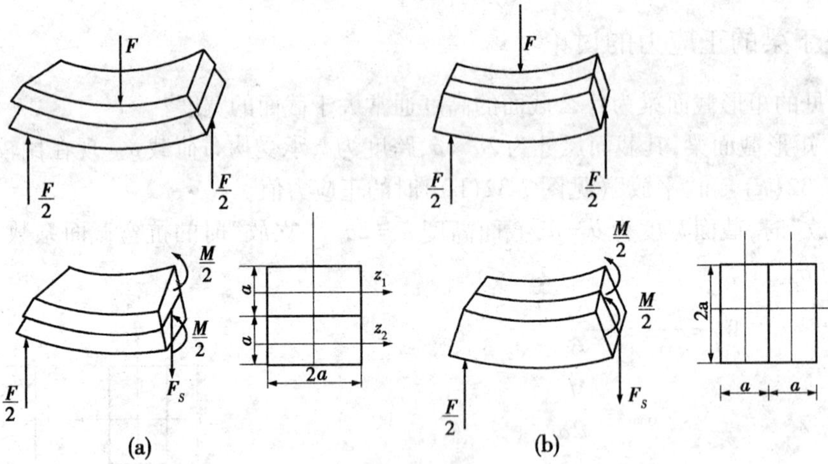

图 7-33

若每块板的抗弯截面系数为 W_1,则

$$W_1 = \frac{bh^2}{6} = \frac{2a \times a^2}{6} = \frac{a^3}{3}$$

于是得

$$\sigma_1 = \frac{\frac{M}{2}}{\frac{a^3}{3}} = \frac{3}{2} \cdot \frac{M}{a^3}$$

两块板侧立并排时(见图 7-33(b)),横截面上的弯矩由两块板各承担一半,两块板弯曲变形时有共同的中性轴 z。若最大正应力为 σ_2,则有

$$\sigma_2 = \frac{\frac{M}{2}}{W_2}$$

若每块板的抗弯截面系数为 W_2,则

$$W_2 = \frac{bh^2}{6} = \frac{a(2a)^2}{6} = \frac{2a^3}{3}$$

于是得

$$\sigma_2 = \frac{\frac{M}{2}}{\frac{2a^3}{3}} = \frac{3}{4} \cdot \frac{M}{a^3}$$

两块板叠放与侧立并排放置时正应力的比值是

$$\frac{\sigma_1}{\sigma_2}=2$$

可见,将两块脚手板侧立并排放置是合理的。

五、提高梁弯曲强度的措施

在一般情况下,弯曲强度是由正应力控制的,由等截面梁的正应力强度条件

$$\sigma_{\max}=\frac{M_{\max}}{W_z}\leqslant[\sigma]$$

可知,梁横截面上的最大正应力与最大弯矩成正比,与弯曲截面系数成反比。所以,提高梁的强度主要从提高 W_z 和降低 $M_{\max}$ 这两方面考虑。

(一)选择合理的截面形状

1. 根据弯曲截面系数与截面面积的比值 W_z/A 选择截面

从弯曲强度考虑,比较合理的截面形状是在截面面积 A 一定的前提下,使截面具有尽可能大的弯曲截面系数 W_z,截面的 W_z/A 的比值越大,截面越经济合理。

现在对同高度不同形状的截面的 W_z/A 作以比较:

直径为 h 的圆形截面

$$\frac{W_z}{A}=\frac{\pi h^3/32}{\pi h^2/4}=0.125h$$

高为 h 宽为 b 的矩形截面

$$\frac{W_z}{A}=\frac{bh^2/6}{bh}=0.167h$$

高为 h 的槽形与工字形截面

$$\frac{W_z}{A}=(0.27\sim0.31)h$$

可见,工字形、槽形截面比矩形截面合理,矩形截面比圆形截面合理。这一结论可以从正应力的分布规律来解释,弯曲正应力沿截面高度呈线性分布,当离中性轴最远各点处的正应力达到材料的许用应力时,中性轴附近各点处的正应力仍很小,该处材料的作用未充分发挥。因此,在离中性轴较远处,配置较多的材料,可提高材料的利用率。所以,在工程上常采用工字形、圆环形、箱形等截面形状。建筑中常用的空心板(见图 7-34)也是根据这一道理制成的。

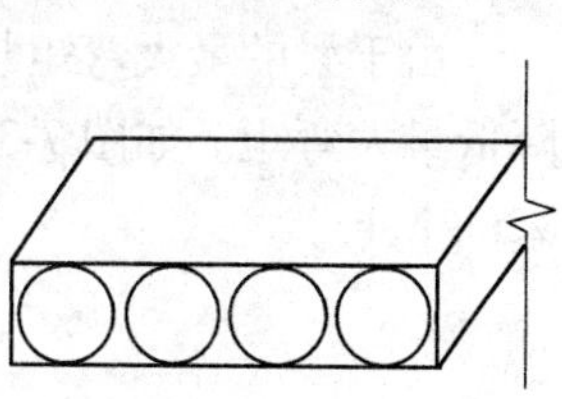

图 7-34

2. 根据材料特性选择截面

对于抗拉与抗压强度相同的塑性材料梁,宜采用对称于中性轴的各种截面,如矩形、工字形等截面。对于抗拉强度低于抗压强度的脆性材料梁,宜采用中性轴偏于受拉一侧的截面,如 T 形、Π形截面等(见图 7-35),最理想截面是

$$\frac{y_1}{y_2}=\frac{[\sigma_t]}{[\sigma_c]}$$

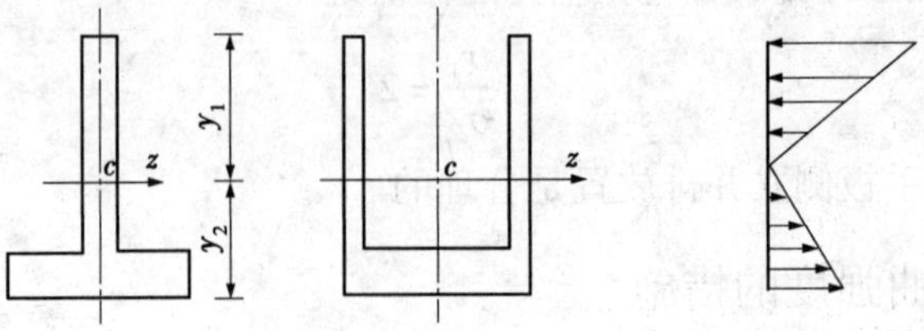

图 7-35

(二)合理布置荷载和支座,以降低最大弯矩

1. 合理布置梁的支座

合理地布置支座,可以降低梁上的最大弯矩,从而提高梁的强度。例如,如图 7-36(a)所示的受均布荷载的简支梁,若将两个支座向内侧适当移动,如移动 0. 2l(见图 7-36(b)),则其最大弯矩将从 0. 125ql^2 减小为 0. 025ql^2,仅为原来的 1/5。

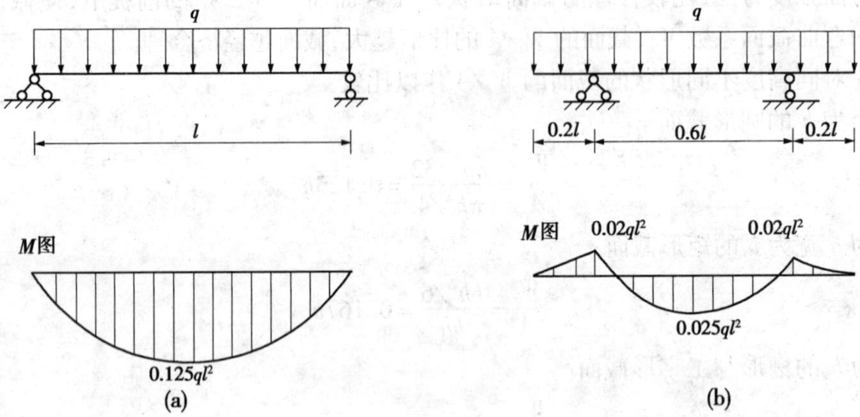

图 7-36

2. 适当增加梁的支座

由于梁的最大弯矩与梁的跨度有关,所以适当增加梁的支座,可以减小梁的跨度,从而降低最大弯矩。如图 7-37 所示在简支梁中间增加一个支座,则 $M_{\max} = 0.031\ 25ql^2$,只是原来的 1/4。

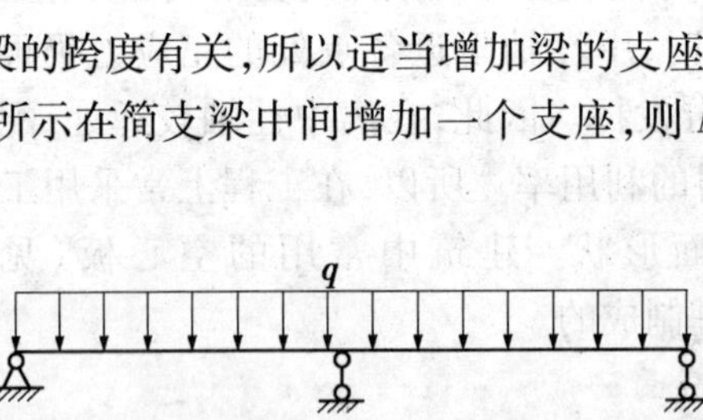

图 7-37

3. 改善荷载的布置情况

在可能的条件下，将梁上的集中荷载分散布置，可以降低最大弯矩。例如，将梁上的集中荷载分散为两处靠近支座的集中力，梁上的最大弯矩将减少一半（见图7-38）；又如将集中荷载 ql 分散为均布荷载 q（见图7-39），其最大弯矩由 $\frac{1}{4}ql^2$ 降为 $\frac{1}{8}ql^2$。

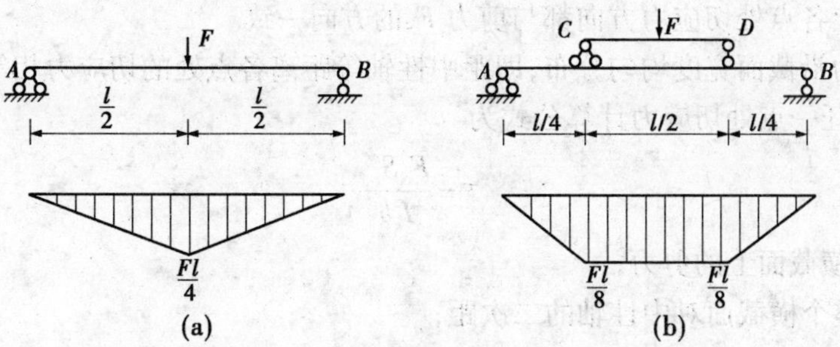

图7-38

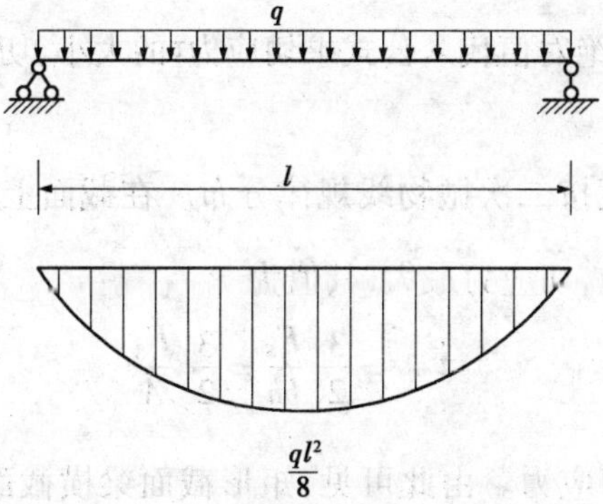

图7-39

（三）采用变截面梁

一般情况下，梁的不同截面，弯矩值不同。等截面梁的尺寸由最大弯矩确定，因此除危险截面的应力 σ_{max} 达到材料的许用应力 $[\sigma]$ 外，其他截面的正应力均小于许用应力，材料未充分利用。为了充分利用材料，应当在弯矩较大处采用较大的截面，在弯矩较小处采用较小的截面，使梁的各截面不相同。这种横截面沿轴线变化的梁称为**变截面梁**。如果每一横截面上的最大正应力都达到许用值 $\sigma=\frac{M(x)}{W(x)}=[\sigma]$，这样的梁称为**等强度梁**。

从强度考虑，等强度梁是合理的，但因截面变化，施工较困难。因此，工程上多采用形状较简单而接近等强度梁的变截面梁。例如，在房屋建筑中的阳台及雨篷挑梁就是变截面梁的典型实例。

第六节　梁的切应力及其强度条件

在横力弯曲情况下，梁横截面上同时存在弯矩和剪力。因此，在横截面上不仅有正应力

σ,还有切应力τ。但在一般情况下,切应力是影响梁强度的次要因素。

一、矩形截面梁的切应力

梁截面上的剪力 F_S由该截面上微剪力τ dA 所组成。对于高度 h 大于宽度 b 的矩形截面梁,经过理论分析,可得出横截面的切应力的结论如下:

(1)截面上各点处切应力方向都与剪力 F_S的方向一致。

(2)切应力沿截面宽度均匀分布,即距中性轴等距离各点处的切应力相等。

横截面上任一点处切应力计算公式为

$$\tau=\frac{F_S S_z^*}{I_z b} \tag{7-25}$$

式中 F_S——横截面上的剪力;

I_z——整个横截面对中性轴的二次距;

b——横截面的宽度;

S_z^*——横截面上需求切应力处的水平线以下(或以上)部分的面积 A^* 对中性轴的一次矩。

计算时,F_S与 S_z^* 均用绝对值代入公式求切应力τ的大小,切应力τ方向与剪力 F_S的方向相同。

(3)切应力沿截面高度按二次抛物线规律分布。在截面上、下边缘处($y=\pm\frac{h}{2}$),切应力为零;在中性轴($y=0$)上,切应力最大,其值为

$$\tau_{\max}=\frac{3}{2}\frac{F_S}{bh}=\frac{3}{2}\frac{F_S}{A} \tag{7-26}$$

式中:$\frac{F_S}{A}$是截面上的平均切应力。由此可见,矩形截面梁横截面上的最大切应力为平均切应力的 1.5 倍,发生在中性轴上。

二、工字形截面梁的切应力

工字形截面梁由腹板和翼缘组成(见图 7-40)。腹板是一个狭长的矩形,所以它的切应力可按矩形截面的切应力公式计算,即

$$\tau=\frac{F_S S_z^*}{I_z d} \tag{7-27}$$

式中 d——腹板的宽度;

S_z^*——横截面上所求切应力处水平线以下(或以上)部分的面积 A^* 对中性轴的一次矩。

由式(7-27)可知切应力τ沿腹板按抛物线规律变化,如图 7-40 所示。最大切应力发生在中性轴上,其值为

$$\tau_{\max}=\frac{F_S S_{z\max}^*}{I_z d}=\frac{F_S}{I_z/S_{z\max}^* d} \tag{7-28}$$

式中:$S_{z\max}^*$为中性轴以下(或以上)的截面面积对中性轴的静距。对于工字钢,$I_z/S_{z\max}^*$可从型

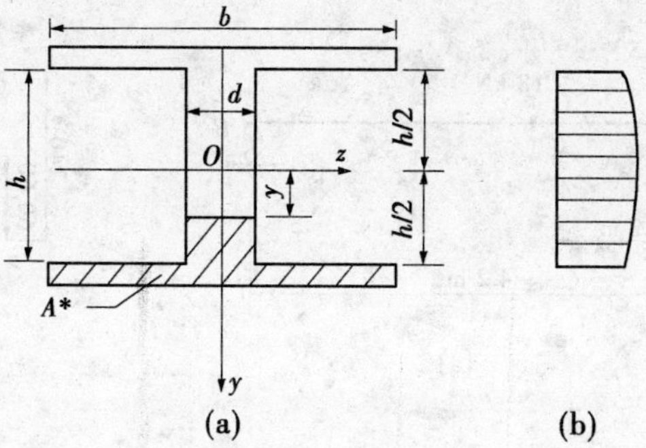

图 7-40

钢表中查得。

腹板上的最大切应力$\tau_{\max}$和最小切应力$\tau_{\min}$相差不多,近似于均匀分布;另外,由计算可知,腹板上切应力的合力可达到截面上剪力 F_S 的 95% 左右。所以,可将截面上的剪力 F_S 除以腹板面积,近似地得到工字形截面梁的最大切应力,即

$$\tau_{\max}=\frac{F_S}{hd}$$

翼缘上切应力的情况比较复杂,基本上是沿翼缘侧面的,其值较腹板中的切应力小的多,强度计算中一般不予考虑。

三、圆形截面梁的最大切应力

圆形截面梁横截面上的切应力情况比较复杂,但最大切应力仍发生在中性轴上,且其方向与该截面的剪力 F_S的方向相同,各点切应力的大小相等(见图 7-41),其值为

$$\tau_{\max}=\frac{4}{3}\frac{F_S}{A} \tag{7-29}$$

式中 A——圆形截面的面积;

F_S——横截面上的剪力。

由式(7-29)可见,圆形截面梁横截面上的最大切应力为平均切应力的$\frac{4}{3}$倍。

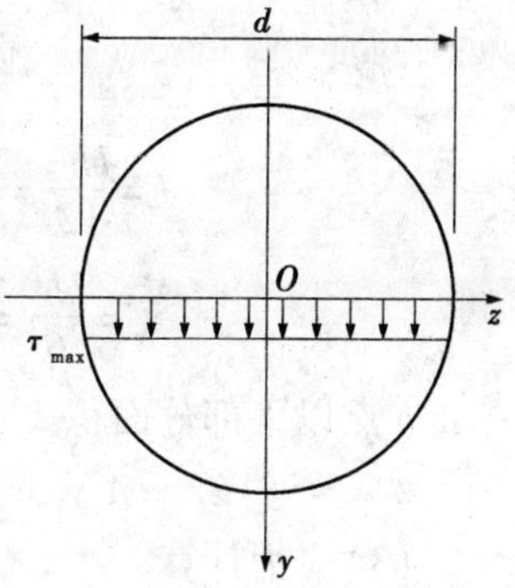

图 7-41

【例 7-13】 已知矩形截面简支梁如图 7-42(a)所示,$h=240$ mm,$y=60$ mm。求荷载作用在 C 左侧截面上 a、b、c 三点的正应力和切应力。

解 (1)内力计算。

作 M 图和 F_S图如图 7-42(b)、(c)所示。C 左侧截面上的弯矩和剪力分别为

$$M_C^L=15.429\ \text{kN}\cdot\text{m}$$

$$F_{SC}^L=12.857\ \text{kN}$$

(2)截面几何参数计算。

截面的面积对 z 轴的惯性矩和弯曲截面系数分别为

$$A=bh=120\times10^{-3}\times240\times10^{-3}=28\ 800\times10^{-6}(\text{m}^2)$$

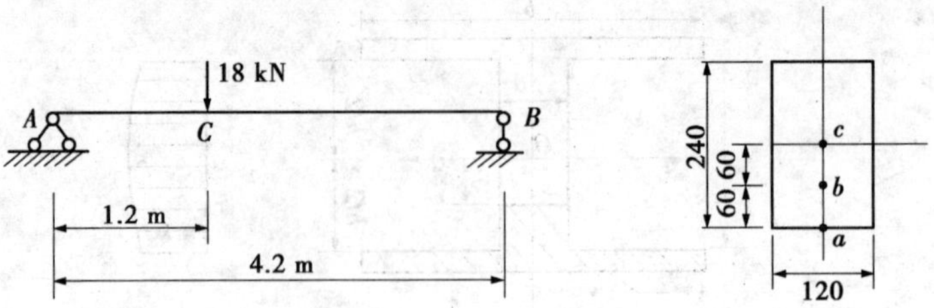

(a)

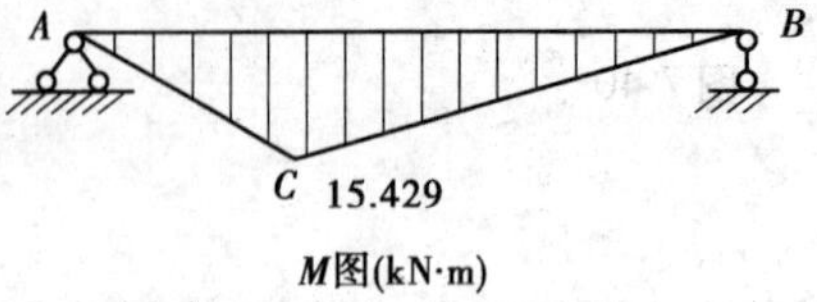

(b)

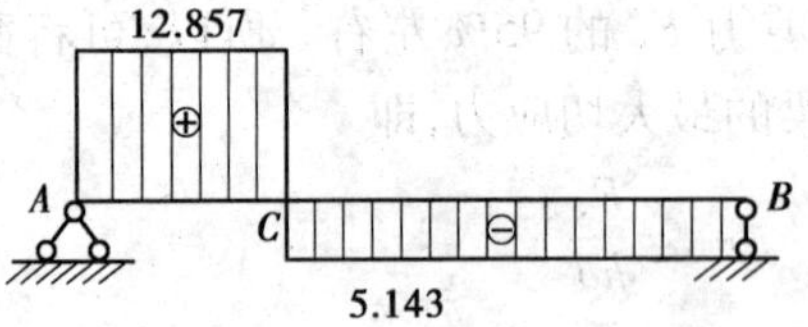

(c)

图 7-42

$$I=\frac{bh^3}{12}=\frac{120\times10^{-3}\times(240\times10^{-3})^3}{12}=138.24\times10^{-6}(\mathrm{m}^4)$$

$$W=\frac{bh^2}{6}=\frac{120\times10^{-3}\times(240\times10^{-3})^2}{6}=1\ 152\times10^{-6}(\mathrm{m}^3)$$

b 点以下部分面积 A_1 对 z 轴的静距为

$$S_b^*=A_1y_1=120\times10^{-3}\times60\times10^{-3}\times90\times10^{-3}=648\times10^{-6}(\mathrm{m}^3)$$

(3)应力计算。

a 点：a 点在截面的下边缘，正应力

$$\sigma_{xa}=\frac{M_C^L}{W}=\frac{15.429\times10^3}{1\ 152\times10^{-6}}=13.393\times10^6(\mathrm{N/m^2})=13.393\ \mathrm{MPa}$$

切应力为

$$\tau_a=0$$

b 点：b 点处的正应力为

$$\sigma_{xb}=\frac{M_C^L}{I}y=\frac{15.429\times10^3}{138.24\times10^{-6}}\times60\times10^{-3}=6.697\times10^6(\mathrm{N/m^2})=6.697\ \mathrm{MPa}$$

切应力为

$$\tau_{xyb}=\frac{F_{SC}^LS_b^*}{Ib}=\frac{12.857\times10^3\times648\times10^{-6}}{138.24\times10^{-6}\times120\times10^{-3}}$$

$$=0.502\times10^6(\mathrm{N/m^2})=0.502\ \mathrm{MPa}$$

c 点：c 点在中性轴上，正应力为

$$\sigma_{xc}=0$$

切应力为

$$\tau_{xyc}=1.5\frac{F_{SC}^{L}}{A}=1.5\times\frac{12.857\times10^{3}}{28\ 800\times10^{-6}}$$

$$=0.670\times10^{6}(\text{N/m}^{2})=0.670\ \text{MPa}$$

在本例中，C 左侧截面上的最大切应力与最大正应力之比为

$$\frac{\tau_{xyc}}{\sigma_{xa}}=\frac{0.670}{13.393}=5\%$$

对细长梁（$l\gg h$），当荷载的作用位置不是很靠近支座时，梁中弯曲切应力与正应力相比一般都很小。

四、梁的切应力强度条件

梁的最大切应力发生在剪力最大的横截面的中性轴上，所以梁的切应力强度条件为

$$\tau_{\max}=\frac{F_{S\max}S_{z\max}}{I_{z}b}\leqslant[\tau] \tag{7-30}$$

式中 $[\tau]$——材料的许用切应力。

在梁的强度计算中，必须同时满足正应力和切应力两个强度条件。通常先按正应力强度条件设计出截面尺寸，然后按切应力强度条件进行校核。对于按正应力强度条件设计的细长梁，一般都能满足切应力强度要求，就不必作切应力校核。但在以下几种情况下，需作切应力强度校核：

(1)梁的跨度较短，或在支座附近作用有较大的荷载时，梁内可能出现弯矩较小而剪力很大的情况。

(2)在使用组合截面钢梁时，横截面的腹板厚度与高度之比小于一般型钢截面的相应比值。

(3)木梁在横力弯曲时，横截面中性轴上切应力较大，根据切应力互等定律，梁在中性层上将产生大小相等的切应力。由于木梁在顺纹方向的抗剪能力较差，有可能使木梁沿中性层发生剪切破坏。所以，需对木梁进行顺纹方向的切应力强度校核。

【例 7-14】 简支梁受荷载作用如图 7-43(a)所示。已知 $l=2$ m，$a=0.2$ m，梁上荷载 $F=200$ kN，$q=10$ kN/m，材料的许用应力$[\sigma]=160$ MPa，$[\tau]=100$ MPa。试选择工字钢梁的型号。

解 (1)画出梁的 F_S、M 图（见图 7-43(b)、(c)）。

(2)由正应力强度条件选择工字钢型号。

由 M 图知，最大弯矩发生在梁的跨中截面，其值为

$$M_{\max}=45\ \text{kN}\cdot\text{m}$$

由正应力强度条件得

$$W_{z}\geqslant\frac{M_{\max}}{[\sigma]}=\frac{45\times10^{6}}{160}=281\times10^{3}(\text{mm}^{3})=281\ \text{cm}^{3}$$

查型钢表，选用 22a 号工字钢的有关数据为

$$\frac{I_z}{S_{zmax}}=18.9\ \text{cm}\quad d=0.75\ \text{cm}$$

由 F_S图可见，最大剪力发生在支座处的截面，其值为

$$F_{Smax}=210\ \text{kN}$$

根据切应力强度条件进行校核

$$\tau_{max}=\frac{F_{Smax}}{\frac{I_z}{S_{zmax}}\cdot d}=\frac{210\times10^3}{189\times7.5}=148(\text{MPa})>[\tau]$$

$=100$ MPa

因τ_{max}远大于$[\tau]$，故应重新选择截面。

(3)按切应力强度条件重选工字钢型号。选 25b 号工字钢试算。由型钢表查得

$$\frac{I_z}{S_{zmax}}=21.27\ \text{cm}\qquad d=1\ \text{cm}$$

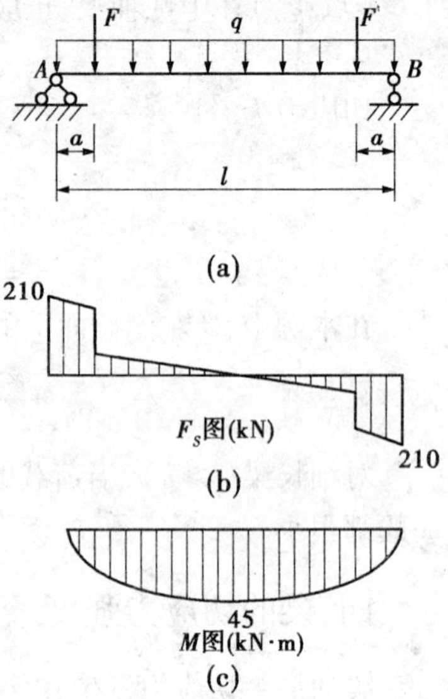

图 7-43

进行切应力强度校核：

$$\tau_{max}=\frac{F_{Smax}}{\frac{I_z}{S_{zmax}}\cdot d}=\frac{210\times10^3}{212.7\times10}=98.7(\text{N/mm}^2)=98.7\ \text{MPa}<[\tau]$$

最后确定用 25b 号工字钢。

第七节　梁的主应力及其强度计算

分析了梁横截面上的应力分布规律及其计算，并建立了横截面正应力和切应力的强度条件：

$$\sigma_{max}\leqslant[\sigma]\quad \tau_{max}\leqslant[\tau]$$

分析轴向拉压杆件时，应力是随着截面的方位改变而改变的。对杆件弯曲的研究表明，杆件内不同位置的点具有不同的应力。实际中梁还可能沿着斜截面发生破坏，如在钢筋混凝土梁中，荷载作用下，除在跨中发生竖向裂缝外，支座附近会发生斜向裂缝。可见，在梁的斜截面上存在会导致破坏的应力。因此，为了全面地保证梁的强度，必须研究梁内任意一点各斜截面上的应力，即一点的应力状态。

一、梁内任意一点斜截面上的应力

当研究梁内任意一点 A(见图 7-44(a))斜截面上的应力时，可围绕点 A 取出一个边长为 dx、dy 的无限小的单元体 $abcd$(见图 7-44(b))。由于单元体的边长是无限小的，可以认为各平面上的应力是均匀分布的，而且平行面(ab 面与 dc 面、ad 面与 bc 面)上的应力是相同的。单元体两横截面 ab、dc 上的应力 σ 和τ可由以下两式分别求得

$$\sigma=\frac{My}{I_z}\qquad \tau=\frac{F_SS_z}{I_zb}$$

单元体上、下面 ad、bc 上的应力可由切应力互等定律得到(见图 7-44(b))。为了求得 A 点任意斜截面上的正应力和切应力，用斜截面 ef 将单元体切开(见图 7-44(c))，ef 的外法线

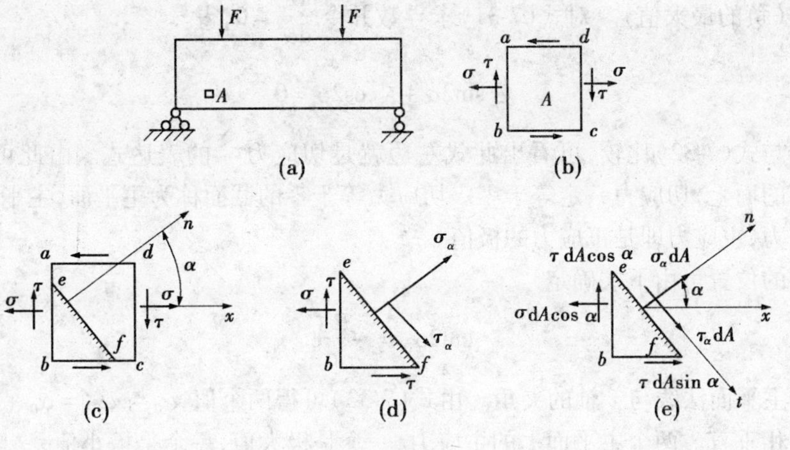

图 7-44

n 与 x 轴的夹角用 α 表示(以后就把 ef 截面称为 α 截面),在 α 截面上的应力用 σ_α 和τ_α 表示。规定:α 以逆时针转向为正;正应力 σ_α 以拉应力为正,压应力为负;切应力τ_α 以对单元体顺时针转向为正,反之为负。

取 ebf 为分离体(见图 7-44(d))。设斜截面 ef 的面积 $\mathrm{d}A$,则 eb 面和 bf 面的面积分别为 $\mathrm{d}A\cos\alpha$ 和 $\mathrm{d}A\sin\alpha$。建立 n 和 t 坐标轴如图 7-44(e)所示,列出平衡方程

由 $\sum F_n = 0$

则 $$\sigma_\alpha \mathrm{d}A + (\tau\,\mathrm{d}A\cos\alpha)\sin\alpha - (\sigma\mathrm{d}A\cos\alpha)\cos\alpha + (\tau\,\mathrm{d}A\sin\alpha)\cos\alpha = 0$$

即 $$\sigma_\alpha - \sigma\cos^2\alpha + 2\tau\sin\alpha\cos\alpha = 0 \qquad (1)$$

由 $\sum F_t = 0$

则 $$\tau_\alpha \mathrm{d}A - (\tau\,\mathrm{d}A\cos\alpha)\cos\alpha - (\sigma\mathrm{d}A\cos\alpha)\sin\alpha + (\tau\,\mathrm{d}A\sin\alpha)\sin\alpha = 0$$

即 $$\tau_\alpha - \sigma\cos\alpha\sin\alpha - \tau(\cos^2\alpha - \sin^2\alpha) = 0 \qquad (2)$$

利用三角公式

$$\cos^2\alpha = \frac{1+\cos2\alpha}{2}$$

$$2\sin\alpha\cos\alpha = \sin2\alpha$$

$$\cos^2\alpha - \sin^2\alpha = \cos2\alpha$$

则式(1)、式(2)可简化为

$$\sigma_\alpha = \frac{\sigma}{2} + \frac{\sigma}{2}\cos2\alpha - \tau\sin2\alpha \qquad (7\text{-}31)$$

$$\tau_\alpha = \frac{\sigma}{2}\sin2\alpha + \tau\cos2\alpha \qquad (7\text{-}32)$$

式(7-31)和式(7-32)是通过梁内一点的任意截面上的应力计算公式。从公式中可以看出,如已知横截面上的正应力 σ 和切应力τ即可求得任意斜截面上的应力 σ_α 和τ_α。

二、梁的主应力及最大剪应力

梁内一点斜截面上的应力是随 α 的变化而变化的,可以用求极值的方法求得它的最大

值与最小值(负的最大值)。对式(7-31)求导数并令$\frac{d\sigma_\alpha}{d\alpha}=0$,得

$$\frac{\sigma}{2}\sin2\alpha+\tau\cos2\alpha=0$$

将上式与式(7-32)比较,可看出此式左边就是切应力τ_α的表达式。由此可见,在正应力取得极值的面上,切应力一定等于零。切应力等于零的截面称为主平面,主平面上的正应力称为主应力,主应力即是正应力的极值。

主平面的位置可由下式确定

$$\tan2\alpha_0=-\frac{2\tau}{\sigma} \tag{7-33}$$

α_0代表主平面法线与x轴的夹角。由式(7-33)可得两个值,α_0与$\alpha_0'=\alpha_0+90°$,可见两个主平面互相垂直。两个主平面上的主应力,一个是极大值,一个是极小值,一般分别用σ_1和σ_3来表示。利用图7-45的关系,可算出

$$\sin2\alpha_0=-\frac{2\tau}{\sqrt{\sigma^2+4\tau^2}}\qquad\cos2\alpha_0=\frac{\sigma}{\sqrt{\sigma^2+4\tau^2}}$$

代入式(7-31),即可求得最大正应力σ_1与最小主应力σ_3

$$\left.\begin{matrix}\sigma_1\\ \sigma_3\end{matrix}\right\}=\frac{\sigma}{2}\pm\sqrt{\left(\frac{\sigma}{2}\right)^2+\tau^2} \tag{7-34}$$

由此可知,无论σ、τ是正值还是负值,梁内一点的最大主应力σ_1总是正值,而最小主应力σ_3总是负值,通常将σ_1称为主拉应力,将σ_3称为主压应力。σ_1和σ_3作用面之间的相互关系如图7-46所示。

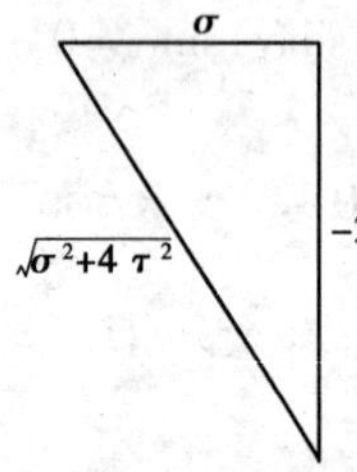

图7-45

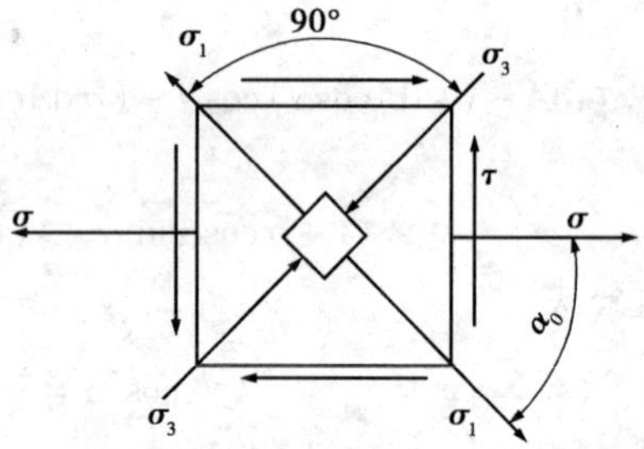

图7-46

对式(7-32)取导数,并令$\frac{d\tau_\alpha}{d\alpha}=0$,得

$$\sigma\cos2\alpha-2\tau\sin2\alpha=0$$

由此可求得最大切应力所在平面的方位角α_1

$$\tan2\alpha_1=\frac{\sigma}{2\tau} \tag{7-35}$$

比较式(7-33)和式(7-35),可知:

$$\tan2\alpha_1=-\cot2\alpha_0=\tan(2\alpha_0+90°)$$

可见切应力极值所在平面与主平面的夹角为45°。

再利用三角关系求得 $\sin 2\alpha_1$ 和 $\cos 2\alpha_1$ 后代入式(7-32),可得切应力的极值为

$$\tau_{max}=\sqrt{(\frac{\sigma}{2})^2+\tau^2} \tag{7-36}$$

比较式(7-34)和式(7-36),可得到

$$\tau_{max}=\frac{\sigma_1-\sigma_3}{2} \tag{7-37}$$

式(7-37)表明,最大切应力等于最大主应力和最小主应力差的一半。

三、主应力强度条件

综上所述,梁内任意一点(横截面上既有正应力又有切应力)在 α_0 斜截面上存在有主应力(σ_1 或 σ_3),在 α_1 斜截面上则存在有最大切应力 $\tau_{max}=\frac{1}{2}(\sigma_1-\sigma_3)$。当横截面上的主应力 σ 和切应力 τ 变化时,则 α_0 即 σ_1 斜面的位置也会变化。这时怎样建立任意点的强度条件呢?

人们在长期的生产实践中,综合材料破坏的各种现象和资料,经过判断和推理,对材料的破坏现象提出了一些假说。这些假说认为无论是简单的应力状态或是复杂的应力状态,它的破坏是由同一特定因素引起的。于是可以利用简单应力状态下试验的结果(抗压试验)来建立复杂应力状态下的强度条件。这些假说称为强度理论。

对于工程上广泛采用的塑性材料,“最大切应力强度理论”和“形状改变比能理论”得到比较广泛的应用。

(一)最大切应力强度理论(第三强度理论)

该理论认为,材料发生屈服是由最大切应力引起的,当复杂应力状态下的最大切应力达到同样材料轴向拉伸(简单应力状态)发生屈服时的最大切应力时,材料就发生屈服而破坏。

梁内任意点的最大切应力为

$$\tau_{max}=\sqrt{(\frac{\sigma}{2})^2+\tau^2}=\frac{1}{2}\sqrt{\sigma^2+4\tau^2}$$

轴向拉伸破坏时横截面上 $\sigma=[\sigma]$,$\tau=0$,则斜截面中的最大切应力为

$$[\tau]=\frac{1}{2}\sqrt{(\sigma)^2+0}=\frac{1}{2}[\sigma]$$

所以,最大切应力理论的强度条件为

$$\sqrt{\sigma^2+4\tau^2}\leqslant[\sigma] \tag{7-38}$$

式中 σ、τ 分别为同一危险截面上危险点的主应力和切应力,$[\sigma]$ 为材料轴向拉伸时的许用应力。应用式(7-38)可以对梁上任意一点斜截面作强度校核。这相当于是任意点横截面上的 σ、τ 组成了某斜面上的主应力所引起的破坏,所以这种应用强度理论对任意点的强度校核称为主应力校核。

(二)形状改变比能强度理论(第四强度理论)

该理论认为材料发生屈服是由形状改变比能引起的,其强度条件是

$$\sqrt{\sigma^2+3\tau^2}\leqslant[\sigma] \tag{7-39}$$

在一般情况下,梁的危险点是在 M 最大的横截面上、下边缘处的,这些点的主应力强度

条件对梁的强度起主导作用。必要时,对最大剪力所在截面的中性轴处作切应力强度校核。此外,某些梁在弯矩和剪力同时比较大的截面上,正应力 σ 和切应力 τ 又同时比较大的点处需要作主应力强度校核。例如,工字梁腹板和翼缘交界处。

【例 7-15】 图 7-47(a)所示工字钢截面伸臂梁,由 20a 号工字钢做成。试计算支座 B 右侧截面上 a、b、c 点处的主应力,并确定主平面的位置。

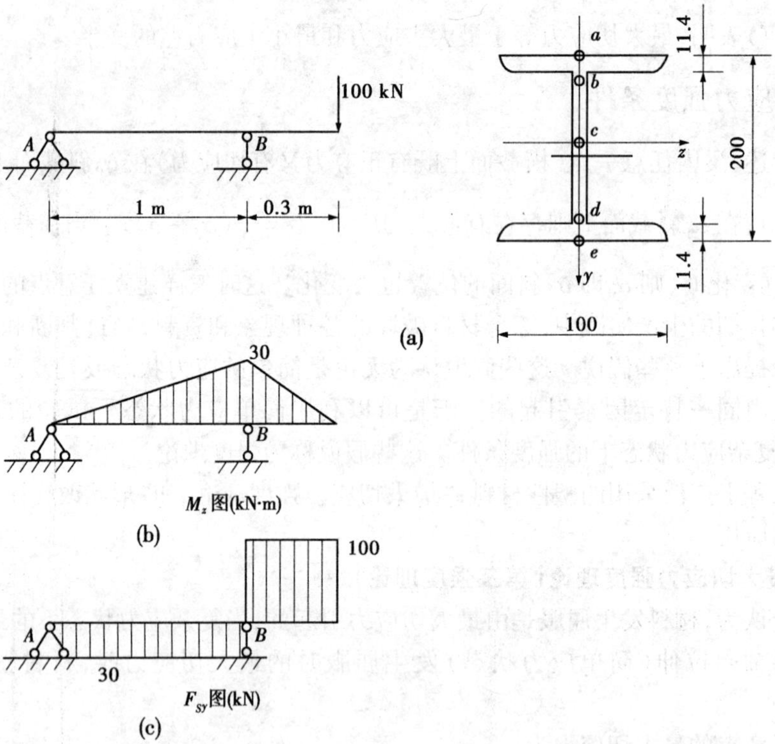

图 7-47

解 (1)作 M_z图和 F_{Sy}图,如图 7-47(b)、(c)所示,B 右截面上的弯矩和剪力分别为

$$M_{zB}^{R} = -30\ \text{kN} \cdot \text{m}$$

$$F_{SyB}^{R} = 100\ \text{kN}$$

查型钢表,20a 号工字钢的 $I_z = 2\,370\ \text{cm}^4$,$W_z = 237\ \text{cm}^3$,$I_z/S = 17.2\ \text{cm}$。

(2)求各点应力。

a 点:将 $y_a = -100 \times 10^{-3}$ m 及有关数值代入公式(7-18),得弯曲正应力

$$\sigma_{xa} = \frac{M_{zB}^{R}}{I_z} y_a = -\frac{30 \times 10^3}{2\,370 \times 10^{-8}} \times (-100 \times 10^{-3})$$

$$= 126.582 \times 10^6 (\text{N/m}^2) = 126.582\ \text{MPa}$$

a 点处的竖向切应力 τ_{xy} 等于零,水平切应力 τ_{xz} 很小,可不予考虑,故取

$$\sigma_{1a} = \sigma_{xa} = 126.582\ \text{MPa}$$

b 点:将 $y_b = -88.6 \times 10^{-3}$ m 及有关数值代入公式(7-18),得弯曲正应力

$$\sigma_{xb}=\frac{M_{zB}^{R}}{I_z}y_b=-\frac{30\times10^3}{2\ 370\times10^{-8}}\times(-88.6\times10^{-3})$$

$$=112.152\times10^6(\mathrm{N/m^2})=112.152\ \mathrm{MPa}$$

竖向切应力

$$\tau_{xyb}=\frac{F_{SyB}^{R}S_z^*}{I_z d}$$

$$=\frac{100\times10^3\times(100\times10^{-3}\times11.4\times10^{-3}\times94.3\times10^{-3})}{2\ 370\times10^{-8}\times7\times10^{-3}}$$

$$=64.799\times10^6(\mathrm{N/m^2})=64.799\ \mathrm{MPa}$$

水平切应力τ_{xz}很小,不予考虑。将上述数值代入公式(7-34)得

$$\left.\begin{matrix}\sigma_{1b}\\ \sigma_{3b}\end{matrix}\right\}=\frac{\sigma_{xb}}{2}\pm\sqrt{\left(\frac{\sigma_{xb}}{2}\right)^2+\tau_{xyb}^2}$$

$$=\frac{112.152}{2}\pm\sqrt{\left(\frac{112.152}{2}\right)^2+(64.799)^2}$$

$$=56.076\pm85.694$$

$$=\begin{cases}141.770\\ -29.618\end{cases}(\mathrm{MPa})$$

确定主应力方向

$$\tan2\alpha_0=\frac{2\tau_{xyb}}{\sigma_{xb}}=\frac{2\times64.799}{112.152}=1.156$$

查表得

$$\alpha_0=24.57°\text{或}-65.43°$$

由于$\sigma_{xb}>\sigma_{yb}=0$,最大主应力$\sigma_{1b}$偏向于$\sigma_{xb}$,即$\sigma_{1b}$与$\sigma_{xb}$的夹角小于45°,所以取$\sigma_{1b}$与$x$轴的夹角为24.57°,而主应力$\sigma_{3b}$与$x$轴的夹角为-65.43°。

c点:c点在中性轴上($y=0$),故

$$\sigma_{xc}=0$$

将$I_z/S=17.2$ cm及有关数值代入公式得

$$\tau_{xyc}=\frac{F_{SyB}^{R}S}{I_z d}=\frac{100\times10^3}{17.2\times10^{-2}\times7\times10^{-3}}$$

$$=83.056\times10^6(\mathrm{N/m^2})=83.056\ \mathrm{MPa}$$

该点处于纯剪切应力状态,最大、最小主应力分别为

$$\left.\begin{matrix}\sigma_{1c}\\ \sigma_{3c}\end{matrix}\right\}=\pm\tau_{xyc}=\pm83.056\ \mathrm{MPa}$$

主平面的方向与x轴成45°夹角。

四、梁的主应力迹线

在一般情况下,杆件各截面上的弯矩和剪力是各不相同的。所以,在杆的同一高度但不同截面上的各点,主应力的大小和方向也各不相同。杆内各点的主应力将随其所在截面的位置(x坐标)及截面上的位置(y坐标)而变化,为了表示杆内各点主应力方向的变化,我们

将引入主应力迹线的概念。

对图 7-48(a)所示矩形截面简支梁,取等距离的截面Ⅰ、Ⅱ、Ⅲ…。在Ⅰ截面的任意点 a 处绘出该点的主应力 σ_1 的方向,并延长交于Ⅱ截面的 b 点(见图 7-48(b))。然后再在 b 点绘出它的主拉应力 σ_1 的方向,并延长到Ⅲ截面交于 c 点,依次继续下去,就得到一条连接各点主拉应力 σ_1 方向的折线。各截面的间距越小,此折线越接近于曲线。当截面取得无穷多时,就得到一条连续变化的光滑曲线,曲线上各点的切线方向即代表该点主拉应力 σ_1 的方向。此曲线称为主拉应力迹线。如果在Ⅰ截面上另取一点 a' 开始,又得到另一条主拉应力迹线。梁截面上的点可取很多个,对一根梁可作出一组主拉应力迹线。

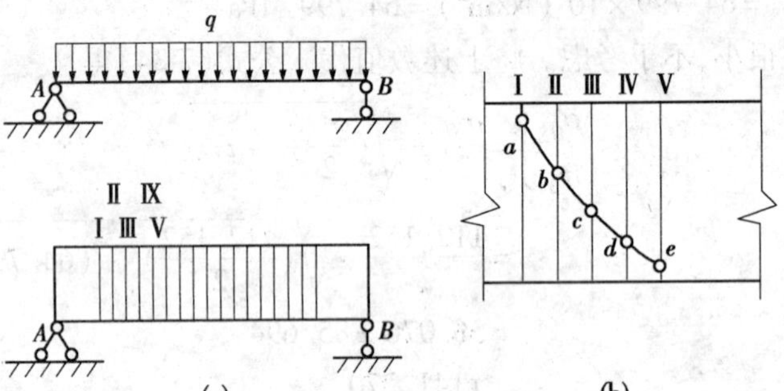

图 7-48

用同样方法,也可作出梁的主压应力迹线,迹线上各点的切线即代表该点主压应力 σ_3 的方向。主拉应力迹线和主压应力迹线统称为**主应力迹线**。

图 7-49(a)绘出了简支梁在均布荷载下的主应力迹线。实线代表主拉应力迹线,虚线代表主压应力迹线,两组主应力迹线相互正交。在梁的顶面处,主拉应力迹线与顶面垂直,而主压应力迹线与顶面平行;在梁的底面处,主拉应力迹线与底面平行,主压应力迹线与底面垂直;在中性层处,两组主应力迹线与中性层都相交成 45°。

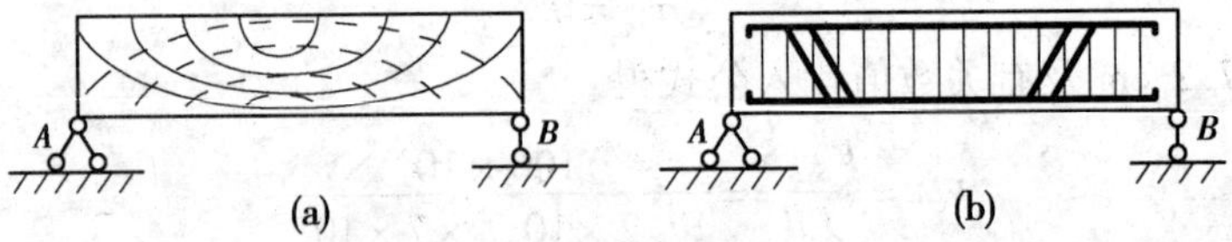

图 7-49

在钢筋混凝土梁中,放钢筋的目的主要是让它承受拉力,为此,受拉钢筋的布置应尽可能与梁的主拉应力迹线一致。图 7-49(b)为钢筋混凝土梁的配筋情况,其斜向钢筋大体就是按主拉应力的迹线的方向进行配置的。

第八节　组合变形结构的强度计算

前面讨论了杆件在各种基本变形时的强度和刚度问题。但是,有些杆件受力较复杂,所引起的变形不仅是单一的基本变形,而是几种基本变形同时产生。如图 7-50(a)所示的烟囱，除由自重引起的轴向压缩变形外，还同时产生因有水平方向的风荷载作用而产生的弯曲变形；图 7-50(b)所示的单层厂房牛腿柱，所受的吊车轮压荷载和柱的轴线不重合，因而柱为偏心受压，同时产生压缩和弯曲两种基本变形。

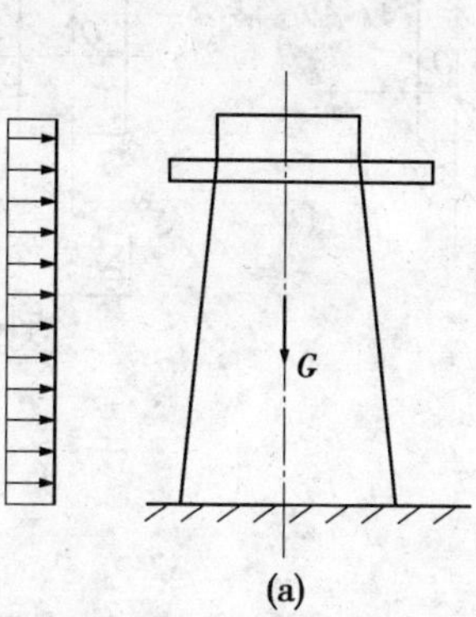

图 7-50

由两种或两种以上的组合而成的变形，称为**组合变形**。解决组合变形的强度问题可用叠加法，其分析步骤为：

(1)将杆件的组合变形分解为基本变形；

(2)计算杆件在每一种基本变形情况下所产生的应力和变形；

(3)将同一点的应力叠加，可得到杆件在组合变形下任一点的应力和变形。

本节只考虑建筑工程中常见的两种组合变形——斜弯曲和偏心受压。

一、斜弯曲变形的应力和强度计算

前面讨论过平面弯曲的问题。当外力作用在梁的纵向对称平面内且垂直梁轴时，梁变形后的轴线也位于外力所在的平面内，这种变形称为**梁的平面弯曲**。如果外力的作用平面虽然通过梁轴线，但是它并不与梁的纵向对称轴重合，这时变形后的梁轴线将不在外力作用面内，这类弯曲称为**斜弯曲**。

现以图 7-51(a)所示矩形截面悬臂梁为例来分析斜弯曲梁的强度计算问题。

(一)荷载分解

设集中力 F 作用在悬臂梁的自由端，其作用线通过截面形心并与竖向对称轴 y 成 φ 角(见图 7-51(a))。将力 F 沿截面的两个对称轴方向分解为 F_y和 F_z两个分力：

$$F_y = F\cos\varphi$$

$$F_z = F\sin\varphi$$

分力 F_y将使梁在 xOy 平面内产生平面弯曲，分力 F_z将使梁在 xOz 平面内产生平面弯曲。这样，就将斜弯曲分解为两个互相垂直平面内的平面弯曲。

(二)内力的计算

斜弯曲梁的强度是由最大主应力控制的，因此在进行内力分析时，主要是计算弯矩。在距自由端为 x 的横截面上，两个分力 F_y和 F_z所引起的弯矩值分别为

$$M_z = F_y \cdot x = F\cos\varphi \cdot x \qquad M_y = F_z \cdot x = F\sin\varphi \cdot x$$

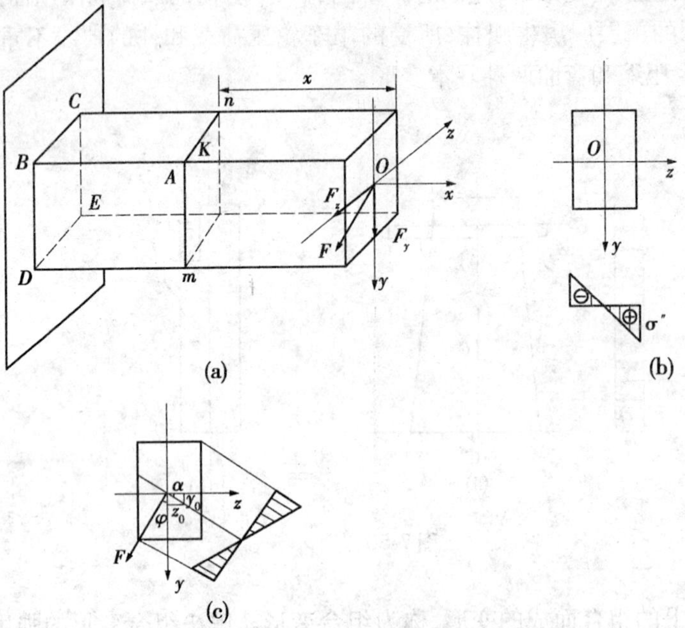

图 7-51

（三）应力的计算

距自由端为 x 的横截面上任意点 K 处（坐标为 y、z），由 M_y 和 M_z 所引起的正应力分别为

$$\sigma' = \frac{M_z y}{I_z} \qquad \sigma'' = \frac{M_y z}{I_y}$$

应用叠加法，K 点的正应力为

$$\sigma = \sigma' + \sigma'' = \frac{M_z y}{I_z} + \frac{M_y z}{I_y} = M\left(\frac{\cos\varphi}{I_z} y + \frac{\sin\varphi}{I_y} z\right) \tag{7-40}$$

式中 I_z 和 I_y 分别是横截面对形心轴 z 和 y 的二次矩。K 点应力 σ' 和 σ'' 的正负号，可通过平面弯曲的情况直观判断。拉应力取正号，压应力取负号，如图 7-51(b) 所示。

（四）中性轴的位置

梁斜弯曲时，中性轴上各点的正应力等于零，设中性轴上任一点的坐标为 $(x_0、z_0)$，代入式(7-40)中并令 $\sigma = 0$，可得到中性轴的方程为

$$\frac{\cos\varphi}{I_z} y_0 + \frac{\sin\varphi}{I_y} z_0 = 0 \tag{1}$$

上式是以 y_0、z_0 为变量的直线方程，且 $y_0 = 0, z_0 = 0$ 满足该方程。可见，中性轴是通过截面形心的一条直线。令其与 z 轴的夹角为 α（见图 7-51(c)），由图中可知

$$\tan\alpha = \left|\frac{y_0}{z_0}\right| \tag{2}$$

由式(1)可得

$$\left|\frac{y_0}{z_0}\right| = \frac{I_z}{I_y}\tan\varphi \tag{3}$$

比较式(2)和式(3)可得

$$\tan\alpha = \frac{I_z}{I_y}\tan\varphi \tag{7-41}$$

式(7-41)即为确定中性轴位置的公式。当 I_z、I_y 和角 φ 已知时，便可求出中性轴与 z 轴的夹角，从而确定中性轴的位置。

与平面弯曲类似，斜弯曲时，横截面上的主应力以中性轴为界，一侧为拉力，另一侧为压力，各点正应力的大小与点到中性轴的距离成正比，最大主应力位于距中性轴最远处。

一般情况下，式(7-41)中 $I_z \neq I_y$，故 $\alpha \neq \varphi$，这说明中性轴与力 F 的作用线是垂直的。

(五)确定条件

进行强度计算时，首先要确定危险截面和危险点的位置。对于图 7-51(a)所示的悬臂梁，固定端截面的弯矩值最大，是危险截面。由 M_z 产生的最大拉应力发生在该截面的 BC 边上；由 M_y 产生的最大拉应力发生在 CE 边上，可见，此梁的最大拉应力发生在 BC 边和 CE 边的交点 C 处。同理，最大压应力发生在 D 点。C、D 两点就是危险点。

若材料的抗拉和抗压强度相等，则斜弯曲的强度条件为

$$\sigma_{\max} = \frac{M_{z\max}}{W_z} + \frac{M_{y\max}}{W_y} \leqslant [\sigma] \tag{7-42}$$

根据这一强度条件，同样可以进行强度校核、截面设计和确定许可荷载。但是，在设计截面时，要遇到 W_z 和 W_y 两个未知量，可以先假设一个 $\frac{W_z}{W_y}$ 的比值，根据强度条件式(7-42)计算出 W_z，从而确定出截面尺寸，再由式(7-42)进行强度校核。通过对矩形截面取 $\frac{W_z}{W_y}=1.2\sim2$，对工字形截面取 $\frac{W_z}{W_y}=8\sim10$，对槽形截面取 $\frac{W_z}{W_y}=6\sim8$。

【例 7-16】 某屋面构造如图 7-52 所示，木檩条简支在屋架上，其跨距为 3.6 m，承受由屋面传来的竖向均布荷载 $q=1$ kN/m，屋面的倾角 $\varphi=26°34'$，檩条为矩形截面，$b=90$ mm，$h=140$ mm，材料的许用应力 $[\sigma]=10$ MPa。试校核檩条强度。

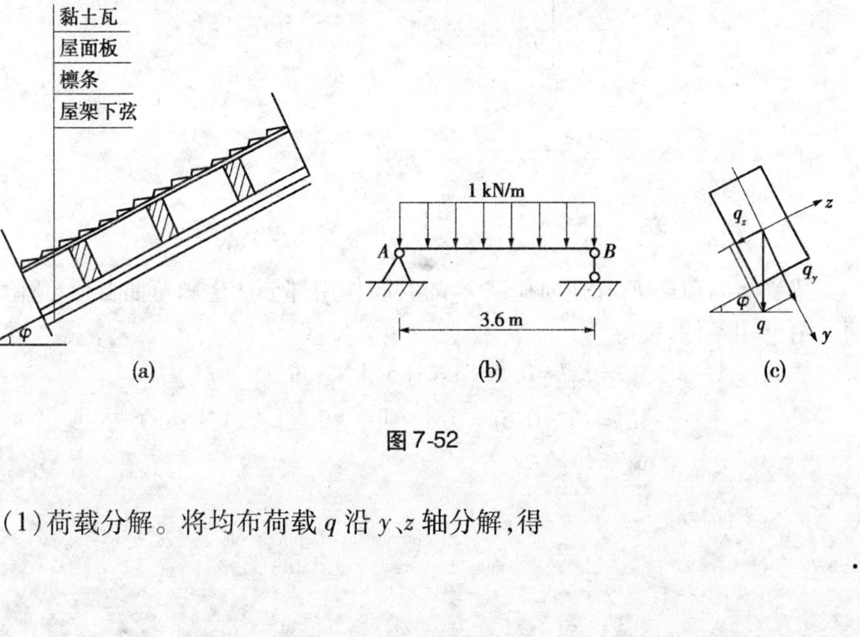

图 7-52

解 (1)荷载分解。将均布荷载 q 沿 y、z 轴分解，得

$$q_y = q\cos\varphi = 1 \times 0.894 = 0.894(\text{kN/m})$$

$$q_z = q\sin\varphi = 1 \times 0.447 = 0.447(\text{kN/m})$$

(2)檩条在荷载 q_y 和 q_z 作用下,最大弯矩发生在跨中截面,其值分别为

$$M_{z\max} = \frac{q_y l^2}{8} = \frac{0.894 \times 3.6^2}{8} = 1.448(\text{kN}\cdot\text{m})$$

$$M_{y\max} = \frac{q_z l^2}{8} = \frac{0.447 \times 3.6^2}{8} = 0.724(\text{kN}\cdot\text{m})$$

(3)强度校核。

截面对 z 轴和 y 轴的抗弯截面系数分别为

$$W_z = \frac{bh^2}{6} = \frac{90 \times 140^2}{6} = 2.94 \times 10^5(\text{mm}^3)$$

$$W_y = \frac{hb^2}{6} = \frac{140 \times 90^2}{6} = 1.89 \times 10^5(\text{mm}^3)$$

根据强度条件式(7-42)校核,得

$$\sigma_{\max} = \frac{M_{z\max}}{W_z} + \frac{M_{y\max}}{W_y} = \frac{1.448 \times 10^6}{2.94 \times 10^5} + \frac{0.724 \times 10^6}{1.89 \times 10^5}$$

$$= 4.93 + 3.83$$

$$= 8.76\ \text{MPa} < [\sigma]$$

所以,檩条强度足够。

【例 7-17】 试选择图 7-53 所示悬臂梁的截面尺寸,已知 $F_1 = 0.5$ kN,$F_2 = 0.8$ kN,$l = 3$ m,$[\sigma] = 10$ MPa,$h/b = 1.5$。

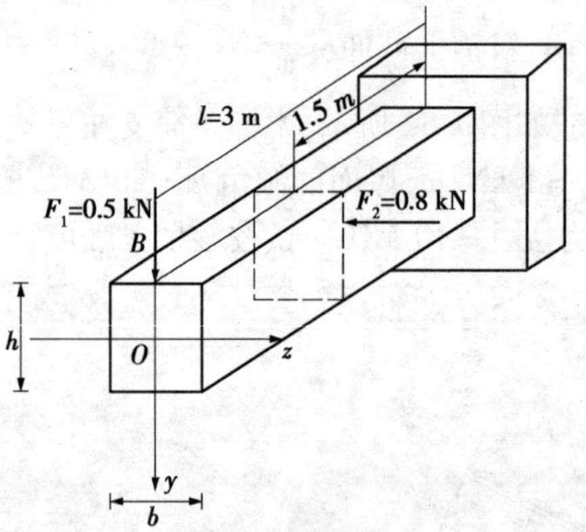

图 7-53

解 此梁受竖向荷载 F_1 和横向荷载 F_2 的共同作用部分产生斜弯曲变形,危险截面为固定端截面。由已知条件,可得

$$M_z = F_1 l = 0.5 \times 3 = 1.5(\text{kN}\cdot\text{m})$$

$$M_y = F_2 \times 0.5l = 0.8 \times 0.5 \times 3 = 1.2(\text{kN}\cdot\text{m})$$

$$\frac{W_z}{W_y} = 1.5$$

由强度条件

$$\sigma_{max}=\frac{1}{W_z}\left(M_z+\frac{W_z}{W_y}M_y\right)\leqslant[\sigma]$$

得

$$W_z\geqslant\frac{1}{[\sigma]}\left(M_z+\frac{h}{b}M_y\right)=\frac{1}{10}(1.5\times10^6+1.5\times1.2\times10^6)=3.3\times10^5(\mathrm{mm}^3)$$

又因为

$$W_z=\frac{bh^2}{6}\quad\frac{h}{b}=1.5$$

即 $h=144\ \mathrm{mm}, b=96\ \mathrm{mm}$。

取 $h\times b=150\ \mathrm{mm}\times100\ \mathrm{mm}$。

根据选用的截面尺寸 $h\times b=150\ \mathrm{mm}\times100\ \mathrm{mm}$,进行校核。

$$\sigma_{max}=\frac{M_{zmax}}{W_z}+\frac{M_{ymax}}{W_y}=\frac{1.5\times10^6}{\frac{100\times150^2}{6}}+\frac{1.2\times10^6}{\frac{150\times100^2}{6}}$$

$$=4+4.8=8.8(\mathrm{N/mm^2})=8.8\ \mathrm{MPa}<[\sigma]=10\ \mathrm{MPa}$$

故截面取 $h\times b=150\ \mathrm{mm}\times100\ \mathrm{mm}$ 是满足强度要求的。

二、偏心压缩(拉伸)杆件应力和强度的计算

当作用在杆件上的外压力沿杆轴线时,引起杆件的轴向压缩。当外力作用线与杆轴平行但不通过截面的形心时,称为**偏心受压**。偏心受压杆件的变形称为**偏心压缩**。偏心压缩与轴向压缩有着本质的区别,它是压缩和弯曲变形的组合变形。

设一等截面直杆,坐标轴 y、z 为截面的两根对称轴。如图 7-54(a)所示,在顶端截面作用一偏心荷载 F,荷载 F 的作用点 A 到截面形心 C 的距离称为**偏心距**,记为 e。如果荷载在 y、z 两个方向都有偏离,称为**双向偏心受压**(见图 7-54(a))。如果荷载只在 y(或 z)一个方向上有偏心,即荷载的作用点在 z(或 y)轴上,称为单向偏心受压(见图 7-54(b))。

以单向偏心压缩为例说明应力和强度计算。

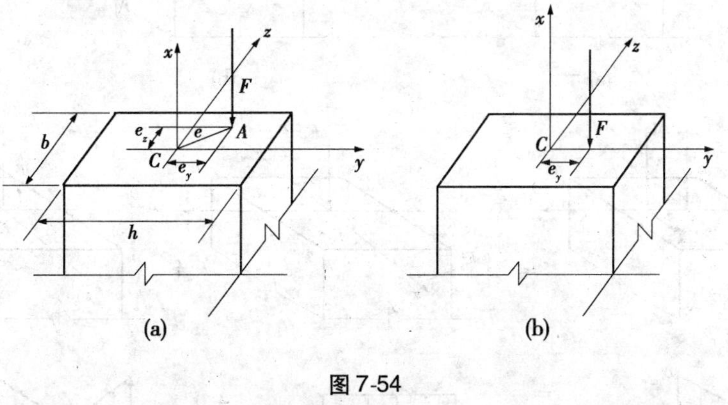

图 7-54

(一)偏心力的简化

为计算偏心受压柱的内力,可将偏心力 F 向截面形心简化,得到轴向压力 F 和一个力

偶矩为 $m = Fe$ 的力偶(见图 7-55(b))。

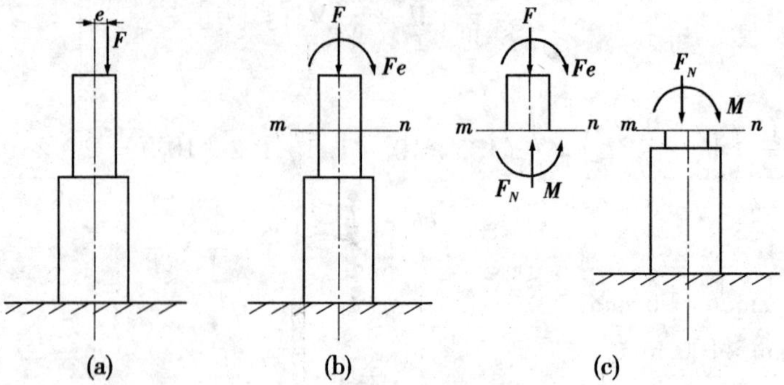

图 7-55

再用截面法求得任一横截面上的内力。在承受偏心压力的直杆中,各截面上的内力相等,它们是轴力 F_N 和弯矩 M(见图 7-55(c))。由平衡条件可求得内力

$$F_N = F \qquad M = Fe$$

可见,偏心压缩问题可视为轴向压缩和平面弯曲的叠加。

(二)应力计算和强度条件

现在求横截面上任一点 K 的应力(见图 7-56)。K 点的应力是横向压缩的正应力 σ_N 和平面弯曲的正应力 σ_{Mz} 的叠加。轴向压缩时横截面上各点的应力相同,其值为

$$\sigma_N = -\frac{F}{A}$$

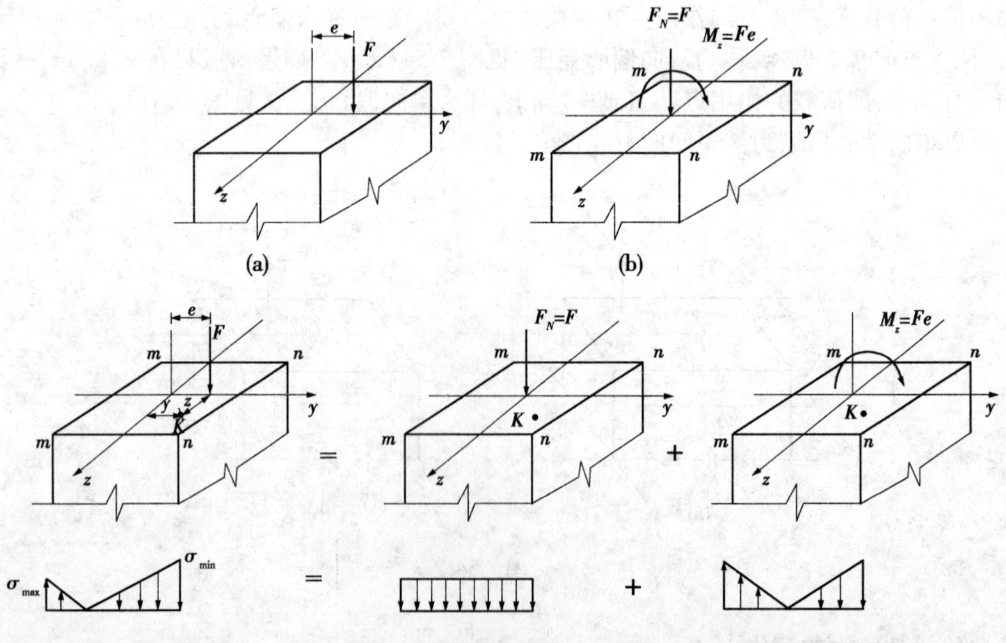

图 7-56

平面弯曲引起的 K 点的正应力为

$$\sigma_{Mz} = -\frac{M_z y}{I_z}$$

则 K 点的总正应力为

$$\sigma_K = \sigma_N + \sigma_{Mz} = -\frac{F}{A} + \frac{M_z y}{I_z}$$

式中 σ_{Mz} 的正负号可由变形情况判定：当 K 点处于受拉区时取正号，反之取负号。

从图 7-56 中可以看出：最大压应力发生在距偏心力 F 较近的截面边线 n—n 上；最大拉应力发生在距偏心力较远的截面边线 m—m 上，它们分别为

$$\left.\begin{aligned} \sigma_{\max} &= -\frac{F}{A} + \frac{M_z}{W_z} \\ \sigma_{\min} &= -\frac{F}{A} - \frac{M_z}{W_z} \end{aligned}\right\} \tag{7-43}$$

偏心压缩的强度条件是

$$\left.\begin{aligned} \sigma_{\max} &= -\frac{F}{A} + \frac{M_z}{W_z} \leqslant [\sigma]_{拉} \\ \sigma_{\min} &= -\frac{F}{A} - \frac{M_z}{W_z} \leqslant [\sigma]_{压} \end{aligned}\right\} \tag{7-44}$$

图 7-56 中偏心力 F 通过截面的对称轴 y，叫做单向偏心压缩。从图 7-56 中可见：单向偏心压缩时，中性轴是一条与 z 轴平行的直线。在中性轴上正应力为零。

(三)讨论

图 7-57(a)是矩形截面的偏心受压柱，现在讨论其截面边缘上的最大正应力 $\sigma_{\max}$ 和偏心距 e 之间的关系。

图 7-57(a)中：面积 $A = b \times h$；$W_z = \frac{bh^2}{6}$，将偏心力 F 向截面形心简化(见图 7-57(b))，可得 $M_z = Fe$。将以上各值代入式(7-43)，得

$$\sigma_{\max} = -\frac{F}{bh} + \frac{Fe}{\frac{bh^2}{6}} = -\frac{F}{bh}\left(1 - \frac{6e}{h}\right) \tag{7-45}$$

边线 A—A 上的正应力 $\sigma_{\max}$ 的正负号，由式(7-45)中 $\left(1 - \frac{6e}{h}\right)$ 的符号决定。可能出现三种情况：

(1)若 $\frac{6e}{h} < 1$，即 $e < \frac{h}{6}$ 时，$\sigma_{\max}$ 为压应力。截面全部受压，如图 7-57(c)所示。

(2)若 $\frac{6e}{h} = 1$，即 $e = \frac{h}{6}$ 时，$\sigma_{\max}$ 为零。边线 A—A 上的正应力为零，截面全部受压。这时，边线 B—B 上的压应力正好等于轴向压应力的两倍，如图 7-57(d)所示，即

$$\sigma_{\min} = -\frac{2F}{A}$$

(3)若 $\frac{6e}{h} > 1$，即 $e > \frac{h}{6}$ 时，$\sigma_{\max}$ 为拉应力。截面有一部分受拉、另一部分受压，应力分布

如图 7-57(e)所示。

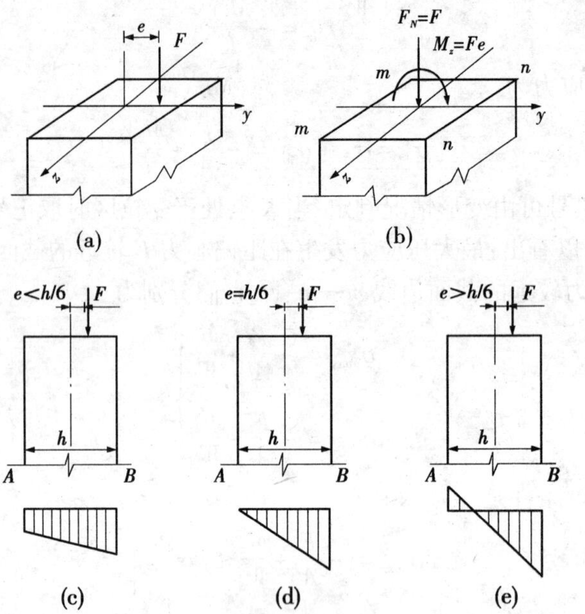

图 7-57

通过以上讨论可知，截面上的应力分布情况随偏心距 e 的大小而变化，而与偏心荷载 F 的大小无关。当偏心距较大时($e>\dfrac{h}{6}$)，截面上产生受拉区；当偏心距较小时($e<\dfrac{h}{6}$)，截面全部受压，不产生拉应力。

建筑工程中的柱多采用砖、石、混凝土等脆性材料制作，它们的抗拉强度都比较低，所以要控制荷载的偏心距不要太大，以避免出现拉应力。

【例 7-18】 矩形截面柱(见图 7-58)，柱顶作用有屋架传来的压力 $F_1=100$ kN，牛腿承受吊车梁传来的压力 $F_2=45$ kN，F_2 与柱轴线的偏心距 $e=0.2$ m，已知柱宽 $b=200$ mm，求：

(1)若 $h=300$ mm，则柱截面中的最大拉应力和最大压应力各为多少?

(2)要使柱截面不产生拉应力，截面高度 h 应为多大? 在所选的 h 尺寸下，柱截面中的最大压应力为多少?

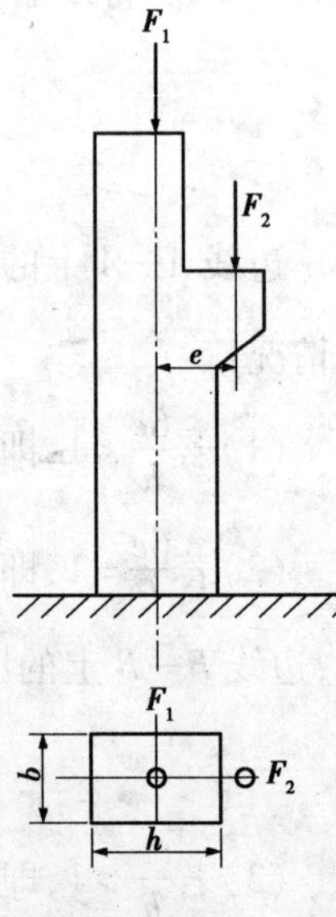

图 7-58

解 (1)求 $\sigma_{\max}$ 和 $\sigma_{\min}$。

将作用力向截面形心简化，柱的轴向压力为

$$F_1+F_2=100+45=145(\text{kN})$$

截面的弯矩为

$$M_1=F_2e=45\times0.2=9(\text{kN}\cdot\text{m})$$

由式(7-43)得

$$\sigma_{t\max} = -\frac{F}{A}+\frac{M_z}{W_z} = -\frac{145\times10^3}{200\times300}+\frac{9\times10^6}{\frac{200\times300^2}{6}}$$

$$= -2.42+3 = 0.58(\text{MPa})$$

$$\sigma_{c\max} = -\frac{F}{A}-\frac{M_z}{W_z} = -2.42-3 = -5.42(\text{MPa})$$

(2)求 h 和 $\sigma_{\max}$。

要使截面不产生拉应力,应满足

$$\sigma_{t\max} = -\frac{F}{A}+\frac{M_z}{W_z}\leqslant 0$$

即
$$\sigma_{t\max} = -\frac{145\times10^3}{200h}+\frac{9\times10^6}{\frac{200h^2}{6}}\leqslant 0$$

解得
$$h\geqslant 372 \text{ mm}$$

取
$$h = 380 \text{ mm}$$

当 $h = 380$ mm 时,截面上的最大压应力为

$$\sigma_{c\max} = -\frac{F}{A}-\frac{M_z}{W_z} = -\frac{145\times10^3}{200\times380}-\frac{9\times10^6}{\frac{200\times380^2}{6}} = -1.91-1.87 = -3.78(\text{MPa})$$

【例 7-19】 某桥墩如图 7-59 所示。桥墩承受的荷载有上部结构传来的压力 $F_0 =$ 1 920 kN,桥身的自重 $F_1 = 334$ kN,基础自重 $F_2 = 1\ 450$ kN,车辆的水平制动力 $T = 300$ kN。基础底部为矩形,基底宽 $b = 8$ m,基底截面高 $h = 3.6$ m。试绘制基础底面的正应力分布图。

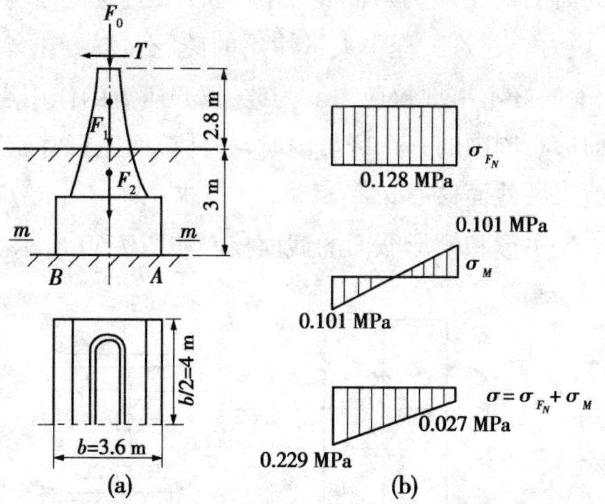

图 7-59

解 (1)计算内力。

基础底部截面 m—m 上有轴力 F_N 和弯矩 M,其数值分别为

$$F_N = F_0+F_1+F_2 = 1\ 920+334+1\ 450 = 3\ 704(\text{kN})$$

$$M = T(3+2.8) = 300\times5.8 = 1\ 740(\text{kN}\cdot\text{m})$$

弯矩 M 使基础底部左边受压、右边受拉。

(2)计算应力。

基底的截面面积为

$$A=b\times h=8\times 3.6=28.8(\mathrm{m}^2)$$

基底的抗弯截面系数为

$$W_z=\frac{bh^2}{6}=\frac{1}{6}\times 8\times 3.6^2=17.3(\mathrm{m}^3)$$

由轴向压力引起的正应力为

$$\sigma_{F_N}=-\frac{F_N}{A}=-\frac{3\ 704\times 10^3}{28.8}=-0.129\times 10^6(\mathrm{N/m^2})=-0.129\ \mathrm{MPa}$$

由弯矩引起的 A、B 边缘线上的正应力为

$$\sigma_M=\mp\frac{M}{W_z}=\mp\frac{1\ 740\times 10^3}{17.3}=\mp 0.101\times 10^6(\mathrm{N/m^2})=\mp 0.101\ \mathrm{MPa}$$

所以,基底截面 A、B 边缘上的正应力为

$$\sigma_B^A=\sigma_{FN}+\sigma_M=-\frac{F_N}{A}\mp\frac{M}{W_z}=-0.129\mp 0.101$$

$$=\begin{cases}-0.230\\-0.028\end{cases}(\mathrm{MPa})$$

(3)基底截面应力分布图绘于图 7-59(b)。

三、截面核心

偏心受压杆件横截面上的正应力分布情况随偏心距的变化而变化。当偏心距不太大时,横截面上不出现拉应力。建筑工程中大量使用的砖、石、混凝土等材料,抗拉强度很低,为避免拉裂,要求截面上最好不出现拉应力。为此,偏心压力的作用点到形心的距离不可太大。当荷载作用在截面形心周围的一个区域内时,杆件截面上只有压应力而不出现拉应力,这个荷载作用的区域就叫做**截面核心**。

常见的圆形、矩形、工字形和槽形截面的截面核心如图 7-60 所示。

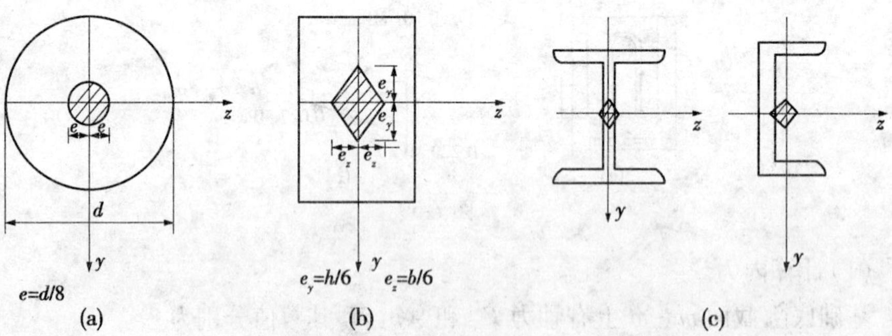

图 7-60

第九节　圆轴扭转时的应力和强度条件

一、圆截面杆扭转时的变形

(一)圆截面杆的扭转试验、平面假设

为了研究圆截面杆的扭转变形,取一长度为 l、半径为 r 的等截面圆杆试样,在试样表面画上等距的圆周线和纵向轴线,形成矩形网格。在杆的两端平面上各作一条直径。试验在扭转试验机上进行,受扭后试样表面的变形情况如图 7-61 所示。

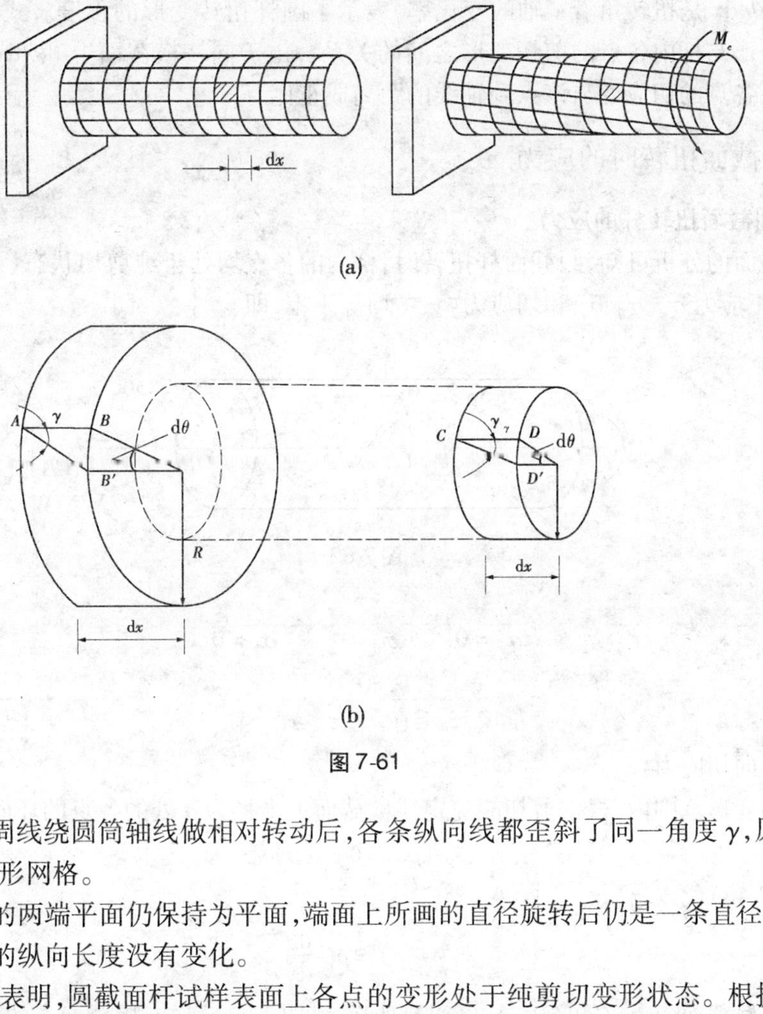

图 7-61

(1)各圆周线绕圆筒轴线做相对转动后,各条纵向线都歪斜了同一角度 γ,原来的矩形网格错动成菱形网格。

(2)试样的两端平面仍保持为平面,端面上所画的直径旋转后仍是一条直径。

(3)试样的纵向长度没有变化。

上述现象表明,圆截面杆试样表面上各点的变形处于纯剪切变形状态。根据上述所观察到的现象,对圆杆内部的变形我们假设:圆杆扭转变形后,其截面仍保持为平面,并且形状和大小均无变化,只是绕杆轴旋转了一个角度。这个假设通常称为圆截面杆扭转的平面假设。

(二)圆截面扭转杆的变形

根据上述平面假定可知,圆截面杆扭转时,杆内各点均处于纯剪切变形状态。在这些点处,线应变 ε_x、ε_θ、ε_r 和切应变 $\gamma_{\theta r}$、γ_{rx} 均等于零,即

$$\varepsilon_x = 0 \qquad \varepsilon_\theta = 0 \qquad \varepsilon_r = 0$$

和

$$\gamma_{\theta r} = 0 \qquad \gamma_{rx} = 0$$

只有切应变 $\gamma_{x\theta}$。

下面讨论切应变 $\gamma_{x\theta}$ 与圆杆扭转变形的关系。

在圆杆中取微段 $\mathrm{d}x$，设微段两端截面的相对扭转角为 $\mathrm{d}\theta$，圆杆中轴线为 ρ 处各点的切应变为 $\gamma_{x\theta}(\rho)$，由图 7-61(b)中的几何关系可求得

$$\gamma_{x\theta}(\rho) = \rho \frac{\mathrm{d}\theta}{\mathrm{d}x} \tag{7-46}$$

式中 $\mathrm{d}\theta/\mathrm{d}x$ 是扭转角沿 x 轴的变化率，表示了圆杆扭转变形的程度。式(7-46)给出了圆杆扭转变形与杆内各点的剪切变形之间的关系。由于同一横截面上 $\mathrm{d}\theta/\mathrm{d}x$ 是个常量，可知横截面上各点的切应变与该点到轴线的距离成正比。

二、圆截面扭转时的应力

(一)圆截面扭转杆的应力

根据上面的分析可知，圆截面杆扭转时，杆内的各点均处于纯剪切状态(见图 7-62)，在这些点处，正应力 σ_x、σ_θ、σ_r 和切应力 $\tau_{\theta r}$、τ_{rx} 均等于零，即

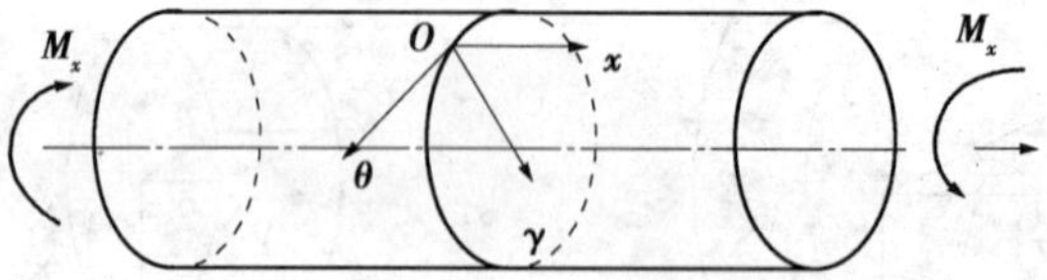

图 7-62

$$\sigma_x = 0 \qquad \sigma_\theta = 0 \qquad \sigma_r = 0$$

和

$$\tau_{\theta r} = 0 \qquad \tau_{rx} = 0$$

只有环向切应力 $\tau_{x\theta}$。

在弹性变形范围内，根据剪切胡克定律横截面上半径为 ρ 处的各点的环向切应力为

$$\tau_{x\theta}(\rho) = G\gamma_{x\theta}(\rho)$$

将式(7-46)代入，得

$$\tau_{x\theta}(\rho) = \rho G \frac{\mathrm{d}\theta}{\mathrm{d}x} \tag{7-47}$$

对同一横截面而言，$G\mathrm{d}\theta/\mathrm{d}x$ 是一常量，所以由式(7-47)可知，横截面上的环向切应力 $\tau_{x\theta}$ 呈线性分布，在周边处最大，圆心处等于零。环向切应力 $\tau_{x\theta}$ 的方向垂直于作用点处的半径。图 7-63(a)为圆杆横截面上切应力 $\tau_{x\theta}$ 的分布情况。

(二)切应力 $\tau_{x\theta}$ 计算式

为了计算距圆心为 ρ 处环向切应力 $\tau_{x\theta}(\rho)$，在横截面上半径为 ρ 处取微面积 $\mathrm{d}A = \rho\mathrm{d}\theta\mathrm{d}\rho$，在该微面积上作用的微应力 $\tau_{x\theta}(\rho)\mathrm{d}A$(见图 7-64)，它对 x 轴(圆心)之矩 $\mathrm{d}M_x = \tau_{x\theta}(\rho)\rho\mathrm{d}A$。

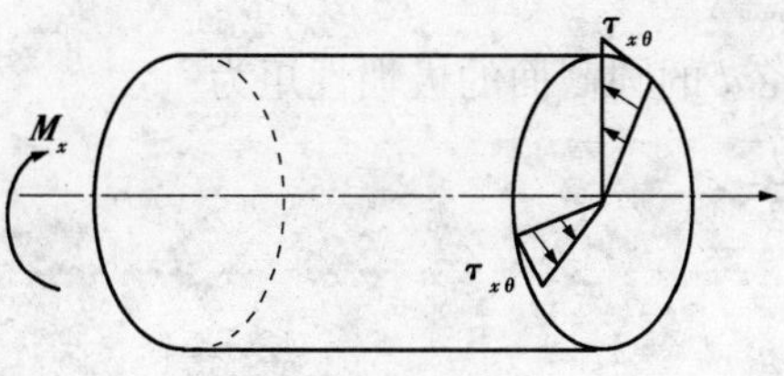

图 7-63

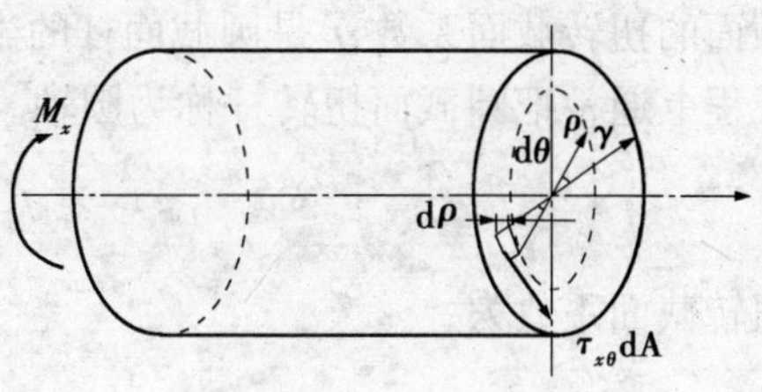

图 7-64

横截面上各点的切应力组成一个平面力系，该力系对 x 轴（圆心）的主矩即为横截面上的扭矩 M_x，故

$$M_x = \int_A \mathrm{d}M_x = \int_A \tau_{x\theta}(\rho)\rho \mathrm{d}A$$

将式(7-47)代入，得

$$M_x = \int_A G\frac{\mathrm{d}\theta}{\mathrm{d}x}\rho^2 \mathrm{d}A$$

在同一横截面上，G 和 $\mathrm{d}\theta/\mathrm{d}x$ 均为常量，所以

$$M_x = G\frac{\mathrm{d}\theta}{\mathrm{d}x}\int_A \rho^2 \mathrm{d}A$$

令

$$I_p = \int_A \rho^2 \mathrm{d}A$$

则上式为

$$M_x = G\frac{\mathrm{d}\theta}{\mathrm{d}x}I_p$$

即

$$\frac{\mathrm{d}\theta}{\mathrm{d}x} = \frac{M_x}{GI_p} \tag{7-48}$$

I_p是一个仅与截面尺寸有关的几何量，称为截面的极惯性矩。式(7-48)表明，扭转角变化率 $\mathrm{d}\theta/\mathrm{d}x$ 与扭矩 M_x成正比，与 GI_p成反比。在一定的扭矩下，GI_p越大，则扭转角的变化率越小，杆件的扭转变形就越小。因此，GI_p 表明了杆件抵抗扭转变形的能力，称为截面抗扭刚度。

将式(7-48)代入式(7-47)，便得到圆截面杆扭转时横截面上任意一点处的环向切应力计算公式为

$$\tau_{x\theta}(\rho) = \frac{M_x}{I_p}\rho \tag{7-49a}$$

由式(7-49a)可知，截面圆周边上各点处($\rho = r$)切应力为最大

$$\tau_{\max} = \frac{M_x}{W_p} \tag{7-49b}$$

其中

$$W_p = \frac{I_p}{r}$$

称为截面的扭转截面系数，r 是圆截面杆的半径。

工程上通常把圆截面扭转杆称为圆轴。直径 d 的圆截面的极惯性矩为

$$I_p = \frac{\pi d^4}{32}$$

扭转截面系数为

$$W_p = \frac{\pi d^3}{16}$$

三、圆截面杆的扭转强度计算

（一）圆截面杆的扭转破坏试验

圆截面杆的扭转破坏试验是在扭转试验机上进行的。试件可分别用 Q235 钢、铸铁等材料做成。试验结果表明，这两种试件的扭转破坏形式不相同。

Q235 钢试件在受扭过程中也会发生屈服现象。屈服时在试件的表面出现纵向和横向的滑移线。圆杆扭转时，横截面和通过杆轴的纵向平面是杆内各点的最大切应力的作用平面，当试件表面上各点的最大的切应力达到材料的剪切屈服应力τ_s时，滑移线就将在这些地方出现。屈服阶段后继续加大扭矩，直至截面上的最大切应力达到材料的剪切强度极限τ_b，试件就发生沿横截面的剪断破坏（见图 7-65）。此时，与杆轴成 45°斜截面上的主拉应力 σ_1 的大小与最大切应力相等，由于 Q235 钢的抗剪强度低于抗拉强度，所以试件发生的是沿横截面的切断，而没有沿 45°斜面的拉断。

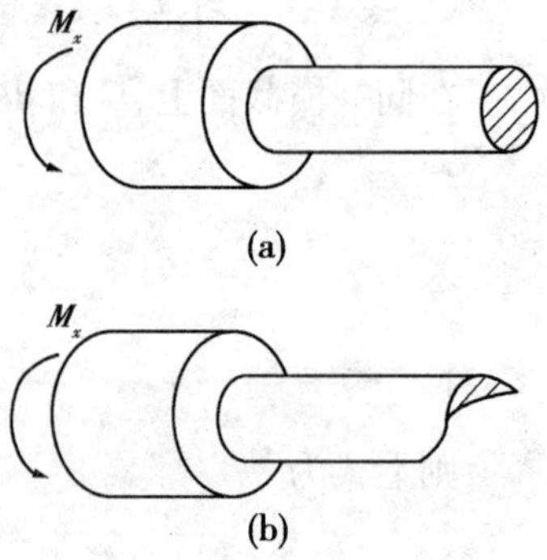

图 7-65

铸铁试件的扭转试验，变形始终很小，并且没有屈服现象。由于铸铁的抗拉能力低于抗剪能力，因此当试件中各点的最大主拉应力 σ_1 达到材料的抗拉强度极限 σ_b 时，试件将沿主拉应力 σ_1 作用的与杆轴成 45°夹角的螺旋面发生拉断破坏（见图 7-65）。此时，横截面上的最大切应力的值为**剪切强度极限**，即为τ_b。

（二）扭转杆的强度条件

试验表明，塑性材料的扭转失效是屈服破坏，脆性材料的扭转失效是断裂破坏。塑性材料的剪切屈服应力τ_s和脆性材料的剪切强度极限τ_b统称为材料的极限切应力，即为τ^0，其除以安全因数即得许用切应力

$$[\tau] = \frac{\tau^0}{n}$$

在常温及静载条件下，材料的许用拉应力$[\sigma]$与许用切应力$[\tau]$之间存在一定的关系。对于塑性材料，有

$$[\tau] = (0.5 \sim 0.577)[\sigma]$$

对于脆性材料，有

$$[\tau] = [\sigma]$$

扭转杆中的最大切应力不允许超过材料的许用切应力，即

$$\tau_{max} \leqslant [\tau] \tag{7-50}$$

式(7-50)是杆件的扭转强度条件。

(三)圆截面杆扭转时的强度计算

进行圆截面杆的扭转强度计算,首先根据扭矩图判断危险截面,然后在危险截面上确定危险点,求出最大工作切应力

$$\tau_{\max}=\frac{M_{x\max}}{W_p}$$

代入强度条件式(7-50),得

$$\frac{M_{x\max}}{W_p}\leqslant[\tau] \tag{7-51}$$

利用式(7-51)即可进行强度校核、强度设计或确定许用荷载。

【例 7-20】 某传动轴的直径 $d=40$ mm,轴所传递的功率为 $N=30$ kN,轴的转速为 $n=1\ 400$ r/min。若材料的许用剪应力$[\tau]=40$ MPa,试校核此轴的强度。

解 (1)计算外力偶 m 及扭矩 T

$$m=9.55\times\frac{N}{n}=9.55\times\frac{30}{1\ 400}=0.205(\text{kN}\cdot\text{m})=205\ \text{N}\cdot\text{m}$$

$$T=m=205\ \text{N}\cdot\text{m}$$

(2)计算抗扭截面系数 W_T

$$W_T=\frac{\pi d^3}{16}=\frac{\pi\times 40^3}{16}=12.56\times10^3(\text{mm}^3)$$

(3)按强度条件公式(7-50)校核强度。

$$\tau_{\max}=\frac{T}{W_T}=\frac{205\times10^3}{12.55\times10^3}=16.24(\text{MPa})\leqslant[\tau]=40\ \text{MPa}$$

四、矩形截面杆的扭转

(一)非圆截面杆扭转问题概述

在建筑结构中,经常采用矩形、T形、工字形等截面杆件。试验和理论分析表明,这些非圆截面杆件扭转时的变形和应力分布与圆形截面杆受扭时的情况截然不同,扭转时杆件的横截面发生翘曲,不再保持为平面,横截面上除了切应力,还存在正应力。

图 7-66(a)所示为一矩形截面试件,在其表面画上纵向和横向直线。在两端加外力偶 M_e扭转时,这些纵向和横向直线全都变成了曲线(见图 7-66(b)),表明试样的横截面已不是平面,变成凹进凸出的翘曲面,变形情况比较复杂。如果试样的两端和其他部位均不受任何约束,各横截面均可自由翘曲,则扭转后各横截面的翘曲形状完全相同,这种情况称为自由扭转或纯扭转。不符合上述情况的扭转则称为约束扭转。

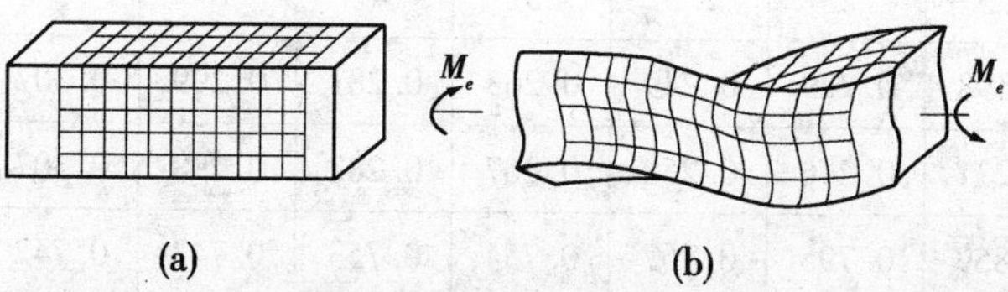

图 7-66

自由扭转时，杆件的横截面可自由翘曲，截面上各点沿杆轴方向的纵向位移没有受到约束，所以在横截面上不存在正应力，只有切应力。约束扭转时，由于纵向位移受到限制，在横截面上，就不仅有切应力，还有正应力。不过，理论分析表明，一般非圆形实心截面杆约束扭转时，横截面上的正应力通常都很小，可略去不计。但薄壁截面杆约束扭转时，横截面上的正应力影响比较大，就不能忽略。

在前面分析圆截面杆扭转时，我们采用了平面假定，并以此为根据推导出了变形和应力的计算公式。对非圆截面杆，自由扭转时横截面发生翘曲而成一曲面。显然，平面假定不再适用，并且对这些翘曲面的形状作简单的假设也极困难。因此，分析非圆截面杆的扭转已不能采用前面研究圆截面杆的方法，而需要用弹性力学的方法，这些超出了本教材的范围。下面仅对矩形截面杆扭转问题的一些研究结果作些介绍。

(二)矩形截面杆的扭转

在建筑结构中矩形截面受扭杆一般都处于约束扭转状态，但是由于约束扭转所引起的正应力可忽略不计，所以可按自由扭转的情况进行计算。现将研究矩形截面杆自由扭转得到的一些结果简述如下：

(1)横截面上只存在切应力，没有正应力。

(2)截面周边上各点处的切应力的方向与周边相切，并形成与截面上扭矩相同转向的应力流，切应力的大小均呈非线性变化，中点处最大，四个角点处等于零。

(3)截面内两条对称轴上各点处切应力的方向都垂直于对称轴，其他线上各点的切应力则是程度不同的倾斜。截面中心处的切应力等于零。

(4)若矩形截面的长边为 h，短边为 b，截面上的扭矩为 M_x，则截面的扭转角的变化率为

$$\frac{d\varphi}{dx}=\frac{M_x}{G\alpha hb^3}$$

式中 b——截面的宽度；

h——截面高度；

G——材料的剪变模量；

α——与比值 h/b 有关的系数，可由表7-2查得。

(5)横截面上的最大切应力发生在长边中点处，其值为

$$\tau_{\max}=\frac{M_x}{\beta hb^2} \tag{7-52}$$

短边中点处的切应力也相当大，其值为

$$\tau=\xi\tau_{\max} \tag{7-53}$$

系数 β、ξ 均与比值 h/b 有关，可由表7-2查到。

表7-2 α、β、ξ 值与 h/b 的关系

h/b	1	1.5	2	2.5	3	4	6	8	10	∞
α	0.141	0.198	0.229	0.249	0.263	0.281	0.299	0.307	0.313	0.333
β	0.208	0.231	0.246	0.258	0.267	0.282	0.298	0.307	0.313	0.333
ξ	1	0.859	0.795	0.767	0.754	0.753	0.743	0.742	0.742	0.742

本章小结

(1)单位面积上内力的分布集度叫做应力。轴向拉、压杆件横截面上的应力与横截面垂直,叫做正应力 σ,在横截面上均匀分布,即

$$\sigma = \frac{F_N}{A}$$

(2)保证构件具有足够的抵抗破坏能力的条件叫做强度条件。轴向拉、压构件的强度条件是保证构件的工作应力不超过材料的许用应力,即

$$\sigma = \frac{F_N}{A} \leqslant [\sigma]$$

应用强度条件可以解决强度校核、设计截面、确定许用荷载等三类问题。

(3)低碳钢在轴向拉伸时的应力—应变图大体可分为四个阶段:弹性阶段、屈服阶段、强化阶段、颈缩阶段。屈服极限 σ_s 和强度极限 σ_b 是两个重要的强度指标;延伸率 δ 和截面收缩率 $\varPsi$ 是两个重要的塑性指标。低碳钢在拉伸和压缩时有相同的屈服极限 σ_s 和弹性模量 E。

铸铁是典型的脆性材料,破坏前的变形很小,拉伸时的强度极限很低,压缩时的强度极限较高。

(4)连接件有剪切和挤压两种破坏形式,所以要进行这两方面的强度计算。实用计算法假设剪应力在剪切面上均匀分布;挤压应力在计算挤压面上均匀分布。所以,剪切和挤压的强度条件是

$$\tau = \frac{F_S}{A} \leqslant [\tau]$$

$$\sigma_{bs} = \frac{F_{bs}}{A_{bs}} \leqslant [\sigma_{bs}]$$

(5)平面弯曲的梁,其横截面上一般存在着两种应力:正应力 σ 与剪应力 τ。

中性轴通过截面的形心,并与横截面的竖向对称轴垂直。中性轴将截面分成受拉区和受压区。

正应力在横截面上沿梁高按直线规律分布:中性轴上正应力为零;距中性轴最远的上、下边缘的点有正应力的最大值。正应力的计算公式为:

$$\sigma = \frac{My}{I_z}$$

正应力的正负号可通过梁的变形直接判定:受拉区的正应力为正值;受压区的正应力为负值。

剪应力的方向与剪力相同。在中性轴上有剪应力的最大值,而在距中性轴最远的上、下边缘处,剪应力为零。

(6)危险截面上的应力最大的点叫危险点。危险点的应力必须控制在许用应力范围内。梁的强度条件是

$$\sigma_{\max} = \frac{M_{\max}}{W_z} \leqslant [\sigma]$$

$$\tau_{\max} \leqslant [\tau]$$

(7)组合变形强度计算的步骤为：

①分解或简化外力，确定计算简图；

②分析内力，确定危险截面；

③分析内力，建立强度条件。

(8)斜弯曲是两个相互垂直平面内的平面弯曲的组合。强度条件为

$$\sigma_{\max} = \frac{M_{z\max}}{W_z} + \frac{M_{y\max}}{W_y} \leqslant [\sigma]$$

偏心压缩是轴向压缩和平面弯曲的组合。强度条件是

$$\sigma_{\max} = -\frac{F}{A} + \frac{M_z}{W_z} \leqslant [\sigma]_{拉}$$

$$\sigma_{\min} = -\frac{F}{A} - \frac{M_z}{W_z} \leqslant [\sigma]_{压}$$

公式中正负号要根据变形情况确定：拉应力取正号；压应力取负号。

(9)当偏心压力作用在截面形心周围的一个区域内时，横截面上只有压应力而没有拉应力，这个区域就是截面核心。

(10)圆轴扭转时横截面上只有剪应力τ，其值沿半径呈线性分布，圆心处为零，圆周处最大，方向与半径垂直且与扭矩转向一致。

思考题

7-1　两根轴力相同、截面不同的杆，受同样的轴向拉力作用，它们的内力是否相同？

7-2　内力和应力有什么区别？

7-3　指出下列概念的区别：

(1)屈服极限和强度极限；

(2)极限应力和许用应力；

(3)弹性变形和塑性变形；

(4)线应变和延伸率。

7-4　剪切变形的受力特点和变形特点是什么？

7-5　在剪切和挤压实用强度计算中作了什么假定？

7-6　挤压面和计算挤压面是否相同？举例说明。

7-7　指出图7-67所示各连接中的挤压面和剪切面。

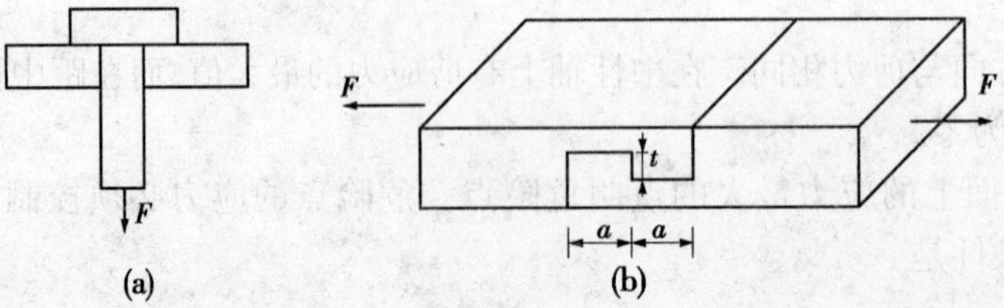

图7-67

7-8　梁的正应力和剪应力分别与哪一种内力有关？

7-9　两根跨度、荷载、支承情况都相同的梁，它们的材料不同、截面形状不同。试问这两根梁在相应截面的弯矩、剪力、正应力、剪应力是否相等？

7-10　某矩形截面梁，经正应力强度校核后发现梁的强度不足，即 $\sigma_{max} > [\sigma]$。此时，应怎样加大截面面积更经济合理？

7-11　何为组合变形？怎样进行组合变形杆件的强度计算？

7-12　圆形截面的梁是否可能产生斜弯曲？

7-13　当受扭圆轴的直径减少一半，其他条件均不变时，轴的最大剪应力和扭转角将变化多少？

7-14　两根直径和长度相同、材料不同的圆轴，在相同的扭矩作用下，它们的最大剪应力是否相同？扭转角是否相同？

习　题

7-1　用绳索吊管如图 7-68 所示。若构件重 $W = 10$ kN，绳索的直径 $d = 40$ mm，许用应力 $[\sigma] = 10$ MPa，试校核绳索的强度。绳索的直径应为多少更经济？

7-2　图 7-69 所示支架中，荷载 $F = 100$ kN，杆 1 为圆截面钢杆，其许用应力 $[\sigma]_s = 150$ MPa；杆 2 为正方形木杆，其许用应力 $[\sigma]_c = 4$ MPa。试确定钢杆的直径 d 和木杆的边长 c。

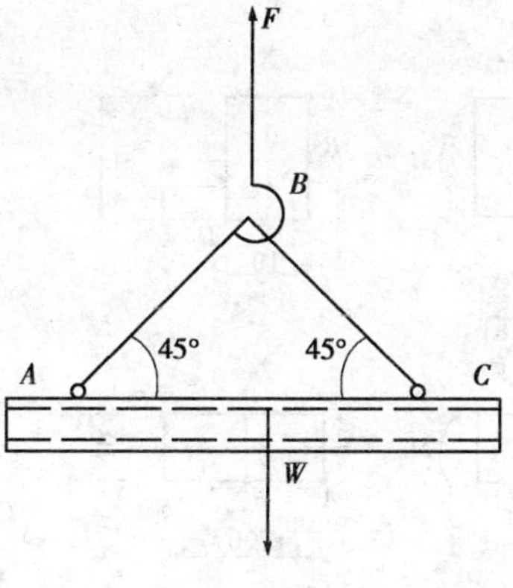

图 7-68

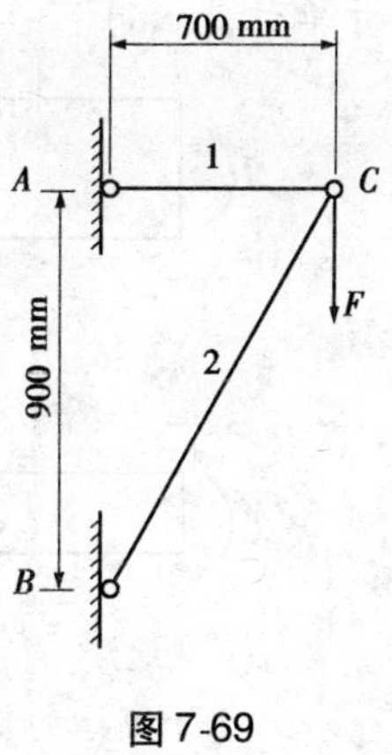

图 7-69

7-3　在图 7-70 所示结构中，杆 1 的截面面积为 $A_1 = 600\ mm^2$，材料的许用应力 $[\sigma]_1 = 160$ MPa；杆 2 的截面面积为 $A_2 = 900\ mm^2$，材料的许用应力 $[\sigma]_2 = 100$ MPa。试求结构的许用荷载 F。

7-4　两块厚度均为 10 mm 的钢板，用两个直径 $d = 16$ mm 的铆钉搭接在一起（见图 7-71）。已知钢板受拉力 $F = 6$ kN，材料的许用应力 $[\tau] = 140$ MPa，$[\sigma_{bs}] = 280$ MPa，$[\sigma] = 160$ MPa，试校核此连接的强度。

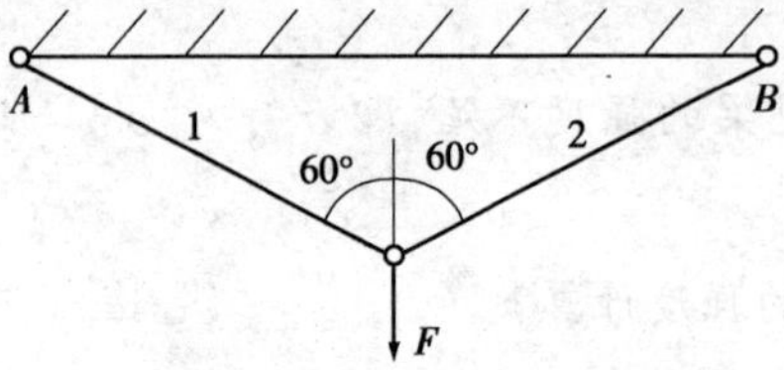

图 7-70

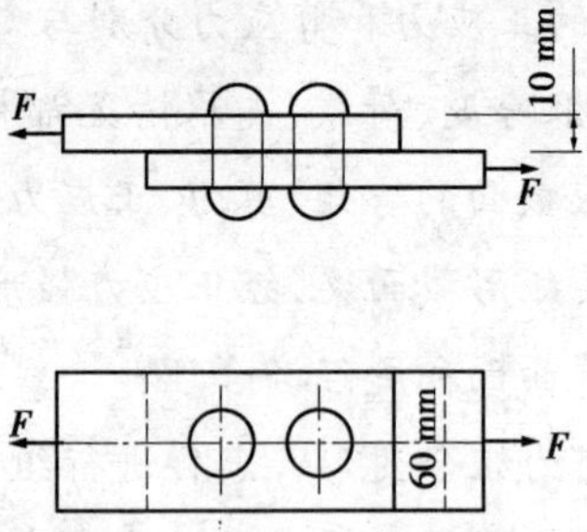

图 7-71

7-5 图 7-72 所示宽 $b=0.1$ m 的两个矩形木杆。若荷载 $F=50$ kN，木杆的许用切应力 $[\tau]=1.5$ MPa，许用挤压应力 $[\sigma_{bc}]=12$ MPa，试求尺寸 a 和 t。

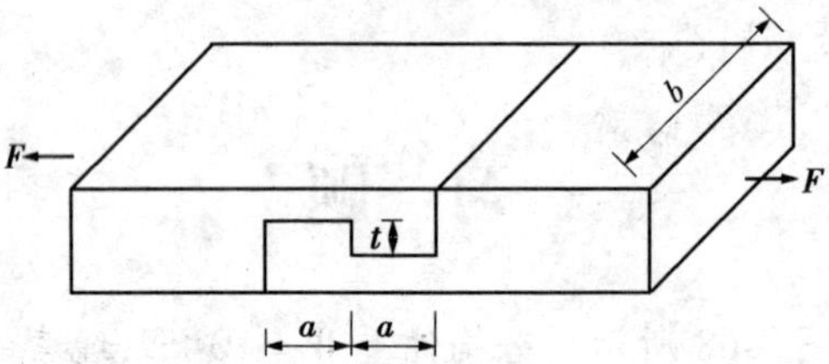

图 7-72

7-6 某矩形截面梁，在纵向对称面内受 $M=10$ kN · m 作用，试计算将矩形截面“立放”（见图 7-73(a)）和将矩形截面“平放”（见图 7-73(b)）时，截面上 A、B、C、D 四点的正应力（图中截面的尺寸单位是 cm）。

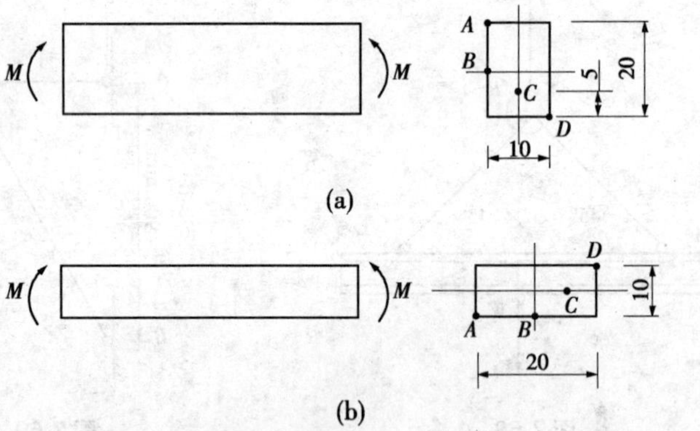

图 7-73

7-7 简支梁如图 7-74 所示，试求其 C 截面 a、b、c、d 四点的正应力，并说明是拉应力还是压应力。

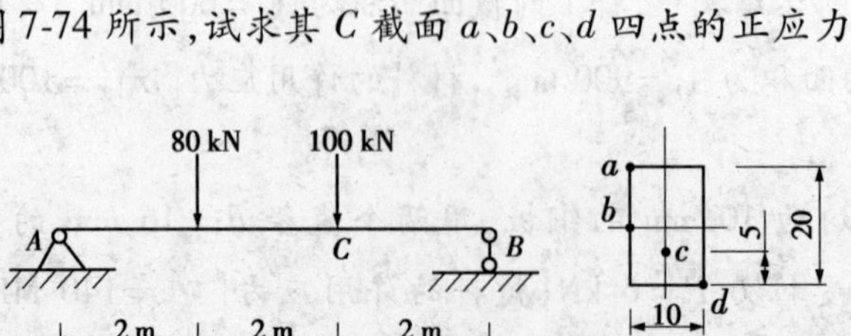

图 7-74

7-8 试计算图 7-75 所示各梁在最大弯矩截面上的最大正应力。

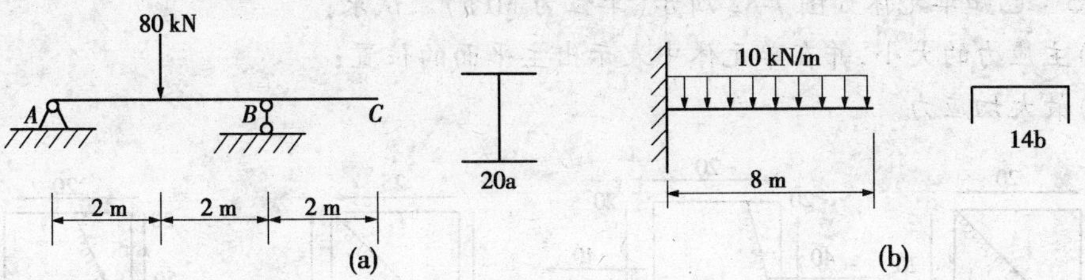

图 7-75

7-9 如图 7-76 所示长为 $l=1.5$ m 的悬臂梁,自由端受集中力 $F=7$ kN 作用,梁由两根不等边角钢 2∟125×80×10 组成,材料的许用应力 $[\sigma]=160$ MPa。试校核梁的正应力强度。

7-10 某 T 形截面外伸梁,受均布荷载作用,已知 $q=8$ kN/m, $l=1.5$ m,梁的横截面尺寸如图 7-77 所示。试计算该梁的最大拉应力及最大压应力值,并说明它们分别发生在何处?

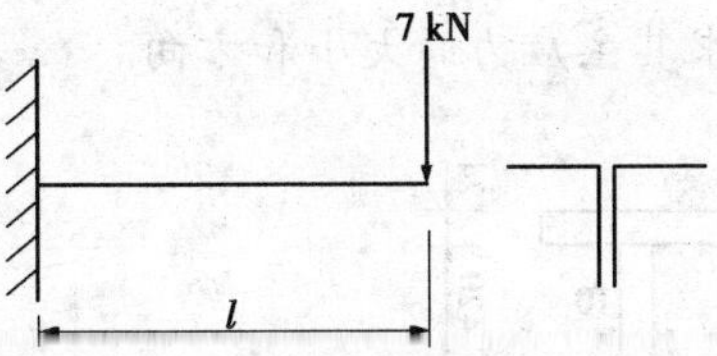

图 7-76

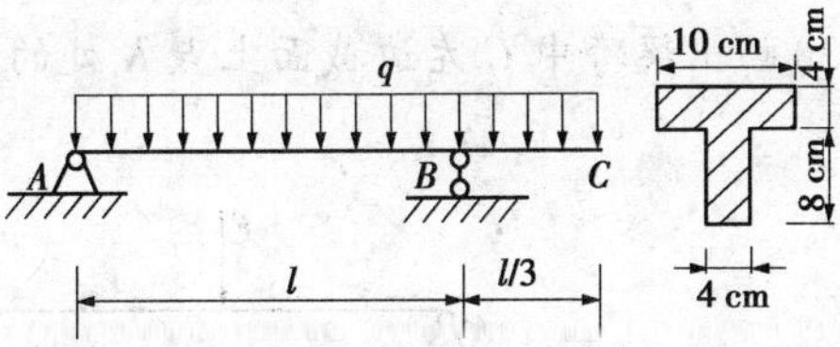

图 7-77

7-11 图 7-78 所示的小阳台由木板铺成,台面受荷载 $p=2$ kN/m^{2}作用,在 B、D 角上承受由立柱传来的压力 $F=2$ kN。阳台上的荷载全部由两根固定于墙内的悬臂梁 AB 和 CD 承担。若材料的许用应力 $[\sigma]=100$ MPa,试:

(1) 画出 AB 梁的受力简图;

(2) 若悬臂梁为矩形,高宽比 $h:b=2:1$,试确定其截面尺寸;

(3) 试确定木板所需的厚度 t(可作为简支计算)。

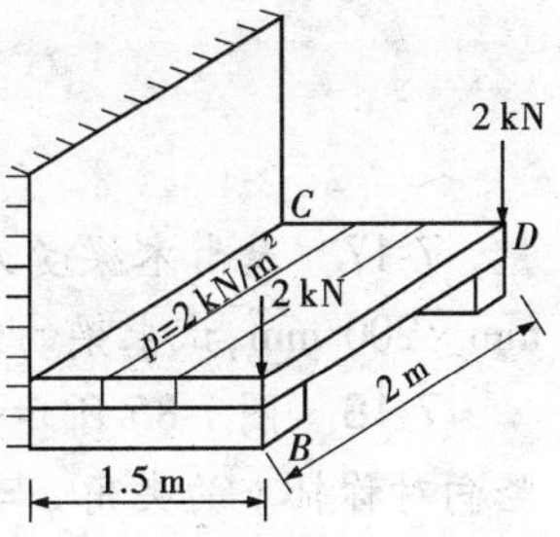

图 7-78

7-12 一矩形截面木梁,其截面尺寸如图 7-79 所示。已知 $q=1.5$ kN/m, $[\sigma]=10$ MPa, $[\tau]=2$ MPa,试校核梁的正应力强度和切应力强度。

7-13 一工字形钢梁受荷载如图 7-80 所示。已知钢材的 $[\sigma]=160$ MPa, $[\tau]=100$ MPa。试选择工字钢的型号。

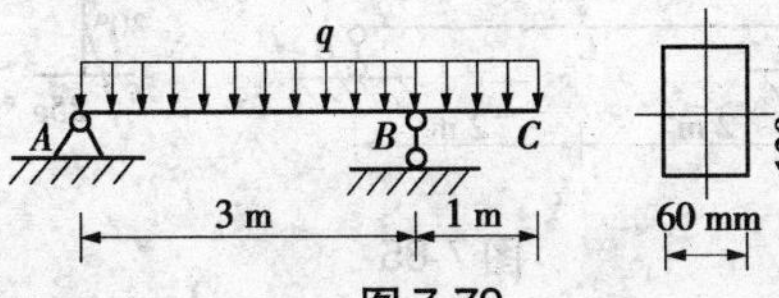

图 7-79

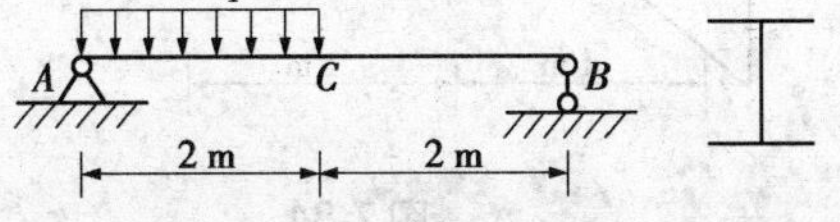

图 7-80

7-14　试计算图 7-81 所示各单元体指定斜截面上的应力(单位为 MPa)。

7-15　已知单元体如图 7-82 所示(单位为 MPa)。试求:

(1)主应力的大小,并在单元体中表示出主平面的位置;

(2)最大切应力。

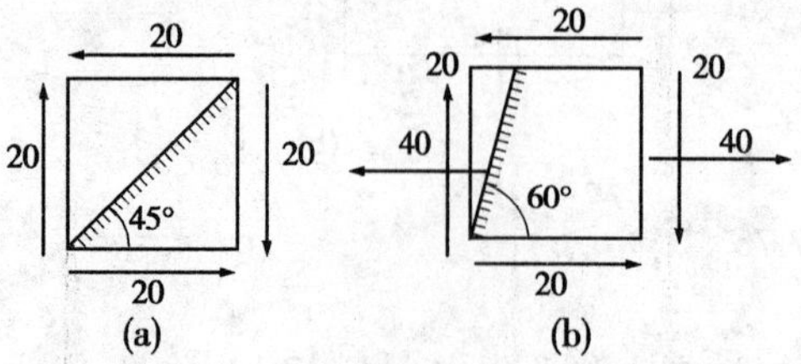

图 7-81

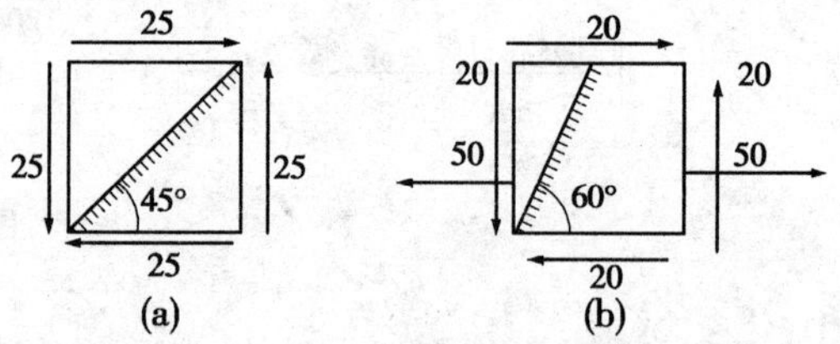

图 7-82

7-16　图 7-83 所示简支梁由三块钢板焊接而成。已知 $F=500$ kN,$l=4$ m,截面尺寸单位为 mm。求:

(1)梁内最大正应力及其位置;

(2)梁内最大切应力及其位置;

(3)画出梁跨中 C 左边截面上点 K 处的单元体,并求其主应力的大小和方向。

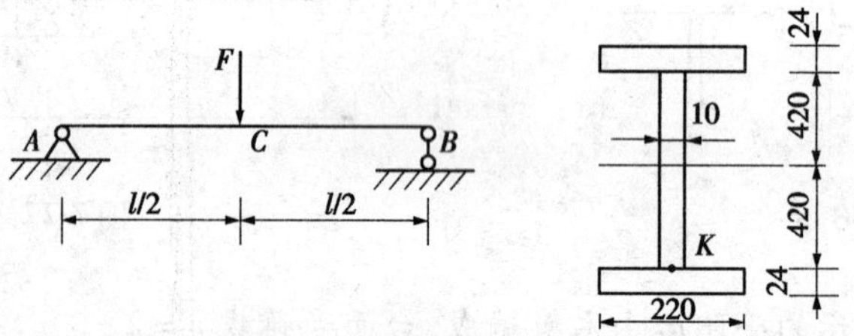

图 7-83

7-17　悬臂木梁受力如图 7-84 所示,$F_1=1$ kN,$F_2=1$ kN。已知矩形截面 $b\times h=100$ mm×200 mm,试求梁的最大拉应力和最大压应力,并指出各发生在何处?

7-18　图 7-85 所示一简支梁,选用工字钢 25a。已知 $F=5$ kN,力 F 的作用线与截面的竖向对称轴 y 的夹角 $\varphi=30°$,钢材的许用应力$[\sigma]=160$ MPa,试校核此梁的强度。

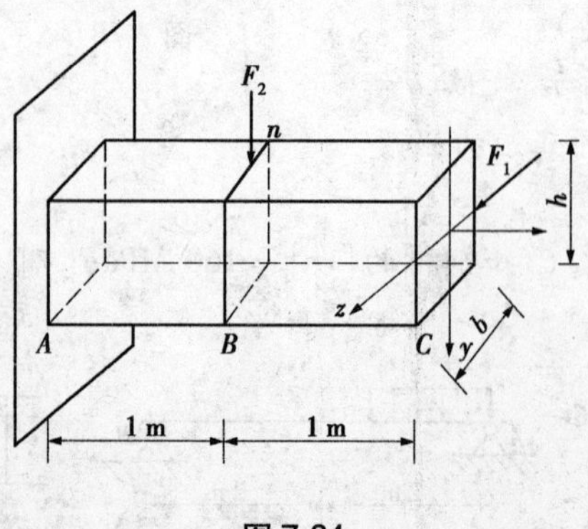

图 7-84

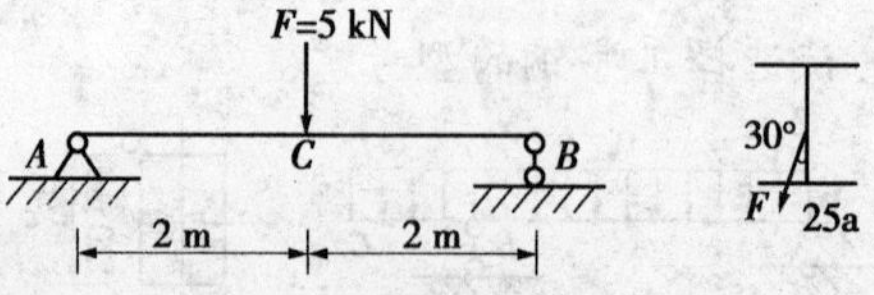

图 7-85

7-19 砖墙和砖基础如图 7-86 所示。设在 1 m 长的墙上有偏心力 $F=40$ kN 作用，偏心距 $e=0.05$ m，试画出 1—1、2—2、3—3 截面的正应力分布图。截面尺寸单位为 mm。

7-20 如图 7-87 所示，实心圆轴的直径 $d=100$ mm，轴长 $l=1$ m，两端受外力偶 $m=14$ kN · m，材料的剪切弹性模量 $G=80\times10^3$ MPa。试求横截面上 A、B 两点剪应力的数值及方向，并求两端截面间的相对扭转角。截面尺寸单为 mm。

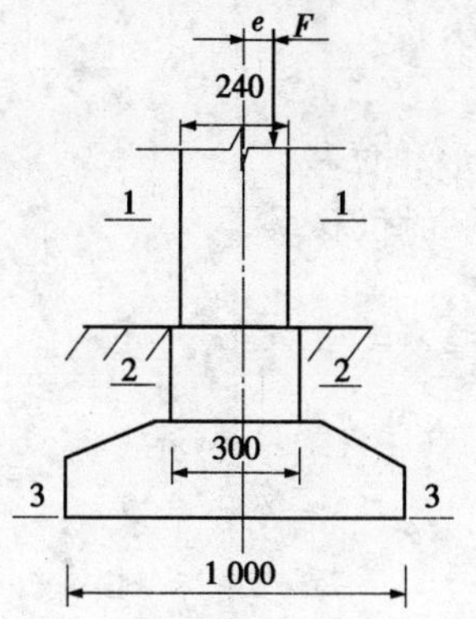

图 7-86

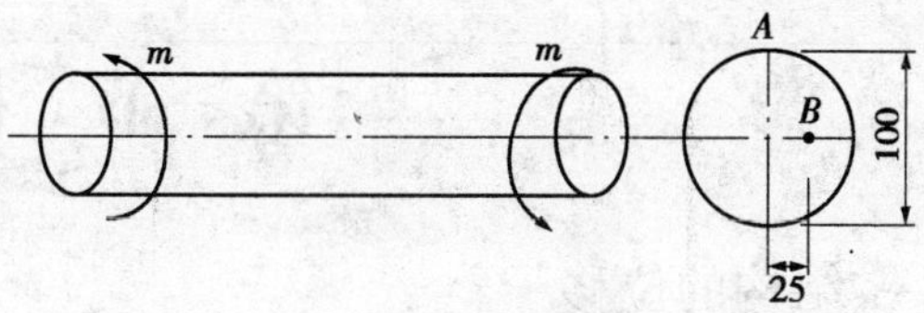

图 7-87

7-21 作图 7-88 所示转动轴的扭矩图，并判断三个轮子的布置位置图 7-88(a)、(b)哪一种对轴的强度有利？

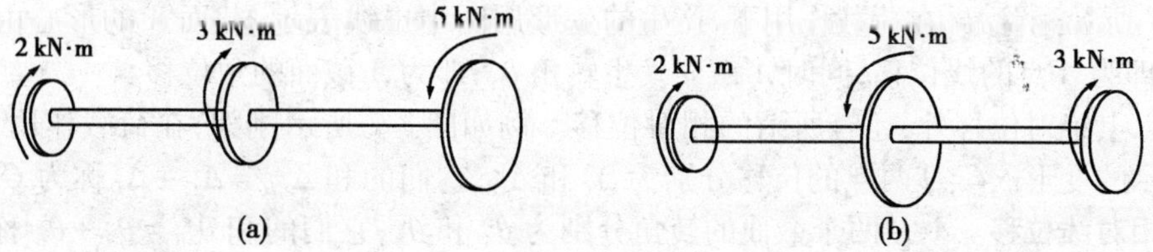

图 7-88

第八章　静定结构的位移计算和刚度计算

学习目标

(1)掌握广义位移和广义力的概念。

(2)会计算杆件在轴向拉(压)、扭转和平面弯曲时的变形和位移。

(3)掌握单位位移法,能正确计算静定结构在荷载作用下的位移。

(4)能熟练运用图乘法。

第一节　概　述

一、结构的位移

荷载作用、温度变化、支座位移、材料收缩和制造误差等因素都会使结构产生变形,结构上各点的位置也将随之改变,这种位置的改变称为**位移**。结构的位移有两种:线位移和角位移。线位移指结构上各点位置的改变,在计算简图上用截面形心的移动表示;角位移是指杆件横截面相对于原来位置转过的角度,在计算简图上可用杆轴上一点切线方向的变化表示。如图 8-1 所示悬臂梁,在荷载作用下,产生的变形用图中虚线表示,截面 A 的形心由 A 移至 A',AA'即为 A 点的线位移,同时 A 截面发生转角 θ_A,即为 A 截面的角位移。

除以上绝对位移外,还有所谓的相对位移。例如图 8-2 所示刚架,在荷载作用下,发生虚线所示的变形。C、D 两点的位移分别为 Δ_C 和 Δ_D,它们的和 $\Delta_{CD} = \Delta_C + \Delta_D$ 称为 C、D 两点的**水平相对线位移**。A、B 两个截面的转角分别为 θ_A 和 θ_B,它们的和 $\theta_{AB} = \theta_A + \theta_B$ 称为两个截面的**相对角位移**。

以上所有各种位移(线位移、角位移及相对位移)统称为广义位移。

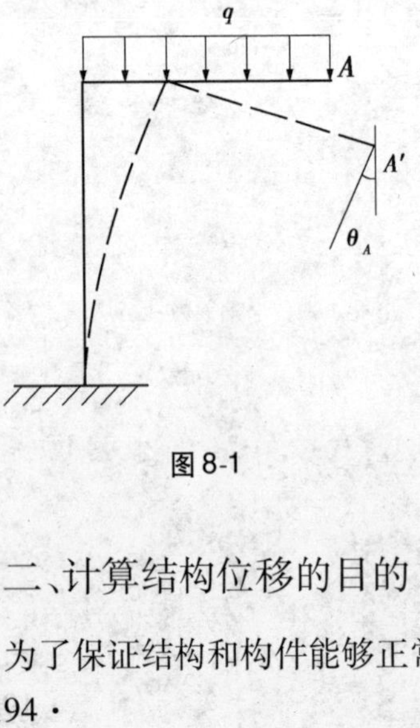

图 8-1

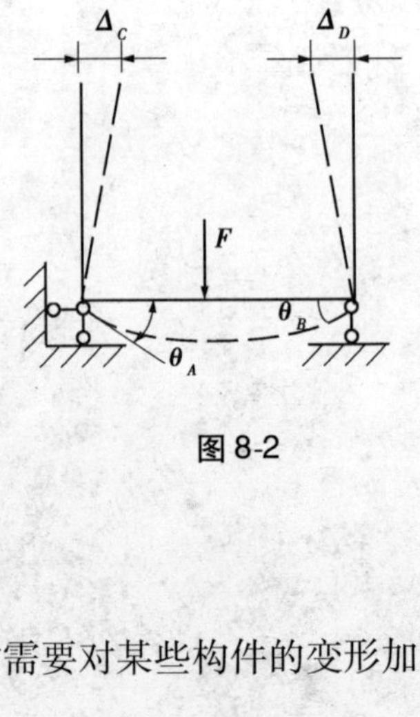

图 8-2

二、计算结构位移的目的

为了保证结构和构件能够正常的使用,在工程中常需要对某些构件的变形加以限制,使构件在荷载等因素下产生的变形不能超过一定的范围,这就要求构件具有足够的刚度。构件的刚度,是指构件抵抗弹性变形的能力。

静定结构的位移计算,概括起来有如下三个方面的用途:

(1)校核结构的刚度。验算结构的变形是否超过允许限值,结构的变形和位移必须控制在所允许的限度之内,以保证结构的正常使用。

(2)施工方面的需要。在结构的制作、安装过程中,常需预先知道结构变形的位置,以便采取适当的施工措施,确保建成后的结构符合设计要求。如屋架施工中的建筑起拱高度的确定等。

(3)为超静定结构的内力分析打下基础。超静定结构的计算,除满足静力平衡条件外,还必须考虑变形条件,要建立结构的变形条件,就必须计算结构的位移。

三、计算位移的有关规定

在计算结构的位移时,为简化计算,常采用如下的假定:

(1)结构的材料服从胡克定律,即应力与应变成正比。

(2)结构的变形很小,不影响荷载的作用位置。这样,在建立平衡方程时,可以忽略结构的变形,用结构变形前的几何尺寸。

(3)结构各部分之间的约束均为理想约束,不考虑摩擦阻力等因素。

对于实际的大多数工程结构,按照上述假定计算的结果具有足够的精确度。满足上述条件的理想化体系,称为线性变形体系或线弹性体系。线弹性体系的位移与荷载之间为线性关系,当荷载全部卸除后,位移也全部消失。计算位移时,可以应用叠加原理。

第二节　轴向拉压杆的变形

一、弹性变形与塑性变形

杆件在外力作用下会发生变形,随着外力取消即随之取消的变形叫做**弹性变形**。当外力取消时不消失或不完全消失而残留下来的变形叫做**塑性变形**。一般材料同时具有以上两种变形的性质,只是在外力不超过某一定范围时,主要表现为弹性变形性质。例如,手拉一根弹簧,当拉力不大时就放松,弹簧可以恢复原状,表现为弹性变形性质;当拉力很大再放松时,弹簧被拉长了,说明弹簧有一部分变形不能消失而残留了下来,这部分残留的变形就是塑性变形。工程中构件所受的力通常是在弹性变形范围内,因此我们研究的构件变形也常限于弹性变形。

二、纵向变形和胡克定律

杆件在轴向力作用下杆的长度发生变化,杆件长度的改变量叫做**纵向变形**,用 Δl 表示。若杆件变形前长度为 l,变形后长度为 l_1(见图 8-3),则纵向变形为

$$\Delta l = l_1 - l$$

拉伸时纵向变形是伸长的,规定为正;压缩时纵向变形是缩短的,规定为负。纵向变形的单位是毫米(mm)。

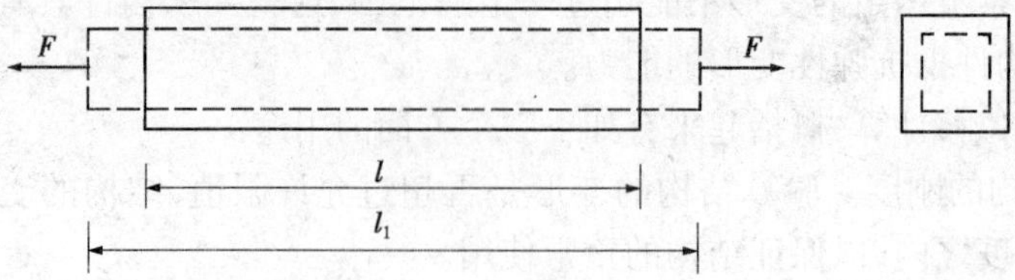

图 8-3

实验表明，杆件在轴向拉、压时，在外力不超过弹性范围的条件下，纵向变形 Δl 与外力 F、杆长 l 及横截面面积 A 存在着以下的比例关系

$$\Delta l \propto \frac{Fl}{A}$$

引进比例系数 E，得到

$$\Delta l = \frac{Fl}{EA} \tag{8-1}$$

在内力不变的杆段中，$F_N = F$，将上式改为用内力表达的形式

$$\Delta l = \frac{F_N l}{EA} \tag{8-2}$$

式(8-2)叫做**胡克定律**。胡克定律表明在弹性受力范围内，杆件的纵向变形与轴力及杆长成正比，与杆件的横截面面积成反比。

比例系数 E 叫做材料的拉、压**弹性模量**，各种材料的拉、压弹性模量值不同，常通过实验确定。由式(8-2)可知，在其他条件相同时，弹性模量愈大的材料，变形愈小，弹性模量反映了某种材料抵抗变形的能力。拉、压弹性模量的单位与应力的单位相同，在国际单位制中常用 MPa。EA 叫做杆件的拉、压**刚度**，它反映了用某种材料制成的一定截面的杆件抵抗拉、压变形的能力。在其他条件相同时，EA 愈大杆件的变形愈小。

应用式(8-2)时必须注意：直杆在杆长 l 内，轴力 F_N、截面面积 A 及材料的弹性模量 E 均为常数。杆件的纵向变形与杆长 l 有关，在其他条件相同的情况下，杆件愈长则纵向变形愈大。为消除杆长对变形的影响，常用单位长度的变形来描述杆件变形的程度。单位长度的变形叫做**线应变**，用 ε 表示。实验表明，等截面直杆在轴力不变的范围内，纵向变形在杆内均匀分布，所以线应变为

$$\varepsilon = \frac{\Delta l}{l} \tag{8-3}$$

ε 的正负号与 Δl 相同，是无量纲的量。

式(8-2)可以表达为

$$\varepsilon = \frac{\sigma}{E} \text{或 } \sigma = \varepsilon E \tag{8-4}$$

式(8-4)是胡克定律的另一种形式。它表明在弹性受力范围内，应力与应变成正比。

三、横向变形和泊松比

杆件在轴向外力作用下，在发生纵向变形的同时还发生横向变形。若杆件变形前横截

面尺寸为 a,变形后为 a_1,则横向变形为

$$\Delta a = a_1 - a$$

横向应变用 ε' 表示,则有

$$\varepsilon' = \frac{\Delta a}{a} \tag{8-5}$$

杆件受拉时,横截面尺寸缩小,ε' 为负值;杆件受压时,横截面变大,ε' 为正值。可见,轴向拉、压杆的线应变与横向应变的负号总是相反的。

实验表明,在弹性受力范围内,横向应变 ε' 与线应变 ε 的绝对值之比为一个常数。此比值叫做横向变形系数或泊松比,用 ν 表示,即

$$\nu = \left|\frac{\varepsilon'}{\varepsilon}\right| \tag{8-6}$$

ν 是无量纲的量,不同材料的 ν 值不同。材料的泊松比是通过实验测定的。

表 8-1 列出了建筑工程中常用材料的弹性模量及泊松比值。

表 8-1　建筑工程中常用材料的 E、ν 值

材料名称	弹性模量 E(MPa)	泊松比 ν
碳　钢	$2.0\times10^5 \sim 2.2\times10^5$	$0.25 \sim 0.33$
16 锰钢	$2.0\times10^5 \sim 2.2\times10^5$	$0.25 \sim 0.33$
铸　铁	$1.15\times10^5 \sim 1.6\times10^5$	$0.23 \sim 0.27$
铝及硬铝合金	0.71×10^5	0.33
花岗岩	0.49×10^5	
混凝土	$0.146\times10^5 \sim 0.36\times10^5$	$0.16 \sim 0.18$
木材(顺纹)	$0.1\times10^5 \sim 0.12\times10^5$	

【例 8-1】 为测定钢桁架 CD 杆的应力,在杆 CD 上装上仪器。当桁架受力时,仪器的指针移动了 16 小格,每小格代表 $\frac{1}{1\,000}$ mm,仪器的标距 $l = 20$ mm。若钢材的弹性模量 $E = 2.1\times10^5$ MPa,试计算杆 CD 的应力(见图 8-4)。

解　工程中常用这种方法对结构进行承载能力检验。

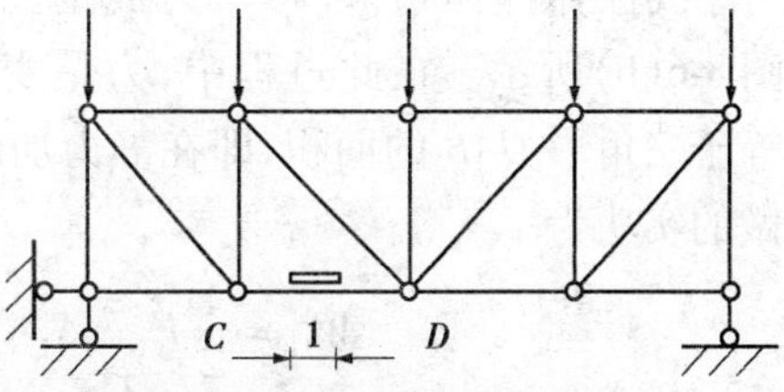

图 8-4

仪器上的指针移动表示杆件伸长的数值。

$$\Delta l = 16 \times \frac{1}{1\,000} = 0.016(\text{mm})$$

在 $l = 20$ mm 范围内线应变为

$$\varepsilon = \frac{\Delta l}{l} = \frac{0.016}{20} = 0.000\,8$$

由胡克定律可得 CD 杆的应力为

$$\sigma = \varepsilon \cdot E = 0.000\,8 \times 2.1 \times 10^5 = 168(\text{MPa})$$

第三节　荷载作用下静定结构的位移计算

一、功

（一）功的概念

物理学中已经学过功的定义，如图 8-5（a）所示常力 F（大小和方向不变的力）的功为

$$W = Fs\cos\alpha = F\Delta$$

式中 Δ 为沿力方向的位移分量，称为与力相应的位移。

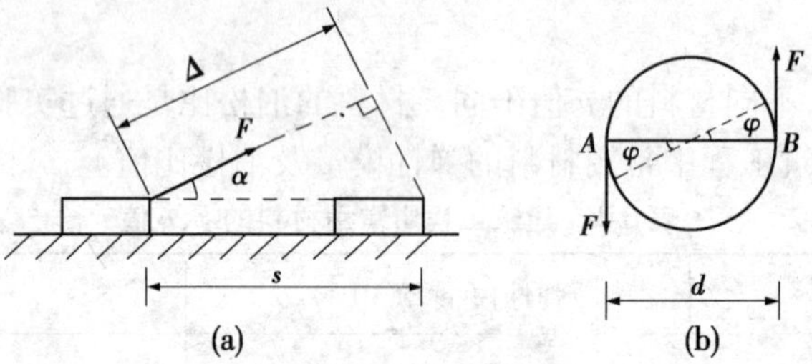

图 8-5

图 8-5（b）所示为一对等值、反向、作用线平行的力 F 分别作用在圆盘的 A、B 两点，设圆盘转动时力 F 的大小不变，而方向则始终垂直于直径 AB，当圆盘转动一角度 φ 时，两力所做的功为

$$W = 2F\left(\frac{d}{2}\cdot\varphi\right) = M\cdot\varphi$$

式中 $M = Fd$ 为一对力 F 所组成的力偶的力偶矩。由此可知，力偶的功等于力偶矩与力偶作用面转角的乘积。

（二）实功与虚功

若位移是由做功的力本身引起的，则力在其自身引起的位移上所做的功称为**实功**。如图 8-6（a）所示简支梁，梁上 C 点作用有静荷载 F_1，当荷载由零逐渐增加到 F_1 时，C 点的竖向位移也由零逐渐增加到 Δ_{11}。对于线性弹性体系，位移与力成正比，其变形曲线如图 8-6（b）所示。在此过程中，力是变力，力所做的功等于三角形 OAB 的面积，即在静力加载过程中力 F_1 所做的实功为

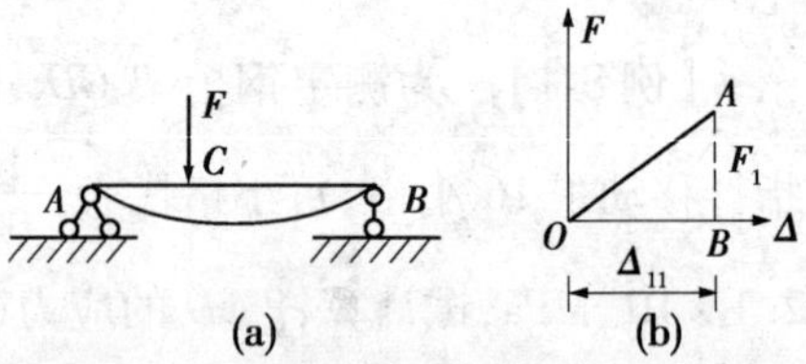

图 8-6

$$W_{11} = \frac{1}{2}F_1\cdot\Delta_{11}$$

若做功的力与位移无关，即力在该力以外的其他因素（如其他荷载或冲击荷载因素等）引起的位移上所做的功，称为**虚功**。如图 8-7 所示简支梁受 F_1 作用，待其达到

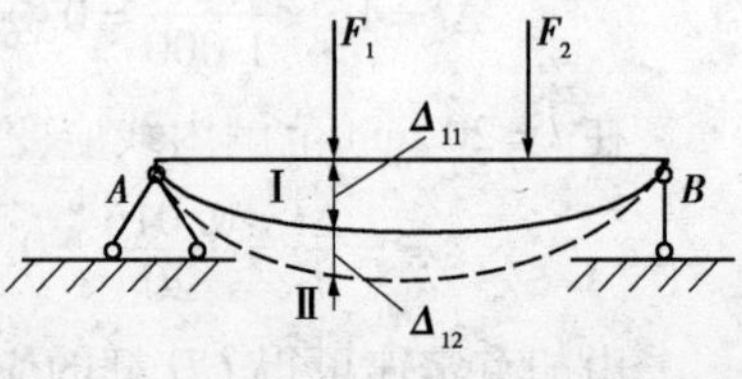

图 8-7

实变形曲线Ⅰ所示的平衡位置后，如果另一荷载 F_2（或其他荷载或温度变化等外因）作用，使梁继续变形而达到虚变形曲线Ⅱ所示的平衡位置，在产生位移 Δ_{12} 的过程中力 F_1 是常力，因此力在此过程中所做的虚功为

$$W_{12} = F_1 \cdot \Delta_{12}$$

当位移与力的方向一致时，虚功为正，相反时虚功为负。

二、变形体虚功原理

如图 8-8（a）所示刚架在荷载作用下处于平衡，在外力作用下结构产生的内力记为 M_P、F_{SP}、F_{NP}，该状态称为力状态或第一状态。由于其他因素（其他荷载、温度改变、支座移动等）使刚架产生变形曲线，从而使结构上各点产生位移，各微段的变形可用两端截面的相对位移表示，包括轴向变形 $d\lambda_2$（相对轴向线位移）、剪切变形 $d\eta_2$（相对剪切位移）和弯曲变形 $d\theta_2$（微段两端截面的相对转角），该状态称为位移状态或第二状态。第一状态的外力（包括荷载和支座反力）在第二状态相应位移上所做的虚功总和记为 W_{12}^e，第一状态的内力在第二状态的相应变形上所做的虚功总和记为 W_{12}^i，状态 1 中微段上的内力在状态 2 中相应微段变形上所做的虚功以 dW_{12}^i 表示，则

$$dW_{12}^i = M_1 \cdot d\theta + F_{N1} \cdot d\lambda_2 + F_{S1} \cdot d\eta_2$$

上式沿整个杆长积分，再对结构中所有各杆求和得 W_{12}^i

$$W_{12}^i = \sum \int (M_1 \cdot d\theta_2 + F_{N1} \cdot d\lambda_2 + F_{S1} \cdot d\eta_2)$$

$$= \sum \int M_1 \cdot d\theta_2 + \sum \int F_{N1} \cdot d\lambda_2 + \sum \int F_{S1} \cdot d\eta_2$$

变形体系处于平衡的必要和充分条件是：**对于符合变形体系约束条件的任意微小的连续虚位移，变形体系上的所有外力所做的虚功总和 W_{12}^e 等于变形体系各微段截面上的内力在其虚变形上所做的虚功总和 W_{12}^i**，这就是变形体系虚功原理，即

$$W_{12}^e = W_{12}^i = \sum \int M_1 \cdot d\theta_2 + \sum \int F_{N1} \cdot d\lambda_2 + \sum \int F_{S1} \cdot d\eta_2 \tag{8-7}$$

上式称为**变形体虚功原理**。只要在小变形范围内，对于线弹性、非线弹性等变形体系，虚功方程均成立。

三、荷载作用下结构位移计算的一般公式

如图 8-8（a）所示结构在荷载作用下发生了如图中虚线所示的变形，此状态为实际的位移状态（状态 2）。现在求结构上任一广义位移，如 K 截面的竖向位移 Δ_{KP}。为求此位移，需建立相应的力状态。为此，假想地在所求位移的点上，沿所求力的方向上加一个单位力 $F_K = 1$，如图 8-8（b）所示，此状态又称为虚拟单位力状态（状态 1）。状态 1 上的外力在状态 2 的位移上所做的虚功 W_{12}^e 为

$$W_{12}^e = F_K \cdot \Delta_{KP} = \Delta_{KP} \tag{1}$$

为计算内力的变形虚功，在图 8-8（a）上取 ds 微段，其上由于实际荷载所产生的内力为 M_P、F_{SP}、F_{NP}（见图 8-8（c）），这些内力引起的微段变形分别为 $d\theta$、$d\lambda$、$d\eta$（见图 8-8（e）、（f）、（g）），则

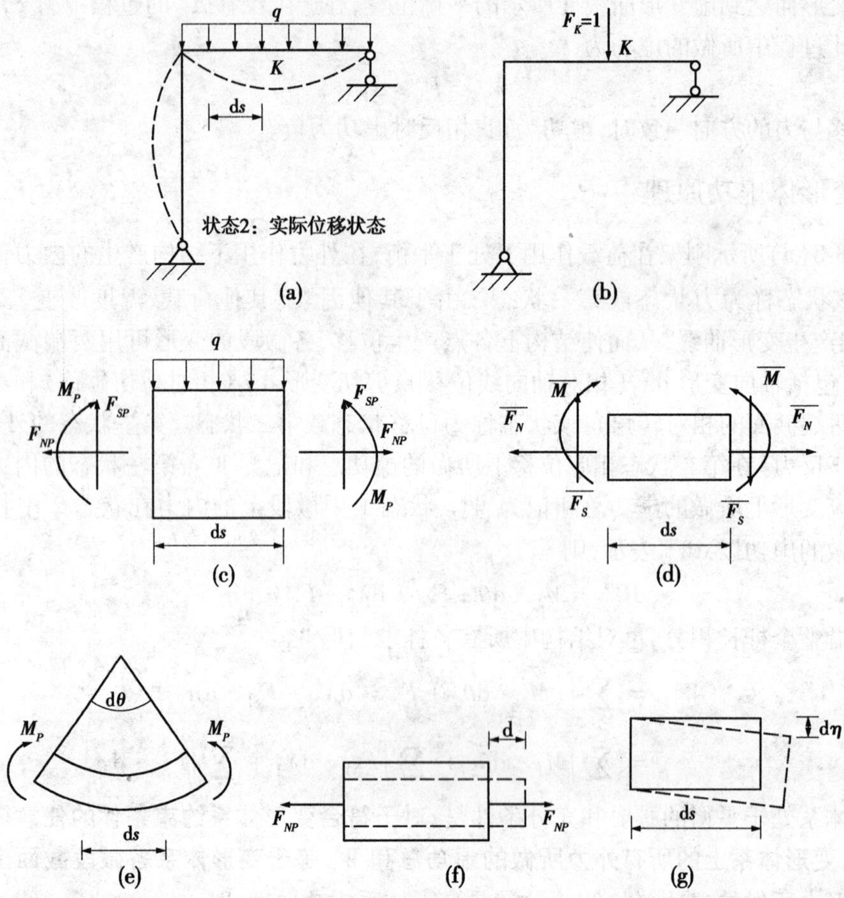

图 8-8

$$\left.\begin{aligned}d\theta &= \frac{M_P \cdot ds}{EI}\\ d\lambda &= \frac{F_{NP} \cdot ds}{EA}\\ d\eta &= k\,\frac{F_{SP} \cdot ds}{GA}\end{aligned}\right\} \tag{2}$$

式中　EI、EA、GA——杆件截面的抗弯刚度、抗拉(压)刚度、抗剪刚度；

　　k——切应力不均匀修正系数,与截面的形状有关。

k 计算公式为

$$k = \frac{A}{I^2}\int \frac{S^2}{b^2}dA$$

对于矩形截面 $k=1.2$,圆形截面 $k=10/9$,薄壁圆环截面 $k=2$,工字形截面 $k=A/A_1$(A_1 为腹板的面积)。

同样,在图 8-8(b)所示虚设应力状态上取与图 8-8(a)相应的微段 ds,单位力 $F_K=1$ 引起的微段两端截面上的弯矩、剪力、轴力用$\overline{M}$、$\overline{F_S}$、$\overline{F_N}$表示，在忽略弯矩、剪力、轴力在 ds 微段上的高阶微量的情况下，如图 8-8(d)所示，则内力的虚功为

$$W_{12}^i = \sum\int(\overline{M}\cdot d\theta + \overline{F_N}\cdot d\lambda_2 + \overline{F_S}\cdot d\eta_2)$$

$$= \sum\int\overline{M}\frac{M_P}{EI}ds + \sum\int\overline{F_N}\frac{F_{NP}}{EA}ds + \sum\int\overline{F_S}\frac{kF_{SP}}{GA}ds \tag{3}$$

将式(1)、式(3)代入式(8-7)可得

$$\Delta_{KP} = \sum\int\overline{M}\frac{M_P}{EI}ds + \sum\int\overline{F_N}\frac{F_{NP}}{EA}ds + \sum\int\overline{F_S}\frac{kF_{SP}}{GA}ds \tag{8-8}$$

式中 $\overline{M}$、$\overline{F_S}$、$\overline{F_N}$——虚拟力状态上单位力 F_K产生的弯矩、剪力和轴力；

M_P、F_{NP}、F_{SP}——位移状态上实际荷载所产生的弯矩、轴力和剪力；

$\overline{M}\frac{M_P}{EI}ds$、$\overline{F_N}\frac{F_{NP}}{EA}ds$、$\overline{F_S}\frac{kF_{SP}}{GA}ds$——弯曲变形、轴向变形、剪切变形所引起的位移。

式(8-8)为弹性杆件结构在荷载作用下位移计算的一般公式，它适用于静定结构和超静定结构。这种用虚设单位荷载计算结构位移的方法，称为单位位移法。

四、虚设单位力状态的确定

式(8-8)中的Δ_{KP}代表广义位移，与Δ_{KP}相应的单位荷载 $F_K=1$ 代表单位广义力，是量纲为 1 的量。应用式(8-8)计算结构位移时，需要建立虚设单位力状态，在虚设单位力的状态中，所施加的广义单位力必须与所求的广义位移相对应，其方向可任意假设。若计算结果为正，说明位移的实际方向与所设荷载的方向相同；若计算结果为负，则说明位移的实际方向与所设荷载的方向相反。

如图 8-9(a)所示刚架，欲求 K 点的竖向位移，则在 K 点沿竖向虚设单位力 $F_K=1$(见图 8-9(b))；如欲求 K 点的水平位移，则在 K 点沿水平方向虚设单位力 $F_K=1$(见图 8-9(c))；如欲求 K 截面的转角，则在 K 截面虚设单位集中力偶 $M_K=1$(见图 8-9(d))；如欲求 K、J 两点之间沿 KJ 方向的相对线位移，则在 K、J 两点沿 KJ 方向虚设一对方向相反的单位集中力 $F_K=1$(见图 8-9(f))；如欲求 K、J 两截面的相对转角，则在 K、J 两截面上虚设一对方向相反的集中力偶 $M_K=1$(见图 8-9(e))。

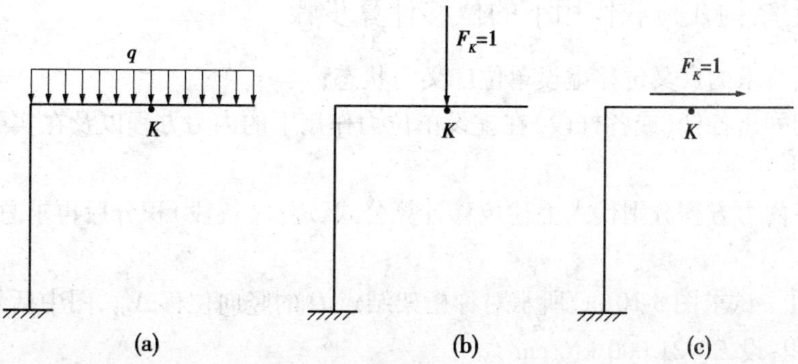

图 8-9

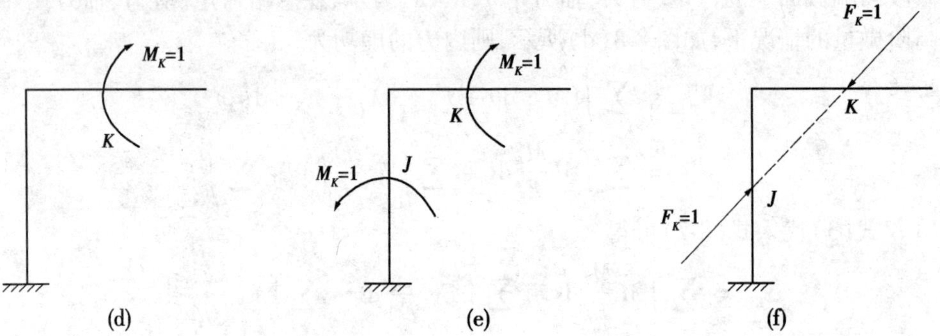

续图 8-9

五、各类结构的位移计算公式

式(8-8)是结构在荷载作用下的一般位移计算的公式。在计算结构位移时,应根据结构的具体情况,只考虑其中一项或两项。对于梁和刚架,弯曲变形是主要的,轴向变形和剪切变形产生的位移可以忽略不计,因此对于梁和刚架的位移计算公式可简化为

$$\Delta_{KP} = \sum \int \frac{\overline{M}M_P}{EI} \mathrm{d}s \tag{8-9}$$

对于桁架,因各杆只有轴力,且同一杆件的轴力、截面面积、材料沿杆长不变,因此桁架的位移计算公式可简化为

$$\Delta_{KP} = \sum \int \frac{\overline{F}_N F_{NP}}{EA} \mathrm{d}s = \sum \frac{\overline{F}_N F_{NP} l}{EA} \tag{8-10}$$

对于组合结构,有两类不同性质的受力杆件,一类是以弯曲变形为主的刚架类杆件(梁式杆),另一类是只有轴向变形的桁架类杆件(链杆),因此组合结构的位移计算公式可简化为

$$\Delta_{KP} = \sum \int \frac{\overline{M}M_P}{EI} \mathrm{d}s + \sum \frac{\overline{F}_N F_{NP} l}{EA} \tag{8-11}$$

上式等号右边第二项仅对桁架类杆件而言,它不包括刚架类杆件中轴向变形的影响。

六、静定结构在荷载作用下的位移计算步骤

(1)根据待求的广义位移虚设单位广义力状态;

(2)分别列出各杆(或各杆段)在虚设单位力作用下的内力方程以及在实际荷载作用下的内力方程;

(3)将各内力方程分别代入上述位移计算公式,逐杆(逐段)积分后再求总和,可计算出所求的位移。

【例 8-2】 试求图 8-10(a)所示对称桁架结点 D 的竖向位移 Δ_{DV},图中括号内数字表示杆件的截面积,设 $E = 21\ 000\ \mathrm{kN/cm^2}$。

解 欲求 D 点的竖向线位移,在 D 点加一竖向单位力如图 8-10(b)所示,用结点法分别求实际状态下和单位状态下各杆轴力 F_{NP}、$\overline{F}$,根据桁架位移计算公式,列成表格计算,如表 8-2 所示。

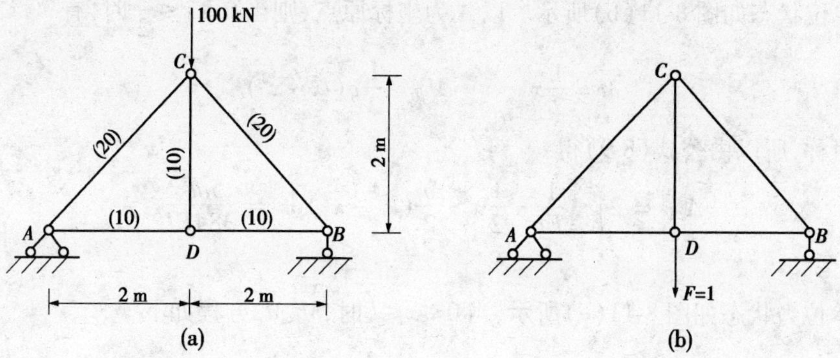

图 8-10

表 8-2 桁架位移计算

杆件	l(cm)	A(cm^2)	$\overline{F}_N$	F_{NP}(kN)	$\overline{F}_N F_{NP} l/A$(kN/cm)
AC	283	20	−0.707	−70.71	707.5
BC	283	20	−0.707	−70.71	707.5
AD	200	10	0.5	50	500
BD	200	10	0.5	50	500
CD	200	10	1.0	0	0
$\sum$					2 415

由此可得

$$\Delta_{DV} = \sum \frac{\overline{F}_N F_{NP} l}{EA} = \frac{2\ 415}{21\ 000} = 0.115\ \text{cm}(\downarrow)$$

正号表示 D 点竖向位移的实际方向与单位荷载 $F=1$ 的假设方向一致，即方向向下。

【例 8-3】 计算图 8-11(a)所示简支梁中点 C 点的竖向位移 Δ_{CV} 和截面 B 的转角 φ_B。已知 EI = 常数。

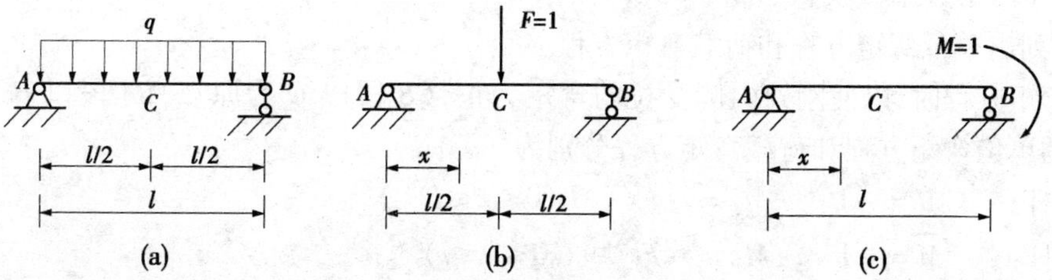

图 8-11

解 (1)求 Δ_{CV}。

虚设单位状态如图 8-11(b)所示。以 A 为坐标原点,则当 $0\leqslant x\leqslant \frac{l}{2}$ 时,有

$$\overline{M}=\frac{1}{2}x \qquad M_P=\frac{1}{2}q(lx-x^2)$$

因为对称,所以由公式(8-9)得

$$\Delta_{CV}=2\int_0^{l/2}\frac{1}{EI}\cdot\frac{1}{2}x\cdot\frac{q}{2}(lx-x^2)\mathrm{d}x=\frac{5ql^4}{384EI}$$

(2)求 φ_B。

虚拟单位力状态如图 8-11(c)所示,当 $0\leqslant x\leqslant l$ 时,$\overline{M}$、M_P 方程如下

$$\overline{M}=-\frac{x}{l} \qquad M_P=\frac{q}{2}(lx-x^2)$$

代入式(8-9)得

$$\varphi_B=\int_0^l\frac{1}{EI}\cdot\left(-\frac{x}{l}\right)\cdot\frac{q}{2}(lx-x^2)\mathrm{d}x=-\frac{ql^3}{24EI}$$

计算结果为负,表示实际位移与所虚设单位荷载的方向相反,即截面 B 的转角是逆时针方向。

【例 8-4】 悬臂刚架 ABC,在 C 端作用集中荷载 F 如图 8-12(a)所示,刚架的 EI 为常数,求悬臂端 C 截面的角位移 φ_C。

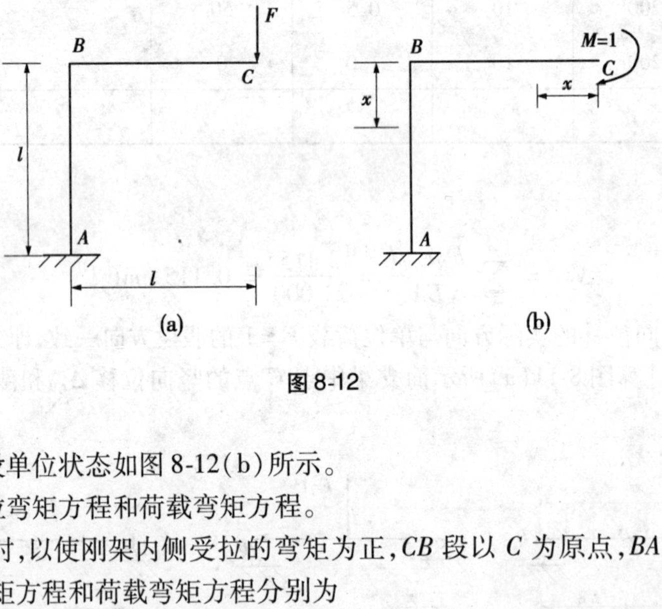

图 8-12

解 (1)虚设单位状态如图 8-12(b)所示。

(2)列出单位弯矩方程和荷载弯矩方程。

列弯矩方程时,以使刚架内侧受拉的弯矩为正,CB 段以 C 为原点,BA 段以 B 为原点,则各杆的单位弯矩方程和荷载弯矩方程分别为

BC 杆: $\overline{M}=-1 \qquad M_P=-Fx \qquad (0\leqslant x\leqslant l)$

AB 杆: $\overline{M}=-1 \qquad M_P=-Fl \qquad (0\leqslant x\leqslant l)$

(3)计算 φ_C

$$\varphi_C=\sum\int\frac{\overline{M}M_P}{EI}\mathrm{d}s=\frac{1}{EI}\int_0^l(-1)\cdot(-Fx)\mathrm{d}x+\frac{1}{EI}\int_0^l(-1)\cdot(-Fl)\mathrm{d}x=\frac{3Fl^2}{2EI}$$

计算结果为正值,说明 φ_C 与虚设单位力偶的方向相同。

第四节　图乘法

一、图乘法

对于梁和刚架，位移主要是由弯矩所引起的，而轴力和剪力的影响可忽略不计，可知

$$\Delta_{KP} = \sum \int \frac{\overline{M}M_P}{EI}\mathrm{d}s \tag{1}$$

具体计算时，积分 $\int \frac{\overline{M}M_P}{EI}\mathrm{d}s$ 如果满足下列三个条件：

(1)杆轴为直线；

(2)抗弯刚度 EI 为常数；

(3)弯矩图$\overline{M}$和 M_P中的一个是直线图形。

则可采用下述图形相乘的方法（简称**图乘法**）来代替积分运算，使计算得以简化。

设等截面杆段 AB 上$\overline{M}$图为直线图形，M_P图为任意形状的图形（见图 8-13）。在$\overline{M}$图上坐标为 x 处的竖坐标

$$\overline{M} = x\tan\alpha \tag{2}$$

M_P图中相应位置处的微面积为

$$\mathrm{d}A = M_P\mathrm{d}x \tag{3}$$

将式(2)、式(3)代入式(1)，并注意到 EI、$\tan\alpha$ 都是常数，可提到积分号外面，所以

$$\int \frac{\overline{M}M_P}{EI}\mathrm{d}s = \frac{\tan\alpha}{EI}\int x\mathrm{d}A \tag{4}$$

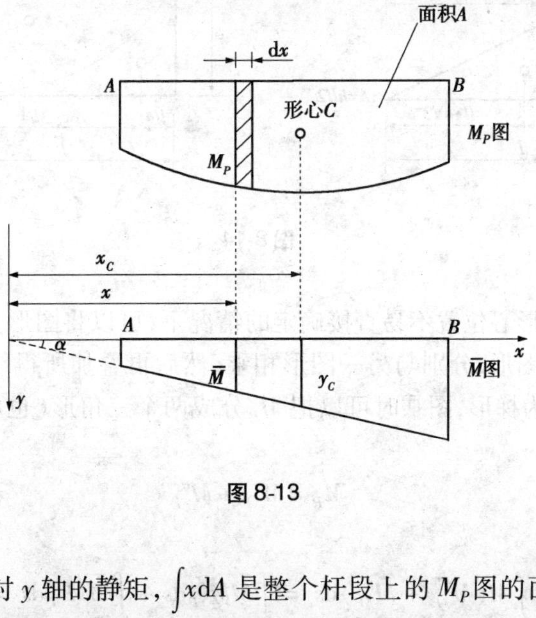

图 8-13

$x\mathrm{d}A$ 是微面积 $\mathrm{d}A$ 对 y 轴的静矩，$\int x\mathrm{d}A$ 是整个杆段上的 M_P图的面积对 y 轴的静矩，它等于 M_P图的面积 A 乘以其形心 C 到 y 轴的距离 x_C，即

$$\int x\mathrm{d}A = x_C A$$

代入式(4),得

$$\int \frac{\overline{M}M_P}{EI}\mathrm{d}s = \frac{\tan\alpha \cdot x_C A}{EI}$$

在$\overline{M}$图中,因

$$y_C = x_C \tan\alpha$$

故

$$\Delta_{KP} = \sum \frac{Ay_C}{EI} \tag{8-12}$$

二、常见图形的面积和形心的位置

在应用图乘法时,需要知道某一图形的面积以及该图形的形心位置。为了应用上的方便,现将经常遇到的几种简单图形的面积及其形心位置列于图 8-14 中。各抛物线图形中的“顶点”是指其切线平行于底边得到的点,而顶点在中点和端点的抛物线称为标准抛物线。

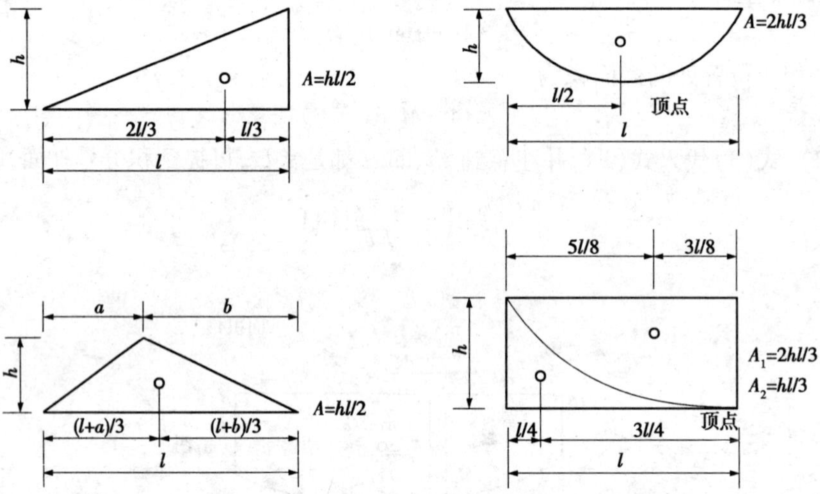

图 8-14

在图形的面积或形心位置不易直接确定的情况下,可以将图形分成几个易于确定其面积及形心位置的简单图形,分别与另一图形相乘,然后再叠加所得结果。例如,图 8-15(a)所示的 M_P图、$\overline{M}$图均为梯形,图乘时可以把 M_P分成两个三角形(也可以分成一个三角形和一个矩形),此时

$$M_P = M'_P + M''_P$$

则

$$\int \overline{M}M_P\mathrm{d}s = \int \overline{M}(M'_P + M''_P)\mathrm{d}s = \int \overline{M}M'_P\mathrm{d}s + \int \overline{M}M''_P\mathrm{d}s = A_a y_a + A_b y_b$$

其中面积为

$$A_a = \frac{1}{2}al \qquad A_b = \frac{1}{2}bl$$

竖标为

$$y_a = \frac{2}{3}c + \frac{1}{3}d \qquad y_b = \frac{1}{3}c + \frac{2}{3}d$$

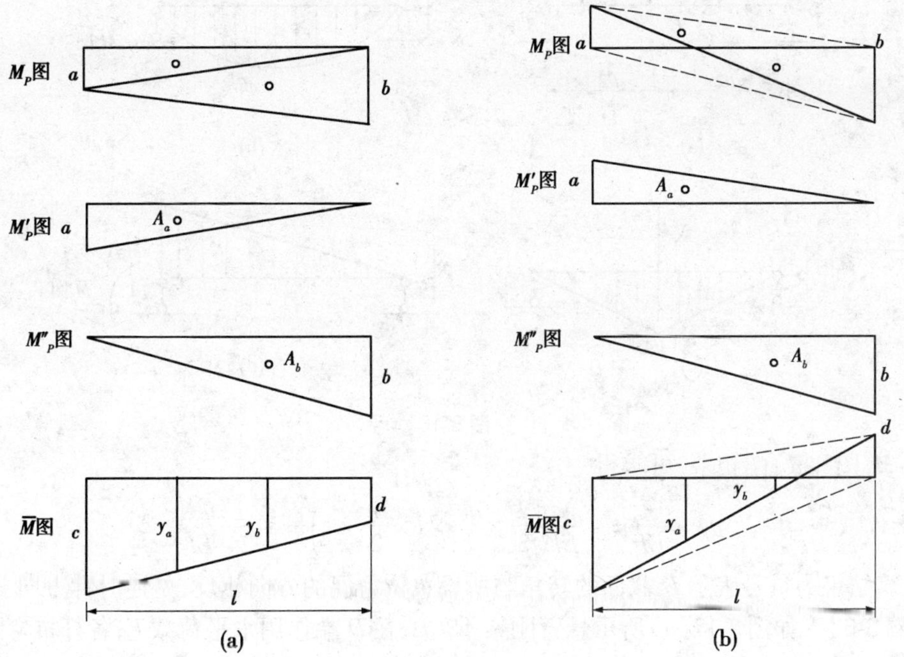

图 8-15

图 8-15(b)所示为具有正、负两部分的直线图形，此时仍可把 M_P 图分成两个三角形，但一个在基线上侧，另一个在基线下侧。按上述方法分别图乘，然后叠加时，仍须注意竖标 y_a、y_b 分别为

$$y_a = \frac{2}{3}c - \frac{1}{3}d \qquad y_b = \frac{1}{3}c - \frac{2}{3}d$$

一直杆段在均布荷载作用时的弯矩图形均可看成由两个弯矩图叠加而成，一个是作用在杆端的弯矩所引起的直线图形弯矩图，另一个是由均布荷载引起的标准抛物线图形的弯矩图。因此，图乘时可将它们分成上述两个图形后再分别相乘。叠加前与叠加后抛物线图形的形状虽不一样，但二者在任一处对应的竖标均相等，所以它们的面积及形心位置仍相同。

【例 8-5】 试求图 8-16(a)所示简支梁跨中 C 点的挠度 Δ_{Cy} 和 B 端的转角 θ_B。设 EI = 常数。

解 实际状态的 M_P图如图 8-16(b)所示，虚拟状态及相应的$\overline{M}_1$ 图和$\overline{M}_2$ 图如图 8-16(c)、(d)所示。M_P图是一标准抛物线，但$\overline{M}_1$ 图是一折线图形，故图乘时须分段进行。由于对称，可计算一半后乘以 2。

$$\Delta_{Cy}=\frac{Ay_c}{EI}=\frac{2}{EI}\left(\frac{2}{3}\times\frac{ql^2}{8}\times\frac{l}{2}\times\frac{5}{8}\times\frac{l}{4}\right)=\frac{5}{384}\frac{ql^4}{EI}(\downarrow)$$

计算结果为正号表示 C 点的挠度与所设的单位荷载的指向相同，竖直向下。

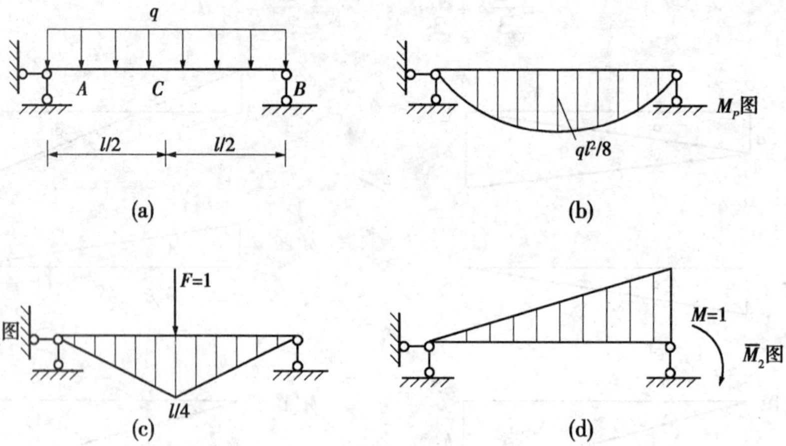

图 8-16

由 M_P图和$\overline{M}_2$ 图相乘，可求得

$$\theta_B=\frac{Ay_c}{EI}=-\frac{1}{EI}\left(\frac{2}{3}\times\frac{ql^2}{8}\times l\times\frac{1}{2}\times 1\right)=-\frac{1}{24}\frac{ql^3}{EI}$$

计算结果为负号表示 B 截面的转角与所设单位力偶的方向相反，是逆时针方向。

【例 8-6】 如图 8-17(a)所示悬臂刚架 $ABCD$，在 D 端作用水平荷载 F，各杆抗弯刚度如图所示，试求 D 点的竖向线位移 Δ_{DV}。

解 (1)虚设单位力状态如图 8-17(b)所示。

(2)分别作出结构的单位弯矩图（见图 8-17(c)）和荷载弯矩图（见图 8-17(b)）。

(3)图乘计算位移 Δ_{DV}。

AB、BC、CD 三杆分别图乘，其中 AB 杆的图乘结果可由式(8-12)计算，BC 杆图乘时取$\overline{M}$图的面积，CD 杆的图乘结果为零，然后将各杆的图乘结果相加，可得 D 点的竖向位移为

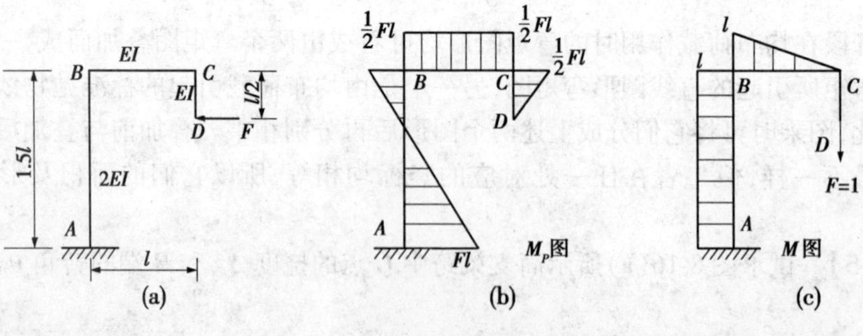

图 8-17

$$\Delta_{DV}=\frac{1}{2EI}\left(\frac{Fl}{2}\times\frac{l}{2}\times\frac{1}{2}\times l-Fl\times l\times\frac{1}{2}\times l\right)+\frac{1}{EI}\left(\frac{1}{2}l\times l\times\frac{Fl}{2}\right)=\frac{Fl^3}{16EI}(\downarrow)$$

【例 8-7】 试求图 8-18(a)所示结构上 C、D 两点之间的距离变化 Δ_{CD}。设各杆 EI 为常数。

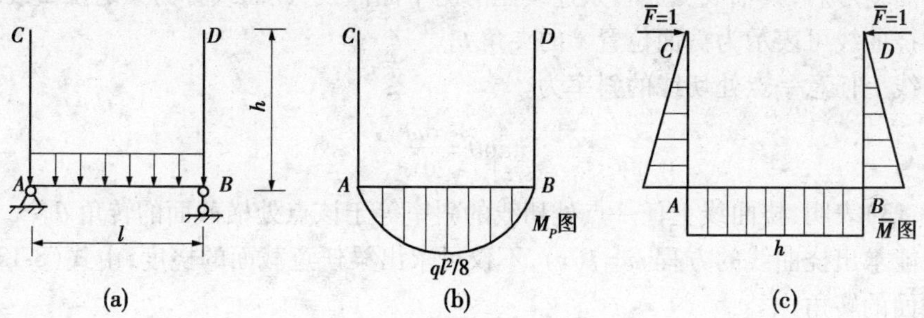

图 8-18

解 (1)虚设单位力状态。

为计算 C、D 两点之间的距离变化，需在 C、D 点上沿两点连线方向加一对指向相反的单位力，如图 8-18(c)所示。

(2)分别作出 M_P图和$\overline{M}$图(图 8-18(b)、(c))。

应用图乘法即可求得

$$\Delta_{CD} = \frac{1}{EI} \times \frac{2}{3} \times \frac{1}{8}ql^2 \times l \times h = \frac{qhl^3}{12EI}(\rightarrow\leftarrow)$$

计算结果为正号，表示 C、D 两点的相对移动方向与所设的一对单位力的指向相同，即 C、D 两点相互靠近。

应用图乘法时应注意以下事项：

(1)$\overline{M}$、M_P在基线同侧，图乘为正；$\overline{M}$、M_P在基线异侧，图乘为负。

(2)EI 为常量。

(3)纵坐标 y_C必须取自直线弯矩图中。

第五节 平面弯曲梁的变形和刚度计算

研究梁在外力作用下的变形，目的在于把梁的变形限制在规定的范围内，保证梁的正常工作。

一、挠度和转角

观察梁在平面弯曲时的变形，可以看出梁的横截面产生了挠度和转角两种位移。

(一)挠度

梁任一横截面的形心的竖向位移称为该**截面的挠度**，通常用 ω 表示，并以向下为正，常用单位米(m)或毫米(mm)。横截面形心沿 x 轴方向的线位移很小，可忽略不计。

(二)转角

梁任一横截面相对原来位置绕中性轴转过的角度，称为该截面的**转角**，用 θ 表示，并以顺时针转向为正，其单位为弧度(rad)。

计算梁的变形就是计算有关截面的挠度 ω 和转角 θ。

（三）梁的挠曲线方程

梁弯曲变形后，其轴线变成一条连续光滑的平面曲线，此曲线称为**梁的挠曲线或弹性曲线**。梁的挠曲线可表示为截面位置 x 的夹角 θ。

挠曲线上任意一点处切线的斜率为

$$\tan\theta = \frac{\mathrm{d}\omega}{\mathrm{d}x} \tag{8-13}$$

式（8-13）表明，挠曲线上任一点处切线的斜率等于该点处横截面的转角 θ。

如果能求出挠曲线的方程 $\omega = f(x)$，不仅可求出梁任意截面的挠度，由式（8-13）还可求出任意截面的转角。

二、挠曲线近似微分方程

可以证明，梁的挠度和弯矩之间存在如下近似关系：

$$\frac{\mathrm{d}^2\omega}{\mathrm{d}x^2} = -\frac{M(x)}{EI} \tag{8-14}$$

式（8-14）称为梁的挠曲线近似微分方程。

三、叠加法计算梁的变形

对式（8-14）积分可求出梁的变形，在简单荷载作用下的变形列于表 8-3 中。

工程上常借助于积分法的结果，利用叠加法计算梁指定截面的变形。

如果梁的变形很小，且材料服从胡克定律，就可以用叠加原理计算梁的变形，即梁在几个荷载共同作用下产生的任意截面的挠度或转角，等于各个荷载单独作用下产生的该截面的挠度或转角的代数和。

【例 8-8】 如图 8-19（a）所示，梁的自重为均布荷载，荷载集度为 q，吊重 G 为作用于跨中的集中力。已知梁的跨度为 l，抗弯刚度 EI 为常量。试计算梁跨中 C 截面的挠度。

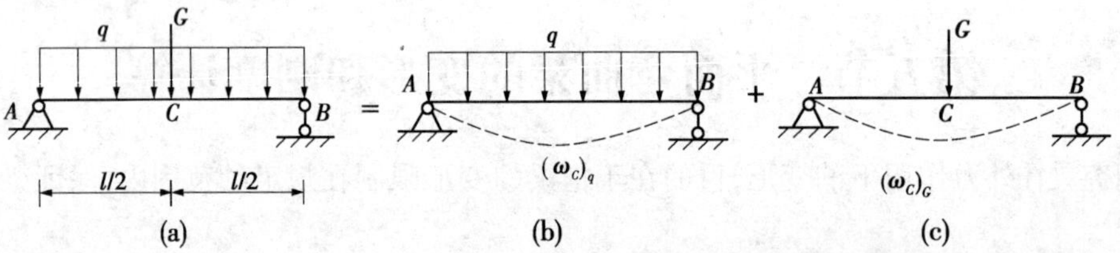

图 8-19

解 （1）分别计算梁在均布荷载 q 和吊重 G 单独作用下 C 截面的挠度。查表 8-3 可得

$$(\omega_C)_q = \frac{5ql^4}{384EI} \qquad (\omega_C)_G = \frac{Gl^3}{48EI}$$

（2）运用叠加原理计算 C 点的挠度。叠加以上结果，求得 q、G 两个荷载共同作用下梁跨中 C 截面的挠度为

$$\omega_C = (\omega_C)_q + (\omega_C)_G = \frac{5ql^4}{384EI} + \frac{Gl^3}{48EI}$$

表 8-3　梁在简单荷载作用下的变形

序号	梁的简图	挠曲线方程	梁端转角	最大挠度
1	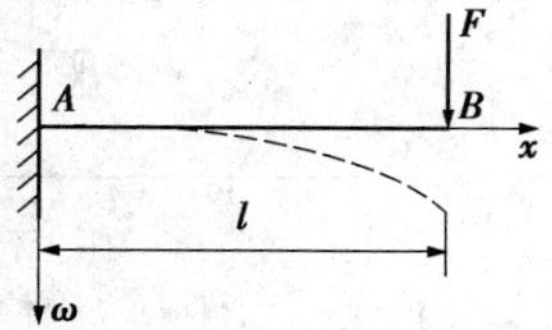	$\omega=\frac{Fx^2}{6EI}(3l-x)$	$\theta_B=\frac{Fl^2}{2EI}$	$\omega_B=\frac{Fl^3}{3EI}$
2	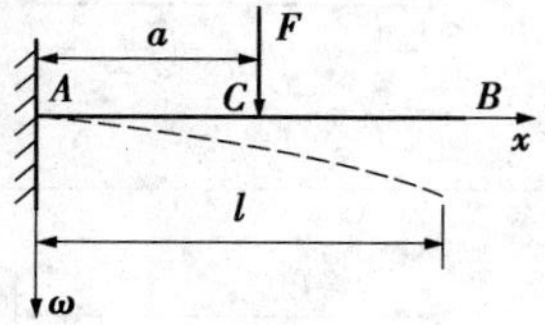	$\omega=\frac{Fx^2}{6EI}(3a-x)\ (0\leqslant x\leqslant a)$ $\omega=\frac{Fx^2}{6EI}(3x-a)\ (a\leqslant x\leqslant l)$	$\theta_B=\frac{Fa^2}{2EI}$	$\omega_B=\frac{Fa^2}{6EI}(3l-a)$
3	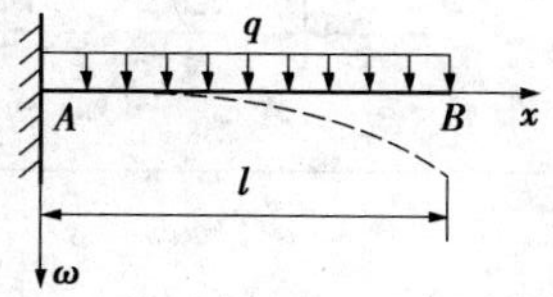	$\omega=\frac{qx^2}{24EI}(x^2-4lx+6l^2)$	$\theta_B=\frac{ql^3}{6EI}$	$\omega_B=\frac{ql^4}{8EI}$
4	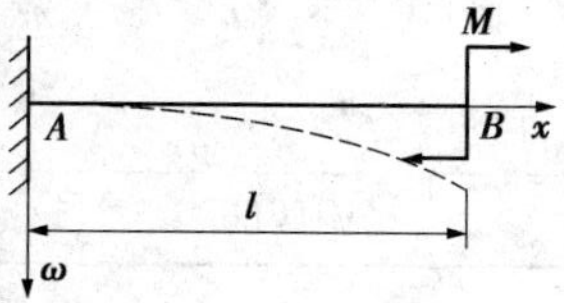	$\omega=\frac{Mx^2}{2EI}$	$\theta_B=\frac{Ml}{EI}$	$\omega_B=\frac{Ml^2}{2EI}$

续表 8-3

序号	梁的简图	挠曲线方程	梁端转角	最大挠度
5	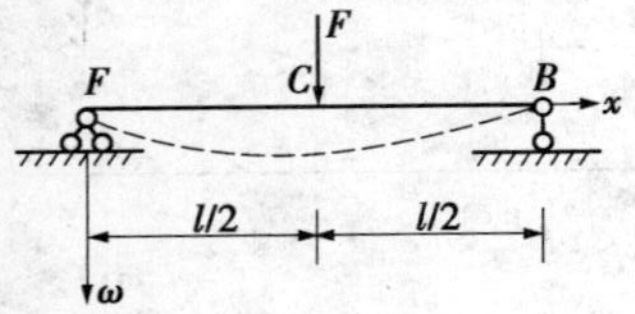	$\omega=\frac{Fx}{48EI}(3l^2-4x^2)$ $(0\leqslant x\leqslant\frac{l}{2})$	$\theta_A=-\theta_B=\frac{Fl^2}{16EI}$	$\omega_C=\frac{Fl^3}{48EI}$
6	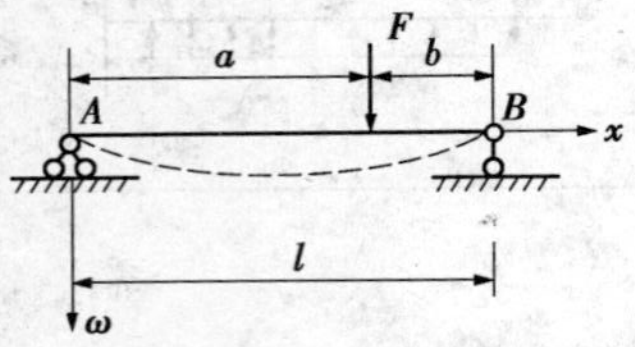	$\omega=\frac{Fbx}{6lEI}(l^2-x^2-b^2)\ (0\leqslant x\leqslant a)$ $\omega=\frac{Fa(l-x)(2lx-x^2-a^2)}{6lEI}\ (a\leqslant x\leqslant l)$	$\theta_A=\frac{Fab(l+b)}{6lEI}$ $\theta_B=-\frac{Fab(l+a)}{6lEI}$	设 $a>b$，在 $x=\sqrt{\frac{l^2-b^2}{3}}$ 处： $\omega_{max}=\frac{\sqrt{3}Fb}{27lEI}(l^2-b^2)^{\frac{3}{2}}$ 在 $x=\frac{l}{2}$ 处：$\omega_{l/2}=\frac{Fb}{48EI}(3l^2-4b^2)$
7	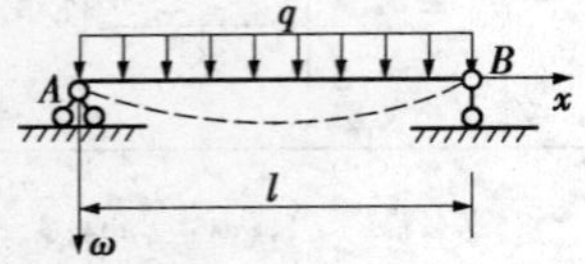	$\omega=\frac{qx^2}{24EI}(l^3-2lx^2+x^3)$	$\theta_A=-\theta_B=\frac{ql^3}{24EI}$	在 $x=\frac{l}{2}$ 处：$\omega_{max}=\frac{5ql^4}{384EI}$
8	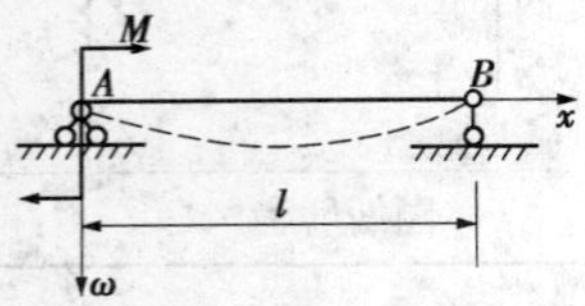	$\omega=\frac{Mx}{6lEI}(l-x)(2l-x)$	$\theta_A=\frac{Ml}{3EI}$ $\theta_B=-\frac{Ml}{6EI}$	在 $x=\left(1-\frac{1}{\sqrt{3}}\right)l$ 处，$\omega_{max}=\frac{Ml^2}{9\sqrt{3}EI}$ 在 $x=\frac{1}{2}l$ 处，$\omega_{l/2}=\frac{Ml^2}{16EI}$

续表 8-3

序号	梁的简图	挠曲线方程	梁端转角	最大挠度
9	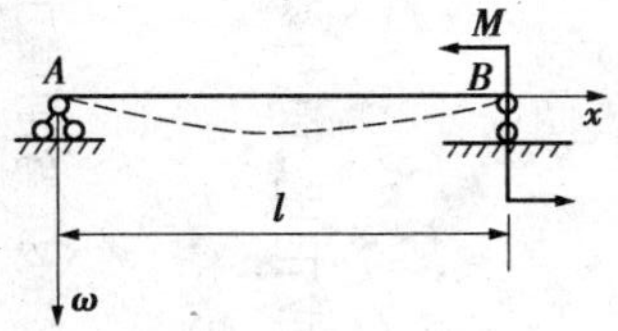	$\omega=\frac{Mx}{6lEI}(l^2-x^2)$	$\theta_A=\frac{Ml}{6EI}$ $\theta_B=-\frac{Ml}{3EI}$	在 $x=\frac{1}{\sqrt{3}}l$ 处，$\omega_{max}=\frac{Ml^2}{9\sqrt{3}EI}$ 在 $x=\frac{l}{2}$ 处，$\omega_{l/2}=\frac{Ml^2}{16EI}$
10	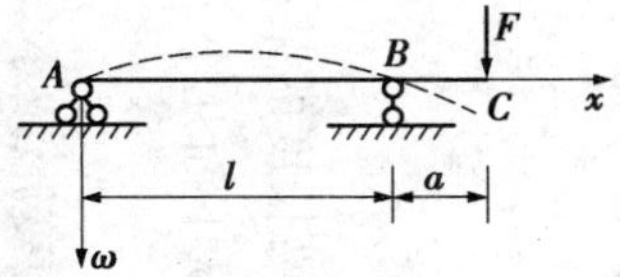	$\omega=-\frac{Fax}{6lEI}(l^2-x^2)\ (0\leqslant x\leqslant l)$ $\omega=\frac{F(l-x)}{6lEI}[(x-l)^2-3ax+al]$ $(l\leqslant x\leqslant l-a)$	$\theta_A=-\frac{Fal}{6EI}$ $\theta_B=\frac{Fal}{3EI}$ $\theta_C=\frac{Fa(2l+3a)}{6EI}$	$\omega_C=\frac{Fa^2}{3EI}(l+a)$
11	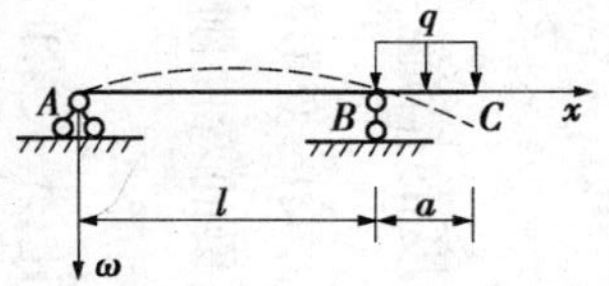	$\omega=-\frac{qa^2x}{12lEI}(l^2-x^2)\ (0\leqslant x\leqslant l)$ $\omega=\frac{q(l-x)}{24EI}[2a^2(3x-l)+(x-l)^2\cdot$ $(x-l-4a)]\ (l\leqslant x\leqslant l+a)$	$\theta_A=-\frac{qa^2l}{12EI}$ $\theta_B=\frac{qa^2l}{6EI}$ $\theta_C=\frac{qa^2(l+a)}{6EI}$	$\omega_C=\frac{qa^3}{24EI}(4l+3a)$
12	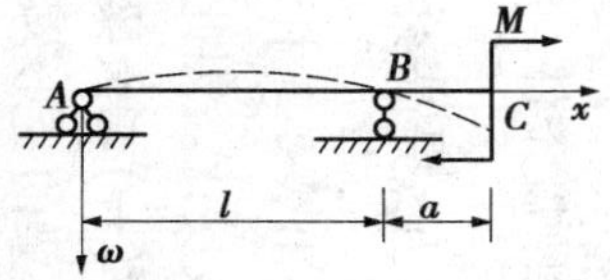	$\omega=-\frac{Mx}{6lEI}(l^2-x^2)\ (0\leqslant x\leqslant l)$ $\omega=\frac{M}{6EI}(3x^2-4xl+l^2)$ $(l\leqslant x\leqslant l+a)$	$\theta_A=-\frac{Ml}{6EI}$ $\theta_B=\frac{Ml}{3EI}$ $\theta_C=\frac{M(l+3a)}{3EI}$	$\omega_C=\frac{Ma}{6EI}(2l+3a)$

四、梁的刚度条件

工程中的梁除应满足强度要求外,还应满足刚度要求。所谓刚度要求就是控制梁在荷载作用下产生的变形不致太大,以保证梁的正常工作。例如,民用建筑中承受楼板荷载的楼板梁,若变形过大,下面的抹灰层就会开裂、脱落,从而影响正常使用。因此,需要对梁进行刚度校核,以检查梁在荷载作用下产生的位移是否超过规定的允许值。在土建工程中,常只校核梁的最大挠度。梁的最大挠度与梁跨长的比值[ω/l]作为标准,因此梁的刚度条件可写为

$$\frac{\omega_{\max}}{l} \leqslant \left[\frac{\omega}{l}\right] \tag{8-15}$$

[ω/l]值是随梁的工程用途不同而不同的,国家在有关规范中均有具体规定,一般限制在 1/200 ~ 1/1 000。

【例 8-9】 一简支梁由 28b 号工字钢制成,承受荷载作用如图 8-20 所示。已知 $F = 20$ kN,$l = 9$ m,$E = 210$ GPa,$[\sigma] = 170$ MPa,$[\omega/l] = 1/500$,试校核该梁的强度和变形。

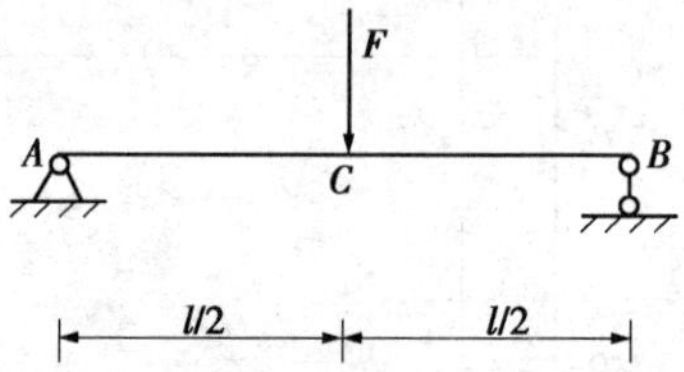

图 8-20

解 (1)由型钢表查得 28b 工字钢有关数据

$W_z = 534.286\ \text{cm}^3$,$I_z = 7\,480.006\ \text{cm}^4$

(2)强度校核

$$M_{\max} = \frac{Fl}{4} = \frac{20 \times 9}{4} = 45(\text{kN} \cdot \text{m})$$

$$\sigma_{\max} = \frac{M_{\max}}{W_z} = \frac{45 \times 10^6}{534.286 \times 10^3} = 84.2(\text{MPa}) < [\sigma] = 170\ \text{MPa}$$

此梁强度足够。

(3)刚度校核

$$\frac{\omega_{\max}}{l} = \frac{Fl^2}{48EI} = \frac{20 \times 10^3 \times (9 \times 10^3)^2}{48 \times 210 \times 10^3 \times 7\,480.006 \times 10^4} = \frac{1}{465} > \left[\frac{\omega}{l}\right] = \frac{1}{500}$$

不满足刚度条件,需要加大截面。改用 32a 号工字钢,其 $I_z = 11\,075.525\ \text{cm}^4$,则

$$\frac{\omega}{l} = \frac{20 \times 10^3 \times (9 \times 10^3)^2}{48 \times 210 \times 10^3 \times 11\,075.525 \times 10^4} = \frac{1}{689} > \left[\frac{\omega}{l}\right] = \frac{1}{500}$$

满足刚度条件。

五、提高梁弯曲刚度的措施

由表 8-3 中可以看出,梁的变形与荷载、梁长度的某一次方成正比,而与梁的抗弯刚度 EI 成反比。因此,要提高梁的弯曲刚度可以从下面几个方面考虑。

(一)增大梁的抗弯刚度 EI

梁的变形与 EI 成反比,增大梁的 EI 将使变形减小。增大梁的抗弯刚度主要是设法增大梁的截面惯性矩 I,在截面面积不变的情况下,采用合理的截面形状,例如采用工字形、箱形及圆环等形状截面,可提高截面惯性矩 I。

(二)减小梁的跨度

梁的变形与其跨度的 n 次幂成正比。设法减小梁的跨度将会有效地减小梁的变形,如

在均布荷载作用下的简支梁，在跨中的最大挠度为 $\omega = \frac{5ql^4}{384EI}$（见图 8-21（a）），若在跨中增加一支座（见图 8-21（b）），则梁的最大挠度约为原梁的 1/38，即 $\omega_1 = \frac{1}{38}\omega$。

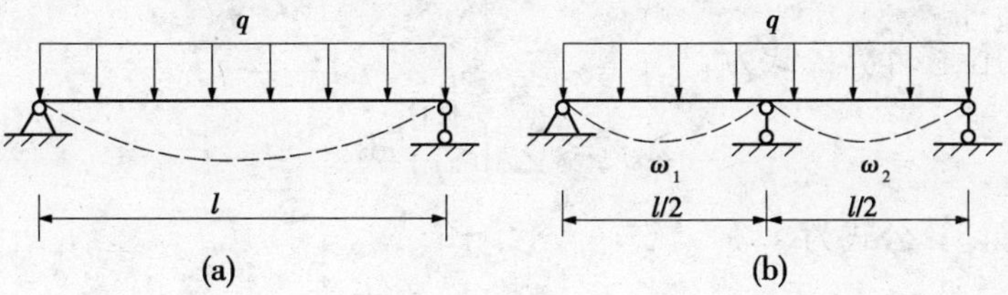

图 8-21

如果条件许可，可以将简支梁的支座向中间适当移动，将简支梁变为外伸梁。一方面可以减小梁的跨度，从而减小了梁跨中最大挠度；另一方面在梁外伸部分的荷载作用下，使梁跨中产生向上的挠度，从而使梁中段在荷载作用下产生的向下的挠度被抵消一部分，减少了跨中的最大挠度。

（三）改善荷载的作用情况

在结构允许的条件下，合理地调整荷载的位置及分布情况，以降低最大弯矩，从而减小梁的变形。将集中力分散，甚至改为分布荷载，就能起到降低最大弯矩，减小变形的作用。

本章小结

一、计算结构位移的目的

（1）校核刚度；
（2）施工方面的需要；
（3）为计算超静定结构作基础。

二、胡克定律

$$\Delta l = \frac{F_N l}{EA}$$

适用条件为弹性范围内。

三、虚功原理

$$W_{外} = W_{内}$$

四、单位荷载法

虚设单位荷载 $F = 1$，无量纲。

五、虚设单位力状态的确定

根据待求的广义位移虚设单位力。

六、结构位移计算

梁和刚架的位移计算公式为

$$\Delta_{KP} = \sum \int \frac{\overline{M} M_P}{EI} \mathrm{d}s$$

桁架的位移计算公式为

$$\Delta_{KP} = \sum \frac{\overline{F}_N F_{NP} l}{EA}$$

七、图乘法

图乘法计算结构的位移公式为

$$\Delta_{KP} = \sum \frac{A \cdot y_C}{EI}$$

应用图乘法应注意以下事项：

(1) EI 为常量；

(2) y_C 必须选在直线图中；

(3) $\overline{M}$、M 图在基线的同侧图乘为正，反之为负。

八、梁的刚度

梁的刚度条件可写为

$$\frac{\omega_{\max}}{l} \leqslant \left[\frac{\omega}{l}\right]$$

提高梁弯曲刚度的措施有：

(1) 增大 EI；

(2) 减小梁的跨度；

(3) 改善荷载的作用情况。

思考题

8-1　结构的刚度条件通常是用变形还是位移来表达的？

8-2　如何计算轴向拉、压杆的变形？

8-3　两根梁的截面、材料和受力情况相同，但支承条件不同，请问它们的变形、位移是否会相同？

8-4　根据下列图 8-22 所示结构中所加的单位荷载，试判断是在计算结构的哪些位移。

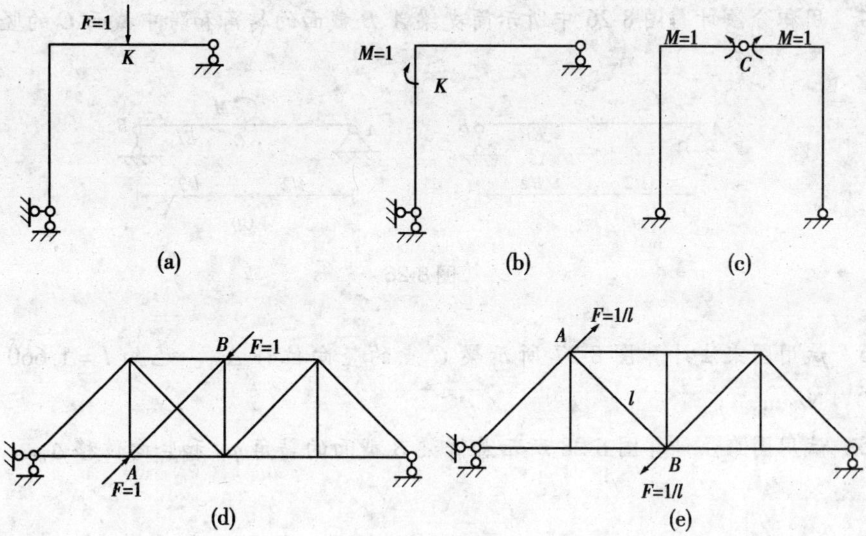

图 8-22

习 题

8-1 试用积分法计算图 8-23 所示悬臂梁 B 端的竖向线位移 Δ_{BV}。梁的刚度 EI 为常数。

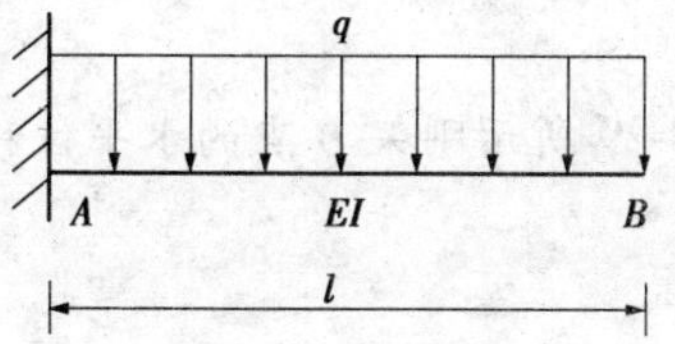

图 8-23

8-2 试用积分法计算图 8-24 所示刚架 C 端的竖向线位移 Δ_{CV}。刚架各杆的 EI 为常数。

8-3 试求图 8-25 所示桁架 C 点的竖向位移。

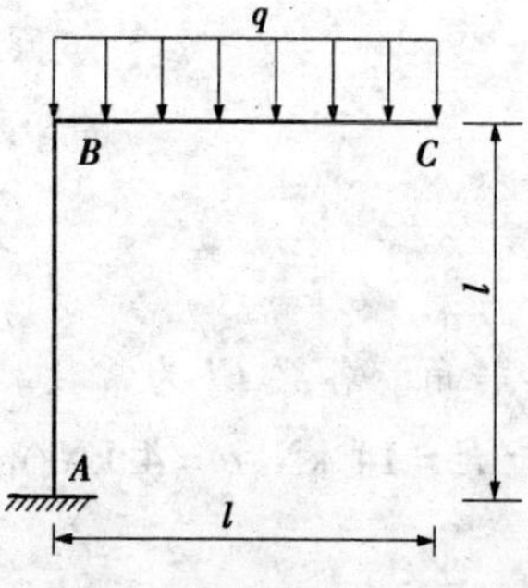

图 8-24

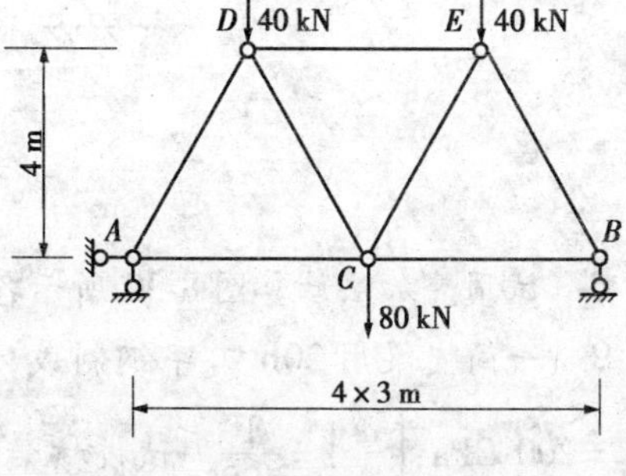

图 8-25

8-4 用积分法计算图 8-26 中所示简支梁 A、B 截面的转角和跨中截面 C 的竖向位移。

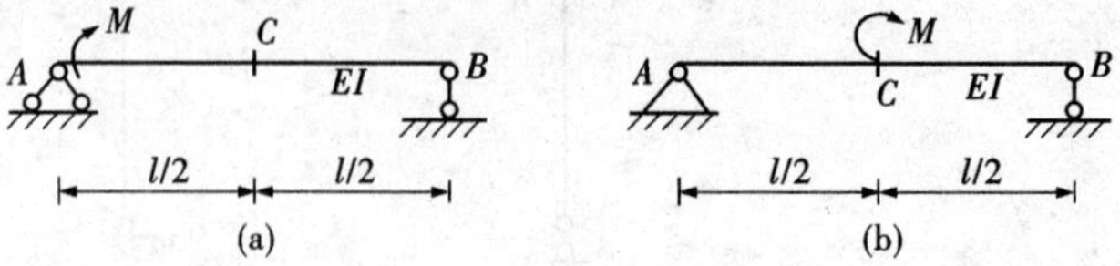

图 8-26

8-5 试用图乘法计算图 8-27 所示梁 C 点的竖向位移 Δ_{CV}。已知 $I = 1\ 660\ \text{cm}^4$，$E = 2.1 \times 10^4\ \text{kN/cm}^2$。

8-6 试用图乘法计算图 8-28 所示悬臂梁 B 截面的转角 φ_B 和竖向位移 Δ_{BV}。梁的刚度 EI 为常数。

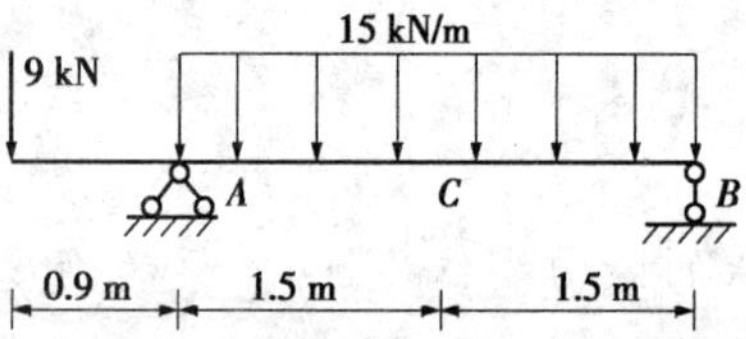

图 8-27

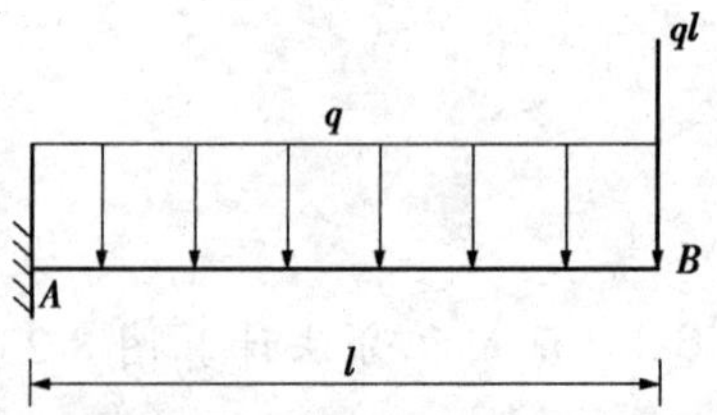

图 8-28

8-7 试用图乘法计算图 8-29 所示刚架 B 点的水平位移 Δ_{BH} 和 A 截面的转角 φ_A。刚架各杆的 EI 为常数。

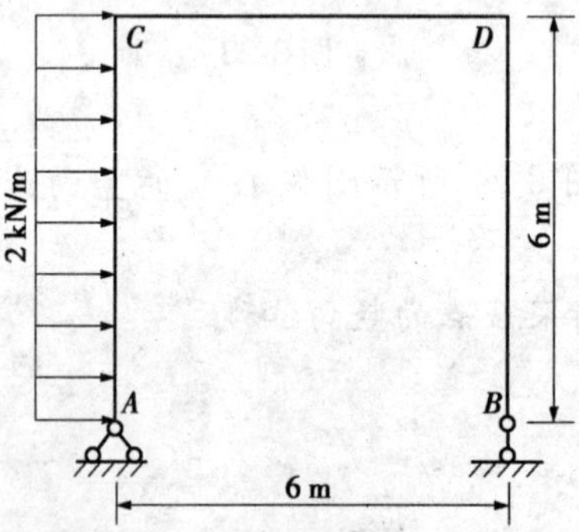

图 8-29

8-8 试用叠加法计算图 8-30 所示各梁指定截面的挠度和转角。各梁 EI 为常数。

8-9 一简支梁用 20b 工字钢制成，如图 8-31 所示。已知 $F = 14\ \text{kN}$，$q = 4\ \text{kN/m}$，$l = 6\ \text{m}$，$E = 200\ \text{GPa}$，$\left[\frac{\omega}{l}\right] = \frac{1}{400}$。试校核梁的刚度。

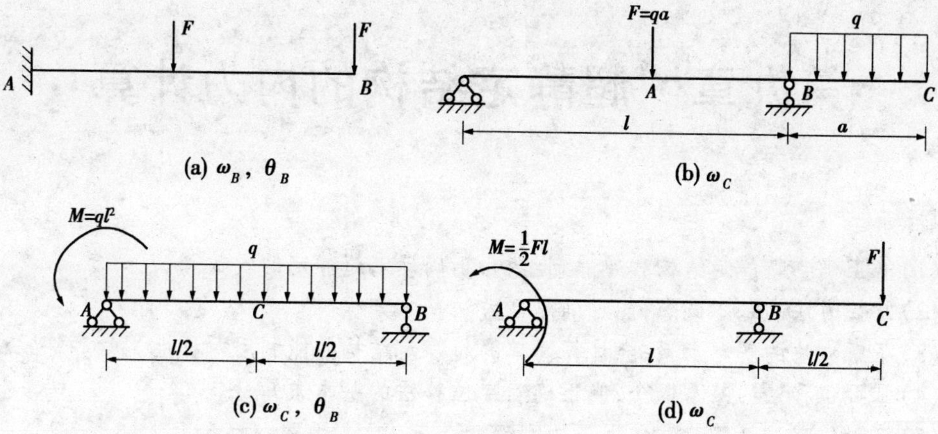
F
F
A
B
(a) ω_B，θ_B
F=qa
q
A
B
C
l
a
(b) ω_C
M=ql²
q
A
C
B
l/2
l/2
(c) ω_C，θ_B
M=½Fl
F
A
B
C
l
l/2
(d) ω_C

图 8-30

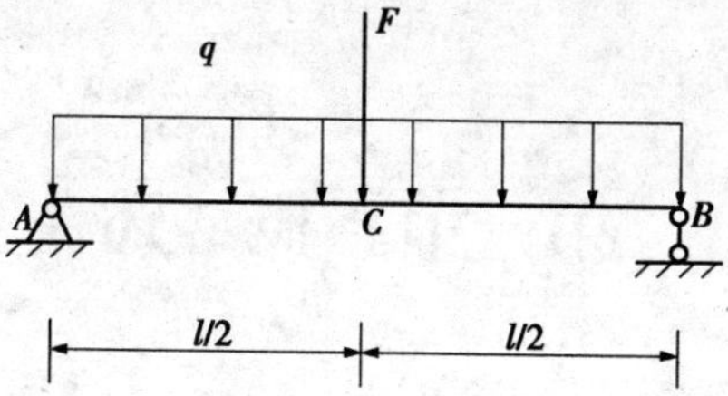
F
q
A
C
B
l/2
l/2

图 8-31

第九章　超静定结构的内力计算

学习目标

(1)能正确判断静定结构和超静定结构,正确确定超静定的次数。

(2)掌握力法的基本概念,能正确建立力法基本方程。

(3)了解力法的解题步骤,会计算简单的超静定结构并能利用对称性。

(4)掌握位移法的基本概念,能正确确定位移法的基本未知量。

(5)会用位移法计算荷载作用下的刚架。

(6)掌握力矩分配法的基本概念。

(7)理解力矩分配法每一步计算的物理意义,能熟练应用力矩分配法计算荷载作用下的连续梁和无侧移刚架。

(8)了解超静定结构的特性。

第一节　概　述

一、超静定结构的概念

在前面我们讨论了静定结构的内力和位移计算。静定结构的支座反力和内力仅用静力平衡条件即可求得,如图9-1(a)和图9-2(a)所示。但在工程实际中还有一类结构,它们的反力和内力只凭静力平衡条件不能确定或者不能完全确定,如图9-1(b)和图9-2(b)所示。这类结构称为超静定结构。

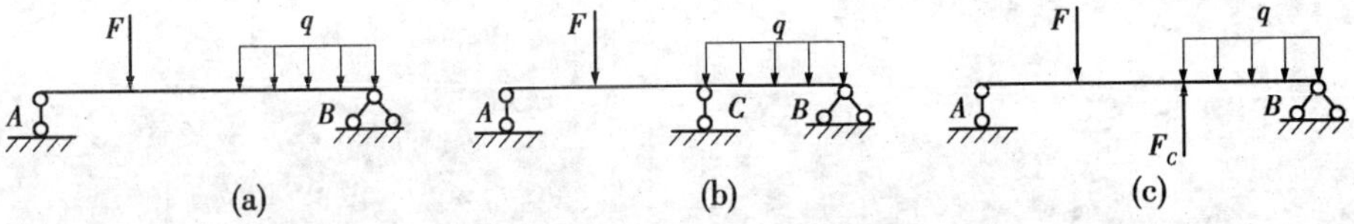

图9-1

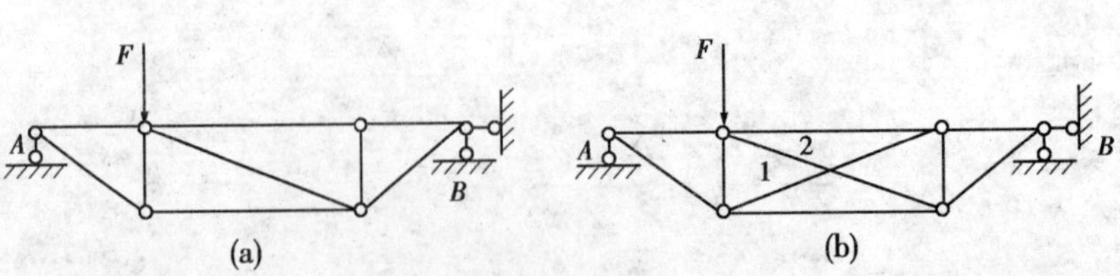

图9-2

就几何组成而言,图9-1(b)和图9-2(b)的两个结构都存在多余约束。所谓**多余约束**是去掉它时体系仍保持几何不变的约束。多余约束并不是没有用的，它可以减小结构的最大内力值，具有增大刚度及增强抵抗突然破坏能力的作用。

如图 9-1(b)中，除水平支承链杆外，A、B、C 三个竖向支承链杆任一个均可视为多余约束，因为去掉任何一个竖向链杆 A 或 B 或 C 时，体系仍然是几何不变的。但不能同时去掉它们，只能去掉一个，所以图 9-1(b)所示的连续梁只有一个多余约束。图 9-2(b)中可将 1 杆作为多余约束，也可将 2 杆作为多余约束，但该结构中只有一个多余约束。可见，超静定结构多余约束的选取并不是唯一的，但其多余约束的个数是唯一的。

与多余约束相对应，对维持体系的几何不变必不可少的约束称为**必要约束**。如图 9-1(b)中的水平支承链杆，若从中去掉任意一根杆，体系就变成可变体系。

多余约束中产生的力称为**多余未知力**，它是不能由静力平衡条件求出的。例如，图 9-1(b)中链杆 C 的反力，无论其值等于多少，图 9-1(c)中的静定梁都能平衡，但不可能由平衡条件求出 F_C。相反，必要约束的反力一定能由平衡条件确定，如图 9-1(b)中水平链杆的反力，可由梁整体的平衡方程 $\sum F_x = 0$ 求得。

综上所述，超静定结构的几何组成特征是有多余约束的几何不变体系，而静力特征是只由静力平衡条件不能完全确定所有的反力和内力。

工程中常见的超静定结构的类型有：超静定梁（见图 9-1(b)）、超静定刚架（见图 9-3(a)）、超静定桁架（见图 9-2(b)）、超静定拱（见图 9-3(b)）、超静定组合结构（见图 9-3(c)）。

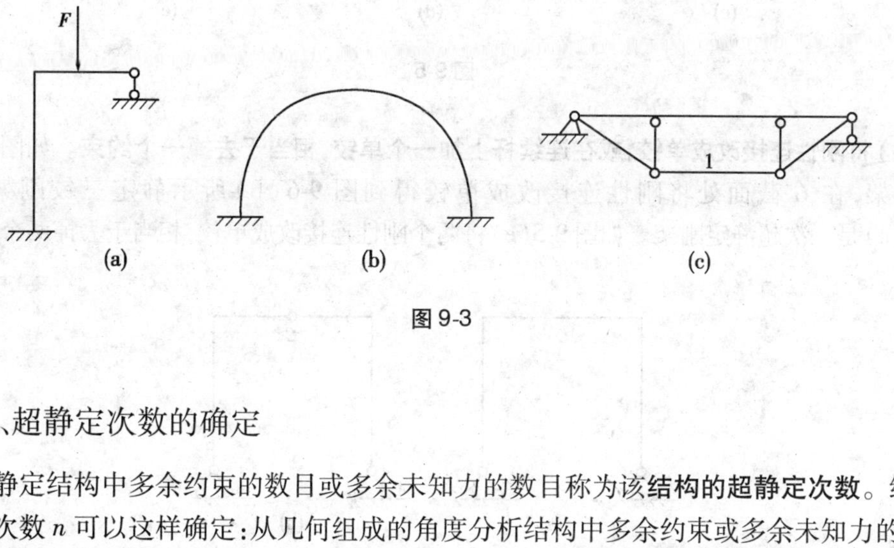

图 9-3

二、超静定次数的确定

超静定结构中多余约束的数目或多余未知力的数目称为该**结构的超静定次数**。结构的超静定次数 n 可以这样确定：从几何组成的角度分析结构中多余约束或多余未知力的个数，就是结构的超静定次数。或者，从超静定结构中去掉多余约束，使超静定结构变为静定结构，去掉多余约束的个数，就是该结构的超静定次数。

去掉多余约束的方式，通常有以下几种：

(1)**去掉一个支座链杆或切断一个链杆，相当于去掉一个约束**。如图 9-1(b)所示连续梁，去掉 C 处链杆支座，得到图 9-1(c)所示静定梁。可见图 9-1(b)所示连续梁是一次超静定梁。同理图 9-3(c)所示桁架，由于切断链杆 1 而得到图 9-4 所示静定桁架，所以图 9-3(c)是一次超静定桁架。

(2)**去掉一个固定铰支座或拆去一个单铰(连接两个构件的铰成为单铰),相当于去掉两个约束**。如图 9-5(a)所示刚架,去掉固定铰支座 B 得到图 9-5(b)所示静定刚架,所以图 9-5(a)是二次超静定刚架。图 9-5(c)所示刚架,去掉 C 铰得到图 9-5(d)所示的两片静定刚架,所以图 9-5(c)为两次超静定刚架。

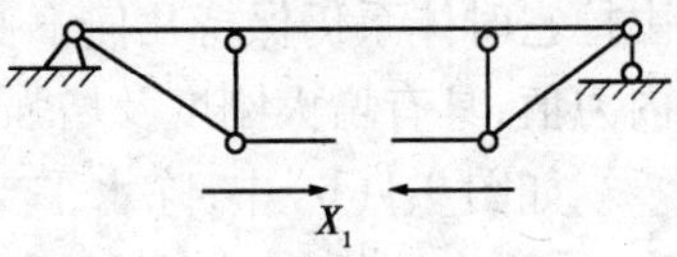

图 9-4

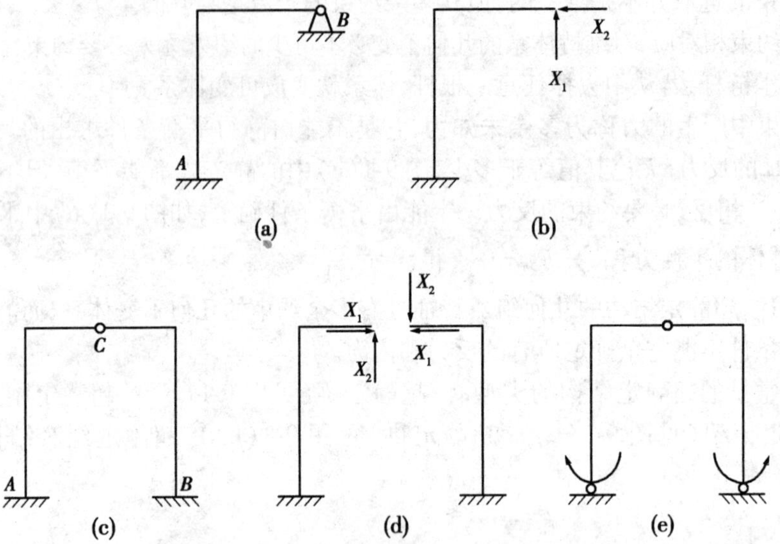

图 9-5

(3)**将刚性连接改成单铰,或在连续杆上加一个单铰,相当于去掉一个约束**。如图 9-6(a)所示刚架,在 C 截面处将刚性连接改成单铰得到图 9-6(b)所示静定三铰刚架,所以图 9-6(a)是一次超静定刚架。如图 9-5(e)将两个刚性连接改成单铰,相当于去掉两个约束。

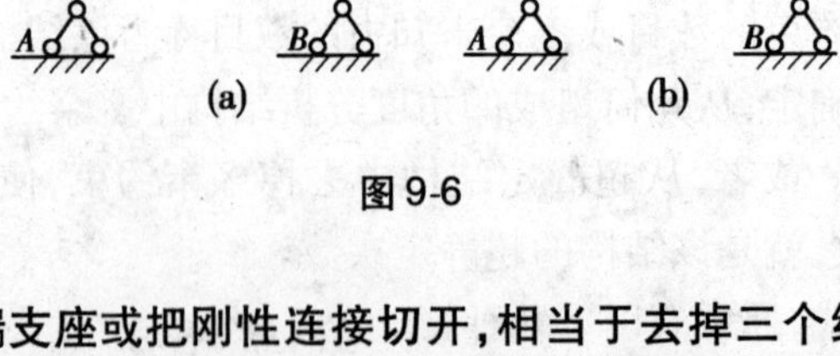

图 9-6

(4)**去掉一个固定端支座或把刚性连接切开,相当于去掉三个约束**。如图 9-7(a)所示刚架,在 C 截面切断刚性连接,得到图 9-7(b)所示静定悬臂刚架,所以图 9-7(a)是三次超静定刚架。

对于同一个超静定刚架,由于采用不同方式去掉多余的约束,可以得到不同的静定结构,但所去约束的数目是一样的。如图 9-7(a)所示刚架,亦可以把刚性连接改成单铰再将固定端支座改为固定铰支座，可得到如图 9-7(c)所示的三铰刚架。

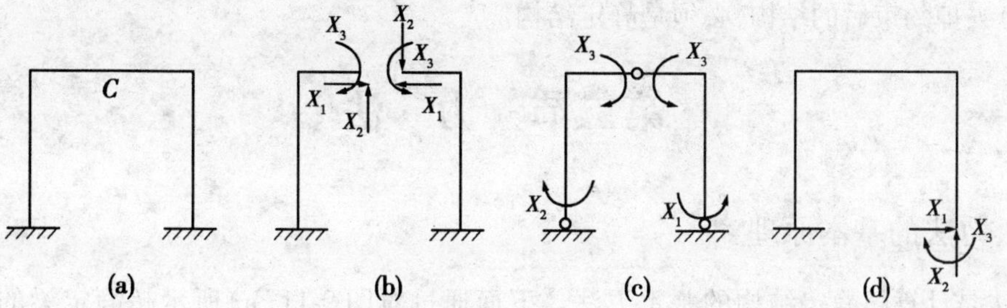

图 9-7

如图 9-8(a)所示结构，在刚性连接处切断，得到图 9-8(b)所示的静定结构，共去掉 3 个约束，所以其超静定次数 $n=3$。可见，一个封闭框架有 3 个多余约束。

如图 9-9(a)所示两跨两层刚架，切断 4 根横杆，得到图 9-9(b)所示由三个悬臂刚架组成的静定结构，切断一个连续杆相当于去掉 3 个约束，切断 4 个连续杆共去掉 12 个约束，故结构的超静定次数 $n=12$。也可以这样分析，图 9-9(a)所示刚架由四个封闭框架组成，而每个封闭框架有 3 个多余约束，故该刚架有 12 个多余约束，其超静定次数 $n=12$。可见，m 个无铰封闭框架的超静定次数 $n=3m$。

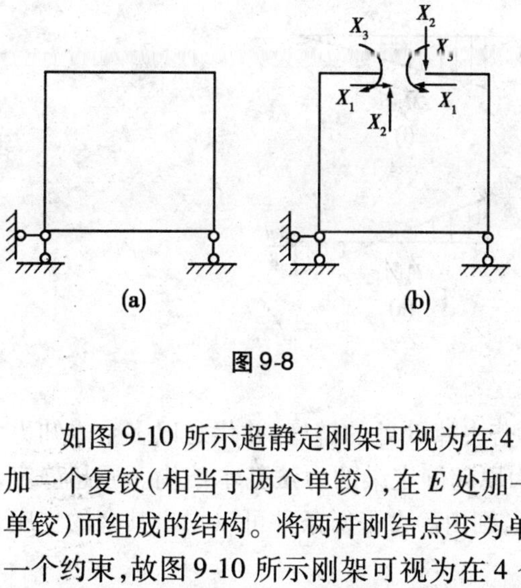

图 9-8

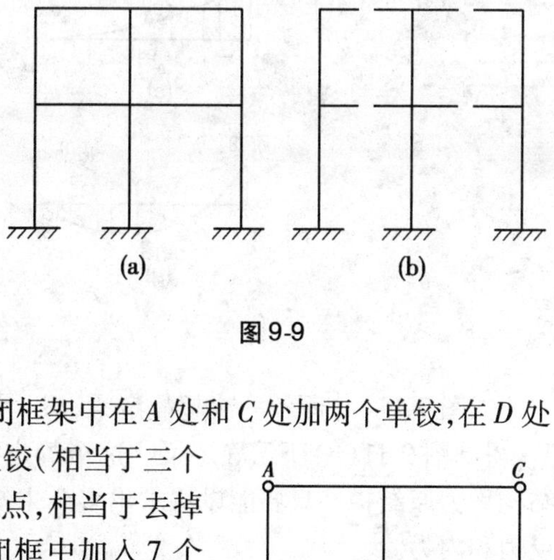

图 9-9

如图 9-10 所示超静定刚架可视为在 4 个封闭框架中在 A 处和 C 处加两个单铰，在 D 处加一个复铰(相当于两个单铰)，在 E 处加一个复铰(相当于三个单铰)而组成的结构。将两杆刚结点变为单铰结点，相当于去掉一个约束，故图 9-10 所示刚架可视为在 4 个封闭框中加入 7 个单铰的结构，无铰的 4 个封闭框的多余约束数为 $3\times4=12$，每加入一个单铰相当减少一个约束，故原结构的超静定次数为 $n=3\times4-7=5$。可见，有铰封闭框架的超静定次数 n 为

$$n=3m-a$$

式中 m——封闭框架的个数；

a——单铰的总数。

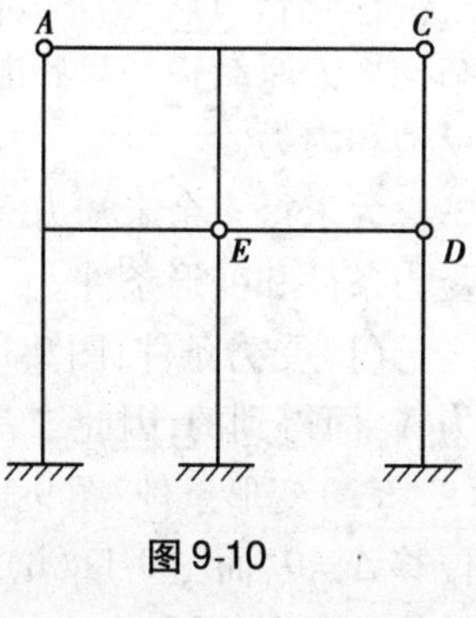

图 9-10

在去掉超静定结构的约束时，应注意以下事项：

(1)去掉多于约束后的结构，必须是几何不变体系，即为了保证结构的几何不变性，必要约束是不能去掉的。

(2)去掉约束后的结构，必须是静定结构。

第二节 力 法

一、力法的基本原理

力法是计算超静定结构的基本方法。下面通过对图 9-11(a)所示超静定梁的内力分析，来说明力法的基本原理。

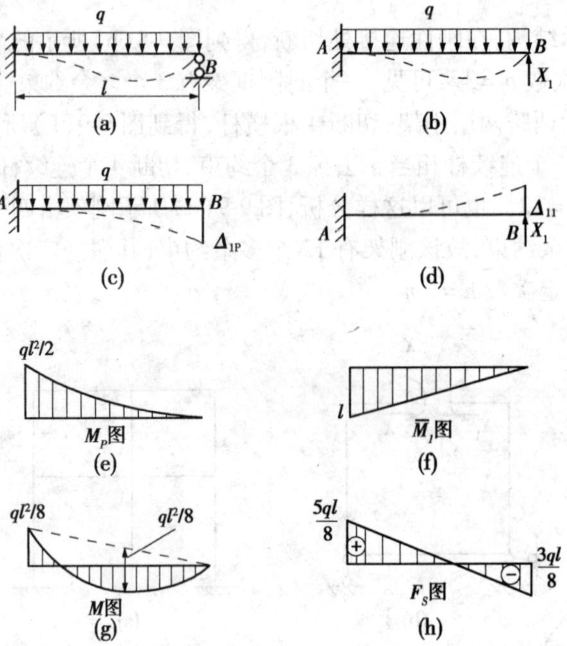

图 9-11

如图 9-11(a)所示一次超静定梁，EI = 常数。若去掉 B 处的链杆，并代之以多余未知力 X_1，得到图 9-11(b)所示静定梁。这个静定梁称为原超静定梁的**力法基本结构**。原超静定结构称为**原结构**。只要能设法求出多余未知力 X_1，则由静力平衡条件可以求出其余的支座反力和内力。

为求得多余未知力 X_1，比较图 9-11(a)所示的超静定梁与图 9-11(b)所示的静定梁的受力条件和变形条件。

(1)受力条件：图 9-11(b)所示梁是由图 9-11(a)所示梁去掉多余约束代之以多余未知力 X_1 而得到的，因此二者的受力完全相同。

(2)变形条件：图 9-11(a)所示原结构在支座 B 处由于有多余约束，因此在 B 处的竖向位移 $\Delta=0$，而图 9-11(b)所示基本结构在 B 处无约束有可能发生位移，为使基本结构与原结构的变形相同，也应使基本结构在 B 处的竖向位移 $\Delta_1=0$，即基本结构在多余未知力 X_1

和荷载 q 共同作用下在 B 处的竖向位移与原结构相同。

根据叠加原理,图 9-11(b)所示基本结构在多余未知力和荷载共同作用下引起的 B 处竖向位移 Δ_1,等于 X_1 和荷载 q 分别单独作用下引起的 B 处竖向位移 Δ_{11}(见图 9-11(d))和 Δ_{1P}(见图 9-11(c))的叠加,于是可得

$$\Delta_1 = \Delta_{11} + \Delta_{1P} = 0$$

公式中 Δ_{11} 和 Δ_{1P} 中第一个下标表示位移的地点和方向,第二个下标表示产生位移的原因。Δ_{11} 表示基本结构在 X_1 单独作用下产生的在 X_1 作用处沿 X_1 方向的位移、Δ_{1P} 表示基本结构在荷载 q 单独作用下产生的在 X_1 作用处沿 X_1 方向的位移。

令 δ_{11} 表示 $X_1 = 1$ 时,B 截面沿 X_1 方向产生的位移,则有 $\Delta_{11} = \delta_{11} X_1$,于是上式可改成

$$\delta_{11} X_1 + \Delta_{1P} = 0 \tag{9-1}$$

式(9-1)称为**力法方程**,δ_{11} 和 Δ_{1P} 都是已知力引起的基本结构(静定结构)的位移,可根据第八章中的位移计算方法计算。于是多余未知力 X_1 可由式(9-1)求得。这种以多余未知力为基本未知量,通过对基本结构利用计算静定结构的位移达到求解超静定结构的方法,称为**力法**。

作基本结构在荷载作用下弯矩图 M_P(见图 9-11(e))和在单位力 $X_1 = 1$ 作用下的弯矩图 $\overline{M}_1$(见图 9-11(f)),由图乘法得

$$\delta_{11} = \int \frac{\overline{M}_1 \overline{M}_1}{EI} ds = \frac{1}{EI}\left(\frac{1}{2} l \times l\right) \times \frac{2}{3} l = \frac{l^3}{3EI}$$

$$\Delta_{1P} = \int \frac{\overline{M}_1 M_P}{EI} ds = -\frac{1}{EI}\left(\frac{1}{3} \times \frac{1}{2} q l^2 \times l\right) \times \frac{3}{4} l = -\frac{q l^4}{8EI}$$

代人力法方程式(9-1)中得

$$\frac{l^3}{3EI} X_1 - \frac{q l^4}{8EI} = 0$$

解方程式得

$$X_1 = \frac{3}{8} q l$$

多余未知力求出后,即可用计算静定结构的方法来确定结构的反力和内力;也可用下面叠加公式计算原结构的弯矩:

$$M = \overline{M}_1 X_1 + M_p \tag{9-2}$$

其杆端弯矩分别为

$$M_{BA} = 0$$

$$M_{AB} = X_1 l - \frac{1}{2} q l^2 = \frac{3}{8} q l \times l - \frac{1}{2} q l^2 = -\frac{1}{8} q l^2 \quad \text{(上侧受拉)}$$

杆端弯矩求出后可用叠加法作弯矩图,最后弯矩图如图 9-11(g)所示 。

剪力图可用杆端弯矩及杆件上的荷载按平衡条件求出,最后作出剪力图如图 9-11(h)所示。

由以上所述可知力法的基本特点是以多余未知力作为基本未知量,并用相应的位移条件列出力法方程求出多余未知力,然后用静力平衡方程求出内力。

试选取另一基本结构求解:如图 **9-12** 所示。

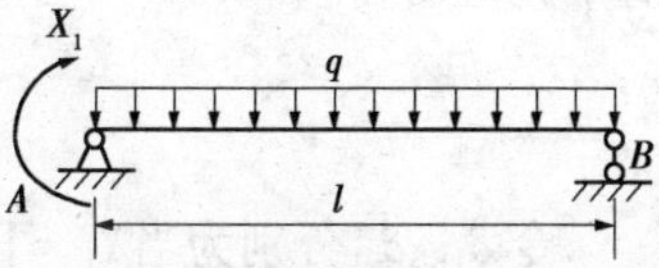

图 9-12

力法的绝大部分计算工作是在基本结构上进行的,合理

地选取基本结构可使计算简化。

二、力法的典型方程

通过以上对一次超静定结构的分析，可知用力法计算超静定结构的关键，是根据位移条件建立力法方程以求解多余未知力。下面以二次超静定结构为例进一步讨论如何建立求解多余未知力的方程。

图 9-13(a)所示刚架为二次超静定结构，取图 9-13(b)所示的结构为基本结构进行计算。原结构中支座 B 为固定铰支座，不可能有水平位移和竖向位移。因此，基本结构在荷载和多余未知力 X_1、X_2 共同作用下，B 处沿 X_1 方向、X_2 方向的位移都应等于零，即 B 处应满足的位移条件为

$$\Delta_1 = 0$$
$$\Delta_2 = 0$$

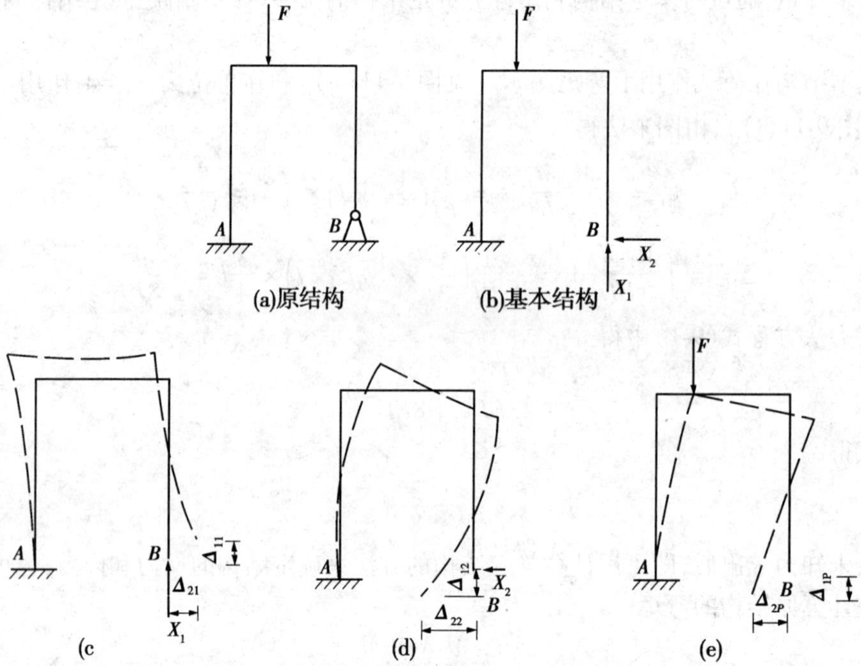

图 9-13

图 9-13(c)中 Δ_{11}、Δ_{21} 分别为 X_1 单独作用在基本结构上时 B 处沿 X_1、X_2 方向的位移；图 9-13(d)中 Δ_{12}、Δ_{22} 分别为 X_2 单独作用在基本结构上时 B 处沿 X_1、X_2 方向的位移；图 9-13(e)中 Δ_{1P}、Δ_{2P} 分别为荷载单独作用在基本结构上时 B 处沿 X_1、X_2 方向的位移。由叠加原理可得

$$\left.\begin{aligned}\Delta_1 &= \Delta_{11} + \Delta_{12} + \Delta_{1P} \\ \Delta_2 &= \Delta_{21} + \Delta_{22} + \Delta_{2P}\end{aligned}\right\}$$

令 δ_{11}、δ_{21} 分别为当 $X_1 = 1$ 单独作用在基本结构上时，B 处沿 X_1、X_2 方向的位移；令 δ_{12}、δ_{22} 分别为当 $X_2 = 1$ 单独作用在基本结构上时，B 处沿 X_1、X_2 方向的位移。根据位移条件可

得以下关系式

$$\left.\begin{aligned}\delta_{11}X_1+\delta_{12}X_2+\Delta_{1P}=0\\ \delta_{21}X_1+\delta_{22}X_2+\Delta_{2P}=0\end{aligned}\right\}\tag{9-3}$$

式(9-3)称为**力法典型方程**。由此组方程可求得多余未知力 X_1、X_2。

对于 n 次超静定结构有 n 个多余约束，也就有 n 个未知力 X_1、X_2、…、X_n，且在 n 个多余约束处有 n 个变形条件，可用以建立 n 个方程，例如原结构在各多余约束处的位移均为零时，则力法的典型方程可写为

$$\left.\begin{aligned}\delta_{11}X_1+\delta_{12}X_2+\cdots+\delta_{1n}X_n+\Delta_{1P}=0\\ \vdots\qquad\qquad\\ \delta_{i1}X_1+\delta_{i2}X_2+\cdots+\delta_{in}X_n+\Delta_{iP}=0\\ \vdots\qquad\qquad\\ \delta_{n1}X_1+\delta_{n2}X_2+\cdots+\delta_{nn}X_n+\Delta_{nP}=0\end{aligned}\right\}\tag{9-4}$$

利用这组方程可求得多余未知力 $X_1,X_2,\cdots,X_n$。

这组方程的物理意义是：基本结构在全部多余未知力和已知荷载作用下，沿着每个多余未知力方向的位移，应该与原结构的位移相同。

式(9-4)中，自左上角的 δ_{11} 到右下角的 δ_{nn} 的对角线称为**主对角线**。主对角线上的系数 δ_{ii} 称为**主系数**，它是单位多余未知力 $X_i=1$ 单独作用时所引起的其自身相应的位移，总是与该单位多余未知力的方向一致，其值恒为正。其余各系数 $\delta_{ij}(i\neq j)$ 称为**副系数**，它是单位多余未知力 $X_j=1$ 单独作用时所引起的与 X_i 相应的位移，根据位移互等定理，有

$$\delta_{ij}=\delta_{ji}$$

各式中最后一项 Δ_{iP} 称为**自由项**，它是荷载单独作用时所引起的与 X_i 相应的位移。副系数 $\delta_{ij}(i\neq j)$ 和自由项 Δ_{iP} 的值可为正、负、零。

对于梁和刚架，主、副系数和自由项可按下列公式计算

$$\left.\begin{aligned}\delta_{ii}&=\sum\int\frac{\overline{M}_i^2}{EI}\mathrm{d}s\\ \delta_{ij}&=\delta_{ji}=\sum\int\frac{\overline{M}_i\,\overline{M}_j}{EI}\mathrm{d}s\\ \Delta_{ip}&=\sum\int\frac{\overline{M}_iM_P}{EI}\mathrm{d}s\end{aligned}\right\}\tag{9-5}$$

由力法方程解出多余未知力后，根据叠加原理，超静定结构的弯矩可用下式求得

$$M=\overline{M}_1X_1+\overline{M}_2X_2+\cdots+\overline{M}_nX_n+M_P\tag{9-6}$$

同一个超静定结构，可以按不同的方式去掉多余约束，从而选取不同的基本结构。

三、力法的示例分析

(一)力法计算超静定结构的步骤

1. 选取基本结构

确定超静定结构的次数，去掉多余约束，并以相应的多余未知力代替而得到的一个静定结构为基本结构。

2. 建立力法典型方程

根据所去掉多余约束处的变形条件，建立力法典型方程。

3. 计算系数和自由项

作基本结构在荷载和各单位未知力分别单独作用下的弯矩图，再用图乘法或积分法计算系数和自由项。

4. 求多余未知力

将所计算出的系数和自由项代入力法典型方程，求出多余未知力。如果解得的多余未知力值为负值，则表示其实际方向与假设的多余未知力的方向相反。

5. 作内力图

可根据静定结构的平衡条件或叠加法计算基本结构控制截面的内力，然后画内力图。

(二)示例分析

【例 9-1】 试用力法计算图 9-14(a)所示单跨静定梁。设 EI 为常量。

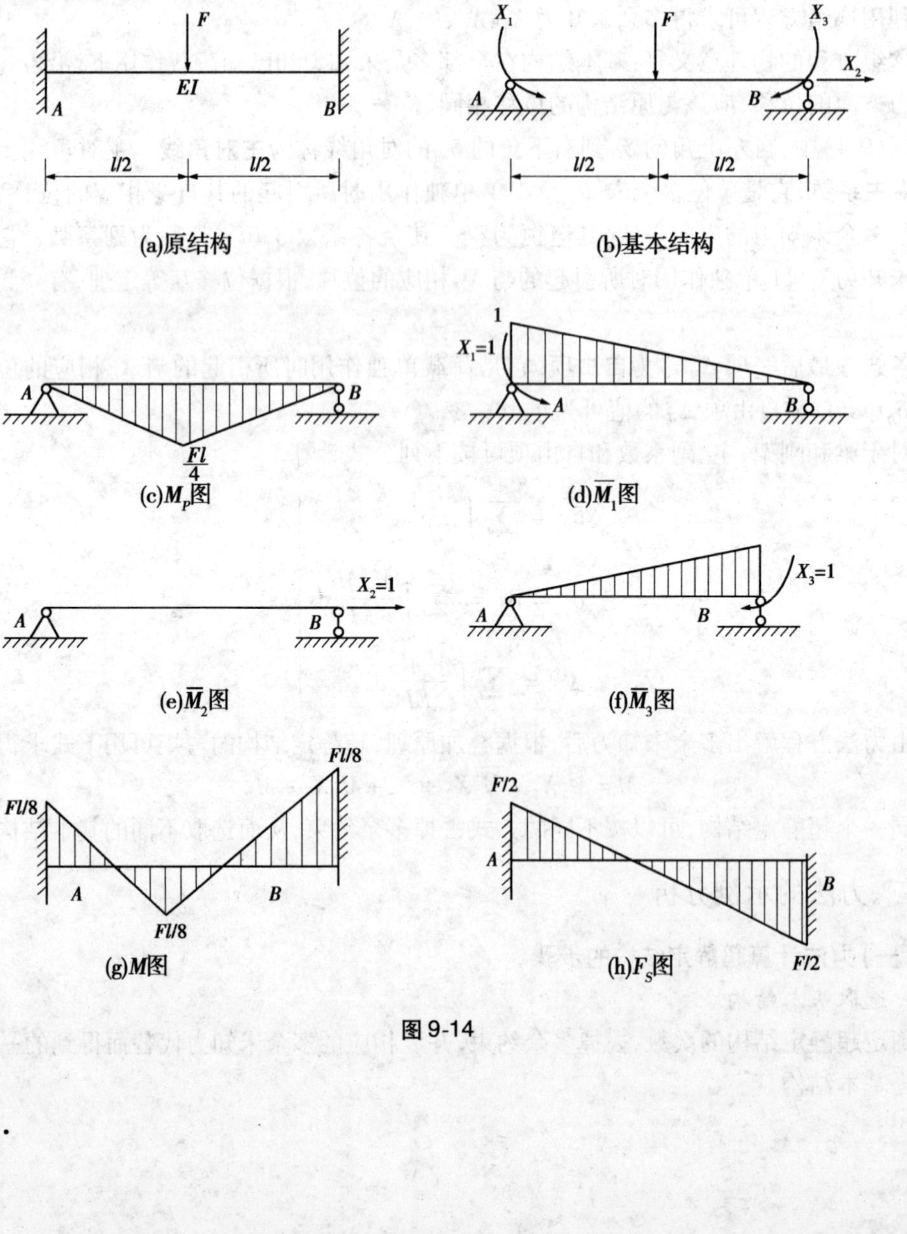

图 9-14

解　(1)选力法基本结构。

图 9-14(a)为三次超静定梁,去掉三个多余约束,并代之以相应的多余未知力 X_1、X_2、X_3,得到图 9-14(b)所示的简支梁作为基本结构。

(2)建立力法典型方程。

原结构在 A、B 端角位移为零,B 端的水平位移为零,据此可列出力法典型方程

$$\left.\begin{aligned}\delta_{11}X_1+\delta_{12}X_2+\delta_{13}X_3+\Delta_{1P}=0\\ \delta_{21}X_1+\delta_{22}X_2+\delta_{23}X_3+\Delta_{2P}=0\\ \delta_{31}X_1+\delta_{32}X_2+\delta_{33}X_3+\Delta_{3P}=0\end{aligned}\right\}$$

(3)计算系数和自由项。

画出基本结构的荷载弯矩图 M_P 图(见图 9-14(c))和单位弯矩图$\overline{M}_1$、图$\overline{M}_2$图、$\overline{M}_3$图(见 9-14(d)、(e)、(f))。利用图乘法计算系数和自由项

$$\delta_{11}=\frac{1}{EI}\int\overline{M}_1^2\mathrm{d}s=\frac{1}{EI}\left(\frac{1}{2}\times l\times 1\times\frac{2}{3}\right)=\frac{l}{3EI}$$

$$\delta_{22}=\frac{1}{EI}\int\overline{M}_2^2\mathrm{d}s=0$$

$$\delta_{33}=\frac{1}{EI}\int\overline{M}_3^2\mathrm{d}s=\frac{1}{EI}\left(\frac{1}{2}\times l\times 1\times\frac{2}{3}\right)=\frac{l}{3EI}$$

$$\delta_{12}=\delta_{21}=0$$

$$\delta_{13}=\delta_{31}=\frac{1}{EI}\int\overline{M}_1\,\overline{M}_3\mathrm{d}s=\frac{1}{EI}\left(\frac{1}{2}\times l\times 1\times\frac{1}{3}\right)=\frac{l}{6EI}$$

$$\delta_{23}=\delta_{32}=0$$

$$\Delta_{1P}=-\frac{1}{EI}\int\overline{M}_1M_P\mathrm{d}s=-\frac{1}{EI}\left(\frac{1}{2}\times\frac{Fl}{4}\times l\times\frac{1}{2}\right)=-\frac{Fl^2}{16EI}$$

$$\Delta_{2P}=0$$

$$\Delta_{3P}=-\frac{1}{EI}\int\overline{M}_3M_P\mathrm{d}s=-\frac{1}{EI}\left(\frac{1}{2}\times\frac{Fl}{4}\times l\times\frac{1}{2}\right)=-\frac{Fl^2}{16EI}$$

将计算后的系数和自由项代入力法典型方程得

$$\left.\begin{aligned}\frac{l}{3EI}X_1+\frac{l}{6EI}X_3-\frac{Fl^2}{16EI}=0\\ \frac{l}{6EI}X_1+\frac{l}{3EI}X_3-\frac{Fl^2}{16EI}=0\end{aligned}\right\}$$

解联立方程,得

$$X_1=X_3=\frac{Fl}{8}$$

$$X_2=0$$

(5)作内力图。

利用叠加公式

$$M=\overline{M}_1X_1+\overline{M}_2X_2+\overline{M}_3X_3+M_P$$

可得该结构的弯矩图 M 图(见图 9-14(g))。

在多余未知力求出后,可用基本结构直接按静力平衡条件作出剪力图(见图 9-14(h))。

由以上例题可知，在竖向荷载作用下，超静定梁的水平反力等于零，其内力只有弯矩和剪力。

【例 9-2】 试用力法计算图 9-15(a)所示超静定刚架，并绘出内力图。

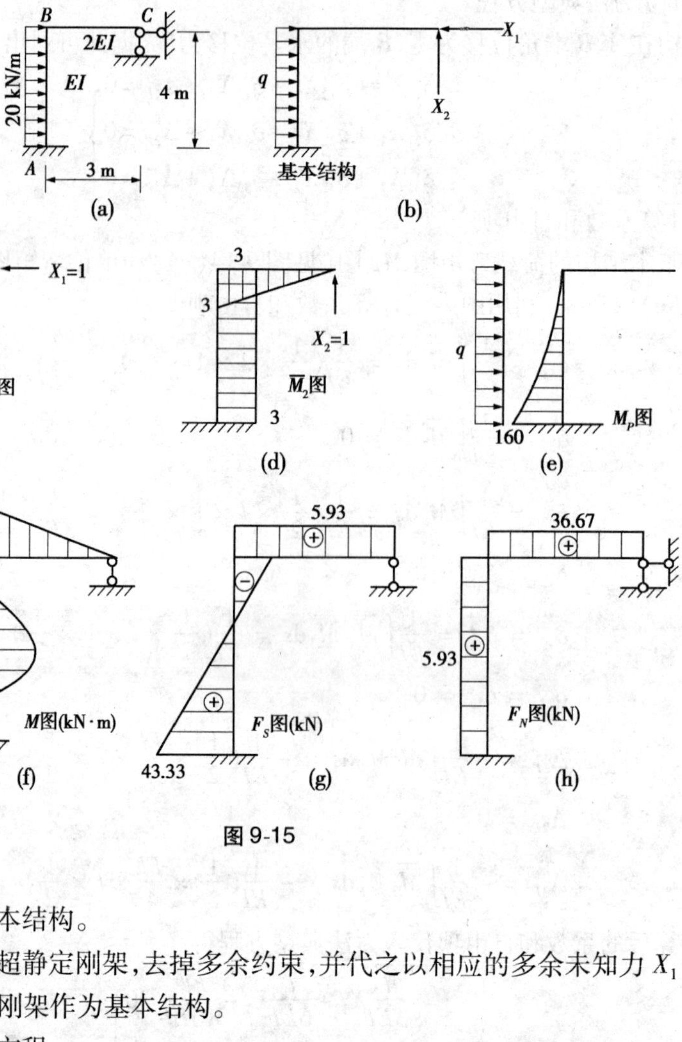

图 9-15

解 (1)选力法基本结构。

图 9-15(a)为两次超静定刚架，去掉多余约束，并代之以相应的多余未知力 X_1、X_2，得到图 9-15(b)所示的悬臂刚架作为基本结构。

(2)建立力法典型方程。

原结构在 B 端的水平位移和竖向位移均为零，据此可列出力法典型方程

$$\left.\begin{aligned}\delta_{11}X_1+\delta_{12}X_2+\Delta_{1P}=0\\ \delta_{21}X_1+\delta_{22}X_2+\Delta_{2P}=0\end{aligned}\right\}$$

(3)计算系数和自由项。

画出基本结构的荷载弯矩图 M_P 图(见图 9-15(e))和单位弯矩图$\overline{M}_1$ 图、$\overline{M}_2$ 图(见图 9-15(c)、(d))。利用图乘法计算系数和自由项

$$\delta_{11}=\frac{1}{EI}(\frac{1}{2}\times4\times4)\times(\frac{2}{3}\times4)=\frac{64}{3EI}$$

$$\delta_{22}=\frac{1}{2EI}(\frac{1}{2}\times3\times3)\times(\frac{2}{3}\times3)+\frac{1}{EI}(3\times4\times3)=\frac{81}{2EI}$$

$$\delta_{12}=\delta_{21}=\frac{1}{EI}(\frac{1}{2}\times4\times4)\times3=\frac{24}{EI}$$

$$\Delta_{1P}=-\frac{1}{EI}(\frac{1}{3}\times4\times160)\times(\frac{3}{4}\times4)=-\frac{640}{EI}$$

$$\Delta_{2P}=-\frac{1}{EI}(\frac{1}{3}\times4\times160)\times3=-\frac{640}{EI}$$

(4)求多余未知力。

将计算后的系数和自由项代入力法典型方程得

$$\left.\begin{array}{l}\frac{64}{3EI}X_1+\frac{24}{EI}X_2-\frac{640}{EI}=0\\ \frac{24}{EI}X_1+\frac{81}{2EI}X_2-\frac{640}{EI}=0\end{array}\right\}$$

解联立方程,得

$$X_1=36.67\ \text{kN}(\leftarrow)$$

$$X_2=-5.93\ \text{kN}(\downarrow)$$

(5)作内力图。

利用叠加公式

$$M=\overline{M}_1X_1+\overline{M}_2X_2+M_P$$

可得超静定刚架的弯矩图 M 图(见图 9-15(f))。

在多余未知力求出后,可用基本结构直接按静力平衡条件作出剪力图(见图 9-15(g))、轴力图(见图 9-15(h))。

由例题可知,在解方程时各杆刚度 EI 可以消去,因此在荷载作用下,超静定结构的内力只与各杆刚度的相对值有关,而与各杆刚度的绝对值无关。

四、结构对称性的利用

在工程实际中,很多建筑结构是对称的。所谓的**对称结构**是指几何形状、截面尺寸、支承情况和弹性模量均对称于几何轴线的结构。即如果将结构绕这一轴线对折,结构轴线两边的部分将完全重合。如图 9-16 所示各结构都是对称结构。

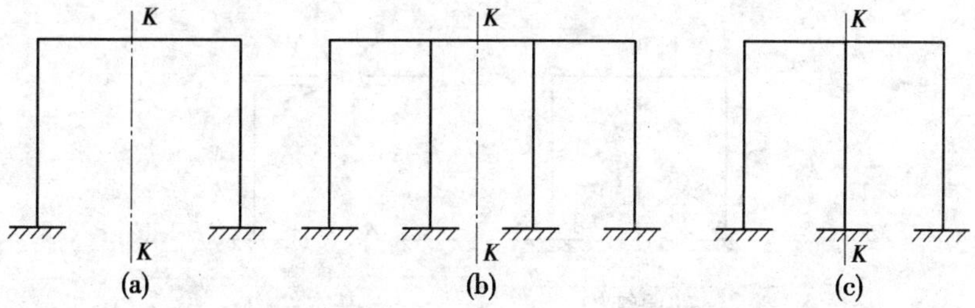

图 9-16

沿对称轴反转 180°后,对称轴两侧的荷载将重合,具有相同的大小和方向的荷载称为**对称荷载**(见图 9-17)。**反对称荷载**是指沿对称轴反转 180°后,对称轴两侧的荷载将重合,具有相同的大小、相反的方向。如图 9-18 所示。

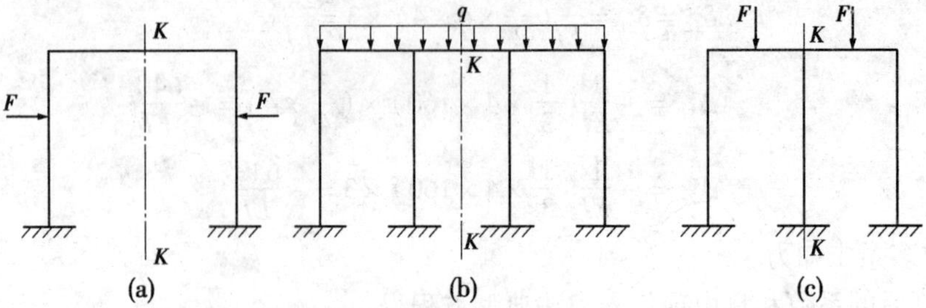

图 9-17

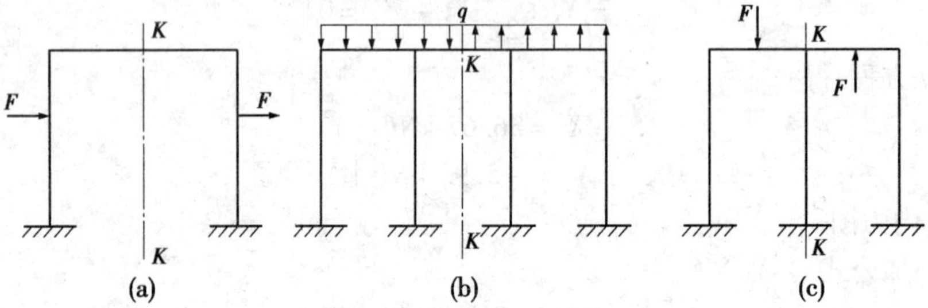

图 9-18

利用结构的对称性,可以简化结构的计算。

(一)选取对称的基本结构

如图 9-19(a)所示为三次超静定结构,在对称轴位置处切断横梁,加上相应的多余未知力 X_1、X_2、X_3,得到图 9-19(b)所示对称的基本结构。轴力 X_2 和弯矩 X_1 为对称未知力,剪力 X_3 为反对称未知力,根据切断处两侧截面相对位移为零的条件,建立力法典型方程

$$\left.\begin{aligned}\delta_{11}X_1+\delta_{12}X_2+\delta_{13}X_3+\Delta_{1P}=0\\ \delta_{21}X_1+\delta_{22}X_2+\delta_{23}X_3+\Delta_{2P}=0\\ \delta_{31}X_1+\delta_{32}X_2+\delta_{33}X_3+\Delta_{3P}=0\end{aligned}\right\}$$

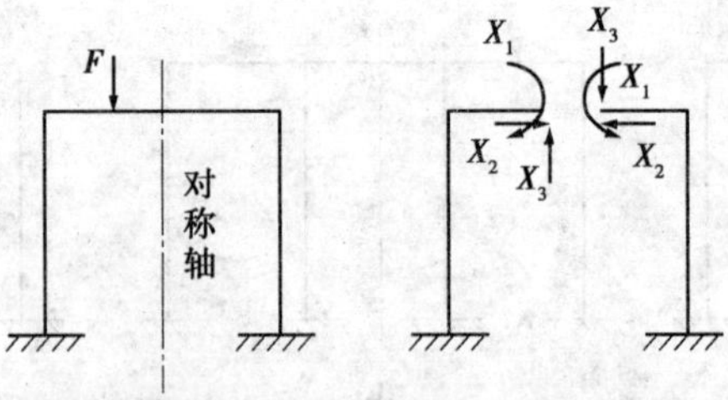

(a)原结构　　(b)基本结构

图 9-19

分别作出各单位弯矩图,如图 9-20(a)、(b)、(c)所示。由图可看出,对称未知力 X_1、X_2 所产生的单位弯矩图和变形是对称的;反对称未知力 X_3 所产生的单位弯矩图和变形是反对称的。由于对称弯矩图与反对称弯矩图的图乘结果为零,$\delta_{13}=\delta_{31}=0$,$\delta_{23}=\delta_{32}=0$,力法方程

可简化为

$$\left.\begin{aligned}\delta_{11}X_1+\delta_{12}X_2+\Delta_{1P}=0\\ \delta_{21}X_1+\delta_{22}X_2+\Delta_{2P}=0\\ \delta_{33}X_3+\Delta_{3P}=0\end{aligned}\right\}\quad(9\text{-}7)$$

由公式(9-7)可知,选取对称的基本结构,可使力法方程分为两组:一组只含对称的未知力;另一组只含有反对称的未知力。方程的建立及求解将得到简化。

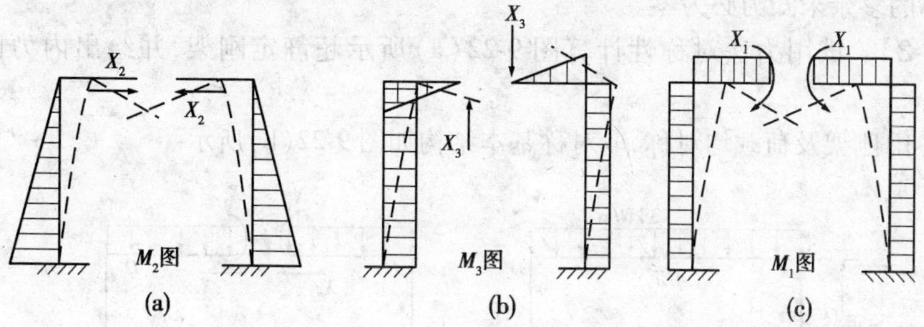

图 9-20

(二)分荷载为对称荷载及反对称荷载,并分别计算

若对称刚架上具有对称性(见图 9-21(a)),可以把荷载分解为对称荷载(见图 9-21(b))和反对称荷载(见图 9-21(c))两部分,根据叠加原理,计算时可把这两部分荷载分别计算,然后把所得的内力图叠加即成。

对称荷载作用在对称的基本结构上,荷载弯矩图 M'_P 是对称的;反对称荷载作用在对称的基本结构上,荷载弯矩图 M''_P 是反对称的。于是,在对称荷载作用下,自由项

$$\Delta_{3P}=\sum\int\frac{\overline{M}_3M'_P}{EI}\mathrm{d}s=0$$

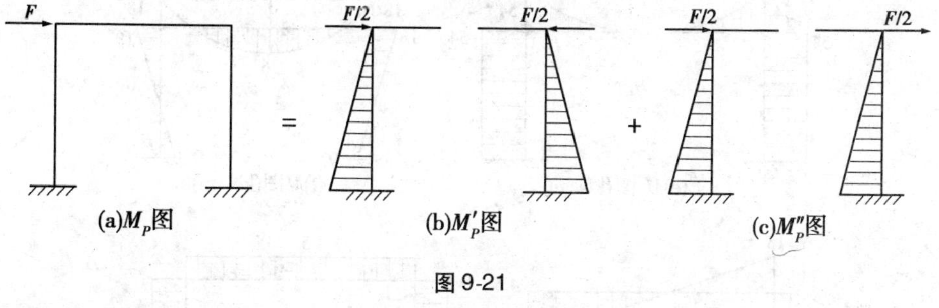

图 9-21

由力法方程(9-7)的第三式可知,此时,反对称未知力 X_3 等于零,即

$$X_3=0$$

在反对称荷载作用下,自由项

$$\Delta_{1P}=\sum\int\frac{\overline{M}_1M''_P}{EI}\mathrm{d}s=0$$

$$\Delta_{2P} = \sum \int \frac{\overline{M}_2 M''_P}{EI} ds = 0$$

由力法方程(9-7)的前两式可知,此时,对称未知力 X_1、X_2 等于零,即

$$X_1 = 0$$

$$X_2 = 0$$

由以上可得出以下结论:对称结构在对称荷载作用下,只有对称的多余未知力存在,而反对称的多余未知力必为零;对称结构在反对称荷载作用下,只有反对称的多余未知力存在,而对称的多余未知力必为零。

【例 9-3】 试用力法对称性计算图 9-22(a)所示超静定刚架,并绘出内力图。EI = 常量。

解 (1)刚架及荷载均对称,取对称基本结构如图 9-22(b)所示。

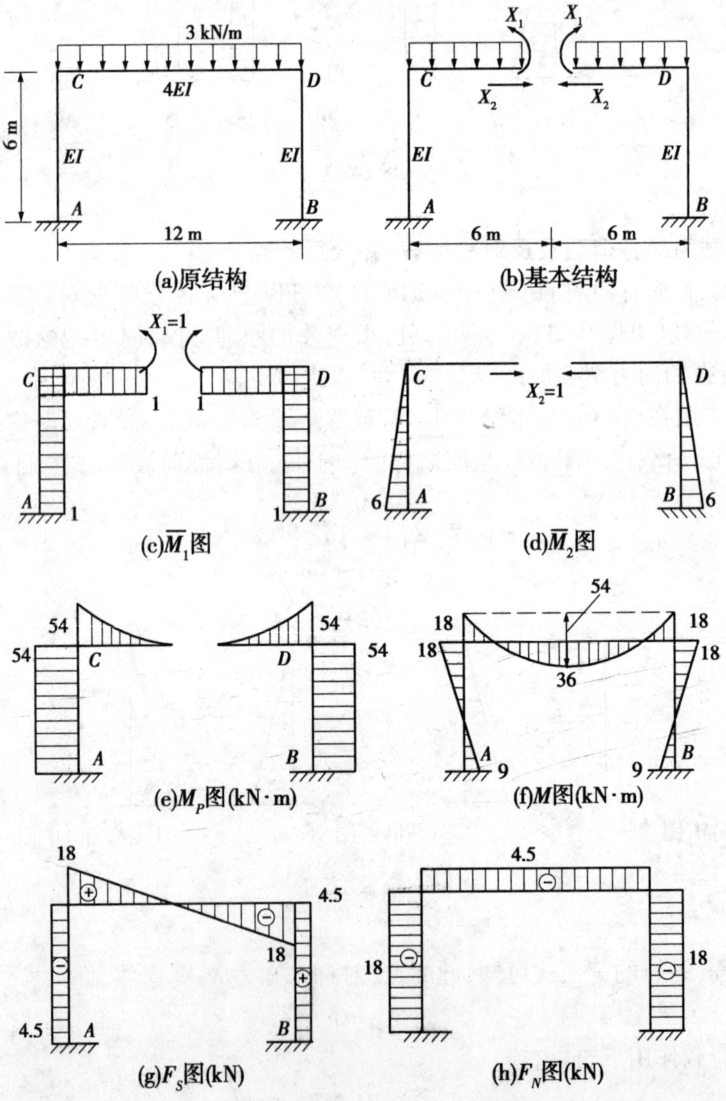

图 9-22

(2)建立力法典型方程。

只需考虑对称的多余未知力 X_1、X_2。力法方程为

$$\left.\begin{aligned}\delta_{11}X_1+\delta_{12}X_2+\Delta_{1P}=0\\ \delta_{21}X_1+\delta_{22}X_2+\Delta_{2P}=0\end{aligned}\right\}$$

(3)计算系数和自由项。

画出基本结构的荷载弯矩图 M_P 图(见图 9-22(e))和单位弯矩图 M_1、M_2 图(见图 9-22(c)、(d))。利用图乘法计算系数和自由项

$$\delta_{11}=\frac{2}{EI}(6\times1\times1)+\frac{2}{4EI}(6\times1\times1)=\frac{15}{EI}$$

$$\delta_{22}=\frac{2}{EI}(\frac{1}{2}\times6\times6\times\frac{2}{3}\times6)=\frac{144}{EI}$$

$$\delta_{12}=\delta_{21}=-\frac{2}{EI}(\frac{1}{2}\times6\times6\times1)=-\frac{36}{EI}$$

$$\Delta_{1P}=-\frac{2}{4EI}\times\frac{1}{3}\times54\times6\times1-\frac{2}{EI}\times54\times6\times1=-\frac{702}{EI}$$

$$\Delta_{2P}=\frac{2}{EI}\times\frac{1}{2}\times6\times6\times54=\frac{1\ 944}{EI}$$

(4)求多余未知力。

代入力法方程,并简化得

$$15X_1-36X_2-702=0$$

$$-36X_1+144X_2+1\ 944-0$$

解联立方程,得

$$X_1=36\ \text{kN}\cdot\text{m}$$

$$X_2=-4.5\ \text{kN}$$

(5)作内力图。

利用叠加公式

$$M=\overline{M}_1X_1+\overline{M}_2X_2+M_P$$

可得超静定刚架的弯矩图 M 图(见图 9-22(f))。

在多余未知力求出后,可用基本结构直接按静力平衡条件作出剪力图(见图 9-22(g)、(h))。

由以上例题可知,对称结构在正对称荷载作用下,其弯矩图和轴力图是正对称的,剪力图是反对称的;变形与位移对称。同理可知,对称结构在反对称荷载作用下,其弯矩图和轴力图是反对称的,剪力图是对称的;变形与位移反对称。

(三)取半结构计算

根据上述结论,对称结构在对称荷载或反对称荷载作用下,只要求得半个结构的内力和位移,利用对称性可以求得另半个结构的内力和位移。这样可取半个结构代替原结构计算,这半个结构称为**原结构的等代结构**。在选取等代结构时,应使半个结构与原结构的一半的受力和变形的状态相同。因此,沿对称轴截断处应按原结构上的位移和相应静力条件加上合适的支承。

对称结构分为两种:一种是无中柱对称结构,又称为奇数跨结构(见图 9-23(a));另一种是有中柱对称结构,又称为偶数跨对称结构。

1. 无中柱对称结构(奇数跨结构)

1)在对称荷载作用下

如图 9-24(a)所示单跨对称刚架,在对称的荷载作用下,只产生对称的内力和变形。沿对称轴处 K 截面将刚架截开,截面 K 处只有对称的多余未知力(弯矩和轴力),而反对称的多余未知力(剪力)为零。即 K 截面处可能发生竖向位移但不会发生转角位移和水平位移。因此,当截取半个刚架计算时,在截面 K 处应加一个定向支座,得到原结构的等代结构,如图 9-24(b)所示。

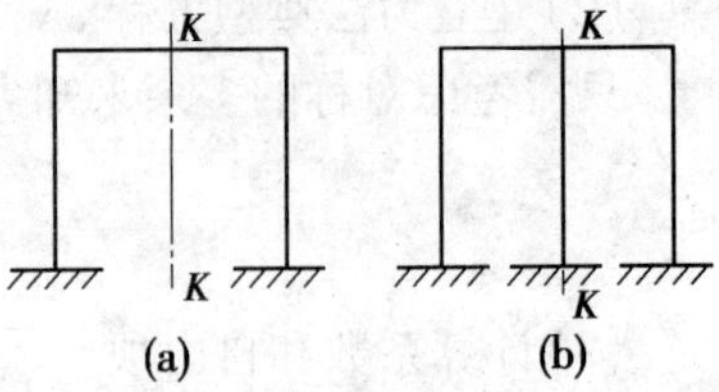

图 9-23

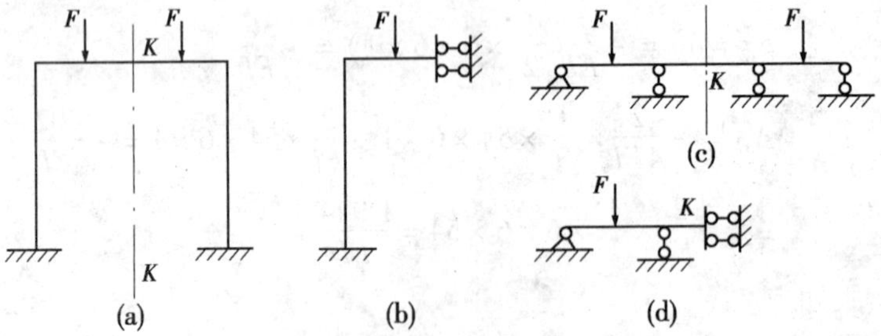

图 9-24

图 9-24(c)所示三跨对称连续梁,受对称荷载作用,对称轴处 K 截面截开,截面 K 处只有对称的多余未知力(弯矩),而反对称的多余未知力(剪力)为零。即 K 截面处可能发生竖向位移但不会发生转角位移和水平位移。因此,当截取半个连续梁计算时,在截面 K 处应加一个定向支座,即可得到原结构的等代结构,如图 9-24(d)所示。

2)在反对称荷载作用下

如图 9-25(a)所示单跨对称刚架,在反对称的荷载作用下,内力和变形是反对称的。沿对称轴处 K 截面将刚架截开,截面 K 处对称的多余未知力(弯矩和轴力)为零,而反对称的多余未知力(剪力)不为零。即 K 截面处不可能发生竖向位移但可能会发生转角位移和水平位移。因此,当截取半个刚架计算时,在截面 K 处应加一个竖向链杆,得到原结构的等代结构,如图 9-25(b)所示。

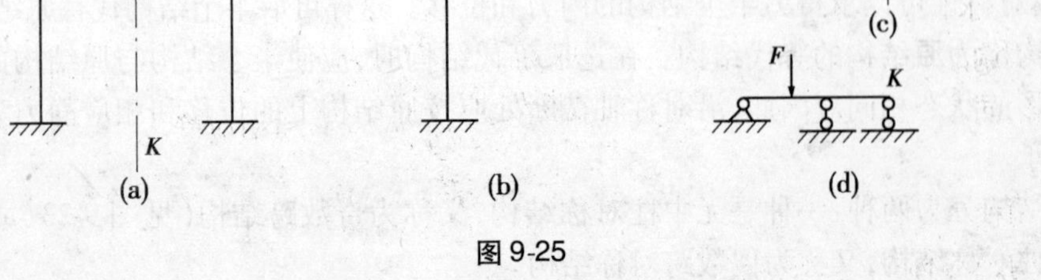

图 9-25

图 9-25(c)所示三跨对称连续梁,受反对称荷载作用,沿对称轴处 K 截面截开,K 截面处不可能发生竖向位移但可能会发生转角位移和水平位移。因此,当截取半个连续梁计算时,在截面 K 处应加一个竖向链杆,得到原结构的等代结构,如图 9-25(d)所示。

2. 有中柱对称结构(偶数跨结构)

1)在对称荷载作用下

如图 9-26(a)所示双跨对称刚架,在对称的荷载作用下,横梁与中柱联结处无水平位移、转角位移。如果不考虑中柱的轴向变形,则横梁与中柱联结处也无竖向位移,但在该截面处产生弯矩、剪力、轴力,即横梁与中柱联结处相当于固定端支座,得到原结构的等代结构,如图 9-26(b)所示。

图 9-26(c)所示两跨对称连续梁,受对称荷载作用,沿对称轴处 K 截面截开,K 截面处转角位移和线位移均为零。因此,当截取半个连续梁计算时,在截面 K 处应加一个固定端支座,得到原结构的等代结构,如图 9-26(d)所示。

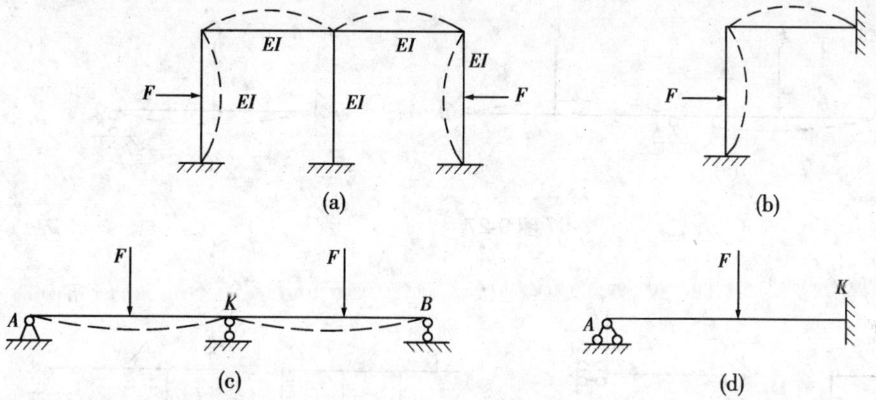

图 9-26

2)反对称荷载作用下

如图 9-27(a)所示双跨对称刚架,在反对称的荷载作用下,中柱可设想为两根刚度各为 $\frac{EI}{2}$ 的竖柱组成,它们分别在对称轴两侧与横梁刚结,如图 9-27(b)所示。如果将此两柱中间的横梁切开,在反对称荷载作用下,该截面只有反对称的未知力剪力存在,如图 9-27(c)所示。这对剪力将使对称轴两侧的两根竖柱分别产生大小相等、性质相反的轴力。由于原中柱的内力是两根竖柱的内力之和,所以该剪力对原结构的内力和变形都无影响。因此,截取半刚架计算时,可略去剪力,从而得到原结构的等代结构如图 9-27(d)所示。

图 9-27(e)所示两跨对称连续梁,受反对称荷载作用,沿对称轴处 K 截面截开,K 截面处线位移为零但可能发生转角位移且 K 截面的弯矩和轴力为零。因此,当截取半个连续梁计算时,在截面 K 处应加一个竖向链杆,得到原结构的等代结构,如图 9-27(f)所示。

利用半个结构简化计算时,应注意:在对称轴上的截面处,作用线与对称轴重合的集中力如图 9-28(a)所示为对称荷载;在对称轴上的截面或结点处,集中力偶及作用线与对称轴垂直的集中力如图 9-28(c)、(e)为反对称荷载。

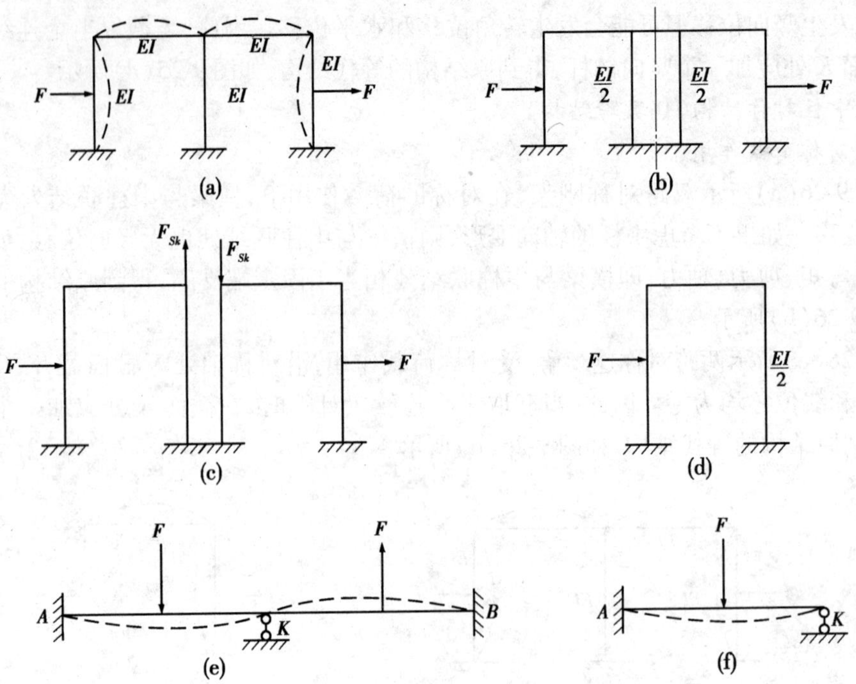

图 9-27

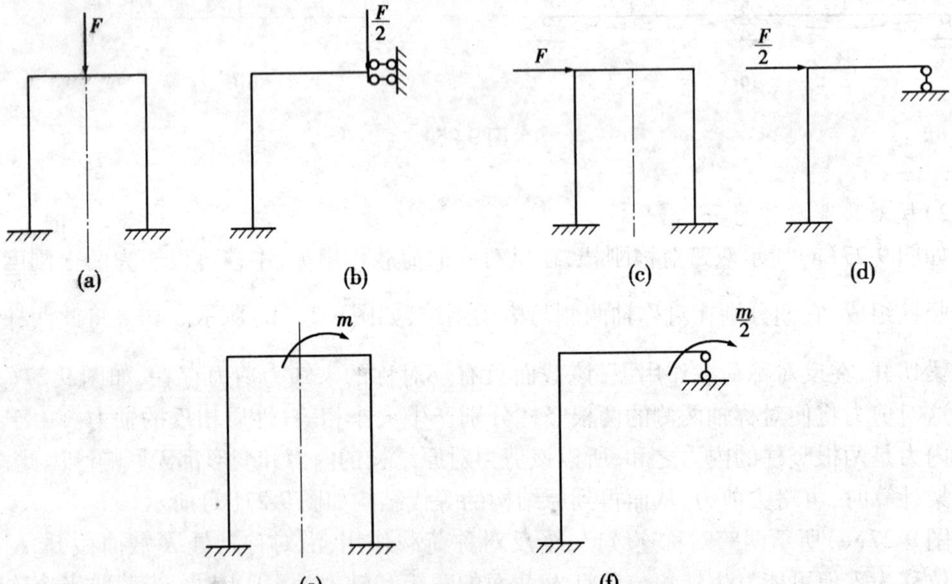

图 9-28

【例 9-4】 利用力法对称性计算图 9-29(a)所示六次超静定刚架,并绘出内力图。EI = 常量。

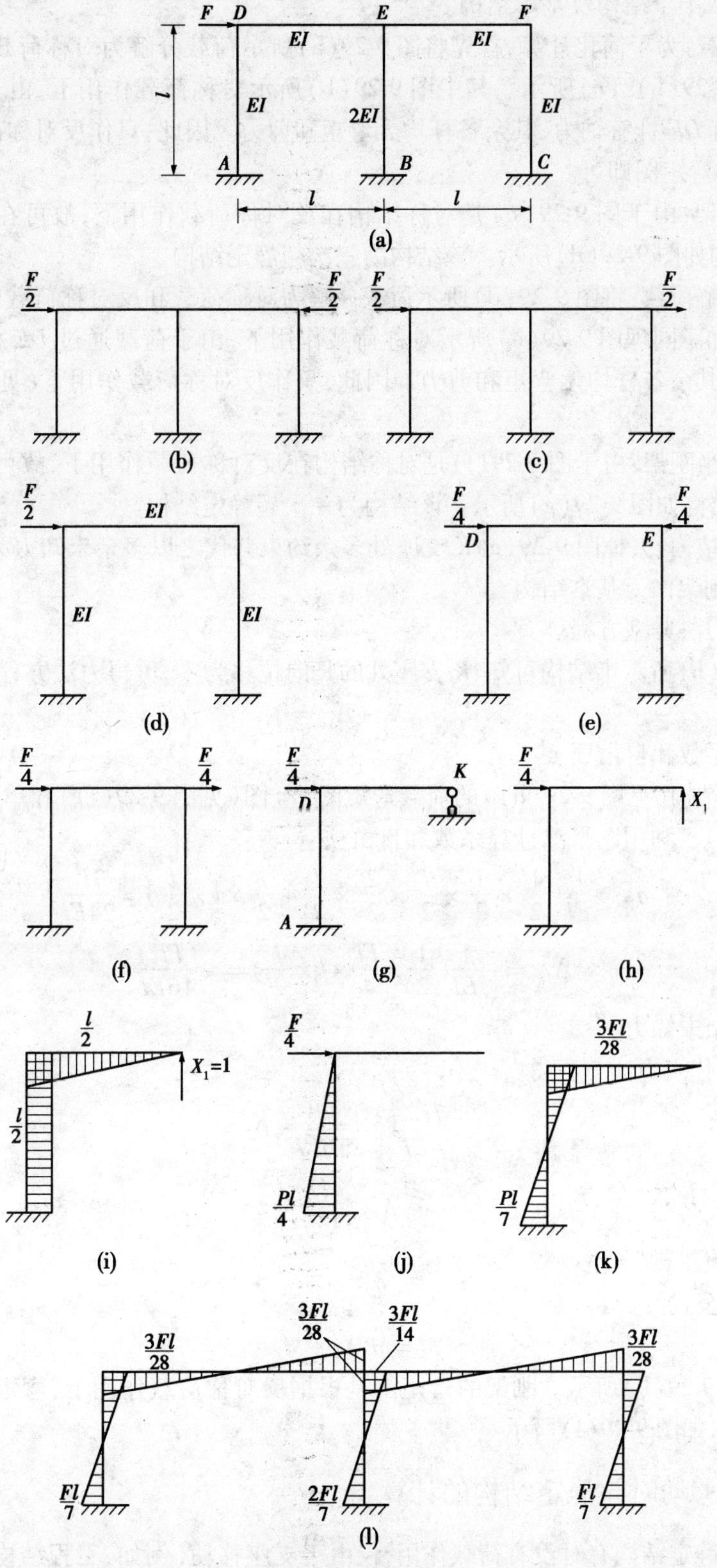
F D E F
EI EI
l EI 2EI EI
A B C
l l
(a)
F/2 F/2 F/2 F/2
(b) (c)
F/2 EI
EI EI
(d)
F/4 F/4
D E
(e)
F/4 F/4
(f)
F/4 K
D
A
(g)
F/4 X1
(h)
l/2
X1=1
l/2
(i)
F/4
Pl/4
(j)
3Fl/28
Pl/7
(k)
3Fl/28 3Fl/28 3Fl/14 3Fl/28
Fl/7 2Fl/7 Fl/7
(l)

图 9-29

解 (1)取半个结构及基本结构。

①分解荷载:为了简化计算,首先将图9-29(a)所示荷载分解为对称荷载和反对称荷载的叠加,如图9-29(b)、(c)所示。其中图9-29(b)所示对称荷载作用下,由于荷载通过 DF 杆轴线,故只有 DF 杆有轴力,其余各杆均无弯矩和剪力。因此,只作反对称荷载作用下(见图9-29(c))的弯矩图即可。

②取半刚架:由于图9-29(c)是对称结构在反对称荷载作用下,故可在对称轴截面切开,取半个结构如图9-29(d)所示。该结构为三次超静定结构。

③再次分解荷载:将图9-29(d)所示荷载分解为对称荷载和反对称荷载的叠加,图9-29(e)、(f)的叠加。同理图9-29(e)所示对称荷载作用下,由于荷载通过 DE 杆轴线,故只有 DE 杆有轴力,其余各杆均无弯矩和剪力。因此,只作反对称荷载作用下(见图9-29(f))的弯矩图即可。

④再次取半刚架:由于图9-29(f)是对称结构在反对称荷载作用下,故可在对称轴截面切开,取半个结构如图9-29(g)所示。该结构为一次超静定结构。

⑤取基本结构:去掉图9-29(g)K 支座处多余约束并代之以多余未知力 X_1,得如图9-29(h)所示悬臂刚架作为基本结构。

(2)建立力法典型方程。

由图9-29(h)所示半结构可知,K 支座处的竖向位移为零,可得力法方程为

$$\delta_{11}X_1+\Delta_{1P}=0$$

(3)计算系数和自由项。

画出基本结构(见图9-29(h))的荷载弯矩图 M_P 图(见图9-29(j))和单位弯矩图 $\overline{M}_1$ 图(见图9-29(i))。利用图乘法计算系数和自由项

$$\delta_{11}=\frac{1}{EI}(\frac{1}{2}\times\frac{l}{2}\times\frac{l}{2}\times\frac{2}{3}\times\frac{l}{2}+\frac{l}{2}\times l\times\frac{l}{2})=\frac{7l^3}{24EI}$$

$$\Delta_{1P}=-\frac{1}{EI}(\frac{1}{2}\times\frac{Fl}{4}\times l\times\frac{l}{2})=-\frac{Fl^3}{16EI}$$

(4)求多余未知力。

将 δ_{11}、Δ_{1P}代入力法方程得

$$\frac{7l^3}{24EI}X_1-\frac{Fl^3}{16EI}=0$$

$$X_1=\frac{3F}{14}$$

(5)作弯矩图。

利用叠加公式

$$M=\overline{M}_1X_1+M_P$$

得弯矩图9-29(k)所示。刚架的弯矩图是根据反对称荷载作用下,弯矩图应是反对称的关系画出的,如图9-29(l)所示。

五、支座移动时超静定结构的计算

工程中超静定结构有时没有荷载作用,仅由于支座移动(例如,工程结构物支座的沉陷或加工制造的误差等),亦将产生支座反力和杆件内力。这也是超静定结构与静定结构不

同的特性。对于这种由于支座位移引起的内力的计算,仍可采用力法。其基本原理和解题步骤均与前述荷载作用时的计算相同。只是应特别注意如下两点:

(1)力法方程中自由项的计算有所不同,它表示基本结构由于支座移动在多余约束处沿多余未知力方向所引起的位移 Δ_{iC}。

(2)力法方程等号右侧可不为零,应为基本结构在拆除约束处沿多余未知力方向的实际位移,也就是原结构在多余未知力方向的已知实际位移值 Δ_i,当 Δ_i 与多余未知力方向一致时取正值,否则取负值。

举例说明如下。

【例 9-5】 图 9-30(a)所示超静定梁,设支座 A 发生转角 θ,求作梁的弯矩图。已知梁的 EI 为常数。

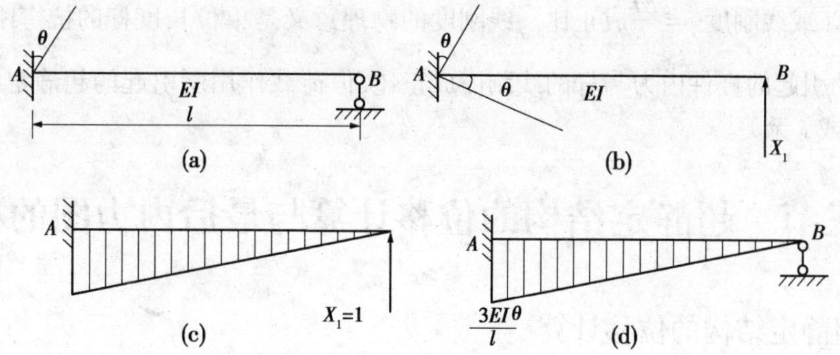

图 9-30

解 (1)选取基本结构。

原结构为一次超静定梁,选取图 9-30(b)所示悬臂梁为基本结构。

(2)建立力法方程。

原结构在 B 处无竖向位移,可建立力法方程如下

$$\delta_{11}X_1+\Delta_{1C}=0$$

(3)计算系数和自由项。

作单位弯矩图如图 9-30(c)所示,可由图乘法求得

$$\delta_{11}=\frac{1}{EI}\left(\frac{1}{2}\times l\times l\times\frac{2}{3}l\right)=\frac{l^3}{3EI}$$

自由项 Δ_{1C}是由于支座 A 的转动位移在基本结构上沿 X_1 方向引起的位移。因此,是静定结构(基本结构)由于支座移动时的位移计算。可用公式 $\Delta=-\sum\overline{R}C$ 计算。式中:$\overline{R}=X_1\cdot l=l,C=\theta$,则 $\Delta_{1C}=-\overline{R}\cdot C=-\theta l$。对于本题,由图 9-30(b)可见,$A$ 支座产生顺时针转角 θ、B 点相应的向下移动,因此可用几何关系确定,当 θ 是微小角位移时,$\Delta_{1C}=-\theta l$。负号说明 θ 方向与虚设的单位力 $X_1=1$ 的方向相反。

(4)求多余未知力。

将 δ_{11}、Δ_{1C}代入力法方程得

$$\frac{l^3}{3EI}X_1-\theta\cdot l=0$$

$$X_1 = \frac{3EI\theta}{l^2}$$

(5) 作弯矩图。

由于支座移动在静定的基本结构中不引起内力,故只需将 M_1 图乘以 X_1 值即可

$$M = \overline{M}_1 X_1$$

$$M_{AB} = l \times \frac{3EI\theta}{l^2} = \frac{3EI\theta}{l}$$

$$M_{BA} = 0$$

作弯矩图如图 9-30(d)所示。

由图 9-30(d)所示的弯矩图可知,超静定结构由于支座位移产生内力,内力的大小与杆件的刚度 EI 或线刚度 $i = \frac{EI}{l}$ 成正比。线刚度的物理意义是单位长度杆的抗弯刚度。因此,由支座移动引起的杆件内力与杆的线刚度成正比,但荷载作用所引起的超静定结构内力的数值与 EI 或 i 无关。

第三节　超静定结构的位移计算与最后内力图的校核

一、超静定结构的位移计算

变形体的虚功原理及相应的单位荷载法不仅用于静定结构的位移计算,也适用于超静定结构的位移计算。

用力法计算超静定结构,是根据基本结构在荷载作用和全部多余未知力共同作用下内力和位移应与原结构完全一致这个条件来进行的。也就是说,在荷载及多余未知力共同作用下的基本结构与在荷载作用下的原超静定结构是完全相同的。

计算超静定结构的位移时可以用原超静定结构已经求出的弯矩图与静定的基本结构的单位荷载弯矩图用图乘法求位移,具体步骤是:

(1)绘出原超静定结构的弯矩图(即 M_P 图);

(2)选择一个最简单的基本结构作为虚拟状态,并绘出相应的弯矩图(即 M 图);

(3)按图乘法求位移。

下面通过例题说明超静定结构的位移计算。

【例 9-6】 试求图 9-31(a)所示超静定刚架横梁 BC 中点 K 的竖向位移 Δ_{KV}。

解 利用力法求得图 9-31(a)所示超静定刚架的最终弯矩图如图 9-31(b)所示。

采用悬臂刚架作为基本结构,并绘出单位荷载作用于 K 点的弯矩图如图 9-31(c)所示。将图 9-31(b)与图 9-31(c)图乘得

$$\Delta_{KV} = \frac{1}{EI} \times \frac{a^2}{8} \times \frac{5}{6} \times \frac{3}{88}F_P a + \frac{1}{2EI} \times \left[\frac{1}{2} \times (\frac{3}{88}F_P a + \frac{15}{88}F_P a) \times \frac{a^2}{2} - \frac{1}{2} \times \frac{F_P a}{4} \times a \times \frac{a}{2} \right]$$

$$= -\frac{3F_P a^3}{1\ 408EI}(\uparrow)$$

以上虚设单位力状态时所选的基本结构与力法计算原超静定结构所选的基本结构相

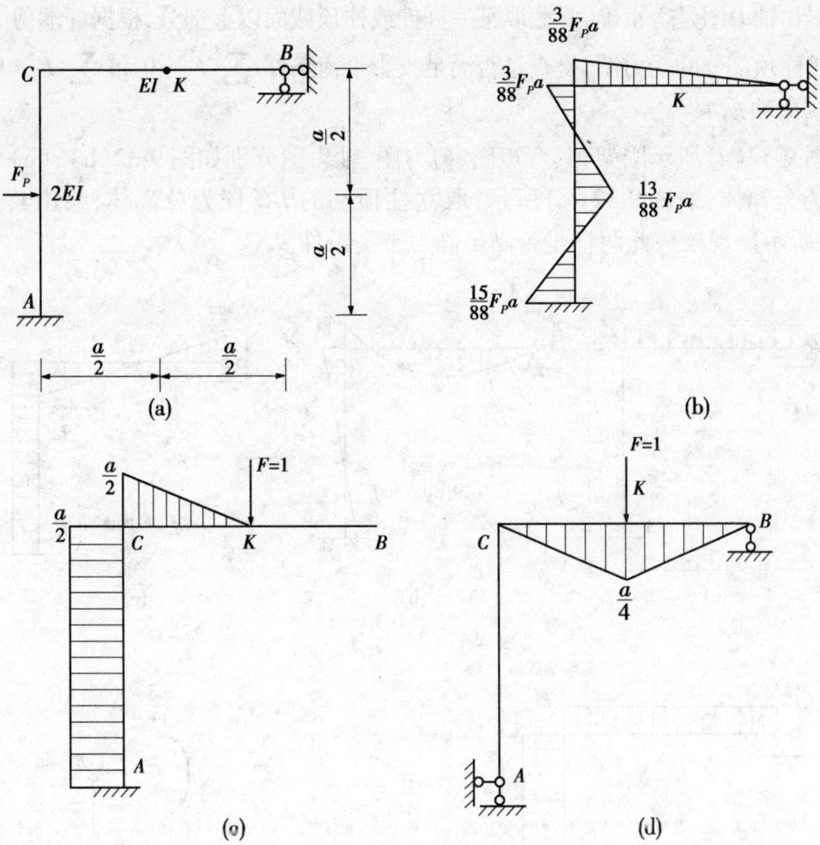

图 9-31

同。如果选另一基本结构虚设单位力状态，并绘出其单位弯矩图如图 9-31(d)所示，将图 9-31(d)与图 9-31(b)图乘得

$$\Delta_{KV} = -\frac{1}{EI}\times\frac{a^2}{8}\times\frac{1}{2}\times\frac{3}{88}F_Pa = -\frac{3F_Pa^3}{1\,408EI}(\uparrow)$$

由以上可见，无论如何选取基本结构绘制单位弯矩图，最终计算的结果都是一样的。这是由于超静定结构的内力并不因所选取的基本结构不同而有所不同，所以在计算超静定结构的位移时，可取任一基本结构作为虚拟状态，尽量取单位弯矩图比较简单的基本结构。

二、超静定结构最后内力图的校核

用力法计算出的超静定结构的最后的内力图是结构设计的依据，必须保证其正确性。这除在内力分析的全过程中注意逐步检查外，对于最后的内力图还应加以校核。校核工作通常从以下两个方面进行：一是静力平衡条件的校核；二是位移条件。

（一）静力平衡条件的校核

取结构的整体或取其中的任何局部作为隔离体考察其受力是否满足静力平衡条件。通常截取结点或截取杆件，也可以截取结构的某一部分，检查它是否满足平衡条件 。校核弯矩图是否正确，常截取任一结点，根据杆端弯矩画出结点的受力图，检查是否满足 $\sum M = 0$。

校核剪力图和轴力图是否正确，常截取某一杆件或柱顶截面以上部分，根据杆端剪力和轴力画出该杆件或柱顶部分的受力图，检查是否满足投影平衡条件 $\sum F_x=0$ 和 $\sum F_y=0$。

现举例说明如下。

对于图 9-32(a)所示刚架，其弯矩图、剪力图、轴力图分别如图 9-32(b)、(c)、(d)所示，取结点 B 为分离体，如图 9-32(e)所示，取立柱顶端的 BC 杆为分离体，绘出其受力图，如图 9-32(f)所示。现校核此两杆是否满足静力平衡条件。

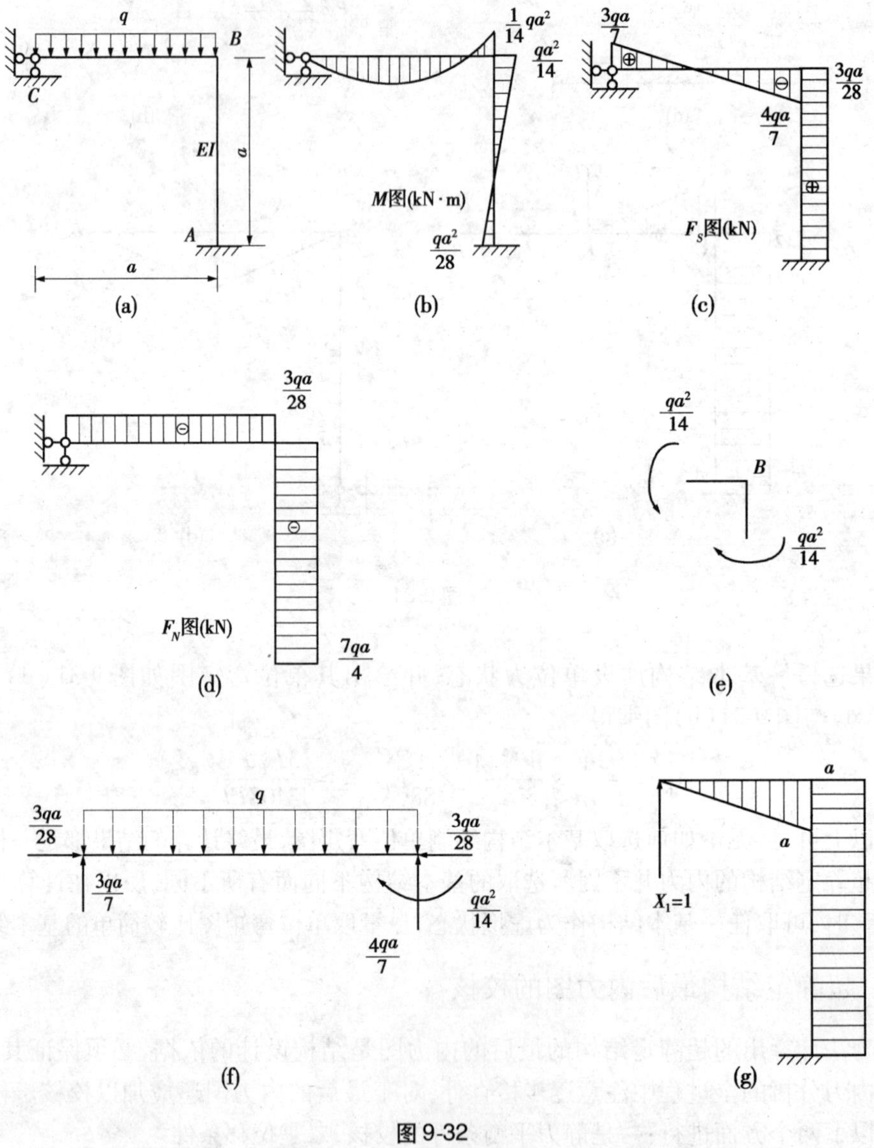

图 9-32

$$\sum F_x=\frac{3qa}{28}-\frac{3qa}{28}=0$$

$$\sum F_y=\frac{3qa}{7}-qa+\frac{4qa}{7}=0$$

$$\sum M_B = \frac{qa^2}{14} - \frac{qa^2}{14} = 0$$

由以上可知,三个内力图都满足平衡条件。

(二)位移条件的校核

由于超静定结构的最后内力图是根据基本结构与原超静定结构在多余约束处的变形条件相同得出的,多余未知力是否正确,则不能由平衡条件反映出来。事实上,超静定结构满足静力平衡条件的解有无数个,只有同时满足位移条件的解才是唯一正确的解。校核位移条件的方法是:验算沿任一多余力方向的位移,看其是否与原已知位移相符,以验算位移条件。

例如,对图9-32(b)所示超静定结构的最后弯矩图,可校核 C 点的竖向位移是否等于零。取图9-32(g)所示基本结构,在 C 点沿竖向加一单位力 $X_1=1$,并画出单位弯矩图 $\overline{M}_1$,将图9-32(g)与图9-32(b)进行图乘,得 C 点的竖向位移为

$$\Delta_{CV} = \frac{1}{EI}\left(-\frac{1}{2}\cdot\frac{qa^2}{14}\cdot a\cdot\frac{2a}{3}+\frac{2}{3}\cdot\frac{qa^2}{8}\cdot a\cdot\frac{a}{2}\right)+\frac{1}{EI}\left(\frac{1}{2}\cdot\frac{qa^2}{28}\cdot a-\frac{1}{2}\cdot\frac{qa^2}{14}\cdot a\right)\cdot a = 0$$

满足 C 点竖向位移为零的条件,说明结构的弯矩图是正确的。

对于 n 次超静定结构,按理应该校核 n 个位移条件,但通常只是抽查几个关键性的位移进行校核即可。如果所取的基本结构的 $\overline{M}$ 图在每个杆件上都有弯矩,这时只需校核一个位移条件。如果 $\overline{M}$ 图只是部分杆件上有位移,需要再选一个或几个单位弯矩图进行校核。

第四节　等截面单跨超静定梁的杆端内力

在超静定结构的计算中,常用到等截面单跨超静定梁的杆端内力。掌握等截面单跨超静定梁在荷载及支座移动时的杆端内力的计算方法,对结构的分析有着重要的作用。常用的等截面单跨超静定梁如图9-33(a)、(b)、(c)所示的三种类型。

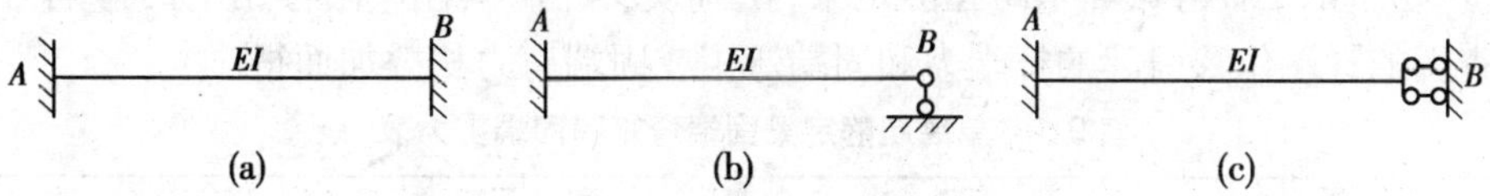

图9-33

在位移法和力矩分配法中,杆端内力均采用两个下标表示,其中前一个下标表示该弯矩或该剪力所作用的杆端,称为**近端**;另一个下标表示杆件的另一端,称为**远端**。例如,图9-34所示的 AB 梁,其中 A 端的内力分别用 M_{AB} 和 F_{SAB} 表示;而 B 端分别用 M_{BA} 和 F_{SBA} 表示。

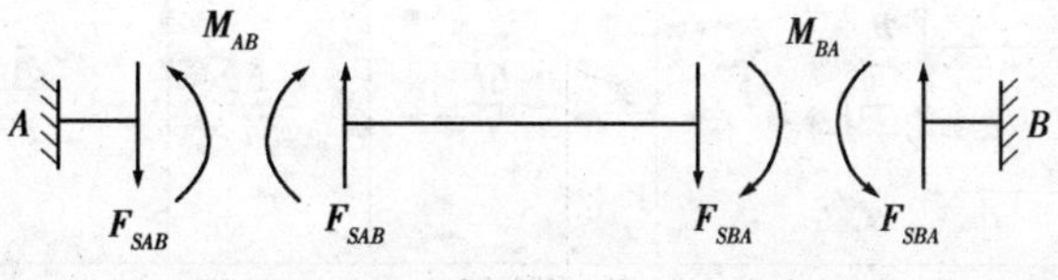

图9-34

在位移法和力矩分配法中对杆端弯矩正负的规定为：**对于杆件，杆端弯矩是以顺时针转向为正；对于支座和结点，杆端弯矩是以逆时针转向为正**。如图 9-34 所示杆端弯矩均为正。注意，这种对杆端弯矩正负号的规定，只适用于杆端弯矩的计算，在绘制弯矩图时，对于弯矩不需标明正负号，仍将弯矩图画在杆件受拉一侧。

杆端剪力和轴力的正负号规定与以往的规定相同，图 9-34 所示杆端剪力均为正。

杆件 AB 杆的杆端位移 Δ 正负号的规定：**杆端转角 θ 以顺时针转向为正，相对线位移 Δ 以杆端连线顺时针转向为正**。杆端连线的转角 $\beta_{AB}=\dfrac{\Delta_{AB}}{l}$ 称为**弦转角**，即杆端位移 Δ 以旋转角 β 顺时针转向为正。图 9-35 中 θ_A、θ_B 和 Δ_{AB} 均为正。

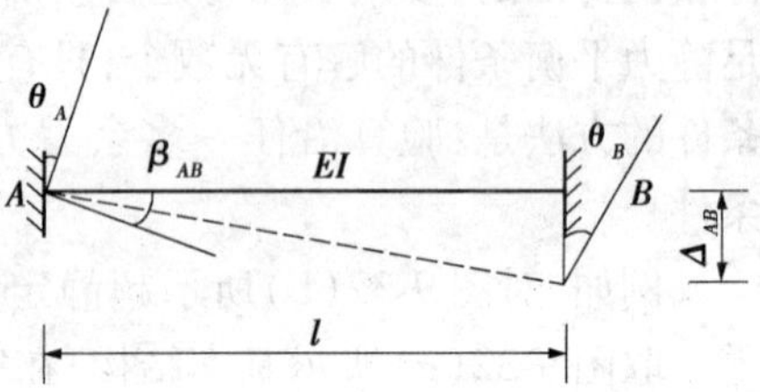

图 9-35

一、杆端位移引起的杆端力

对于图 9-33 中各等截面单跨超静定梁，当杆端产生各种单位正向位移时，引起的杆端弯矩及杆端剪力可用力法计算出，并列于表 9-1 中以供查用。杆端弯矩与杆端剪力统称为**杆端力**。

二、固端弯矩和固端剪力

梁由于荷载、温度改变等作用引起的杆端弯矩和杆端剪力分别称为固端弯矩和固端剪力，分别用 M^F_{AB}、M^F_{BA}、F^F_{SAB}、F^F_{SBA} 表示。表 9-1 给出了等截面单跨超静定梁在各种不同荷载作用、温度变化差异时的固端弯矩和固端剪力。

三、等截面直杆的转角位移方程

单跨超静定梁的杆端力与杆端位移及荷载等之间的关系式，称为**转角位移方程**。

图 9-33 所示三种等截面单跨超静定梁，在荷载及杆端位移共同作用下的杆端力，可由表 9-1 查得的杆端位移引起的杆端力和固端弯矩或固端剪力相叠加而得。

表 9-1　单跨超静定梁固端弯矩和固端剪力表

序号	梁的简图	固端弯矩		固端剪力	
		M_{AB}	M_{BA}	F_{SAB}	F_{SBA}
1	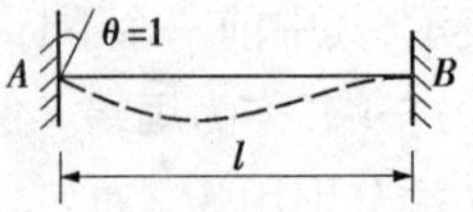	$4i$	$2i$	$-\dfrac{6i}{l}$	$-\dfrac{6i}{l}$
2	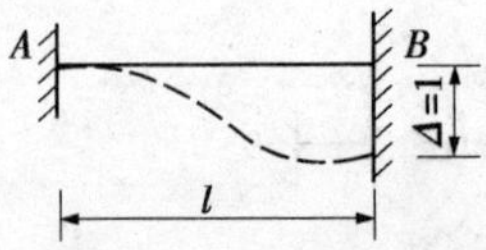	$-\dfrac{6i}{l}$	$-\dfrac{6i}{l}$	$\dfrac{12i}{l^2}$	$\dfrac{12i}{l^2}$

续表 9-1

序号	梁的简图	固端弯矩		固端剪力	
		M_{AB}	M_{BA}	F_{SAB}	F_{SBA}
3	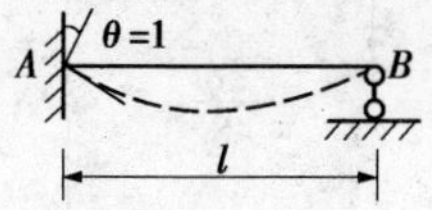	$3i$	0	$-\frac{3i}{l}$	$-\frac{3i}{l}$
4	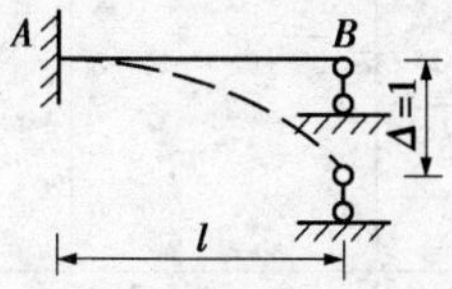	$-\frac{3i}{l}$	0	$\frac{3i}{l^2}$	$\frac{3i}{l^2}$
5	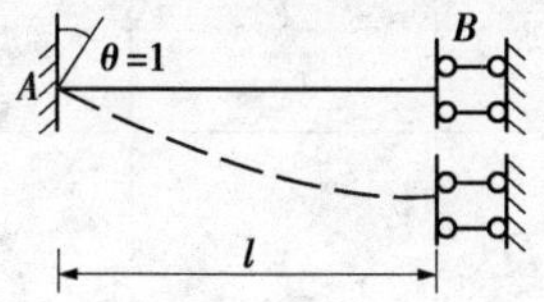	i	$-i$	0	0
6	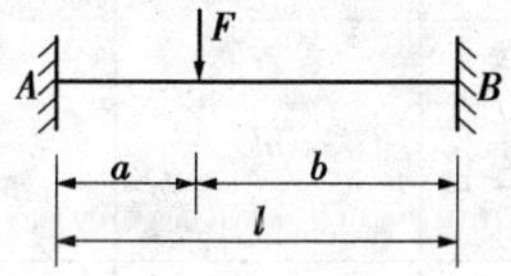	$-\frac{Fab^2}{l^2}$	$\frac{Fa^2b}{l^2}$	$\frac{Fb^2(l+2a)}{l^3}$	$\frac{Fa^2(l+2b)}{l^3}$
7	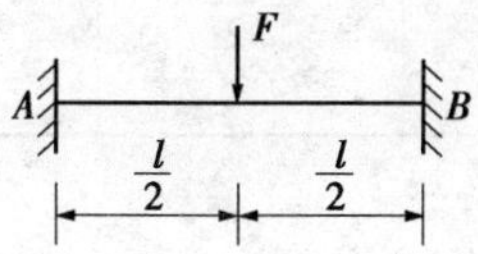	$-\frac{Fl}{8}$	$\frac{Fl}{8}$	$\frac{F}{2}$	$-\frac{F}{2}$
8	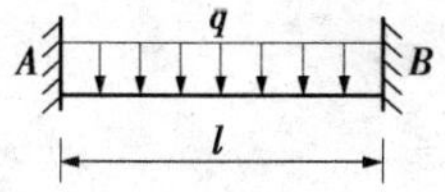	$-\frac{ql^2}{12}$	$\frac{ql^2}{12}$	$\frac{ql}{2}$	$-\frac{ql}{2}$
9	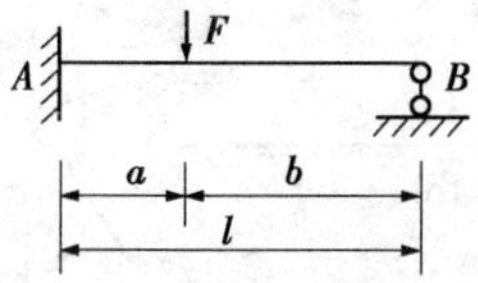	$-\frac{Fab(l+b)}{2l^2}$	0	$\frac{Fb(3l^2-b^2)}{2l^3}$	$-\frac{Fa^2(2l+b)}{2l^3}$
10	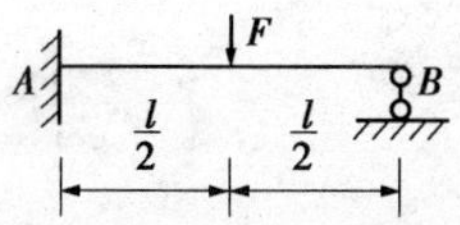	$-\frac{3Fl}{16}$	0	$\frac{11F}{16}$	$-\frac{5F}{16}$

续表 9-1

序号	梁的简图	固端弯矩		固端剪力	
		M_{AB}	M_{BA}	F_{SAB}	F_{SBA}
11	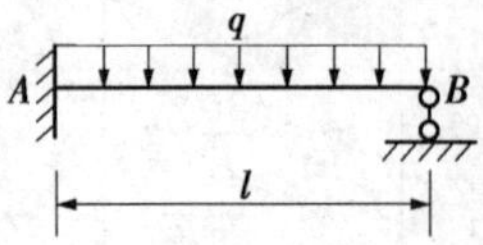	$-\frac{ql^2}{8}$	0	$\frac{5ql}{8}$	$-\frac{3ql}{8}$
12	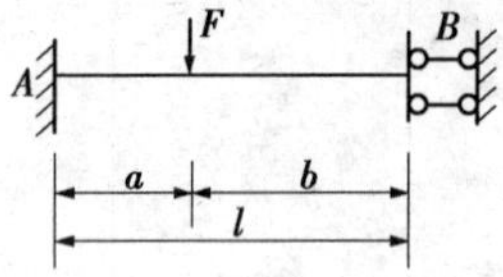	$-\frac{Fa(l+b)}{2l}$	$-\frac{Fa^2}{2l}$	F	0
13	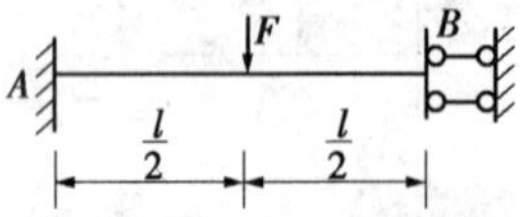	$-\frac{3Fl}{8}$	$-\frac{Fl}{8}$	F	0
14	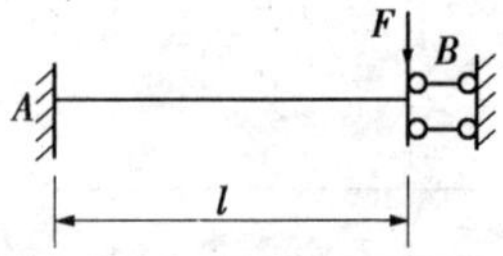	$-\frac{Fl}{2}$	$-\frac{Fl}{2}$	F	F
15	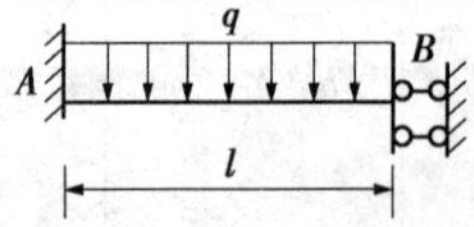	$-\frac{ql^2}{3}$	$-\frac{ql^2}{6}$	ql	0
16	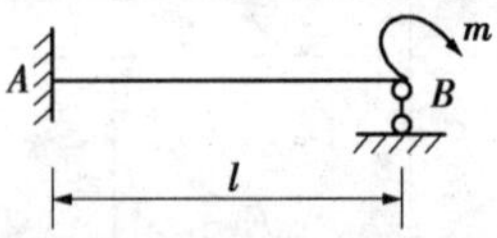	$\frac{m}{2}$	m	$-\frac{3m}{2l}$	$-\frac{3m}{2l}$

(一)两端固定的梁

图 9-36(a)所示为两端固定等截面梁。

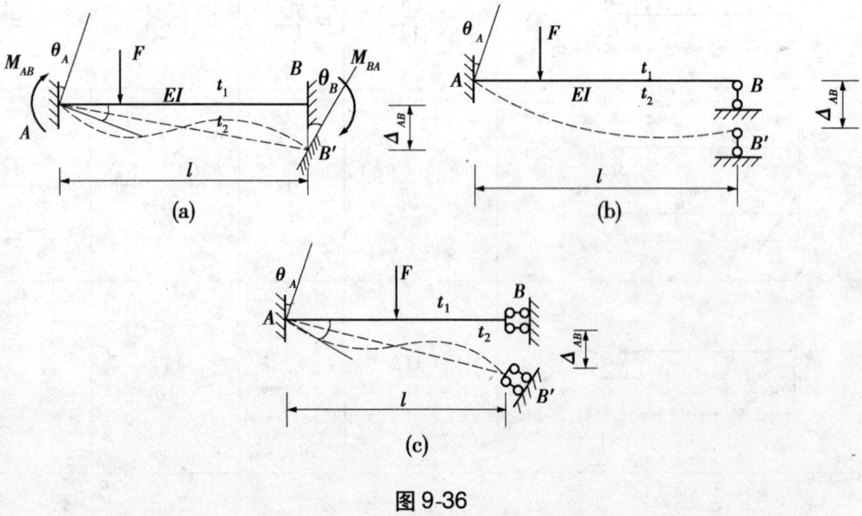

图 9-36

（1）由荷载和温度差异引起的固端弯矩 M_{AB}^F、M_{BA}^F 可由表 9-1 查得。

（2）由 A 端转角 θ_A 引起的固端弯矩由表 9-1 查得为

$$M'_{AB}=4i\theta_A \qquad M'_{BA}=2i\theta_A$$

式中，$i=\frac{EI}{l}$为杆件的线刚度。

（3）由 B 端转角 θ_B 引起的固端弯矩由表 9-1 查得为

$$M''_{AB}=2i\theta_B \qquad M''_{BA}=4i\theta_B$$

（4）由两端线位移引起的固端弯矩由表 9-1 查得为

$$M'''_{AB}=-\frac{6i}{l}\Delta_{AB} \qquad M'''_{BA}=-\frac{6i}{l}\Delta_{AB}$$

（5）根据叠加原理，将以上叠加可得该梁两端的固端力

$$\left.\begin{aligned}M_{AB}&=4i\theta_A+2i\theta_B-\frac{6i}{l}\Delta_{AB}+M_{AB}^F\\ M_{BA}&=2i\theta_A+4i\theta_B-\frac{6i}{l}\Delta_{AB}+M_{BA}^F\end{aligned}\right\} \tag{9-8}$$

式(9-8)为两端固定的等截面梁的转角位移方程。

（二）一端固定另一端铰支的梁

图 9-36(b)所示为一端固定另一端铰支的梁，用上述同样的方法可求得其杆端弯矩。

（1）由荷载和温度差异引起的固端弯矩 M_{AB}^F、M_{BA}^F 可由表 9-1 查得。

（2）由 A 端转角 θ_A 引起的杆端弯矩由表 9-1 查得为

$$M'_{AB}=3i\theta_A \qquad M'_{BA}=0$$

式中，$i=\frac{EI}{l}$为杆件的线刚度。

（3）由两端线位移引起的杆端弯矩由表 9-1 查得

$$M''_{AB}=-\frac{3i}{l}\Delta_{AB} \qquad M''_{BA}=0$$

（4）根据叠加原理，将以上叠加可得该梁两端的固端力

$$M_{AB}=3i\theta_A-3\frac{i}{l}\Delta_{AB}+M_{AB}^F \tag{9-9}$$

式(9-9)为一端固定另一端铰支的等截面梁的转角位移方程。

（三）一端固定一端定向支承杆

图 9-36(c)所示为一端固定一端定向支承杆的梁，用上述同样的方法也可得其杆端弯矩。

（1）由荷载和温度差异引起的固端弯矩 M_{AB}^F、M_{BA}^F 可由表 9-1 查得。

（2）由 A 端转角 θ_A 引起的杆端弯矩由表 9-1 查得为

$$M'_{AB}=i\theta_A \qquad M'_{BA}=-i\theta_A$$

式中，$i=\frac{EI}{l}$为杆件的线刚度。

（3）由 B 端转角 θ_B 引起的杆端弯矩由表 9-1 查得

$$M''_{AB}=-i\theta_B \qquad M''_{BA}=i\theta_B$$

(4)根据叠加原理,将以上叠加可得该梁两端的固端力

$$\left.\begin{aligned} M_{AB} &= i\theta_A - i\theta_B + M_{AB}^F \\ M_{BA} &= -i\theta_A + i\theta_B + M_{BA}^F \end{aligned}\right\} \tag{9-10}$$

第五节　位移法

位移法是计算超静定结构的另一种基本方法。位移法与力法的主要区别在于基本未知量和分析问题时所采取的基本结构不同。

力法是取结构中多余约束的力即多余未知力作为基本未知量,按位移条件建立力法方程将它们求得后,即可据以求出结构的其他内力和位移。

位移法是把结构的结点位移作为基本未知量,先设法求出它们,再据以求出结构的内力和其他位移。

一、位移法的基本思路

下面通过图 9-37(a)所示的超静定连续梁来分析位移法的基本思路。在荷载作用下,连续梁将产生如图 9-37(a)中虚线所示的变形曲线,其中固定端 A、C 处均无任何位移,结点 B 是个刚性结点,汇交于该结点的 AB、BC 杆的杆端应有相同的转角 θ_B,结点 B 没有线位移,只有角位移 θ_B。

现来分析 AB 杆和 BC 杆的受力和变形。AB 杆件可看做两端固定的单跨梁,在荷载和杆端转角 θ_B 共同作用下,由表 9-1 可查得杆端弯矩为

$$M_{AB} = -2i\theta_B - \frac{Fl}{8}$$

$$M_{BA} = -4i\theta_B + \frac{Fl}{8}$$

BC 杆件可看做两端固定的单跨梁,在杆端转角 θ_B 作用下,由表 9-1 可查得杆端弯矩为

$$M_{BC} = -4i\theta_B$$

$$M_{CB} = -2i\theta_B$$

取结点 B 为分离体画受力图如图 9-37(d)所示,由结点 B 的力矩平衡条件 $\sum M_B = 0$ 得

$$M_{BA} + M_{BC} = 0$$

$$-4i\theta_B + \frac{Fl}{8} - 4i\theta_B = 0$$

解得角位移为

$$\theta_B = \frac{Fl}{64i}$$

将此值代入得各杆端弯矩值为

$$M_{AB} = -\frac{5Fl}{32} \quad M_{BA} = \frac{Fl}{16} \quad M_{BC} = -\frac{Fl}{16} \quad M_{CB} = -\frac{Fl}{32}$$

最后根据求得的杆端弯矩和荷载画弯矩图如图 9-37(e)所示。

计算杆端剪力,可将杆件隔离出来,根据杆件的杆端弯矩、作用荷载,利用平衡条件

求得。

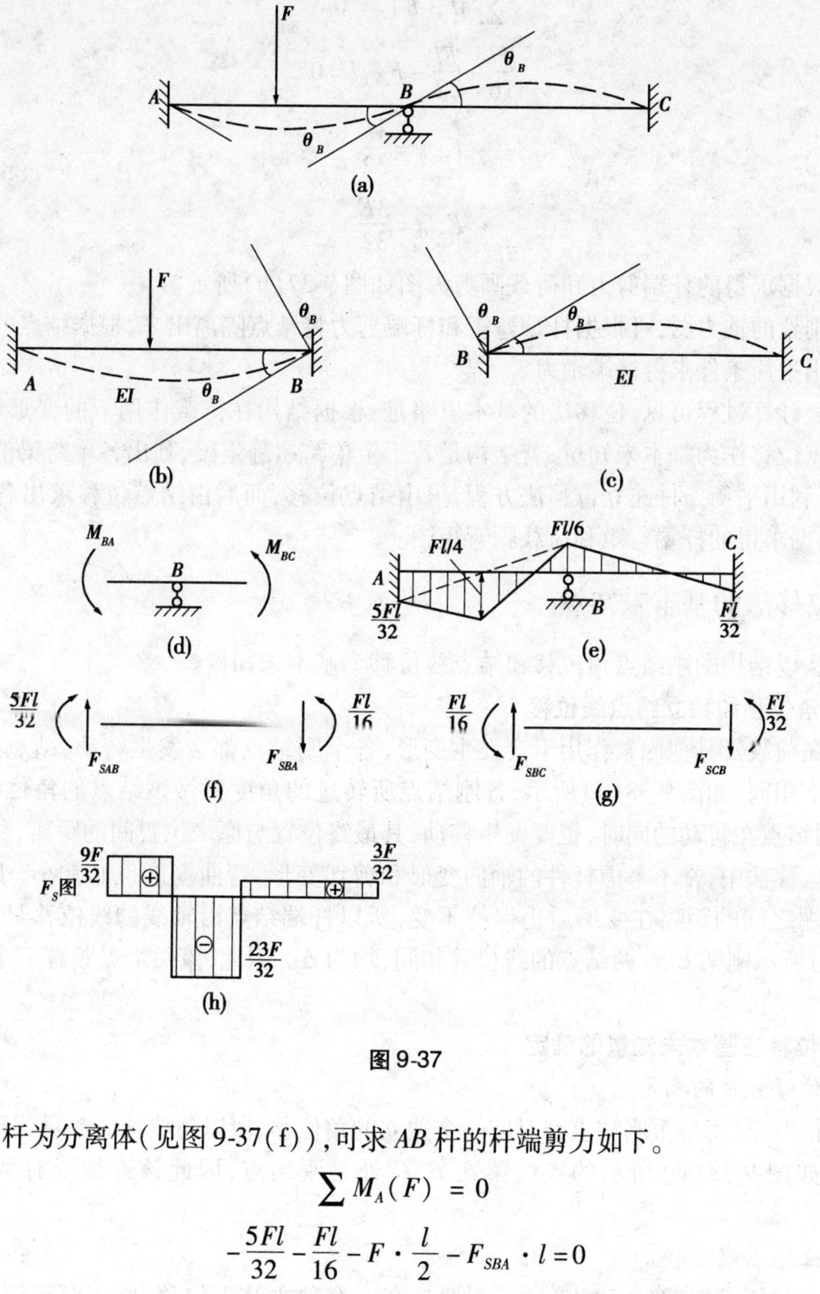

图 9-37

以 AB 杆为分离体(见图 9-37(f)),可求 AB 杆的杆端剪力如下。

由

$$\sum M_A(F) = 0$$

得

$$-\frac{5Fl}{32}-\frac{Fl}{16}-F\cdot\frac{l}{2}-F_{SBA}\cdot l=0$$

$$F_{SBA}=-\frac{23F}{32}$$

由

$$\sum M_B(F) = 0$$

得

$$-\frac{5Fl}{32}-\frac{Fl}{16}+F\cdot\frac{l}{2}-F_{SBA}\cdot l=0$$

$$F_{SAB}=\frac{9F}{32}$$

以 BC 杆为分离体(见图 9-37(g)),可求 BC 杆的杆端剪力。

由 $$\sum M_B(F) = 0$$

得 $$\frac{Fl}{16}+\frac{Fl}{32}-F_{SCB}l=0$$

$$F_{SCB}=\frac{3F}{32}$$

同理 $$F_{SBC}=\frac{3F}{32}$$

最后根据求得的杆端剪力和荷载画剪力图如图 9-37(h)所示。

对于刚架的轴力图,可根据杆端弯矩和杆端剪力将结点隔离出来,根据结点的杆端剪力及荷载利用平衡条件求得杆端轴力。

由以上计算过程可见,位移法的基本思路是:根据结构在荷载作用下的变形情况,确定独立的结点位移作为基本未知量,若结构是若干个单跨超静定梁,列出各单跨梁的转角位移方程式,再利用平衡条件建立位移法方程,求出结点位移,而后由结点位移求出各杆的杆端力,最后根据求得的杆端弯矩和荷载画弯矩图。

二、位移法的基本未知量

位移法以结构的刚结点角位移和结点线位移为基本未知量。

(一)角位移和独立结点线位移

结构在荷载及其他因素作用下会发生变形,各个刚结点都会发生转动,结点不同,转角一般也各不相同,如图 9-38(a)所示,各刚结点所转过的角度称做该结点的**角位移**,以顺时针为正;刚结点在转动的同时,也要发生移动,其最终位置与原来位置间的距离,称做结点的**线位移**。位移法中,常不考虑杆件的轴向变形和剪切变形,弯曲变形也非常小,于是认为受弯直杆两端之间的距离在变形后仍保持不变,所以杆端结点沿轴线的线位移是相等的,如图 9-38(a)所示刚架 C、D 两结点的线位移相同,均为 Δ。因此,该两结点共有一个独立的结点位移。

(二)位移法基本未知量的确定

1. 角位移数目的确定

一般情况下,每一个刚结点都对应一个独立的角位移,所以角位移的数目就等于刚结点的数目。如图 9-38(c)所示的连续梁在 B、C 处是刚结点,因此该连续梁有两个角位移 θ_B、θ_C。

2. 独立结点线位移

由以上分析可知,图 9-38(a)所示刚架具有一个独立结点位移,所以对于简单结构,其线位移数就等于刚架层数。对于复杂结构独立线位移的确定,可用铰化法来分析。铰化法就是把刚架所有的刚结点(包括固定支座)都改为铰结点,如此体系是一个几何可变体系,则使它变为几何不变体系所需添加的链杆数目即等于原结构的独立线位移数目。图 9-38(a)所示的结构把所有的刚结点和固定支座铰化后,得到如图 9-38(b)所示的链杆体系,该体系几何可变,需增加一根链杆才能成为几何不变体系,所以该刚架具有一个独立结点线位移。

由此确定图 9-38(a)具有两个结点角位移和一个线位移,即共有三个基本未知量。

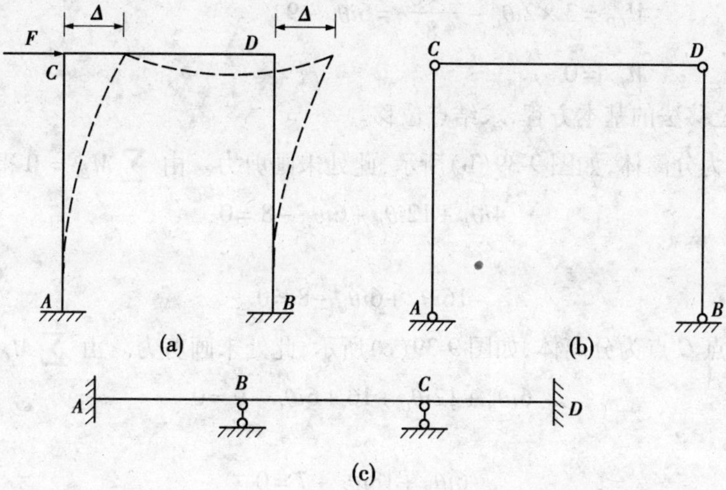

图 9-38

三、位移法计算示例

【例 9-7】 用位移法计算图 9-39(a)所示连续梁,并作弯矩图。

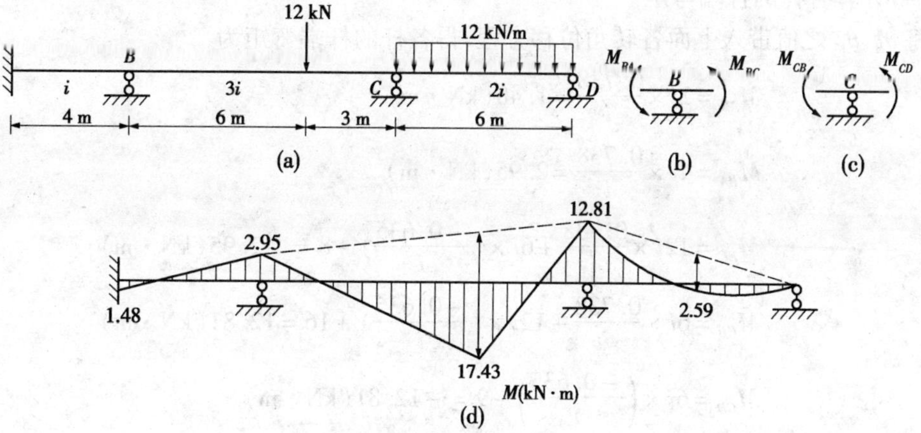

图 9-39

解 (1)确定基本未知量。

此结构有两个刚结点,没有结点线位移,所以该连续梁的基本未知量是角位移 θ_B、θ_C,设角位移均为顺时针转向。

(2)建立转角位移方程

$$M_{AB}=2i\theta_B$$

$$M_{BA}=4i\theta_B$$

$$M_{BC}=4\times3i\theta_B+2\times3i\theta_C-\frac{12\times3^2\times6}{9^2}=12i\theta_B+6i\theta_C-8$$

$$M_{CB}=2\times3i\theta_B+4\times3i\theta_C+\frac{12\times3\times6^2}{9^2}=6i\theta_B+12i\theta_C+16$$

$$M_{CD}=3\times 2i\theta_C-\frac{2\times 6^2}{8}=6i\theta_C-9$$

$$M_{DC}=0$$

(3)建立位移法的基本方程,求结点位移。

取结点 B 为分离体,如图 9-39(b)所示,此处未画剪力。由 $\sum M_B=0$ 得

$$4i\theta_B+12i\theta_B+6i\theta_C-8=0$$

经整理后得

$$16i\theta_B+6i\theta_C-8=0 \tag{1}$$

同理取结点 C 点为分离体,如图 9-39(c)所示,此处未画剪力。由 $\sum M_C=0$ 得

$$6i\theta_B+12i\theta_C+16+6i\theta_C-9=0$$

经整理后得

$$6i\theta_B+18i\theta_C+7=0 \tag{2}$$

将方程(1)和方程(2)联立求解,得

$$\theta_B=\frac{0.738}{i}$$

$$\theta_C=\frac{-0.635}{i}$$

(4)计算各杆的杆端弯矩。

将 θ_B、θ_C 之值带入上面各转角位移方程,得各杆的杆端弯矩为

$$M_{AB}=2i\times\frac{0.738}{i}=1.48(\text{kN}\cdot\text{m})$$

$$M_{BA}=4i\times\frac{0.738}{i}=2.95(\text{kN}\cdot\text{m})$$

$$M_{BC}=12i\times\frac{0.738}{i}+6i\times(\frac{-0.635}{i})-8=-2.95(\text{kN}\cdot\text{m})$$

$$M_{CB}=6i\times\frac{0.738}{i}+12i\times(\frac{-0.635}{i})+16=12.81(\text{kN}\cdot\text{m})$$

$$M_{CD}=6i\times\left(\frac{-0.635}{i}\right)-9=-12.81(\text{kN}\cdot\text{m})$$

$$M_{DC}=0$$

(5)作弯矩图。

由以上各杆弯矩及荷载情况可作出连续梁的弯矩图如图 9-39(d)所示。

【例 9-8】 用位移法计算图 9-40(a)所示刚架,并作内力图。各杆 EI 为常量。

解 (1)确定基本未知量。

此结构有一个刚结点,没有结点线位移,所以只有角位移 θ_B 一个基本未知量,设角位移 θ_B 为顺时针转向,并令 $\frac{EI}{4}=i$。

(2)建立转角位移方程。

由表 9-1 查得的杆端位移产生杆端弯矩和由荷载产生的固端弯矩相加,得各杆的转角位移方程

$$M_{BA} = 3i\theta_B + \frac{ql^2}{8} = 3i\theta_B + 5$$

$$M_{BC} = -Fl = -40 \text{ kN} \cdot \text{m}$$

$$M_{BD} = 4i\theta_B$$

$$M_{DB} = 2i\theta_B$$

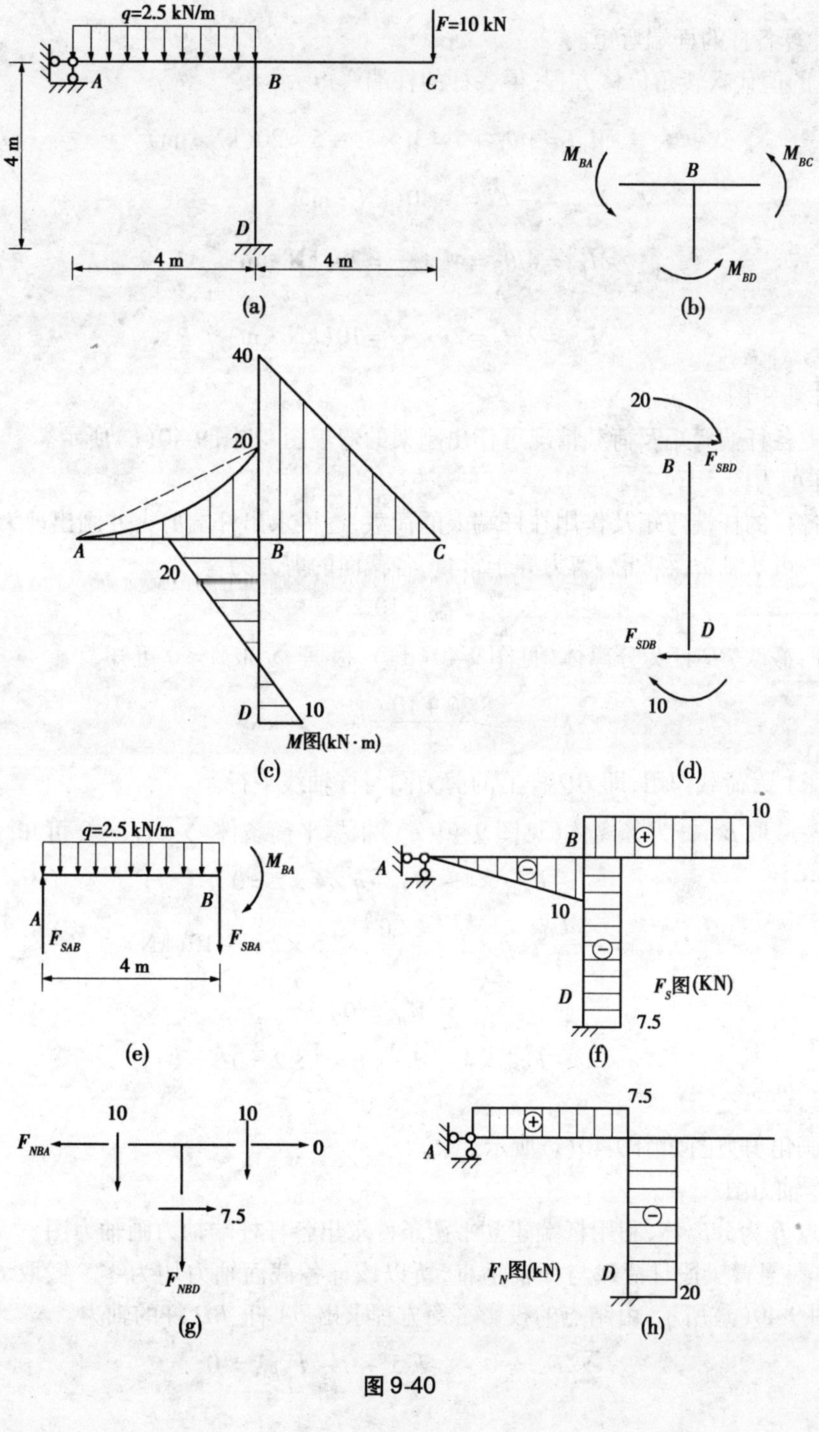

图 9-40

(3)建立位移法方程,求结点位移。

取结点 B 为分离体,如图 9-40(b)所示,此处未画剪力。由 $\sum M_B=0$ 得

$$3i\theta_B+5-40+4i\theta_B=0$$

解得

$$\theta_B=\frac{5}{i}$$

(4)计算各杆的杆端弯矩。

将 θ_B 的值代入转角位移方程,得各杆的杆端弯矩为

$$M_{BA}=3i\theta_B+5=3i\times\frac{5}{i}+5=20(\text{kN}\cdot\text{m})$$

$$M_{BC}=-Fl=-40(\text{kN}\cdot\text{m})$$

$$M_{BD}=4i\theta_B=4i\times\frac{5}{i}=20(\text{kN}\cdot\text{m})$$

$$M_{DB}=2i\theta_B=2i\times\frac{5}{i}=10(\text{kN}\cdot\text{m})$$

(5)作弯矩图。

由以上各杆端弯矩及荷载情况可作出刚架的弯矩图,如图 9-40(c)所示。

(6)作剪力图。

根据各杆的杆端弯矩及作用在杆端上的荷载,逐杆求出杆端剪力并画出剪力图。

BC 杆:可从悬臂梁考虑,剪力等于常量,各截面的剪力为

$$F_{SBC}=10\ \text{kN}$$

BD 杆:截取 BD 杆为分离体(见图 9-40(d)),根据 $\sum M_B=0$ 可知

$$F_{SDB}=-\frac{20+10}{4}=-7.5(\text{kN})$$

由于 BD 杆上无荷载作用,即 BD 杆上的剪力图与杆轴线平行。

BA 杆:截取 BA 杆为分离体(见图 9-40(e))根据平衡条件 $\sum M_A=0$ 可知

$$-F_{SBA}\times4-M_{BA}-q\times4\times2=0$$

$$F_{SBA}=-\frac{M_{BA}}{4}-q\times2=-\frac{20}{4}-2.5\times2=-10(\text{kN})$$

由

$$\sum M_B=0$$

得

$$-F_{SAB}\times4-M_{BA}+q\times4\times2=0$$

$$F_{SAB}=0$$

最后画出剪力图如图 9-40(f)所示。

(7)作轴力图。

取结点 B 为分离体,利用杆端建立平衡条件求出各杆杆端轴力画轴力图。

BC 杆是悬臂梁段且荷载与杆轴垂直,所以该杆各截面轴力均为零。截取 B 结点为分离体,如图 9-40(g)所示,由结点的投影平衡方程求出 BA 杆、BD 杆的轴力。

$$\sum F_x=0\qquad 7.5+0-F_{NBA}=0$$

$$F_{NBA}=7.5\ \text{kN}$$

$$\sum F_y = 0 \qquad -10-10-F_{NBD}=0$$

$$F_{NBD}=-20\ \text{kN}$$

根据求出的杆端轴力画出轴力图如图 9-40(h)所示。

【例 9-9】 用位移法计算图 9-41(a)所示刚架,并作弯矩图。各杆 EI 为常量。

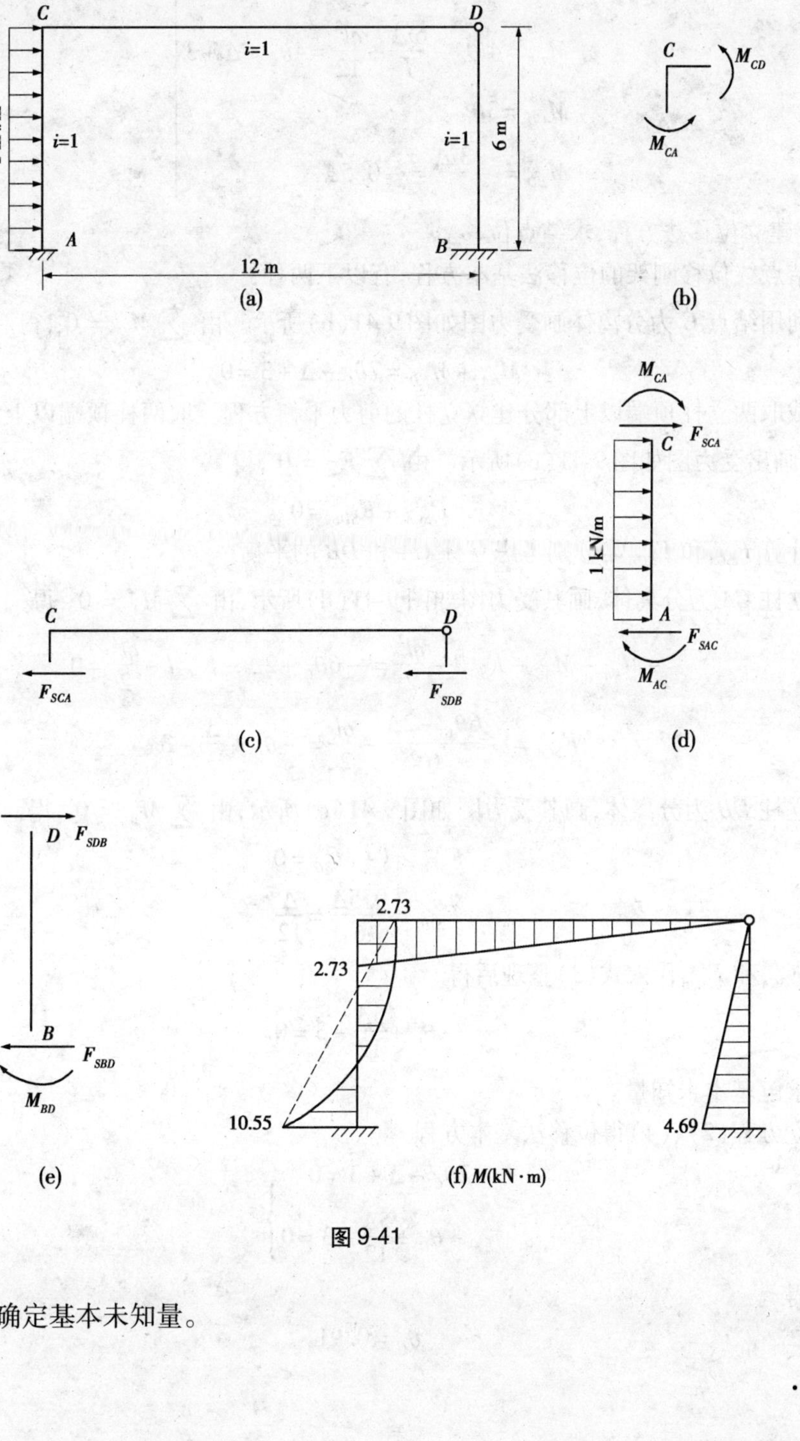

图 9-41

解 (1)确定基本未知量。

此结构共有刚结点 C 的转角 θ_C 和横梁 CD 的水平线位移 Δ 两个基本未知量。

(2)建立转角位移方程。

由表 9-1 查得的杆端位移产生杆端弯矩和由荷载产生的固端弯矩相加,得各杆的转角位移方程。但要注意 AC、BD 两杆的两个端结点有相对侧移,但 CD 杆的两个端结点只有整体的水平位移,并没有相对的线位移,所以各杆的转角位移方程为

$$\left.\begin{aligned} M_{AC} &= 2i\theta_C - \frac{6i\Delta}{l} - \frac{ql^2}{12} = 2\theta_C - \Delta - 3 \\ M_{CA} &= 4i\theta_C - \frac{6i\Delta}{l} + \frac{ql^2}{12} = 4\theta_C - \Delta + 3 \\ M_{CD} &= 3\theta_C \\ M_{BD} &= -\frac{3i\Delta}{l} = -0.5\Delta \end{aligned}\right\} \tag{1}$$

(3)建立位移法方程,求结点位移。

有结点线位移刚架的位移法基本方程,有以下两种:

①利用结点 C 为分离体画受力图如图 9-41(b)所示。由 $\sum M_C = 0$,得

$$M_{CA} + M_{CD} = 7\theta_C - \Delta + 3 = 0 \tag{2}$$

②截取两立柱顶端以上部分建立立柱的剪力平衡方程。取两柱顶端以上的横梁 CD 为分离体,画出受力图如图 9-41(c)所示。由 $\sum F_x = 0$,得

$$F_{SCA} + F_{SDB} = 0 \tag{3}$$

要计算 F_{SCA} 和 F_{SDB} 需分别考虑立柱 CA 和 DB 的平衡

取立柱 CA 为分离体,画其受力图如图 9-41(d)所示,由 $\sum M_A = 0$,得

$$-M_{CA} - M_{AC} - F_{SCA}l - \frac{ql^2}{2} = -6\theta_C + 2\Delta - F_{SCA}l - \frac{ql^2}{2} = 0$$

$$F_{SCA} = -\frac{6\theta_C - 2\Delta}{6} - \frac{ql}{2} = -\theta_C + \frac{\Delta}{3} - 3$$

取立柱 DB 为分离体,画其受力图如图 9-41(e)所示,由 $\sum M_B = 0$,得

$$F_{SDB} \cdot l + M_{BD} = 0$$

$$F_{SDB} = \frac{0.5\Delta}{6} = \frac{\Delta}{12}$$

将 F_{SCA} 和 F_{SDB} 代入式(3)整理后得

$$-\theta_C + \frac{5\Delta}{12} - 3 = 0 \tag{4}$$

③求解基本未知量。

联立方程(2)、(4)得位移法基本方程

$$\left.\begin{aligned} 7\theta_C - \Delta + 3 &= 0 \\ -\theta_C + \frac{5\Delta}{12} - 3 &= 0 \end{aligned}\right\}$$

求得

$$\theta_C = 0.91$$

$$\Delta = 9.37$$

(4)计算各杆的杆端弯矩

将 θ_C 和 Δ 的数值代入式(1)得

$$M_{AC} = 2 \times 0.91 - 9.37 - 3 = -10.55(\text{kN} \cdot \text{m})$$

$$M_{CA} = 4 \times 0.91 - 9.37 + 3 = -2.73(\text{kN} \cdot \text{m})$$

$$M_{CD} = 3 \times 0.91 = 2.73(\text{kN} \cdot \text{m})$$

$$M_{BD} = -0.5 \times 9.37 = -4.69(\text{kN} \cdot \text{m})$$

(5)画弯矩图。

根据计算所得杆端弯矩及杆件荷载,可画弯矩图如图9-41(f)所示。

由以上可见,位移法基本未知量中,每一个转角有一个相应的结点力矩平衡方程,每一个独立结点线位移有一个相应的柱顶剪力的投影方程。平衡方程的个数和基本未知量的个数相等,可以解出全部基本未知量。

第六节　力矩分配法

前面学习了力法与位移法,应用这两种方法可以求解较简单的超静定结构。遇到较复杂的结构时就需要解联立方程。对于复杂结构目前一般采用建立在位移法基础上的另一种方法——力矩分配法。在力矩分配法中,其杆端内力、位移正负号的规定都与位移法相同。它的特点是不用解联立方程组,而是采用逐次渐进法计算的,适用于求解连续梁和无侧移刚架。

一、力矩分配法的基本概念

力矩分配法,顾名思义是讨论力矩分配的一种方法。如图9-42(a)所示结构,在点 C 作用一力偶 m。由结点 C 平衡可知

$$\sum M_C = M_{CA} + M_{CB} + m = 0$$

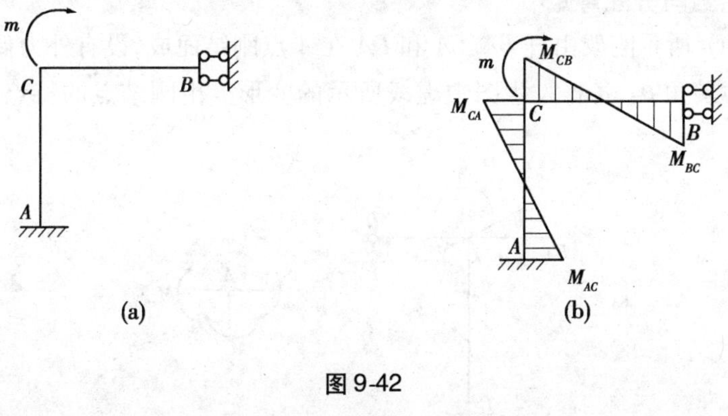

图9-42

如果我们事先知道 m 是如何分配给各杆端的,则 M_{CA} 和 M_{CB} 即可确定。从图9-42(b)所示弯矩图上知道,A 端和 B 端也有弯矩,这个弯矩可视为是由 C 端的近端传递过来的,如果

我们事先知道是如何传递的，则 M_{AC} 和 M_{BC} 也可确定，图 9-42(b)所示的弯矩图就能最后确定。由此可看出，力矩分配法的核心是力。

下面介绍力矩分配法中使用的几个名词。

(一)转动刚度 S (又称为劲度系数)

前面位移法中介绍过，如果在图 9-43(a)所示的两端固定的 AB 杆中的 A 端发生转角 $\theta_A=1$，在 A 端会引起杆端弯矩 M_{AB} 为 $4i$。如果在 AB 杆件的 A 端施加力矩 M_{AB}，那么在 A 端会产生转角 θ_A。使 AB 杆端产生单位转角 $\theta_A=1$ 时需要施加的力矩称为**转动刚度** S_{AB}。在力矩分配法中，常将产生转角的一端称为**近端**，另一端称为**远端**。即 S_{AB} 的第一个下标代表施力端，又称为近端，第二个下标代表远端。转动刚度表示杆端对转动的抵抗能力，其值与杆件的线刚度 $i=\dfrac{EI}{l}$ 及远端的支承情况有关。图 9-43 给出了等截面直杆远端为不同支承时的转动刚度 S_{AB} 值。

需要注意，转动刚度与近端的支承情况无关(铰支、固定等均一样)，但近端不能有线位移。由图 9-43 可见，杆件的线刚度 i 越大，远端的支承越牢固，杆端的转动刚度也就越大。

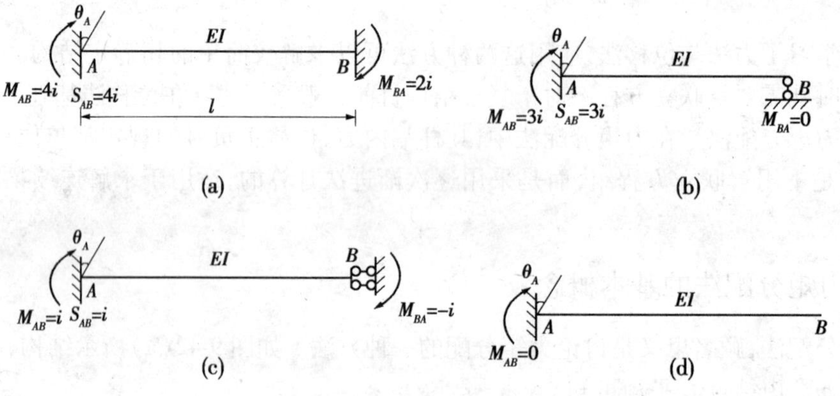

图 9-43

(二)分配系数与分配弯矩

如图 9-44(a) 所示刚架由杆 BA、CA 和 DA 在 A 点刚结而成，设有外力偶 m 作用于结点 A，使结点 A 发生转角 θ_A，各杆发生图中虚线所示的变形。由刚结点的特点知，各杆 A 端均发生转角 θ_A。

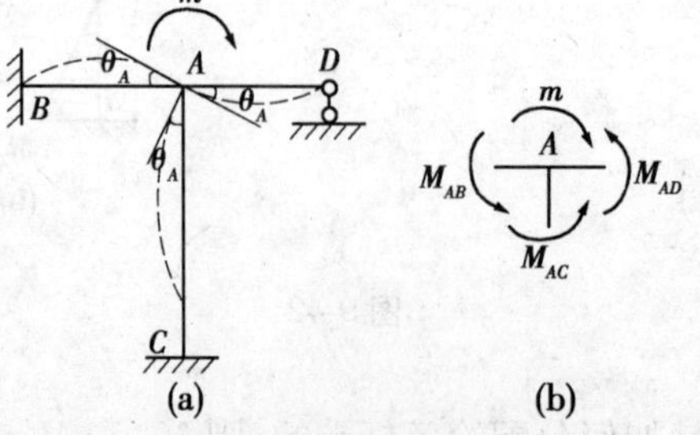

图 9-44

由各杆的转动刚度定义可知，当 $\theta_A = 1$ 时，近端弯矩分别为 $4i_{AB}$、$4i_{AC}$ 和 $4i_{AD}$，则

$$\left.\begin{aligned} M_{AB} &= S_{AB}\theta_A = 4i_{AB}\theta_A \\ M_{AC} &= S_{AC}\theta_A = 4i_{AC}\theta_A \\ M_{AD} &= S_{AD}\theta_A = 3i_{AD}\theta_A \end{aligned}\right\} \tag{1}$$

现将结点 A 取为分离体如图 9-44(b)所示，由平衡条件，有

$$\sum M_A = M_{AB} + M_{AC} + M_{AD} - m = 0$$

即

$$m = M_{AB} + M_{AC} + M_{AD} = S_{AB}\theta_A + S_{AC}\theta_A + S_{AD}\theta_A$$

由以上可得

$$\theta_A = \frac{m}{S_{AB} + S_{AC} + S_{AD}} = \frac{m}{\sum_A S_{Aj}}$$

其中 $\sum_A S_{Aj}$ 为汇交于结点 A 的各杆件在 A 端的转动刚度之和。

将 θ_A 值代入式(1)，得

$$\left.\begin{aligned} M_{AB} &= \frac{S_{AB}}{\sum_A S_{Aj}} m \\ M_{AC} &= \frac{S_{AC}}{\sum_A S_{Aj}} m \\ M_{AD} &= \frac{S_{AD}}{\sum_A S_{Aj}} m \end{aligned}\right\} \tag{9-11}$$

式(9-11)表明，各杆近端产生的弯矩与该杆端的转动刚度成正比，转动刚度越大，则所产生的弯矩越大。

设

$$\mu_{Aj} = \frac{S_{Aj}}{\sum_A S_{Aj}}$$

μ_{Aj} 称为各杆件在近端的**分配系数**。上式表明，杆 Aj 在 A 端的分配系数等于杆 A 端的转动刚度除以结点 A 上各杆 A 端的转动刚度之和。**汇交于同一结点的各杆的分配系数之和应等于 1**，即

$$\sum_A \mu_{Aj} = \mu_{AB} + \mu_{AC} + \mu_{AD} = 1$$

其中的下标 j 为汇交于结点 A 的各杆之远端，本例中即为 B、C、D。于是式(9-11)可写成

$$M_{Aj}^{d} = \mu_{Aj} m \tag{9-12}$$

由上述可见，作用于结点 A 的外力偶 m，按各杆的分配系数分配给各杆的近端。因而杆端弯矩 M_{Aj}^{d} 称为**分配弯矩**。

(三) 传递系数和传递弯矩

在图 9-44(a)中，外力偶 m 作用于结点 A，使结点 A 发生转角 θ_A，近端产生弯矩，同时也使各杆远端产生弯矩，由表 9-1 可得这些杆端弯矩为

$$M_{AB}=4i_{AB}\theta_A \qquad M_{BA}=2i_{AB}\theta_A$$
$$M_{AC}=4i_{AC}\theta_A \qquad M_{CA}=2i_{AC}\theta_A$$
$$M_{AD}=3i_{AD}\theta_A \qquad M_{DA}=0$$

各杆远端弯矩与近端弯矩的比值称为由近端向远端的**传递系数**,并用 C_{Aj}表示。将远端弯距称为**传递弯矩**。例如,对杆 AB 而言,其传递系数和传递弯矩分别为

$$C_{AB}=\frac{M_{BA}}{M_{AB}}=\frac{1}{2} \qquad M_{BA}=C_{AB}M_{AB}=\frac{1}{2}(4i_{AB}\theta_A)=2i_{AB}\theta_A$$

也就是说,传递弯矩按下式计算

$$M_{jA}^{C}=C_{Aj}M_{Aj}^{d}$$

上式中 M_{jA}^{C}表示远端的弯矩(传递弯矩)。该式表明,**传递弯矩等于分配弯矩乘以传递系数**。

对于等截面杆来说,传递系数 C_{Aj}随远端的支承情况而有不同,数值如下

远端固定 $\qquad C=\frac{1}{2}$

远端铰支 $\qquad C=0$

远端滑动 $\qquad C=-1$

由前述可知,只有一个刚结点且刚结点只能转动不能移动的结构,在刚结点上受一外力偶 m 作用,其解算过程分为两步:首先,按各杆的分配系数求出各杆的近端弯矩(分配弯矩),这一步称为分配过程;其次,将近端弯矩乘以传递系数便得到远端弯矩(传递弯矩),这一步称为传递过程。经过分配和传递便得到各杆的杆端弯矩,这种求解方法就称为**力矩分配法**。

在推导分配系数的过程中是以结点转角位移 θ_A 为基本未知量的,先求出 θ_A,然后再根据 θ_A 求出杆端弯矩。所以说,力矩分配法是基于位移法原理的。

二、力矩分配法的基本原理

现以图 9-45(a)所示的单结点连续梁为例说明力矩分配法的基本原理。此连续梁无侧移,只有一个刚结点。在荷载的作用下,其变形情况如图 9-45(a)中虚线所示,刚结点 B 转动了一个角度 θ_B,在结点 B 处,AB 杆 B 端的杆端弯矩为 M_{BA},BC 杆 B 端的弯矩为 M_{BC},取结点 B 为分离体如图 9-45(b)所示,由结点的平衡条件可知杆端弯矩 M_{BA}和 M_{BC}应是平衡的,即

$$M_{BA}+M_{BC}=0$$

用力矩分配法计算连续梁时,计算步骤如下:

(1)固定结点,计算固端弯矩及结点的不平衡力矩。在刚结点 B 处附加控制转动的刚臂如图 9-45(b)所示,将结点 B 固定起来不能转动,此称为**固定状态**。这时,AB 杆成为两端固定的单跨超静定梁,BC 杆成为一端固定一端铰支的超静定梁,在荷载的作用下,AB 杆的杆端弯矩有固端弯矩 M_{BA}^{F},而 BC 杆的杆端弯矩 $M_{BC}^{F}=0$。此时,在附加刚臂中产生了作用于刚结点 B 的约束力矩,也称为不平衡力矩,用 M_{B}^{μ}表示,并规定顺时针转向为正,反之为负。取结点 B 为分离体如图 9-45(d)所示,由平衡条件 $\sum M_B=0$ 得

$$M_{B}^{\mu}=M_{BA}^{F}+M_{BC}^{F}$$

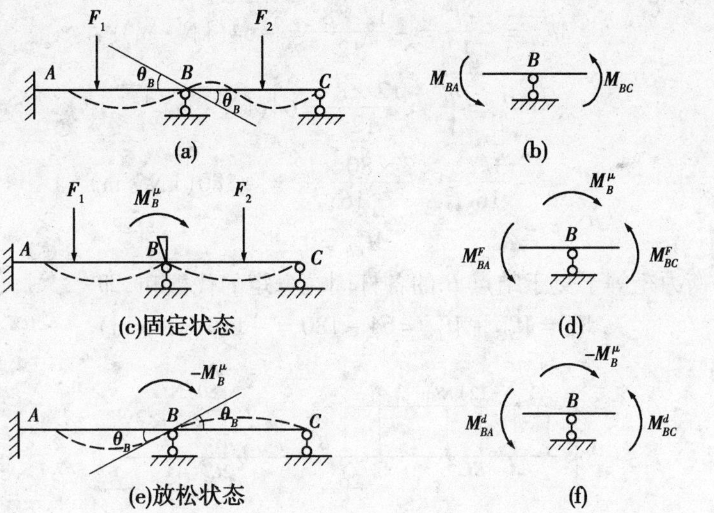

图 9-45

此式表明，结点固定时附加刚臂上的约束力矩，等于汇交于该结点处各杆端固端弯矩的代数和，它等于各固端弯矩所不能平衡的差额，故刚臂上的约束力矩又称为**结点上的不平衡力矩**。

(2)放松结点，计算分配弯矩和传递弯矩。连续梁本来在结点 B 处并没有约束，亦无约束力矩 M_B^μ。因此，为了使结构还原为原结构，必须消除附加刚臂对结点 B 的约束作用，即放松约束使结点 B 转动 θ_B 角，相当于再在结点 B 处施加一个与不平衡力矩 M_B^μ 大小相等、方向相反的反向力矩($-M_B^\mu$)，如图 9-45(e)所示，此称为**放松状态**。此时，由于 $-M_B^\mu$ 的作用，使结点 B 处各杆近端产生分配力矩 M_{BA}^d 和 M_{BC}^d，远端产生传递弯矩 M_{AB}^C($M_{CB}^C=0$)。

(3)叠加计算杆端的最后弯矩。可以看出，图 9-45(a)所示连续梁的情况等于图 9-45(c)所示的固定状态和图 9-45(e)所示放松状态的叠加。因此，将固定结点时产生的杆端弯矩(固端弯矩)与放松结点时产生的杆端弯矩(分配弯矩或传递弯矩)相叠加，即得到杆端的最后弯矩

$$M_{AB}=M_{AB}^F+M_{AB}^C \qquad M_{BA}=M_{BA}^F+M_{BA}^d$$

$$M_{BC}=M_{BC}^F+M_{BC}^d \qquad M_{CB}=M_{CB}^F+M_{CB}^C$$

实际利用力矩分配法计算时，常列表进行，具体算法通过例题具体说明。

【例 9-10】 试用力矩分配法计算图 9-46(a)所示连续梁的弯矩，画出梁的弯矩图。

解 (1)计算结点 B 处杆端的弯矩分配系数。

转动刚度为

$$S_{BA}=4i_{BA}=4\cdot\frac{EI}{8}=\frac{EI}{2} \qquad S_{BC}=3i_{BC}=3\cdot\frac{2EI}{12}=\frac{EI}{2}$$

则分配系数为

$$\mu_{BA}=\frac{S_{BA}}{S_{BA}+S_{BC}}=0.5 \qquad \mu_{BC}=\frac{S_{BC}}{S_{BA}+S_{BC}}=0.5$$

(2)固定结点 B，计算各杆固端弯矩和结点不平衡力矩

$$M_{AB}^{F}=-\frac{ql^{2}}{12}=-\frac{12\times 8^{2}}{12}=-64(\text{kN}\cdot\text{m})$$

$$M_{BA}^{F}=\frac{ql^{2}}{12}=\frac{12\times 8^{2}}{12}=64(\text{kN}\cdot\text{m})$$

$$M_{BC}^{F}=-\frac{3Fl}{16}=-\frac{3\times 80\times 12}{16}=-180(\text{kN}\cdot\text{m})$$

$$M_{CB}^{F}=0$$

结点不平衡力矩等于交于结点 B 的各杆固端弯矩的代数和,即

$$M_{B}^{\mu}=M_{BA}^{F}+M_{BC}^{F}=64-180=-116(\text{kN}\cdot\text{m})$$

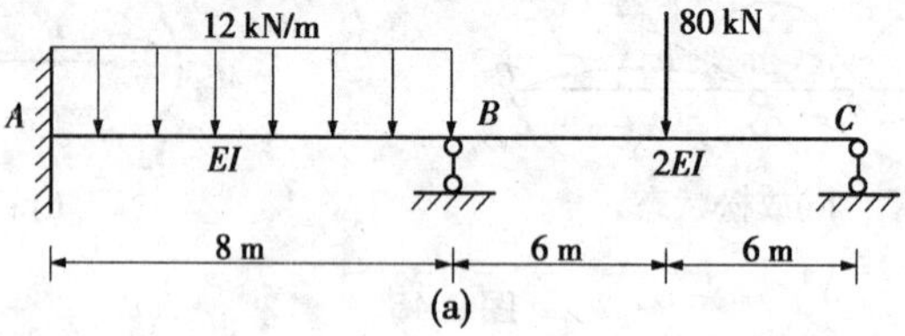

(a)

杆端	AB	BA	BC	CB
分配系数		0.5	0.5	
固端弯矩	−64	64	−180	0
分配弯矩与传递弯矩	29 ←	58	58	0
最终弯矩	−35	122	−122	0

(b)

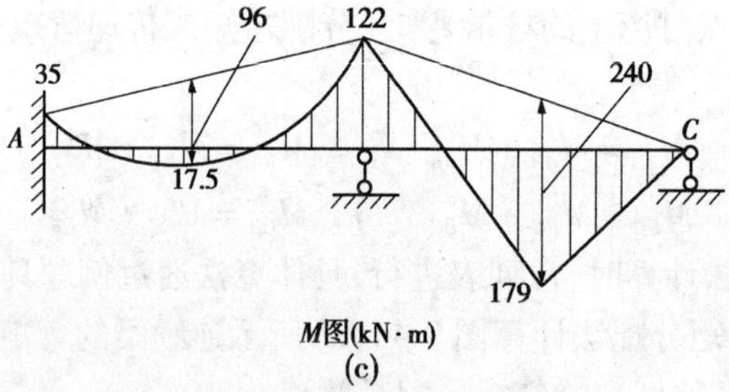

(c)

图 9-46

(3)放松结点 B,计算分配弯矩和传递弯矩。

将结点不平衡力矩反号后乘以分配系数,得交于结点 B 的各杆端分配弯矩

$$M_{BA}^{d}=\mu_{BA}(-M_{B}^{\mu})=0.5\times 116=58(\text{kN}\cdot\text{m})$$

$$M_{BC}^{d}=\mu_{BC}(-M_{B}^{\mu})=0.5\times 116=58(\text{kN}\cdot\text{m})$$

杆 BA 远端固定,传递系数 $C_{BA}=\frac{1}{2}$,杆 BC 远端铰支,传递系数 $C_{BC}=0$。将分配弯矩乘以传递系数得到各杆远端的传递弯矩为

$$M_{AB}^{C}=C_{BA}M_{BA}^{d}=\frac{1}{2}\times 58=29(\text{kN}\cdot\text{m})$$

$$M_{CB}^{C}=C_{BC}M_{BC}^{d}=0$$

(4)计算各杆段的最后弯矩,并画弯矩图。

将各杆的固端弯矩与分配弯矩(对近端)或传递弯矩(对远端)相叠加,得到杆端的最后弯矩。

$$M_{AB}=M_{AB}^{F}+M_{AB}^{C}=-64+29=-35(\text{kN}\cdot\text{m})$$

$$M_{BA}=M_{BA}^{F}+M_{BA}^{d}=64+58=122(\text{kN}\cdot\text{m})$$

$$M_{BC}=M_{BC}^{F}+M_{BC}^{d}=-180+58=-122(\text{kN}\cdot\text{m})$$

$$M_{CB}=M_{CB}^{F}+M_{CB}^{C}=0$$

在实际计算中常列表进行(见图 9-46(b)),表中分配弯矩下面画一横线,表示该结点不平衡力矩分配完毕,结点已经平衡。箭头表示分配弯矩由近端至远端的传递方向。根据求得的杆端弯矩及杆段上的荷载画出弯矩图如图 9-46(c)所示。

三、用力矩分配法计算连续梁和无侧移刚架

上面介绍了只有一个结点角位移的结构的力矩分配和传递。利用上述方法,结合逐次渐近的办法,便可推广到具有多个结点角位移的结构。但是,需要注意的是,一个结点的力矩分配只需进行一次力矩的分配与传递便得到各杆端弯矩的精确解。而对于具有多个结点角位移的结构,需首先将所有结点固定,求出各杆固端弯矩;然后再轮流放松各结点,放松结点时要注意,如果有两个结点角位移时,先放松不平衡力矩的绝对值较大者,其他结点仍暂时固定;如果有三个以上结点角位移时,同时放松不平衡力矩的绝对值较大者和与其相隔一个结点的结点,其他结点仍暂时固定。这样把各结点的不平衡力矩轮流地进行分配与传递,直到所有结点都近似处于平衡状态为止。如图 9-47 所示连续梁有三个结点未知角位移。这时,用力矩分配法求解的步骤如下:

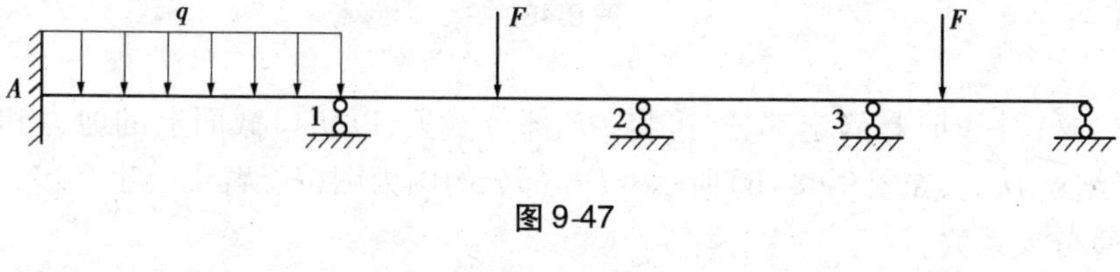

图 9-47

(1)将各结点同时固定,计算各杆端分配系数。

(2)计算各杆端的固端弯矩和各结点的不平衡力矩 M_1^u、M_2^u、M_3^u。

(3)如果结点 1 不平衡力矩 $|M_1^u|$ 最大,先同时放松第 1 个结点和第 3 个结点,其他结点暂时固定。求结点 1 和结点 3 上各杆端的分配弯矩。

(4)再放松第 2 个结点,其他结点暂时固定,求结点 2 上各杆端的分配弯矩。这时需要注意,结点 2 的不平衡力矩已不是 M_2^u,而应加上结点 1 进行力矩分配时传递到 12 杆 2 端的

传递弯矩和结点 3 进行力矩分配时传递到 23 杆 2 端的传递弯矩,即

$$M_2^{(\mu)} = M_2^{\mu} + M_{21}^{C} + M_{23}^{C}$$

各结点轮流完成一次力矩分配之后,结点 1,3 又都处于不平衡状态。这样再重复步骤(3)、(4),直到传递力矩按精度要求可以略去时,即可停止计算。最后,将各项步骤所得的杆端弯矩叠加,即得所求杆端的最终弯矩。

【例 9-11】 用力矩分配法计算图 9-48(a)所示连续梁的各杆端弯矩,并绘制弯矩图。已知 EI 为常量。

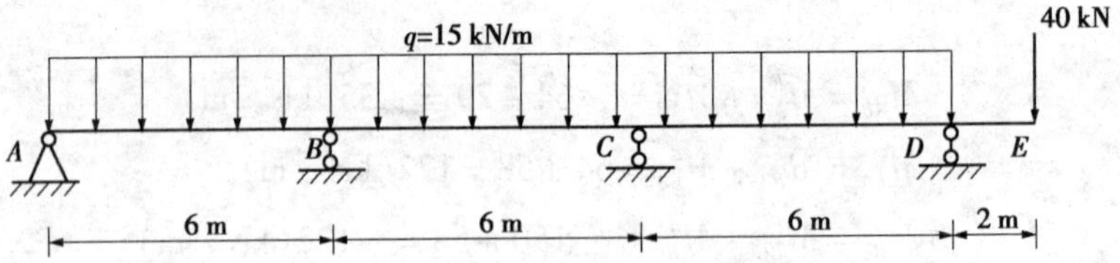

(a)

杆端	AB	BA	BC	CB	CD	DC
S_{ij}		$3i$	$4i$	$4i$	$3i$	
μ_{ij}		3/7	4/7	4/7	3/7	
M_{ij}^F		67.5	-45	45	-27.5	80
分配弯矩与传递弯矩		-9.64	-12.86 -3.16	-6.43 -6.33	-4.47	
分配弯矩与传递弯矩		1.35	1.81	0.9 -0.51	-0.39	
最后弯矩		59.21	-59.21	32.63	-32.63	80

(b)

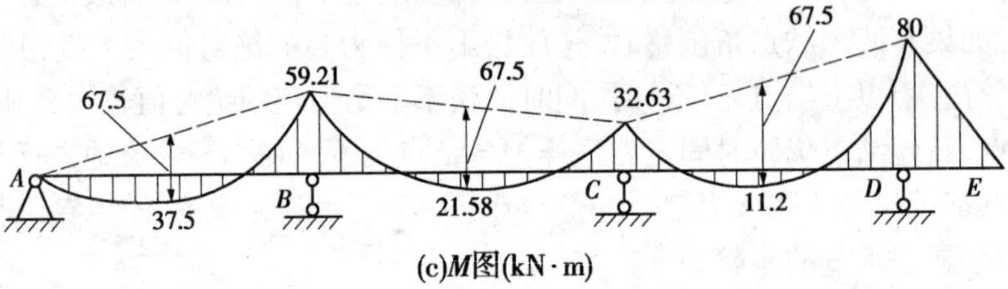

(c)M图(kN·m)

图 9-48

解 (1)悬臂杆 DE 是静定部分,可将 DE 部分截去,以切口截面上的剪力和弯矩作为外力作用于结点 D 上,如图 9-48(b)所示。DE 部分的内力图按悬臂梁绘出。

(2)计算分配系数。

取刚度的相对值进行计算,令 $EI=6$,各杆线刚度分别为

$$i_{AB} = i_{BC} = i_{CD} = 1$$

①B 结点。

转动刚度为

$$S_{BA} = 3i_{AB} = 3 \qquad S_{BC} = 4i_{BC} = 4$$

$$\sum_B S = S_{BA} + S_{BC} = 7$$

则分配系数为

$$\mu_{BA}=\frac{S_{BA}}{\sum_B S}=\frac{3}{7}\qquad \mu_{BC}=\frac{S_{BC}}{\sum_B S}=\frac{4}{7}$$

②C 结点。

转动刚度为

$$S_{CB}=4i_{CB}=4\qquad S_{CD}=3i_{CD}=3$$
$$\sum_C S=S_{CB}+S_{CD}=7$$

分配系数为

$$\mu_{CB}=\frac{S_{CB}}{\sum_C S}=\frac{4}{7}\qquad \mu_{CD}=\frac{S_{CD}}{\sum_C S}=\frac{3}{7}$$

(3)计算固端弯矩。

$$M_{BA}^F=\frac{ql^2}{8}=\frac{15\times 6^2}{8}=67.5(\mathrm{kN\cdot m})$$

$$M_{BC}^F=-\frac{ql^2}{12}=-\frac{15\times 6^2}{12}=-45(\mathrm{kN\cdot m})$$

$$M_{CB}^F=\frac{ql^2}{12}=\frac{15\times 6^2}{12}=45(\mathrm{kN\cdot m})$$

$$M_{CD}^F=-\frac{ql^2}{8}+\frac{M}{2}=-\frac{15\times 6^2}{8}+\frac{80}{2}=-27.5(\mathrm{kN\cdot m})$$

$$M_{DC}^F=M=80(\mathrm{kN\cdot m})$$

(4)放松结点 B,固定结点 C。

为了使计算收敛较快,通常先放松结点不平衡力矩绝对值大的结点,即 B 结点。

分配弯矩为

$$M_{BA}^d=\mu_{BA}(-M_B^F)=\frac{3}{7}\times(-67.5+45)=-9.64(\mathrm{kN\cdot m})$$

$$M_{BC}^d=\mu_{BC}(-M_B^F)=\frac{4}{7}\times(-67.5+45)=-12.86(\mathrm{kN\cdot m})$$

传递弯矩为

$$M_{AB}^C=0$$

$$M_{CB}^C=\frac{1}{2}\times(-12.86)=-6.43(\mathrm{kN\cdot m})$$

结点 B 下面的横线说明 B 结点暂时平衡。再放松该结点时,只需考虑放松其他结点时的传递弯矩(横线以下)产生的结点不平衡力矩,横线以上部分已经平衡。

(5)放松结点 C,固定结点 B。

在计算结点 C 的不平衡力矩时,还要考虑放松 B 结点时的传递弯矩 M_{CB}^C,其值为

$$M_C^{(\mu)}=45-27.5-6.43=11.07(\mathrm{kN\cdot m})$$

则分配弯矩为

$$M_{CB}^d=\mu_{CB}(-M_C^\mu)=\frac{4}{7}\times(-11.07)=-6.33(\mathrm{kN\cdot m})$$

$$M_{CD}^{d}=\mu_{CD}(-M_{C}^{\mu})=\frac{3}{7}\times(-11.07)=-4.74(\mathrm{kN\cdot m})$$

传递弯矩为

$$M_{DC}^{C}=0$$

$$M_{BC}^{C}=\frac{1}{2}\times(-6.33)=-3.16(\mathrm{kN\cdot m})$$

结点 C 下面的横线说明 C 结点又暂时平衡，而结点 B 又由于传递弯矩 M_{BC}^{C} 产生不平衡力矩

$$M_{B}^{(\mu)}=-3.16\ \mathrm{kN\cdot m}$$

至此进行了第一轮分配、传递。

还要进行第二轮循环，因为在放松 C 结点的过程中，传递弯矩又引起 B 结点的不平衡力矩，重新固定 C 结点，放松 B 结点进行分配与传递（计算过程见图 9-48(b) 中第 7 行）；在放松 B 结点的过程中，又引起 C 结点的不平衡力矩，需要再固定 B 结点，放松 C 结点，进行分配与传递（计算过程见图 9-48(b) 第 8 行）。

这样依次轮流放松结点，分配、传递，经过几个循环的计算，直到传递弯矩的数值按计算精度要求可以略去不计时，可以不再传递，停止运算。

(6) 最后杆端弯矩。

最后将固端弯矩与历次放松结点时产生的杆端弯矩（分配弯矩或传递弯矩）相叠加，即得到原结构各杆端的最后弯矩（见图 9-48(b) 中最后一行），各杆杆端最后弯矩下画双横线。

根据各杆的杆端弯矩和杆段上的荷载绘出弯矩图如图 9-48(c) 所示。

【例 9-12】 用力矩分配法计算图 9-49(a) 所示刚架的各杆端弯矩，并绘制弯矩图。

解 (1) 计算分配系数。该刚架只有结点 A 有角位移，没有线位移，属于无侧移刚架。其分配系数为

$$\mu_{AB}=\frac{S_{AB}}{S_{AB}+S_{AD}+S_{AC}}=\frac{3\times2}{3\times2+4\times2+4\times1.5}=0.3$$

$$\mu_{AD}=\frac{S_{AD}}{S_{AB}+S_{AD}+S_{AC}}=\frac{4\times2}{3\times2+4\times2+4\times1.5}=0.4$$

$$\mu_{AC}=\frac{S_{AC}}{S_{AB}+S_{AD}+S_{AC}}=\frac{4\times1.5}{3\times2+4\times2+4\times1.5}=0.3$$

(2) 计算固端弯矩

$$M_{AB}^{F}=\frac{ql^{2}}{8}=\frac{30\times4^{2}}{8}=60(\mathrm{kN\cdot m})$$

$$M_{AD}^{F}=-\frac{Fab^{2}}{l^{2}}=-\frac{100\times3\times2^{2}}{5^{2}}=-48(\mathrm{kN\cdot m})$$

$$M_{DA}^{F}=\frac{Fa^{2}b}{l^{2}}=\frac{100\times3^{2}\times2}{5^{2}}=72(\mathrm{kN\cdot m})$$

(3) 力矩分配与传递过程如图 9-49(b) 所示。

(4) 计算杆端的最后弯矩，绘制弯矩图。

(5) 校核。A 结点的平衡条件如图 9-49(d) 所示，则

$$\sum M_{A}=M_{AB}+M_{AC}+M_{AD}=56.4-3.6-52.8=0$$

根据杆端弯矩与结构上的荷载绘出刚架的弯矩图如图 9-49(c)所示。

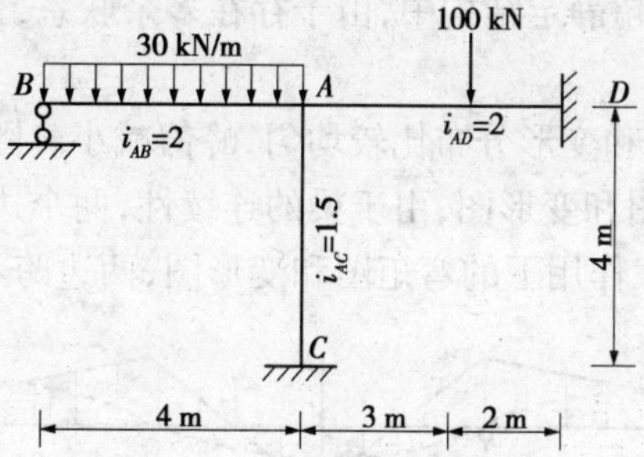

(a)

结点	B	A			D	C
杆端	BA	AB	AC	AD	DA	CA
分配系数	铰支	0. 3	0. 3	0. 4	固端	固端
固端弯矩	0	60	0	-48	72	0
分配弯矩与传递弯矩	0	-3. 6	-3. 6	-4. 8	-2. 4	-1. 8
最后弯矩	0	56. 4	-3. 6	-52. 8	69. 6	-1. 8

(b)

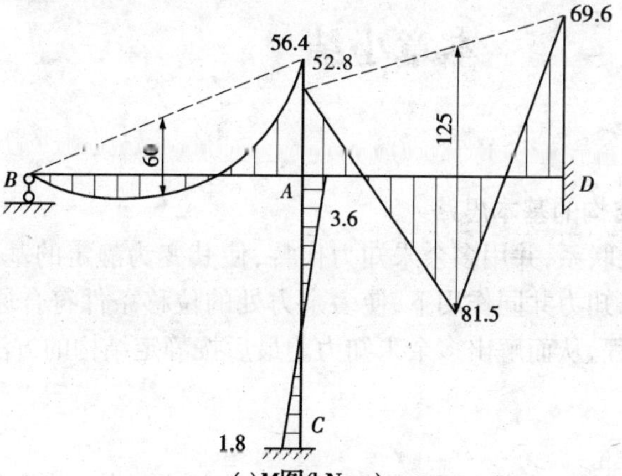

(c)M图(kN · m)　　(d)

图 9-49

第七节　超静定结构的特性

与静定结构相比,超静定结构具有以下重要特性。了解这些特性,有助于我们更好地应用它们。

(1)超静定结构由于具有多余联系,在多余联系遇到破坏后,仍能维持其几何不变性;而静定结构在任一联系被破坏后,便立即成为几何可变体系而丧失了承载能力。

(2)静定结构的内力只用静力平衡条件即可确定,其值与结构的材料性质以及杆件截面尺寸无关。超静定结构的内力单凭平衡条件则无法全部确定,还必须考虑位移条件。所以,超静定结构的内力与结构的材料性质以及杆件的截面尺才有关。

(3)在静定结构中,除荷载作用外,其他因素,如支座移动、温度改变、材料收缩、制造误差等,都不会引起内力。在超静定结构中,由于存在多余联系,当结构受到这些因素作用时,通常都可能产生内力。

(4)超静定结构的内力和变形分布比较均匀,峰值减小。图9-50(a)所示为一三跨连续梁在荷载 F 作用下的弯矩图和变形图,由于梁的连续性,两个边跨也产生内力。图9-50(b)所示为一多跨静定梁在荷载作用下的弯矩图和变形图,两边跨不产生内力。

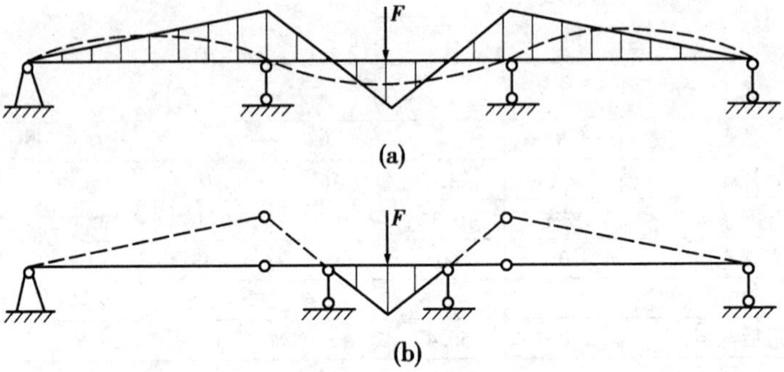

图9-50

本章小结

一、力法

(一)用力法解超静定结构的基本思路

去掉超静定结构的多余联系,并用多余未知力代替,使其变为静定的基本结构,然后根据基本结构在荷载和多余未知力共同作用下,使多余力处的位移条件符合原结构在该处的位移条件,建立力法典型方程,从而解出多余未知力。最后按静定结构的方法绘出原结构的内力图。

(二)力法的基本原理

选取多余未知力作为力法基本未知量,根据所选取的基本结构(静定结构)与原结构(超静定结构)的位移条件建立力法的典型方程,然后求解出多余未知力。

(三)力法的典型方程

力法的典型方程左边表示基本结构在各种因素作用下沿多余未知力方向所产生的位移总和,右边表示原结构在相应多余未知力方向上的位移。

在典型方程中,主系数恒为正,副系数可为正、可为负、也可为零。

(四)力法计算的步骤

(1)选取基本结构。确定超静定次数,去掉多余联系用相应的多余未知力来代替,得到一个静定的几何不变体。

(2)建立力法典型方程。根据基本结构在荷载和多余未知力共同作用下,在多余未知力方向上的位移与原结构一致的条件建立力法典型方程。

(3)计算系数项和自由项。首先分别作出基本结构在荷载和单位多余未知力单独作用时的弯矩图,然后用积分法或图乘法分别计算系数项和自由项。

(4)求多余未知力。将系数项和自由项代入典型方程，求解多余未知力。

(5)作内力图。采用叠加法先作出弯矩图，然后根据弯矩图作剪力图，根据剪力图作轴力图。另一种方法是将荷载和求出的多余未知力加在基本结构上，按作静定结构内力图的方法作内力图。

(五)利用对称性简化力法计算

对于对称结构可选取对称的基本结构进行计算，这样可将非对称荷载分解成正对称荷载和反对称荷载，直接利用简化结论进行简化。

对称结构在正对称荷载作用下，反对称力等于零，只有正对称力，结构的内力和变形也是正对称的；对称结构在反对称荷载作用下，正对称力等于零，只有反对称力，结构的内力和变形也是反对称的。

(六)支座移动时超静定结构的内力计算

支座移动这时，力法典型方程中的自由项应采用下式计算

$$\Delta_{1C} = -\sum \overline{R}C$$

其余同荷载作用完全相同。

(七)超静定结构的位移计算

超静定结构的位移可用求得的最后弯矩图与任意选取的基本结构的单位弯矩图按图乘法计算。为了使计算简便，尽可能选取单位弯矩图简便的或者单位弯矩图中弯矩等于零的杆件较多者。

二、位移法

(一)位移法概述

位移法是结构分析的基本方法。不论采用位移法的典型方程和直接利用结点或截面的平衡条件建立方程，它都是以单个杆件作为计算单元的，因此必须熟练掌握三种单跨超静定梁在各种荷载作用下的杆端力和三种单跨超静定梁的转角位移方程。

(二)位移法基本未知量

位移法以刚结点的转角和独立的结点线位移作为基本未知量。其未知量的数目与超静定次数无关。对刚结点的转角较容易判断，但对独立的结点线位移应采用铰化结点法来判定。

(三)位移法的解题步骤

(1)确定基本未知量；

(2)建立各杆的转角位移方程；

(3)建立位移法的基本方程；

(4)解方程求出基本未知量；

(5)计算各杆的杆端弯矩，作弯矩图；

(6)截取各杆为分离体，根据静力平衡条件求出各杆的杆端剪力，作剪力图；

(7)截取各结点为分离体，根据静力平衡条件求出各杆的杆端轴力，作轴力图。

三、力矩分配法

力矩分配法采用了固定—放松—传递重复运算过程，在计算过程中要准确地算出固端弯矩、分配系数和传递系数。因为如果计算有错误，就等于改变了问题的已知条件，于是算

出的结果就没有意义。应主要抓住以下三个环节：

(1)根据各杆的固端弯矩求出结点的不平衡力矩。

(2)根据结点的各杆端力矩分配系数,求出杆端的分配弯矩。

(3)根据传递系数,求出传递弯矩。

思考题

9-1 什么是力法的基本结构与基本未知量？怎样选择未知量？

9-2 力法方程的物理意义是什么？

9-3 举例说明力法解超静定结构的步骤。

9-4 怎样利用结构的对称性简化计算？

9-5 什么是位移法的基本未知量？怎样确定位移法的未知量？

9-6 为什么端支座处的转角可以不计入基本未知量？

9-7 固端弯矩是什么？等截面直杆的转角位移方程是什么？

9-8 位移法和力矩分配法中的杆端弯矩的正负号是如何规定的？

9-9 如何计算约束力矩？为什么要将约束力矩变号后才进行分配？

9-10 什么是转动刚度？

9-11 什么是传递系数？如何确定传递系数？

9-12 用力矩分配法计算多结点的连续梁时应注意什么？

9-13 力矩分配法适用的条件是什么？

习 题

9-1 确定图 9-51 所示结构的超静定次数。

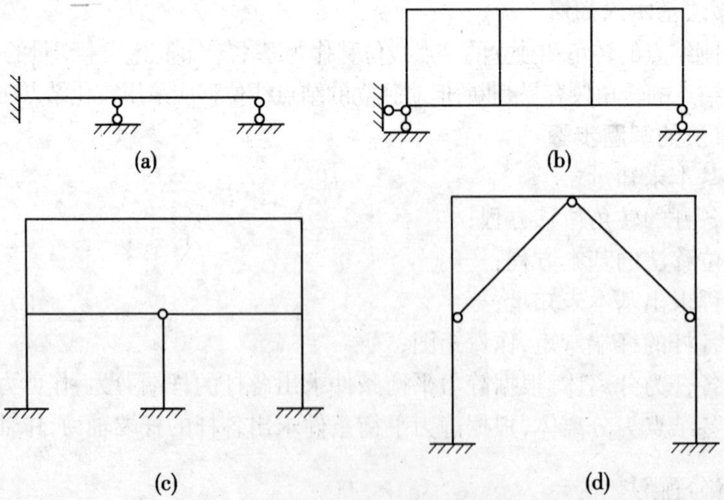

图 9-51

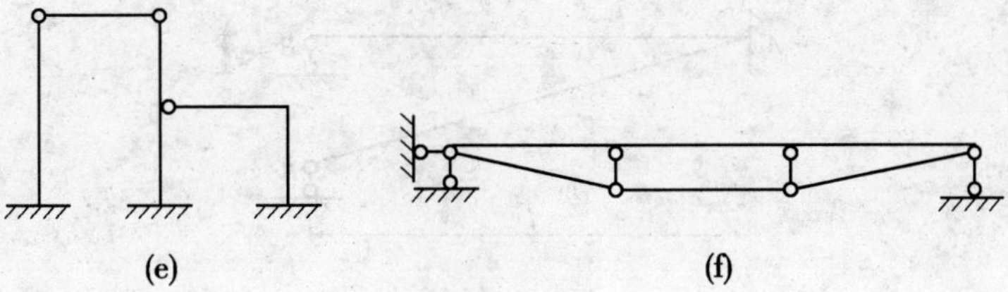

续图 9-51

9-2　试用力法计算图 9-52 所示结构的内力，并作内力图。

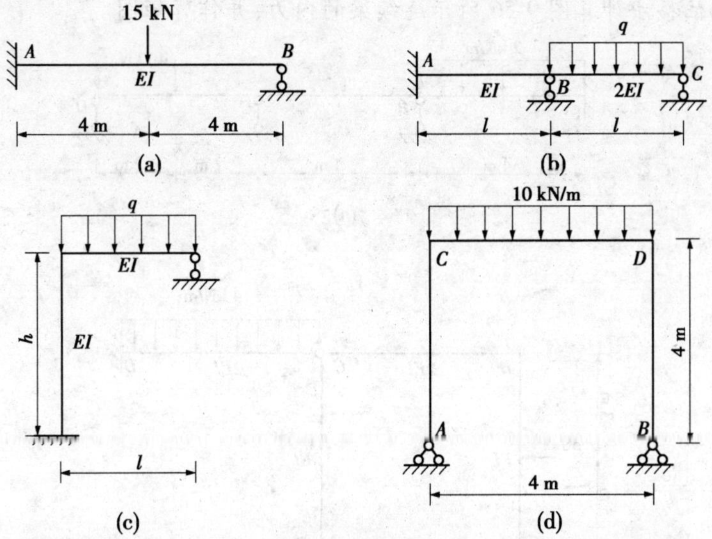

图 9-52

9-3　利用力法作图 9-53 所示对称结构的内力图。

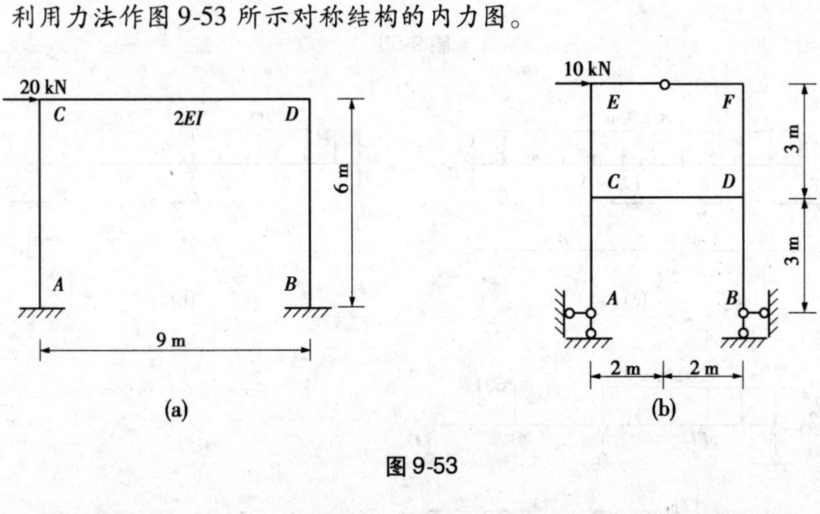

图 9-53

9-4　如图 9-54 所示单跨梁，由于支座 B 发生竖向位移 Δ，试作梁的弯矩图。已知梁的 EI 为常量。

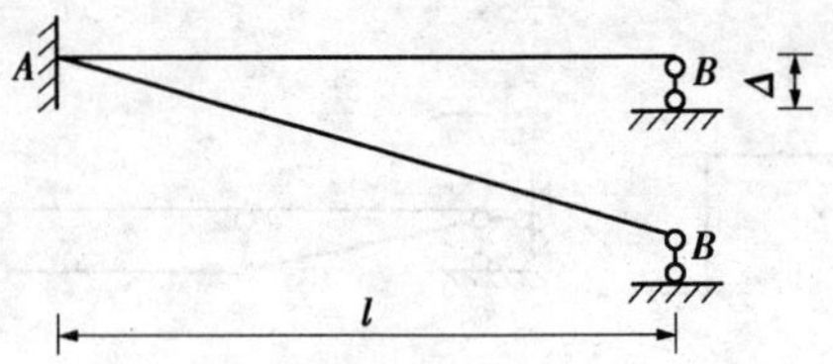

图 9-54

9-5　写出图 9-55 所示结构由荷载产生的固端弯矩和由基本未知量产生的杆端弯矩。已知各杆的 *EI* 为常量。

9-6　试用位移法计算图 9-56 所示连续梁的内力,并作弯矩图。

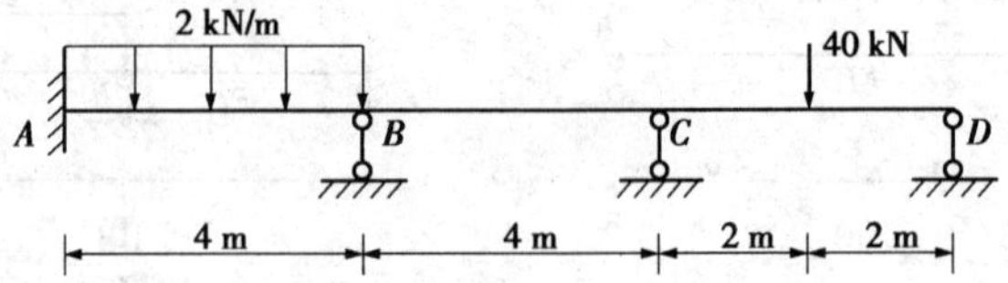

(a)

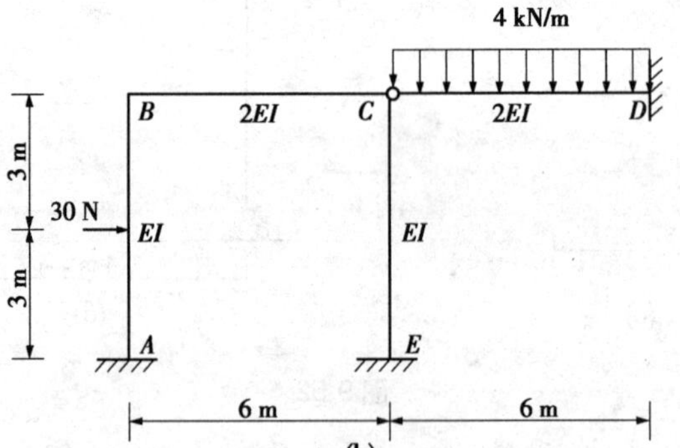

(b)

图 9-55

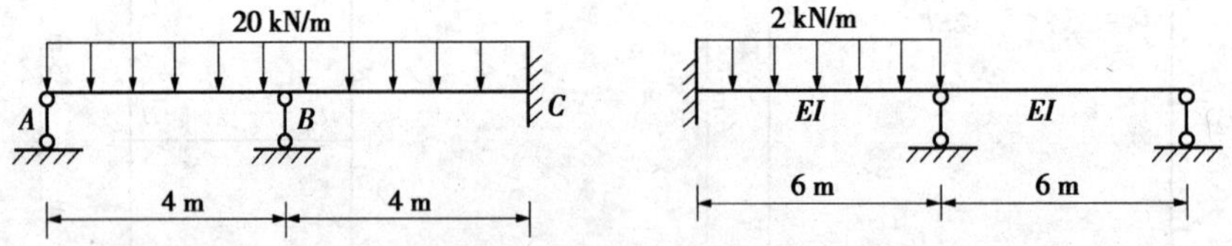

(a)　　(b)

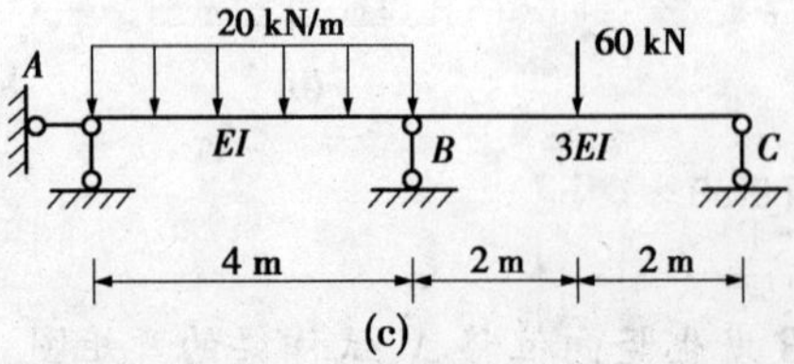

(c)

图 9-56

9-7 试用位移法计算图 9-57 所示刚架的内力,并作弯矩图。

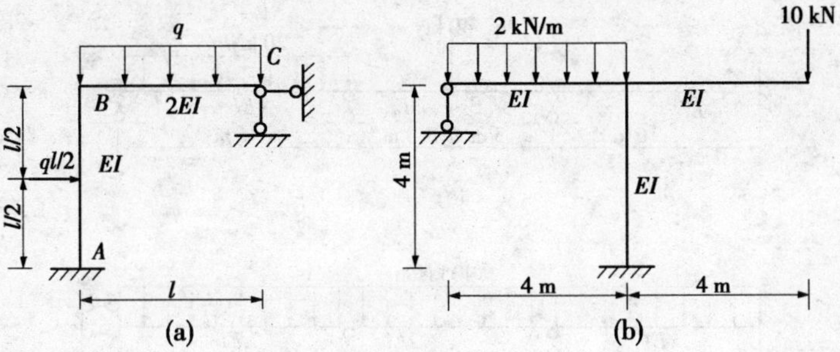

图 9-57

9-8 试用位移法计算图 9-58 所示连续梁的内力,并作弯矩图。已知 C 支座下沉 $\Delta_C=1$ cm,各杆 $EI=1.4\times10^5\ \mathrm{kN\cdot m^2}$。

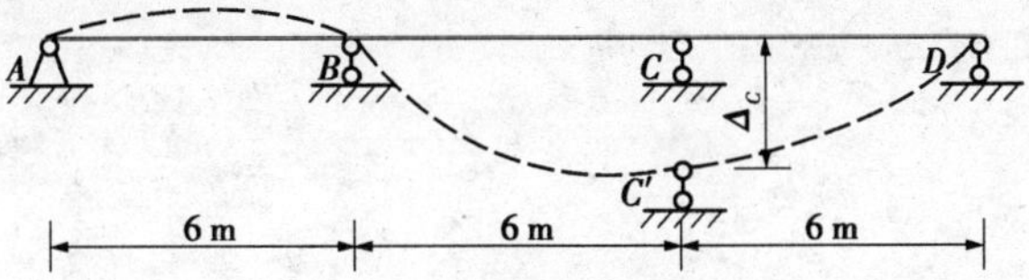

图 9-58

9-9 试用位移法计算图 9-59 所示刚架的内力,并作弯矩图。已知 B 支座下沉 $\Delta_B=0.5$ cm,各杆 $EI=3\times10^5\ \mathrm{kN\cdot m^2}$。

9-10 试用力矩分配法计算图 9-60 所示连续梁的杆端弯矩,作弯矩图、剪力图,并求支座反力。

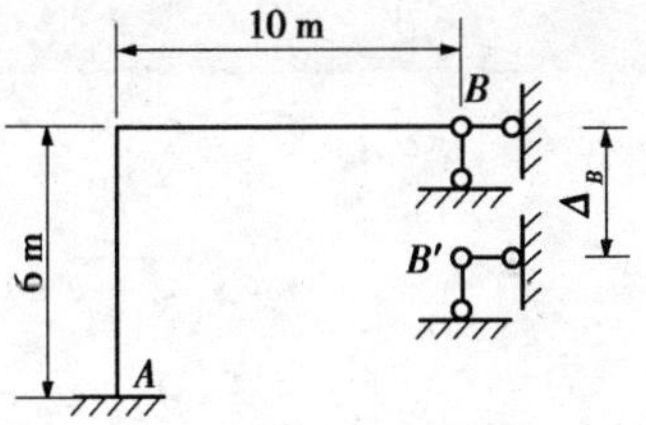

图 9-59

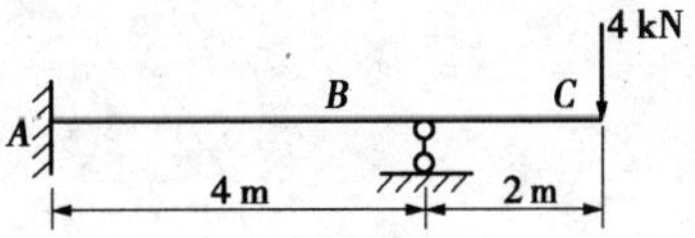

图 9-60

9-11 试用力矩分配法计算图 9-61 所示两跨连续梁的杆端弯矩。

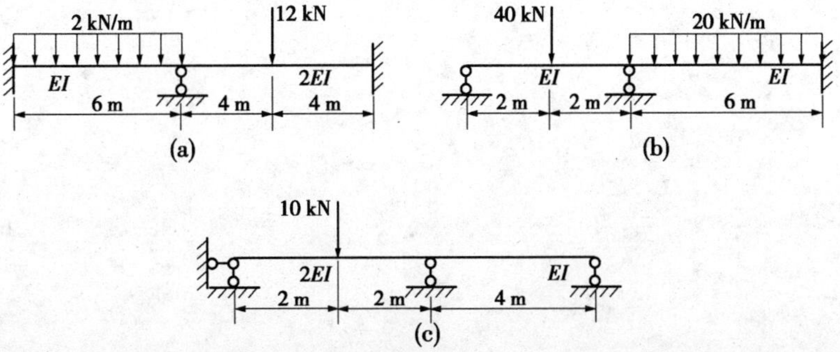

图 9-61

9-12 试用力矩分配法计算图 9-62 所示多跨连续梁的杆端弯矩。

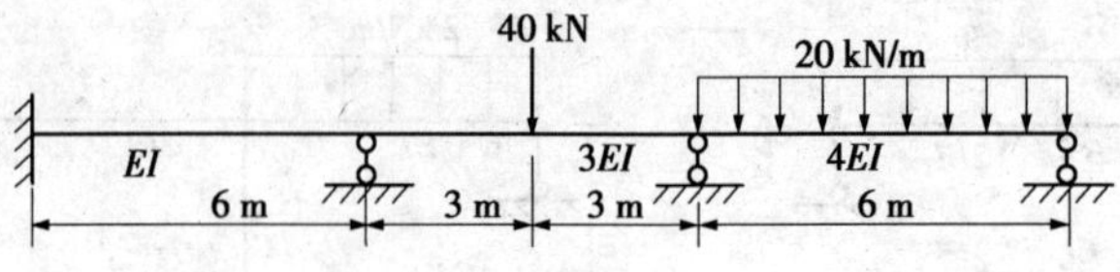

(a)

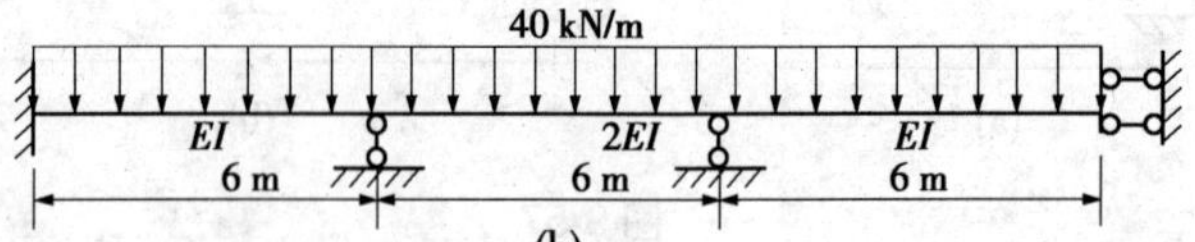

(b)

图 9-62

第十章　影响线

学习目标

(1)明确影响线的概念,搞清影响线与内力图的区别。

(2)熟练掌握静力法作单跨静定梁影响线的基本原理和方法步骤。

(3)了解影响线的作用。

(4)当影响线是三角形时,能确定最不利荷载的布置,求出相应的极限荷载。

(5)掌握计算简支梁绝对最大弯矩和绘制简支梁内力包络图的方法。

第一节　影响线的概念

一、概述

前面各章讨论了在固定荷载作用下结构的内力计算。所谓的固定荷载,是指荷载作用位置是固定不变的。但在实际工程中,有些结构除受固定荷载外,还受到移动荷载的作用。移动荷载是指一系列荷载大小、方向和相互间距都不变,只是作用的位置经常变化的荷载。例如,工业厂房中的吊车梁要承受的吊车荷载、图 10-1 所示桥梁承受的汽车荷载等。

简支梁在固定荷载作用下,各截面上的内力(剪力、弯矩)是不变的,内力图(剪力图、弯矩图)表达了两种各截面的内力大小,据此即能确定梁中的最大值,即发生该内力最大值截面的位置。

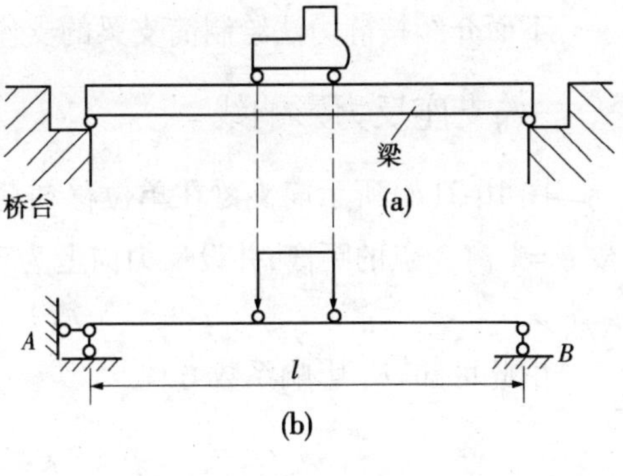

图 10-1

在移动荷载作用下,简支梁的反力及各截面的剪力、弯矩将随着荷载位置的移动而变化。梁的每个反力和内力都存在一个最大(最小)值的荷载位置。对某反力或内力来说,使其产生最大(最小)值的移动荷载位置,称为**该反力或内力的最不利荷载位置**。

在梁的各截面的最大(最小)值中,又存在一个最大(最小)值,称为**绝对最大(最小)内力**。

在进行钢筋混凝土梁设计时,需求出梁在恒荷载和活荷载共同作用时各截面上内力的最大值。由梁上各截面的最大内力值连成的曲线图形称为**内力包络图**,包络图是设计或验算钢筋混凝土梁的依据,从梁的内力包络图中很容易找出绝对最大弯矩。

为了作出梁的内力包络图,需要研究梁的内力在荷载移动时的变化规律,并确定最不利的荷载位置。对于任何一个指定截面的内力来说,只要确定了它的最不利荷载的位置,在移动荷载作用下的计算就转化为固定荷载下的计算问题了。为解决上述问题,需要通过影响线来解决。

二、影响线的概念

由于移动荷载的作用,即使同一梁,不同支座的反力和不同截面的内力的变化规律也各不相同,图 10-1(b)中汽车由 A 向 B 行驶时,反力 F_A 将逐渐减小,而 F_B 则逐渐增大。因此,每次只能讨论某一支座的某种反力或某一截面的某一种内力的变化规律。为了叙述简练,本章把反力、内力和位移统称为"**量值**"。

工程中实际遇到的移动荷载是多种多样的,常见的是由许多大小不等、方向和间距不变的竖向荷载组成的行列荷载(例如,桥梁上汽车车队的轮压)。因此,可先研究一个竖向单位集中荷载在结构上移动时某一量值的变化规律,然后利用叠加原理,求出各种移动荷载作用下的最大量值。

当单位荷载 $F=1$ 沿结构移动时,表示某量值变化规律的图线称为**该量值的影响线。以横坐标表示单位移动荷载的位置,纵坐标表示该量值的影响系数值**。

绘制影响线的基本方法有两种,即静力法和机动法。

第二节　静力法作静定梁的影响线

静力法是以单位移动荷载 $F=1$ 的作用位置 x 为变量,利用静力平衡条件列出某指定量值与 x 之间的关系,表示这种关系的方程称为**影响线方程**。利用影响线方程即可求出相应量值的影响线。

下面介绍按静力法绘制简支梁的支座反力、弯矩和剪力影响线的方法。

一、支座反力影响线

图 10-2(a)所示简支梁在单位移动荷载 $F=1$ 作用下,取 A 点为坐标原点,以 x 表示荷载 $F=1$ 离 A 点的距离,并设反力向上为正。由平衡条件 $\sum M_B=0$ 得

$$F(l-x)-F_A\cdot l=0$$

由此可知,F_A 影响系数方程

$$F_A=1-\frac{x}{l}\qquad(0\leqslant x\leqslant l)$$

这就是 F_A 的影响线方程。它是 x 的一次函数,故 F_A 影响线必为一条直线,用两点竖距即可确定。

当 $x=0$ 时,$F_A=1$;

当 $x=l$ 时,$F_A=0$。

绘制影响线时,取平行于梁轴线的水平直线为基线,一般正号竖距画在基线的上方,负号竖距画在基线的下方,并标明正负号。F_A 影响线如图 10-2(b)所示。因为 $F=1$ 无量纲,所以反力影响线的竖距也是无量纲的量。

F_A 影响线中所有竖距都表示 F_A 值,图 10-2(b)所示的 y_d 表示移动荷载 $F=1$ 移动到 D 点时的 F_A 值。

同理，由平衡条件 $\sum M_A = 0$ 得，F_B 影响系数方程

$$F_B = \frac{x}{l} \qquad (0 \leqslant x \leqslant l)$$

由上式可绘出 F_B 的影响线，如图 10-2(c)所示。

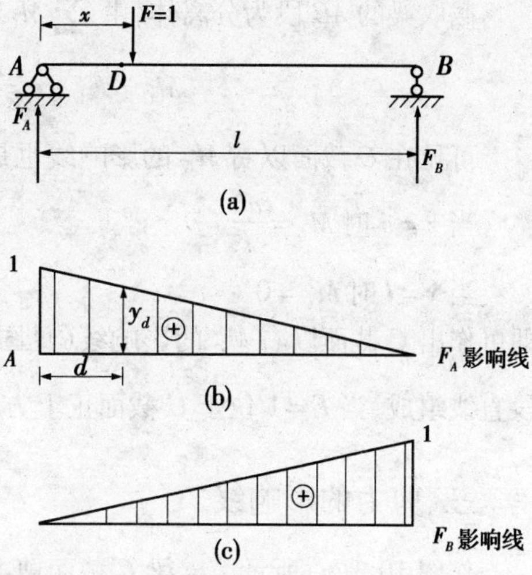

图 10-2

二、弯矩影响线

作图 10-3(a)所示简支梁 C 截面弯矩的影响线。当荷载 $F=1$ 在 C 截面以左或以右移动时，弯矩 M_C 的方程不同。因此，应以截面 C 为分界点，分左右两段分别考虑。

(1)当 $F=1$ 在 C 截面以左移动时。

截取梁的 CB 段为分离体，设 M_C 为正值，由 $\sum M_C = 0$ 得到 M_C 影响系数方程

$$M_C = F_B \cdot b = \frac{bx}{l} \qquad (0 \leqslant x \leqslant a)$$

可见在 C 截面以左 AC 的影响线为一直线，由以下两点

当 $x=0$ 时 $M_C=0$

当 $x=a$ 时 $M_C=\frac{ab}{l}$

可作出 C 截面以左 M_C 的影响线(见图 10-3(b))。

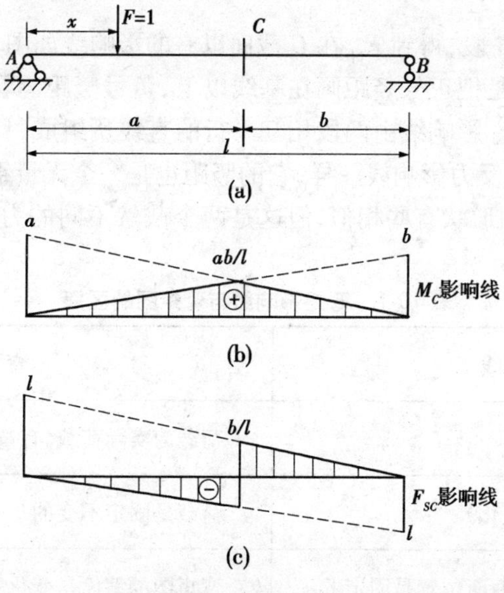

图 10-3

(2)当 $F=1$ 在 C 截面以右移动时。

截取梁的 AC 段为分离体,由 $\sum M_C = 0$ 得到 M_C 影响线的方程为

$$M_C = F_A \cdot a = \frac{a(l-x)}{l} \qquad (a \leqslant x \leqslant l)$$

可见在 C 截面以右 M_C 的影响线也是一直线,由以下两点

当 $x = a$ 时 $M_C = \frac{ab}{l}$

当 $x = l$ 时 $M_C = 0$

即可作出 C 截面以右 M_C 的影响线(见图 10-3(b))。由图 10-3(b)可知,M_C 的影响线由两段直线组成,当 $F=1$ 位于 C 截面正上方时,M_C 最大为$\frac{ab}{l}$。

三、剪力的影响线

作图 10-3(a)所示简支梁 C 截面剪力 F_{SC}的影响线。

(1)当 $F=1$ 在 C 截面以左移动时。

截取梁的 CB 段为分离体,设 F_{SC}为正值,由 $\sum F_y = 0$ 得到 F_{SC}影响系数方程为

$$F_{SC} = -F_B = -\frac{x}{l} \qquad (0 \leqslant x < a)$$

因此,将 F_{SC}的影响线反号后保留 AC 段,得到 F_{SC}在 C 截面以左的影响线(见图 10-3(c))。

(2)当 $F=1$ 在 C 截面以右移动时。

截取梁的 AC 段为分离体,由 $\sum F_y = 0$ 得到 F_{SC}影响系数方程

$$F_{SC} = F_A = \frac{l-x}{l} \qquad (a < x \leqslant l)$$

将 F_{SC}影响线保留 CB 段,得到 F_{SC}在 C 截面以右的影响线如图 10-3(c)所示。

作剪力影响线时,也是把正号竖距画在基线以上,负号竖距画在基线以下,并标明正负号。从 F_{SC}影响线可知,F_{SC}影响线由两段相互平行的直线所组成,且在 C 截面处有突变,突变值为 1。剪力影响线与反力影响线一样,它的竖距也是一个无量纲量。

弯矩影响线与弯矩图形状有些相似,但这是两个截然不同的力学概念,必须区分清楚。两者的区别见表 10-1。

表 10-1 弯矩影响线与弯矩图的区别

弯矩影响线	弯矩图
荷载值为 1 且无量纲	荷载为实际荷载,有量纲
荷载是移动的(随 x 的变化)	荷载是固定不变的
所求截面弯矩影响线的截面位置是固定的	弯矩图的截面是变化的(随 x 的变化)
影响线上的某点竖距表示移动荷载 $F=1$ 移动到该点时的指定截面的弯矩值	某点的竖距表示实际荷载作用在固定位置上时,该竖距所对应的截面处的弯矩值

第三节　影响线的应用

影响线是研究移动荷载作用下结构内力计算的基本工具,可以应用它来确定实际的移动荷载对结构上某量值的最不利影响。具体要解决两个方面的问题:一是当实际的移动荷载在结构上的位置已知时,如何利用某量值的影响线求出该量值的数值;二是如何利用某量值的影响线确定实际移动荷载对该量值的最不利荷载位置。

一、利用影响线求量值

若结构中某指定量值(可以是支反力、弯矩、剪力)的影响线已作出,则根据叠加原理,利用影响线可求出实际荷载在某已知位置作用时的 S 值。

(一)集中荷载作用下的某量值

设结构某量值 S 的影响线如图 10-4 所示,结构受若干个位置固定的集中荷载 F_1、F_2、…、F_n 作用,影响线上对应于各荷载作用点的竖距分别为 y_1、y_2、…、y_n,欲求荷载产生的该量值 S。根据影响线的定义可知,其竖距 y_i 代表 $F_i=1$ 产生的量值 S 之值,因此根据叠加原理,在 F_i 作用下 S 的值为 F_iy_i,则在 F_1、F_2、…、F_n 共同作用下产生的量值 S 为

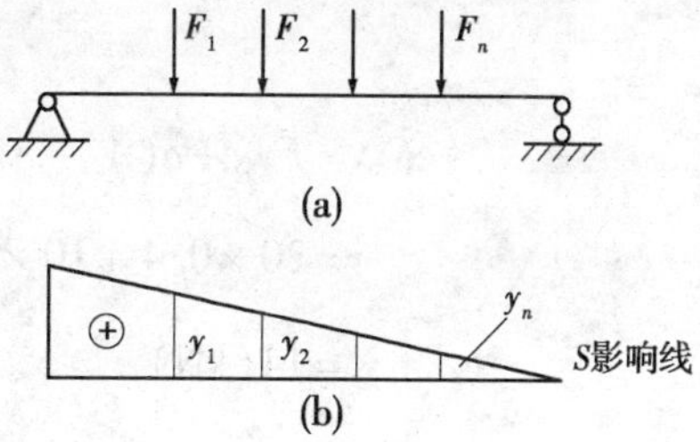

图 10-4

$$S = F_1y_1 + F_2y_2 + \cdots + F_ny_n = \sum F_iy_i \qquad (10\text{-}1)$$

(二)分布荷载作用下的某量值

图 10-5(a)所示结构上作用有均布荷载 q,图 10-5(b)为某量值的影响线。若将均布荷载的作用区间分为无限多个微段,则 $\mathrm{d}x$ 上的荷载 $q\mathrm{d}x$ 都可看做是一个集中荷载,它所引起的量值为 $yq\mathrm{d}x$,故在 CD 区段内的均布荷载所产生的量值为

$$S = \int_C^D yq\mathrm{d}x = q\int_C^D y\mathrm{d}x = qA \qquad (10\text{-}2)$$

式中:$A = \int_C^D y\mathrm{d}x$ 为影响线中与均布荷载作用范围 CD 相对应部分的面积。

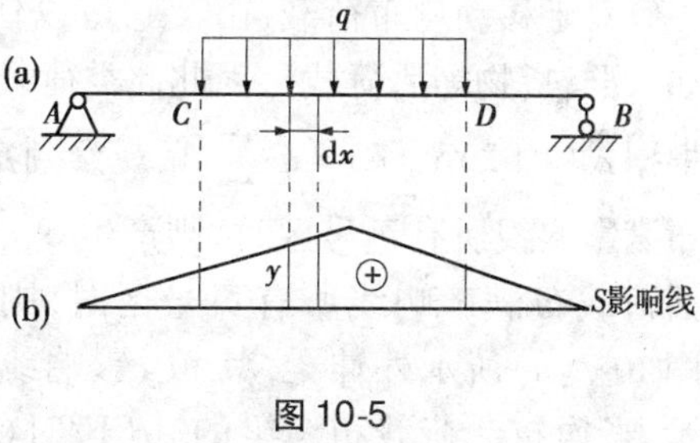

图 10-5

在利用式(10-1)、式(10-2)计算某量值时,需要注意,影响线有正有负,面积 A 则是正、负面积的代数和。

【例 10-1】　利用影响线计算图 10-6(a)所示简支梁在图示荷载作用下截面 C 的剪力 F_{SC}。

解　(1)画 F_{SC} 影响线如图 10-6(b)所示。

(2)计算 F 作用点处及 q 作用范围边缘所对应的影响线图上的纵坐标 y_i 值,见图 10-6(b)。

(3)计算 F_{SC} 为

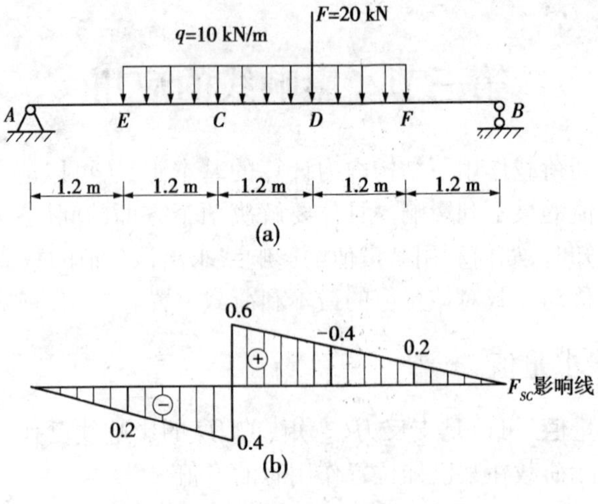

图 10-6

$$
\begin{aligned}
F_{SC} &= Fy_D + q(A_2 - A_1) \\
&= 20 \times 0.4 + 10 \times \left[\frac{1}{2} \times (0.2 + 0.6) \times 2.4 - \frac{1}{2} \times (0.2 + 0.4) \times 1.2\right] \\
&= 14(\text{kN})
\end{aligned}
$$

二、利用影响线确定最不利荷载位置

在结构设计中需要求出量值的最大值或最小值(最大负值),以作为设计的依据。为此,必须求出使其发生最大值或最小值的最不利荷载位置。所求量值的最不利荷载位置确定后,将移动荷载作用在最不利位置上,便可以按上述方法计算该量值的最大值和最小值。所以,影响线的最重要的作用也就是判定最不利荷载位置。

(一)移动均布荷载作用时

对于移动均布荷载,由于它可以任意断续布置(例如人群、货物等活荷载),因此此类荷载的最不利布置可根据式(10-2)$S = qA = q\sum A_i$ 观察判定,将均布活荷载布满影响线所有正号区时,则产生 S_{max} 值;反之,将均布活荷载布满影响线所有负号区时,则产生 S_{min} 值。如图 10-7(a)所示外伸梁,其 M_C 影响线如图 10-7(b)所示,当均布活荷载布满梁的 AB 段时(见图 10-7(c)),M_C 有最大值;均布活荷载布满梁的 DA 段和 BE 段时(见图 10-7(d)),M_C 有最小值。

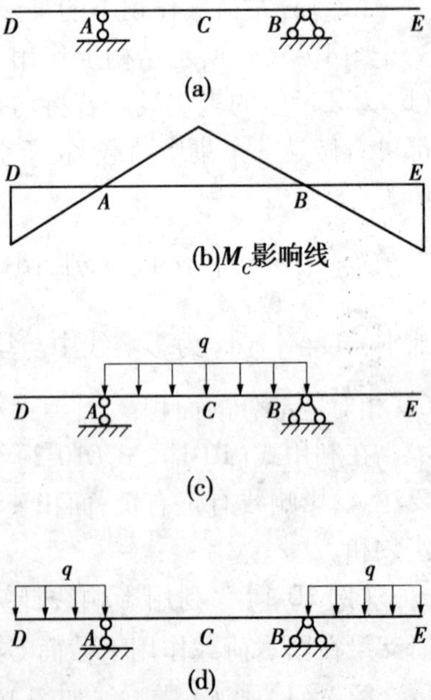

图 10-7

(二)移动集中荷载作用时

1. 一个集中荷载作用

当结构上只受一个移动集中荷载 F 作用时,首先作

出所求量值 S 的影响线，从公式(10-1)可知：$S = Fy$，要使量值 S 为最大值，必须该量值 S 影响线的竖距 y 最大，即 $S_{max} = Fy_{max}$。如图 10-8(a)所示的外伸梁，已知 M_C 影响线如图 10-8(b)所示。则当 F 作用在 C 截面时将产生弯矩最大值；反之，若将集中荷载布置于影响线负区的竖距最大处，则产生最小的弯矩值，此时的荷载位置为 S_{min} 的最不利位置，如图 10-8(c)所示。

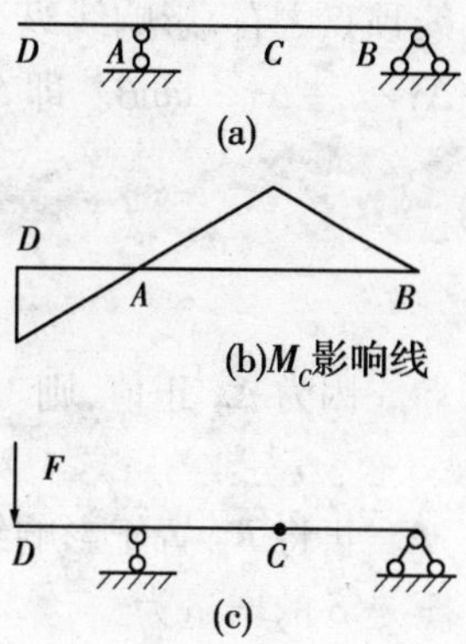

图 10-8

2. 两个集中荷载作用时

当有两个移动集中荷载 F_1、F_2(设 $F_1 > F_2$)同时作用，并且可以前后调换位置(见图 10-9(a))时，最不利荷载位置是其中数值较大的一个荷载 F_1 置于影响线的最大竖标处，而把另一个荷载 F_2 放在影响线坡度较缓的那一边(见图 10-9(b))。当两个荷载的前后位置不能置换时，则需要计算 F_1 和 F_2 分别在影响线顶点上时的值，加以比较才能确定。

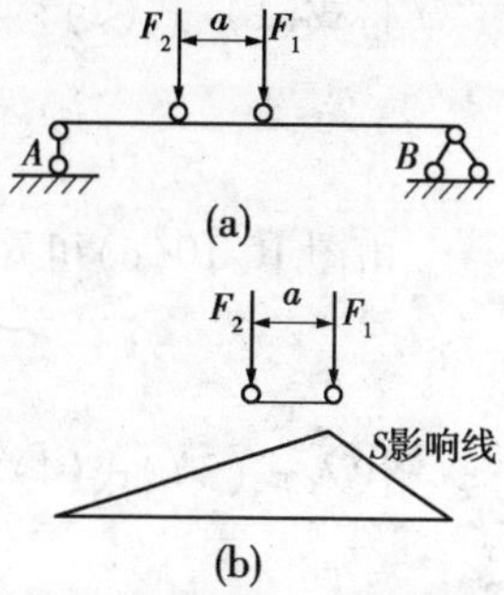

图 10-9

3. 多个集中荷载作用时

在实际工程中，常见的移动荷裁是一组彼此互相平行、间距和数值都不变的集中荷载，称为行列荷载。例如，汽车车队、吊车和火车等，在这些荷载作用下，为确定某量值的最不利荷载位置，需要研究在行列荷载移动过程中量值 S 的变化规律。

对于行列荷载，当其在最不利荷载位置时，必有一个集中力位于影响线的顶点上。如图 10-10(c)所示是某量值 S 的三角形影响线，在移动荷载中选一个 F_K 置于 S 影响线顶点上。以 $F_R^{左}$ 表示 F_K 左侧荷载的合力，以 $F_R^{右}$ 表示 F_K 右侧荷载合力(见图 10-10(a))。若这一位置使 S 有极大值，那么无论荷载向左或向右移动时，都会使 S 减小。因此，S 的改变量 ΔS 为负值，即 $\Delta S < 0$。

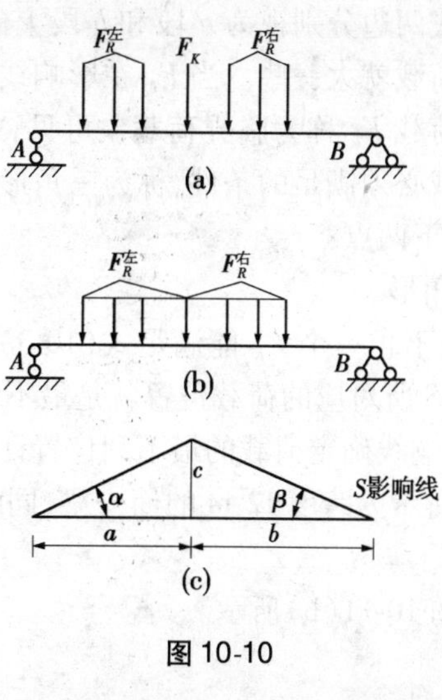

图 10-10

将 F_K 置于影响线的顶点后，将荷载向右移动 Δx 时，设 Δx 以向右为正，F_K 将移到影响线顶点之右，影响线纵坐标相应的改变量，在顶点之左为 $\Delta y_1=\Delta x\cdot\tan\alpha$，在顶点之右为 $\Delta y_2=-\Delta x\cdot\tan\beta$。即 S 的增量为

$$\begin{aligned}\Delta S_1&=F_R^{左}\cdot\Delta y_1+(F_K+F_R^{右})\cdot\Delta y_2\\&=F_R^{左}\cdot\Delta x\cdot\tan\alpha-(F_R^{右}+F_K)\cdot\Delta x\cdot\tan\beta\\&=\Delta x\cdot[F_R^{左}\cdot\tan\alpha-(F_K+F_R^{右})\cdot\tan\beta]\leqslant 0\end{aligned}$$

因为 Δx 正值，则

$$F_R^{左}\cdot\tan\alpha-(F_K+F_R^{右})\cdot\tan\beta\leqslant 0 \tag{1}$$

再将 F_K 置于影响线的顶点后，使荷载向左移动 $(-\Delta x)$ 时，F_K 将移到影响线顶点之左，于是 S 的增量为

$$\begin{aligned}\Delta S_2&=(F_R^{左}+F_K)\cdot(-\Delta x)\cdot\tan\alpha-F_R^{右}\cdot(-\Delta x)\cdot\tan\beta\\&=-\Delta x[(F_R^{左}+F_K)\cdot\tan\alpha-F_R^{右}\cdot\tan\beta]\leqslant 0\end{aligned}$$

因此

$$(F_R^{左}+F_K)\cdot\tan\alpha-F_R^{右}\cdot\tan\beta\geqslant 0 \tag{2}$$

将式(1)、式(2)移项后

$$F_R^{左}\cdot\tan\alpha\leqslant(F_K+F_R^{右})\cdot\tan\beta \tag{3}$$

$$(F_R^{左}+F_K)\cdot\tan\alpha\geqslant F_R^{右}\cdot\tan\beta \tag{4}$$

由图 10-10(c)可知

$$\tan\alpha=\frac{c}{a}\qquad\tan\beta=\frac{c}{b}$$

代入式(3)、式(4)得

$$\left.\begin{aligned}\frac{F_R^{左}}{a}&\leqslant\frac{F_K+F_R^{右}}{b}\\\frac{F_K+F_R^{左}}{a}&\geqslant\frac{F_R^{右}}{b}\end{aligned}\right\} \tag{10-3}$$

式(10-3)说明，若将不等式两边分别视为 a 段和 b 段上的平均荷载，则 F_K 置于影响线顶点的哪一边，哪一边的平均荷载就大一些。当 F_K 在影响线顶点上时，量值 S 将有极大值，这一荷载位置称为**临界位置**，荷载 F_K 称为**临界荷载**。可见，式(10-3)是对三角形影响线确定最不利荷载位置时，临界荷载必须满足的条件，称为三角形影响线的临界荷载判别式。

应用式(10-3)时须注意以下两点：

(1)影响线图形必须是三角形。

(2)有时在一组荷载中，有不止一个 F_K 能满足式(10-3)，这时应分别计算出 S 的各个极值，从中选出最大的 S，这个 S 所对应的荷载位置就是最不利荷载位置。

下面通过举例说明利用影响线确定荷载的最不利位置计算弯矩的步骤。

【例 10-2】 图 10-11(a)所示为跨度 12 m 的简支梁，同时有两台吊车在其上工作。试求跨中截面 C 的最大弯矩。

解 (1)画 M_C 影响线如图 10-11(b)所示。

(2)判别临界荷载。

首先应分析选择哪个荷载为临界荷载时，可以产生 $M_{C\max}$。

本例题可先设 F_2 为临界荷载，当 F_2 作用于三角形影响线顶点所对应的截面 C 时，AB

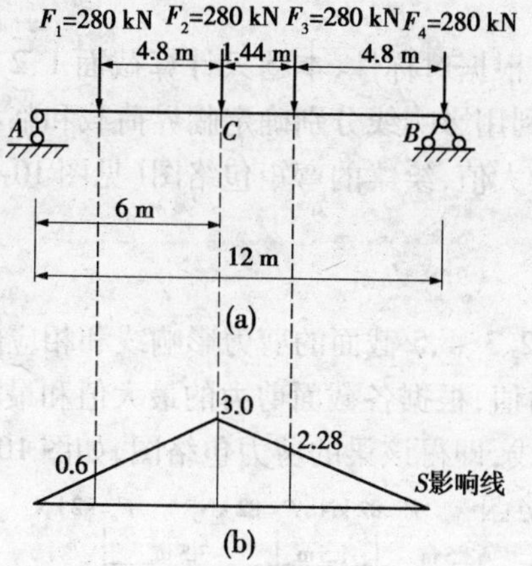

图 10-11

梁上将只有 F_1、F_2、F_3 三个荷载作用，F_4 已经位于 AB 梁之外，计算时不能再计入。于是由判别式(10-3)得

$$\left.\begin{aligned}\frac{F_R^{左}}{a}=\frac{280}{6}=\frac{140}{3}<\frac{F_K+F_R^{右}}{b}=\frac{280+280}{6}=\frac{280}{3}\\ \frac{F_K+F_R^{左}}{a}=\frac{280+280}{6}=\frac{280}{3}>\frac{F_R^{右}}{b}=\frac{280}{6}=\frac{140}{3}\end{aligned}\right\}$$

由计算结果可知，F_2 是临界荷载。

(3)计算 $M_{C\max}$。

将 F_2 作用于截面 C，计算 F_1、F_2、F_3 共同作用下截面 C 的弯矩，即为 $M_{C\max}$。计算 F_1、F_2、F_3 作用点处所对应的 M_C 影响线上的纵坐标值为

$$y_1=0.6 \quad y_2=3 \quad y_3=2.28$$

即

$$M_{C\max}=280\times(0.6+3+2.28)=1\ 646.4(\text{kN}\cdot\text{m})$$

第四节　简支梁的内力包络图和绝对最大弯矩

一、简支梁的内力包络图

上一节讨论了在移动荷载作用下，梁内某一截面内力的最大值（或最小值）的计算方法。对结构设计来说，还应求出各截面上内力的最大值（或最小值）。如果把梁上各截面内力的最大值按同一比例标在图上，连成曲线，这一曲线称为**内力包络图**。梁的内力包络图有两种：弯矩包络图和剪力包络图。包络图表示各截面内力变化的极限值，是结构设计中的主要依据，在吊车梁、楼盖的连续梁和桥梁设计中应用很多，下面将介绍简支梁内力包络图的作法。

图 10-12(a)所示一吊车梁的跨度 12 m，梁上行驶两台吊车，最大轮压为 82 kN。求该梁的内力包络图。

(一)弯矩包络图

首先将梁分成 10 等份,根据对称性,本题只计算截面 1、2、3、4、5 的最大弯矩值。绘出这 5 个截面的弯矩影响线,利用影响线分别确定临界荷载和临界位置,并求出各截面的弯矩最大值。根据各截面弯矩最大值,绘梁的弯矩包络图(见图 10-12(b))。注意跨中的竖距不是最大的。

(二)剪力包络图

同理,首先分别绘出 1、2、3、4、5 截面的剪力影响线和相应的最不利荷载位置,计算各截面的最大剪力值和最小剪力值,根据各截面剪力的最大值和最小值,将剪力的最大值连成一条曲线,最小值连成一条曲线,即得该梁的剪力包络图,如图 10-12(c)所示。

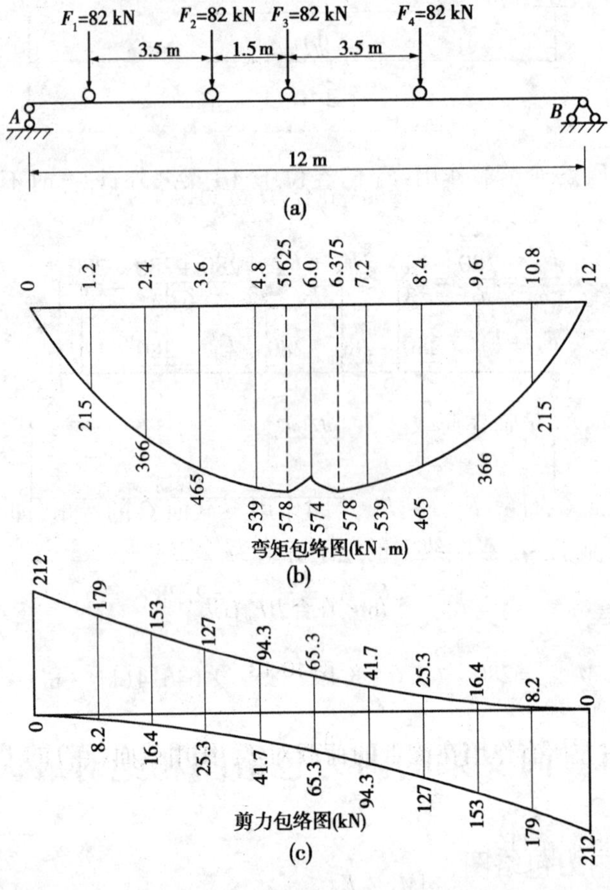

图 10-12

二、简支梁的绝对最大弯矩

由前述可知,荷载在任意位置时,梁的弯矩图的顶点总是发生在集中荷载作用的截面上。因此,绝对最大弯矩一定发生在某一集中荷载的作用点处。这样,问题就是确定绝对最大弯矩发生在哪一个集中荷载的作用截面上,以及该截面在梁的哪一个位置。因此,可采用如下方法来解决,即任选一个荷载,研究该荷载作用截面(这截面是随荷载移动变化的)的弯矩,当荷载移动到什么位置时达到最大,并求出极值。然后按同样的方法分别对其他各个荷载作用处的截面求出最大弯矩,加以比较即得绝对最大弯矩。

现讨论在一组集中移动荷载作用下,其中某一个荷载 F_K 作用截面上弯矩成为最大的条件。在图 10-13 中,设 x 表示 F_K 到左边支座 A 的距离,F_R 为作用于梁上所有荷载静力等效的一个集中力,a 为 F_R 与 F_K 的距离,F_R 在 F_K 右边时 a 为正,反之为负。F_K 作用截面的弯矩为

$$M_K = F_{Ay} \cdot x - M^L = \frac{F_R}{l}(l - x - a)x - M^L$$

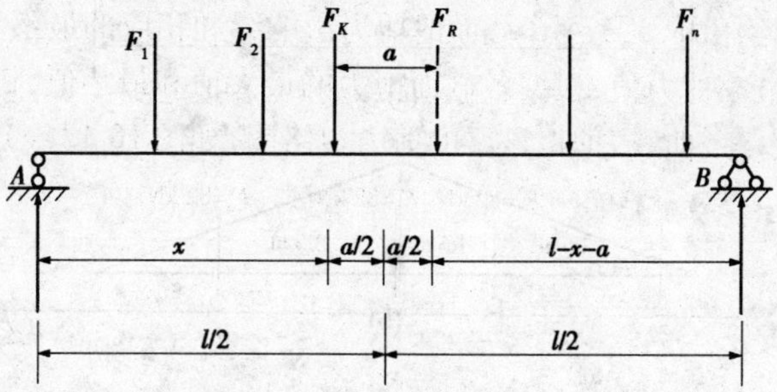

(a)F_K在合力F_R左边

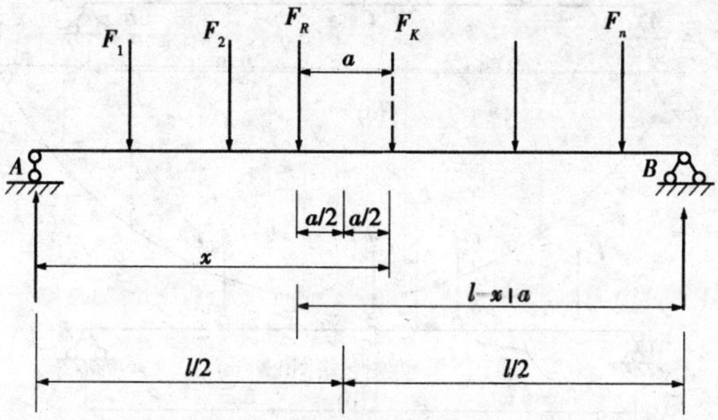

(b)F_K在合力F_R右边

图 10-13

式中 M^L 表示 F_K 以左所有作用在梁上的荷载对 F_K 作用截面(点)的力矩之和,是一个与 x 无关的常量。

根据 M_K 为极值的条件

$$\frac{dM_K}{dx} = \frac{F_R}{l}(l - 2x - a) = 0$$

得

$$x = \frac{l}{2} - \frac{a}{2} \tag{10-4}$$

上式说明,当 F_K 与 F_R 位于梁中点两侧的对称位置时,F_K 作用截面的弯矩达到最大值,为

$$M_{K\max} = \frac{F_R}{4l}(l - a)^2 - M^L \tag{10-5}$$

依次将每个荷载作为临界荷载按式(10-5)计算最大弯矩值,再在这些值中选出最大的,即为绝对最大弯矩。

由经验可知，绝对最大弯矩总是发生在跨中截面附近，至于究竟哪个是临界荷载，需要直观判断并结合计算进行比较而确定。

【例 10-3】 求图 10-14(a)所示吊车梁的绝对最大弯矩。

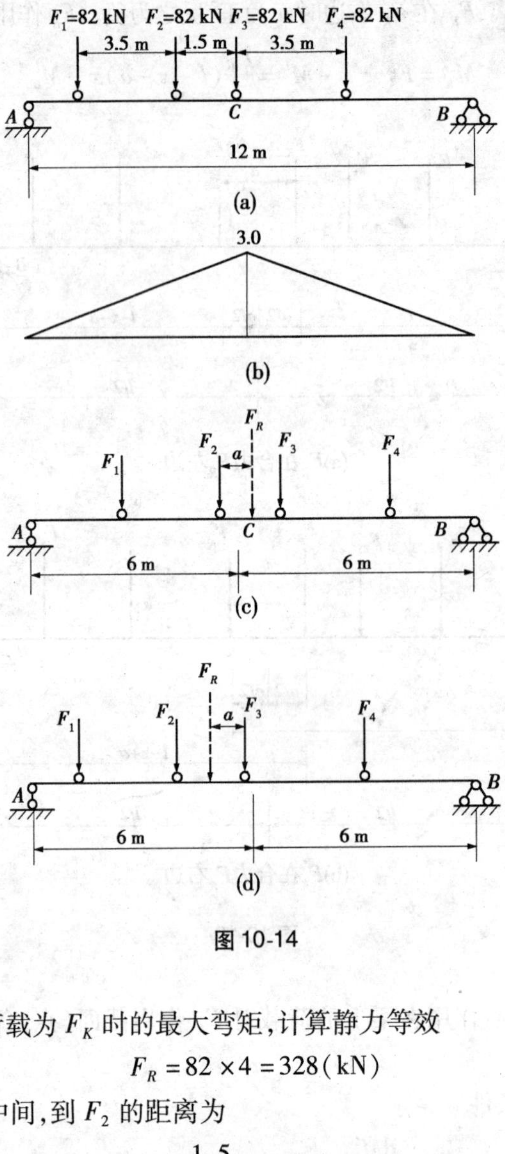

图 10-14

解 (1)考虑 F_2 荷载为 F_K 时的最大弯矩，计算静力等效

$$F_R = 82 \times 4 = 328(\text{kN})$$

F_R 作用在 F_2、F_3 中间，到 F_2 的距离为

$$a = \frac{1.5}{2} = 0.75(\text{m})$$

将 F_R 和 F_2 对称放在梁中点 C 两侧(见图 10-14(c))，F_2 作用点即是可能发生绝对最大弯矩的截面，其值为

$$\begin{aligned} M_{\max} &= \frac{F_R}{4l}(l-a)^2 - M^L \\ &= \frac{328}{4 \times 12}(12-0.75)^2 - 82 \times 3.5 \\ &= 578(\text{kN} \cdot \text{m}) \end{aligned}$$

(2)考虑 F_3 荷载为 P_K 时的最大弯矩,由以上计算可见,绝对最大弯矩为

$$M_{max}=578(kN\cdot m)$$

此值就是图 10-12(b)中弯矩包络图中的最大弯矩 。

本章小结

一、影响线

(1)影响线表示当一个竖向的单位集中荷载 $F=1$ 沿结构移动时,某一指定截面某一量值变化规律的图形。利用影响线这个工具可以解决在移动荷载作用下,结构反力和内力的极值的计算。

(2)绘制影响线的方法有静力法和机动法两种。

静力法是将单位荷载 $F=1$ 置于距坐标原点 x 的任意位置,然后利用静力平衡条件先求出影响线的方程,最后利用影响线方程来作影响线。此法适用于任何静定结构的反力和内力影响线的绘制。

(3)利用反力或内力的影响线,可求得在移动荷载作用下,某反力或内力的最大(或最小)值以及产生此最大(或最小)值时的荷载位置,即最不利荷载位置。

二、内力包络图

在恒荷载和活荷载共同作用下,结构的各截面所可能产生的最大(最小)值的外包线称为内力包络图。包络图表示各截面内力的极限值。它是结构设计时选择截面尺寸和布置钢筋的重要依据。

思考题

10-1　什么是影响线?影响线图中的横坐标和纵坐标的物理意义是什么?

10-2　影响线和内力图的区别是什么?

10-3　简支梁的绝对最大弯矩与跨中截面的最大弯矩有什么区别?

10-4　什么叫内力包络图?包络图与内力图及内力影响线有什么区别?

习　题

10-1　利用静力法作图 10-15 所示外伸梁和悬臂梁 A 端支反力、截面 C 的弯矩和剪力的影响线。

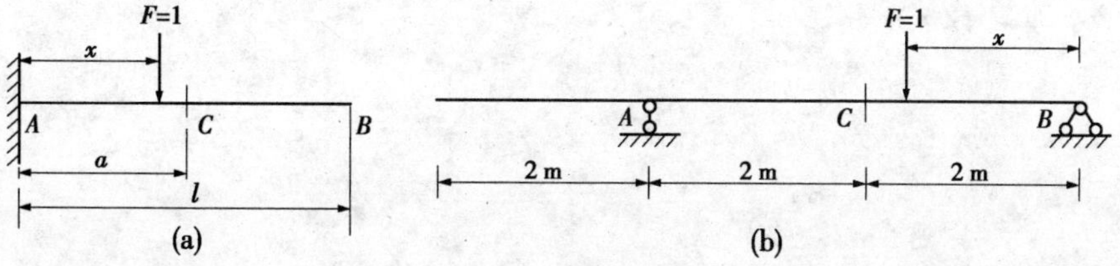

图 10-15

10-2　利用影响线求图 10-16 所示外伸梁的 F_A、M_C、F_{SC} 值。

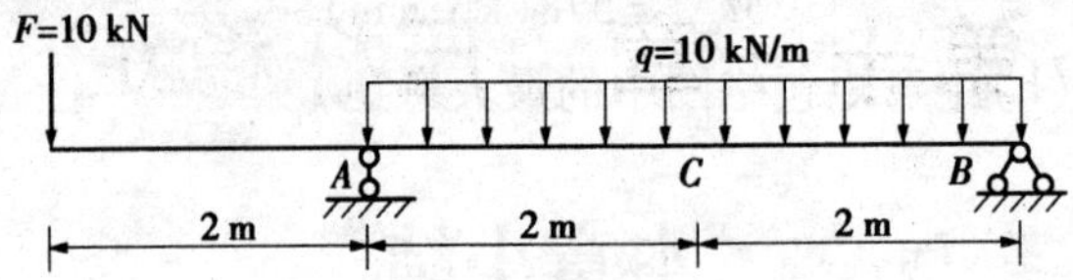

图 10-16

10-3　求图 10-17 所示简支梁在所给移动荷载作用下 C 截面的最大弯矩。

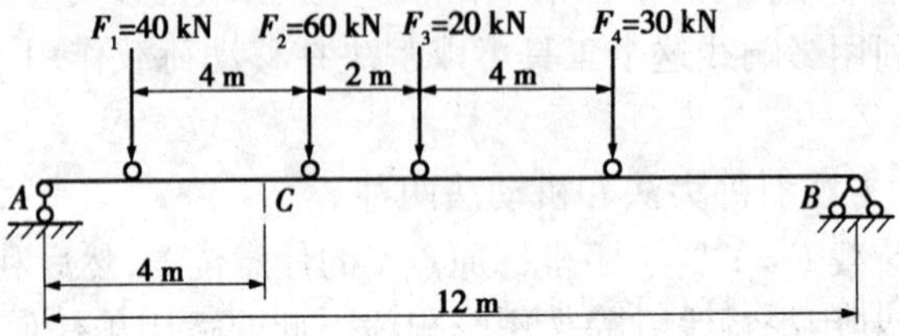

图 10-17

10-4　求图 10-18 所示简支梁在移动荷载作用下的绝对最大弯矩。

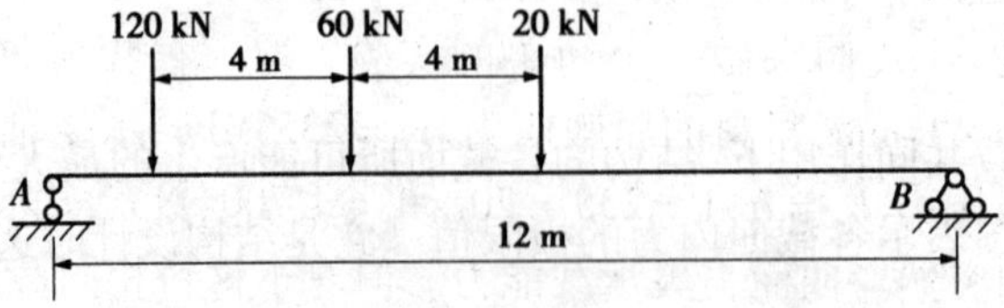

图 10-18

第十一章　压杆稳定

学习目标

(1)掌握失稳的概念。

(2)了解影响压杆承载能力的因素,正确理解弹性压杆临界力的推导过程,正确计算临界力。

(3)确切掌握柔度的概念,用以区分三类不同柔度的压杆,分别采用不同的公式计算。

(4)掌握折减系数法对压杆进行稳定设计与计算的基本方法。

(5)熟悉提高压杆稳定的措施。

工程中把承受轴向压力的杆件称为压杆,如桁架中的受压杆、桥梁中使用的柱、脚手架中的受压杆等。前面杆件强度计算时,我们从强度的观点出发,认为压杆在其横截面上的工作应力超过材料的极限应力(σ_s 或 σ_b)时,就会因其强度不足而失去承载能力。这种观点对于始终能够保持其原有直线状态的短粗杆而言是正确的;对于细长杆而言是不正确的。历史上由于对这一问题认识不清,造成许多大桥坍塌的事故。那么,细长杆在承受轴向压力时会出现什么情况呢? 让我们来做一个简单的实验。取一根长为 300 mm 的矩形截面钢尺,横截面尺寸 20 mm×1 mm,材料的屈服应力 $\sigma_s=235$ MPa,承受轴向压力作用。按照强度条件,此压杆的屈服压力 $F_s=\sigma_s A=235\times20\times1=4\ 700(\text{N})$,实际上,当压力不足 40 N 时,钢尺就沿厚度方向突然弯曲而丧失承载能力。但对于材料相同截面尺寸长为 10 mm 的矩形截面钢尺,它们的承载力能相差 100 余倍。由此可见,细长压杆的承载力并不取决于轴向压缩的抗压强度,而是压杆在一定压力作用下突然变弯而导致的破坏。我们把这种不能保持其原有直线状态的平衡而突然发生弯曲的现象称为丧失稳定,简称**失稳**。由上可见,强度问题与稳定问题的性质迥然不同。失稳是在骤然间发生的,因此更具危险性。目前,高强度钢和超高强度钢的广泛使用使压杆的稳定问题显得尤为突出。

第一节　压杆稳定的概念

一、三种平衡状态

为了便于理解三种平衡状态,首先以图 11-1 所示小球的三种位置来说明这三种平衡状态的特点。图 11-1(a)表示稳定平衡,使小球偏离平衡位置的力 F 被撤销后,球将回到原始平衡位置;图 11-1(c)表示不稳定平衡,球受微小干扰力作用,一旦偏离原始平衡位置,便滑下去了;图 11-1(b)表示随遇平衡,干扰力 F 使小球偏离原始位置,如果干扰力 F 被撤销,球停留在后来的位置上仍保持平衡。图 11-1(b)的随遇平衡可以说是处于稳定平衡与不稳定平衡之间的一种过渡或临界状态。

与图 11-1 所示的情况相对应,压杆的三种平衡状态如图 11-2 所示。设有一弹性的等直

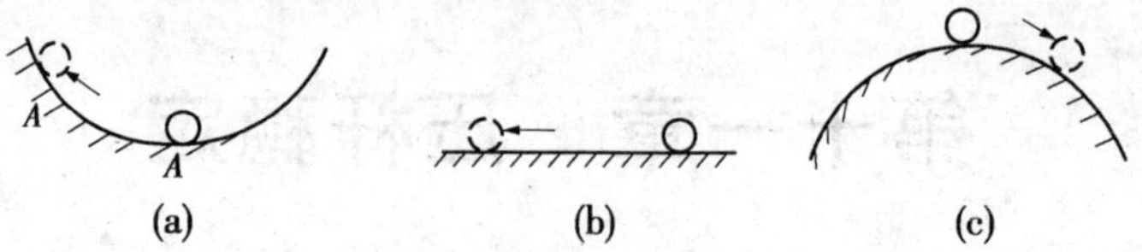

图 11-1

杆,受毫无偏心的轴向压力作用(即理想压杆)。要判断这种直线轴向压缩变形状态的稳定性,可加一微小的横向干扰力 F,使杆轴到达一个十分邻近于直线的微弯曲线位置,然后撤销干扰力 F,看杆轴能否回到直线位置。若杆轴最终能回到直线位置,则直线位置的平衡状态是稳定的;如果它不能回位,而继续加大弯曲到一个新的曲线位置而平衡或者干脆被压断了,则直线位置的平衡状态是不稳定的;如果它停留在干扰力给它的微弯曲线位置不动,则直线位置的平衡状态是随遇平衡状态。

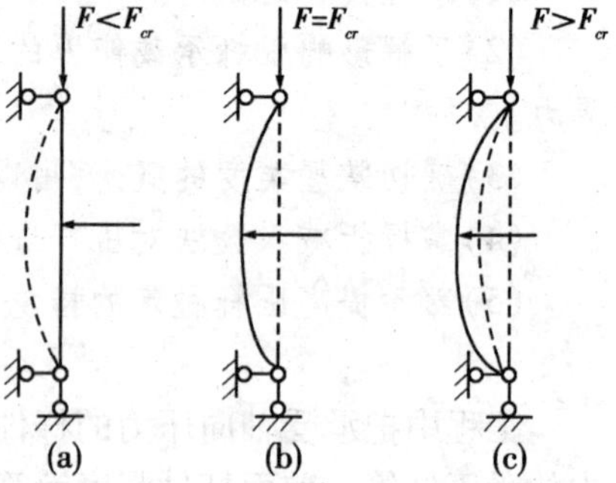

图 11-2

二、平衡状态的稳定性

实际上,同一杆件其直线位置的平衡状态是否稳定,视所受轴向压力 F 的大小是否超过某一定值 F_{cr} 而定,而该定值仅与杆件的材料、尺寸和支承方式有关。设轴向压力 F 从零逐渐增大,则杆件在直线位置的平衡状态为:

当 $F<F_{cr}$ 时,是稳定平衡状态(见图 11-2(a))。

当 $F=F_{cr}$ 时,是随遇平衡状态,这种状态称为临界平衡状态(见图 11-2(b))。

当 $F>F_{cr}$ 时,是不稳定平衡状态(见图 11-2(c))。

当 $F=F_{cr}$ 时,压杆的平衡状态是介于稳定和不稳定之间的临界平衡状态,因此定值 F_{cr} 称为此压杆的临界力。当 $F=F_{cr}$ 时,若不加干扰力,压杆可在直线位置平衡,若稍加干扰,压杆又可在干扰力给予的微弯曲位置平衡。这种“两可性”是临界平衡的一种特殊表现,也是弹性稳定问题的重要特点。

理论分析和实践都证明,导致压杆失稳的临界力 F_{cr} 要比发生强度破坏的容许压力小得多,压杆在远低于比例极限的弹性范围内就失稳破坏了,而且出现失稳往往是在一个微小干扰力 F 突然发生,所以失稳问题特别严重。因此,对于细长压杆,必须进行稳定性计算。

第二节 细长压杆的临界力和临界应力

一、影响临界力的因素

实践表明,细长压杆的临界压力 F_{cr} 不仅与杆的材料、横截面形状及尺寸等因素有关,而且也与杆的长度及两端支承情况有关。

(一)杆的材料

如有两根杆件其截面和长度以及两端支承完全相同,材料分别是钢和木,受轴向压力后,木杆首先失稳,也就是说,木杆的临界力比钢杆的小,表明了弹性模量 E 小的材料,其临界力也小。

(二)杆的截面形状尺寸

影响临界力的截面参数是杆件的截面惯性矩,惯性矩越大,就越不容易失稳。当截面尺寸相同(截面积相等)但截面形状不同时,其临界力也不相同。如取同样长度、同样材料和同样截面积的两根杆,一根做成实心圆杆,另一根做成空心圆杆(厚壁),则空心圆压杆比实心圆压杆稳定得多。这说明杆件截面的惯性矩大,临界力也大。

需要注意的是,当杆件截面关于各个方向主轴(形心轴)的惯性矩不同时,应以最小的惯性矩作为稳定的参数。

(三)杆件的长度

不难理解,当其他条件相同时,长杆比短杆容易失去稳定,临界力小。

(四)杆件的支承情况

当其他条件完全相同时,约束条件不同的两根杆件,两端铰支的压杆比一端固定、一端自由的压杆要稳定;而一端固定、一端铰支的压杆又比两端铰支的压杆更稳定。

二、临界力的计算公式

由以上所述可知,临界力的大小与材料和截面形状及杆长等因素有关,也可由实验来验证,细长压杆临界力的计算公式如下

$$F_{cr}=\frac{\pi^2 EI}{(\mu l)^2} \tag{11-1}$$

式中 EI——压杆的抗弯刚度;

I——截面对形心轴最小的惯性矩;

μl——压杆的计算长度;

μ——长度系数,是与杆端支承情况有关的量。

式(11-1)是由欧拉首先提出的,也称为欧拉公式。

长度系数 μ 反映了杆端约束情况对临界力的影响。从表11-1中可以看出,当其他条件完全相同时,两端固定的压杆临界力最大,也就是说稳定性最好。

【例11-1】 两端铰支的矩形截面木杆,$l=1.4$ m,$a=10$ mm,$b=25$ mm,$E=10^4$ MPa,$[\sigma_c]=8$ MPa,试求临界力,并与按强度条件求得的许用压力比较。

解 由式(11-1)可得,其中惯性矩 I 应以最小惯性矩代入,得

$$F_{cr}=\frac{\pi^2 EI_{\min}}{(\mu l)^2}=\frac{3.14^2\times 10^4\times\dfrac{25\times 10^3}{12}}{(1\times 1.4\times 10^3)^2}=105(\mathrm{N})$$

由强度条件可得许用应力为

$$[F]=A[\sigma_c]=10\times 25\times 8=2\,000(\mathrm{N})$$

临界力只是许用应力的1/19,表明压杆在远未达到强度允许的承压力之前就已经失稳破坏了。

表 11-1　不同支座的长度系数和临界力

杆端支座	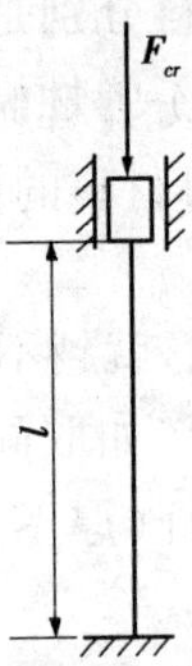	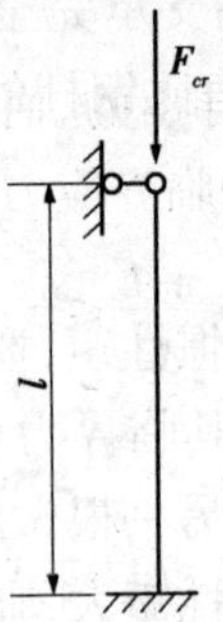	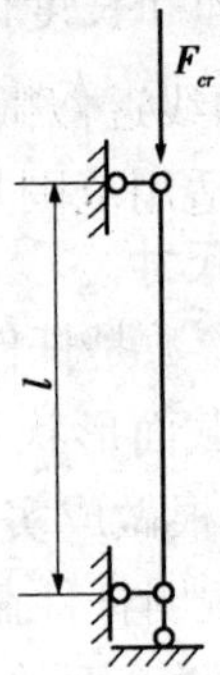	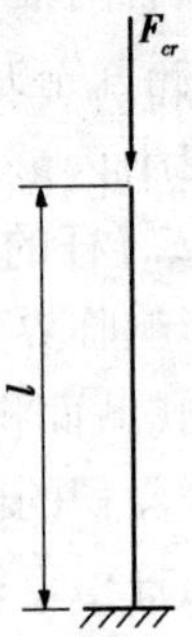
	两端固定	一端固定 一端铰支	两端铰支	一端固定 一段自由
长度系数	0.5	0.7	1	2
临界力 F_{cr}	$\dfrac{\pi^2 EI}{(0.5l)^2}$	$\dfrac{\pi^2 EI}{(0.7l)^2}$	$\dfrac{\pi^2 EI}{l^2}$	$\dfrac{\pi^2 EI}{(2l)^2}$

三、临界应力的计算

细长压杆处于临界状态时，横截面上的正应力称为临界应力，即

$$\sigma_{cr} = \frac{F_{cr}}{A} = \frac{\pi^2 EI}{(\mu l)^2 A}$$

引入截面的惯性半径 i

$$i = \sqrt{\frac{I}{A}}$$

于是临界应力可写为

$$\sigma_{cr} = \frac{\pi^2 EI}{(\mu l)^2 A} = \frac{\pi^2 E}{\left(\frac{\mu l}{i}\right)^2}$$

令

$$\lambda = \frac{\mu l}{i} \tag{11-2}$$

则有

$$\sigma_{cr} = \frac{\pi^2 E}{\lambda^2} \tag{11-3}$$

式(11-3)为计算细长压杆临界应力的欧拉公式，式中 λ 称为压杆的柔度（又称为长细比）。柔度是量纲为 1 的量，它综合反映了压杆的支承情况、杆长及横截面的形状和尺寸等因素对临界应力的影响。由式(11-3)可知，压杆的柔度越大，其临界应力越小，压杆越容易失稳。所以，柔度是衡量压杆稳定性的一个重要参数。

四、欧拉公式的适用范围

欧拉公式是根据挠曲线近似微分方程导出的，而应用此微分方程时，材料必须服从胡克定律。因此，欧拉公式的适用范围是压杆的临界应力 σ_{cr} 不超过材料的比例极限 σ_p，即

$$\sigma_{cr}=\frac{\pi^2 E}{\lambda^2}\leqslant\sigma_p$$

得

$$\lambda\geqslant\pi\sqrt{\frac{E}{\sigma_p}}=\lambda_p \tag{11-4}$$

欧拉公式的适用范围为

$$\lambda\geqslant\lambda_p \tag{11-5}$$

$\lambda\geqslant\lambda_p$ 的压杆为大柔度杆，或称为**细长压杆**。从式(11-5)中可以看出，不同材料的 λ_p 值不同，欧拉公式的适用范围也不同。例如 Q235 钢，$\sigma_p=200$ MPa，$E=200$ GPa，其 λ_p 值为

$$\lambda_p=\pi\sqrt{\frac{E}{\sigma_p}}=\pi\sqrt{\frac{200\times10^3}{200}}\approx100$$

因此，对 Q235 钢来说，只有 $\lambda\geqslant\lambda_p$ 时，才能使用欧拉公式。

【例 11-2】 一中心受压木柱，长 $l=8$ m，矩形截面 $b\times h=120\ \text{mm}\times200\ \text{mm}$，柱的支撑情况是：在最大刚度平面弯曲时（中性轴位于 y 轴），两端铰支，如图 11-3(a)所示。在最小刚度平面弯曲时（中性轴位于 z 轴），两端固定，如图 11-3(b)所示。木材的弹性模量 $E=10$ GPa，$\lambda_p=110$，求木柱的临界力和临界应力。

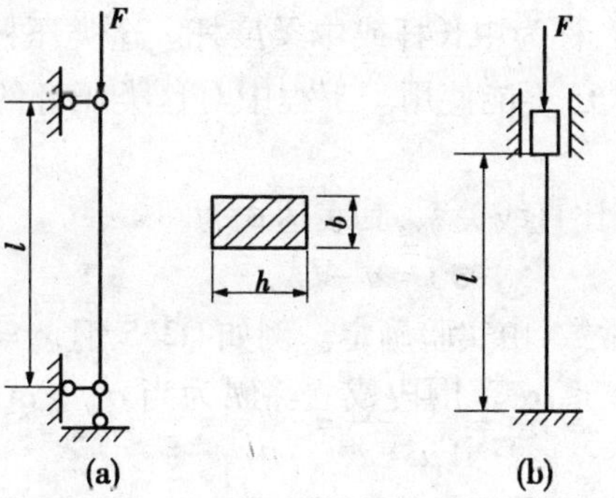

图 11-3

解 (1)计算最大刚度平面内的临界应力和临界力。

矩形截面的惯性半径为

$$i_y=\sqrt{\frac{I_y}{A}}=\frac{h}{\sqrt{12}}=\frac{200}{\sqrt{12}}=57.7(\text{mm})$$

在此平面内，柱子两端铰支，所以长度因数 $\mu=1$，柔度为

$$\lambda_y=\frac{\mu l}{i_y}=\frac{1\times8\times10^3}{57.7}=138.6>\lambda_p=110$$

根据欧拉公式，其临界应力为

$$\sigma_{cr}=\frac{\pi^2 E}{\lambda_y^2}=\frac{\pi^2\times 10\times 10^3}{139^2}=5.10(\text{MPa})$$

临界力为

$$F_{cr}=\sigma_{cr}\cdot A=5.10\times 120\times 200=122.4(\text{kN})$$

(2)计算最小刚度平面内的临界应力和临界力。

矩形截面的惯性半径

$$i_z=\sqrt{\frac{I_z}{A}}=\frac{b}{\sqrt{12}}=\frac{120}{\sqrt{12}}=34.6(\text{mm})$$

在此平面内,柱子两端固定,所以长度因数$\mu=0.5$,柔度为

$$\lambda_z=\frac{\mu l}{i_z}=\frac{0.5\times 8\times 10^3}{34.6}=115.6>\lambda_p=110$$

根据欧拉公式,其临界应力

$$\sigma_{cr}=\frac{\pi^2 E}{\lambda_z^2}=\frac{\pi^2\times 10\times 10^3}{115.6^2}=7.38(\text{MPa})$$

临界力为

$$F_{cr}=\sigma_{cr}\cdot A=7.38\times 120\times 200=177\ 120(\text{N})=177.1\ \text{kN}$$

计算结果表明:木柱的最大刚度平面内的临界力比最小刚度平面内的临界力小。说明当压杆在两个方向平面内支撑情况不同时,不能只从刚度来判断失稳与否,而应分别计算后才能确定在哪个方向失稳。

五、中长杆的临界应力的计算——经验公式

当压杆的柔度λ小于λ_p时,称为**中长杆**或**中柔度杆**。这类压杆其临界应力σ_{cr}大于材料的比例极限σ_p,这时欧拉公式已不能使用。工程中对这类压杆的计算,一般使用以实验结果为依据的经验公式。

临界应力σ_{cr}与柔度λ成正比直线关系,其表达式为

$$\sigma_{cr}=a-b\lambda \tag{11-6}$$

其中a、b为与材料有关的常数,由实验确定。例如Q235钢,$a=30$ MPa,$b=1.12$ MPa。

实际上,式(11-6)在$\sigma_p<\sigma_{cr}\leqslant\sigma_s$范围内成立。因为当$\sigma_{cr}>\sigma_s$时,压杆将发生强度破坏而不是失稳破坏。

所以直线公式的适用范围也可用柔度表示,即

$$\lambda_p>\lambda>\lambda_s \tag{11-7}$$

当$\sigma_{cr}\geqslant\sigma_s$,即$\lambda<\lambda_s$时的压杆,称为**小柔度杆**或**粗短杆**。实验证明,小柔度杆不存在失稳问题,主要是由于应力达到材料的极限应力时因压缩强度不足而发生失效。

由以上叙述可知,随着柔度的增大,压杆的失效逐渐由强度失效向稳定失效转化。

第三节　压杆稳定计算

一、压杆的稳定条件

对于轴向受压杆,当轴向压力F达到临界力时,杆件将失稳。为保证压杆的稳定,压杆

的工作应力不能超过稳定许用应力,即

$$\sigma = \frac{F}{A} \leqslant [\sigma_{st}]$$

由于压杆的柔度越大,临界应力越低,压杆越容易失稳。因此,在设计压杆时稳定许用应力$[\sigma_{st}]$也应随柔度的增大而降低。在土建工程中,常将稳定许用应力$[\sigma_{st}]$写做材料的强度许用应力$[\sigma]$乘以一个随柔度λ而改变的折减因数$\varphi=\varphi(\lambda)$,即

$$[\sigma_{st}] = \varphi[\sigma]$$

于是压杆的稳定条件为

$$\sigma = \frac{F}{A} \leqslant \varphi[\sigma]$$

式中 A——压杆的横截面面积;

$[\sigma]$——压杆材料的许用应力;

φ——材料的折减系数,当材料一定时,折减因数φ的值取决于柔度λ,λ值越大φ值越小,且φ值在0~1变化。

表11-2给出了几种材料压杆的折减系数。

按压杆的稳定条件,我们可对压杆进行稳定校核、截面的设计、确定容许荷载。

表11-2 几种材料压杆的折减系数φ

λ	φ				
	Q215、Q235钢	16锰钢	铸铁	木材	混凝土
0	1.000	1.000	1.000	1.000	1.000
20	0.981	0.973	0.91	0.932	0.96
40	0.927	0.895	0.69	0.822	0.83
60	0.842	0.776	0.44	0.658	0.70
70	0.789	0.705	0.34	0.575	0.63
80	0.731	0.627	0.26	0.460	0.57
90	0.669	0.546	0.20	0.371	0.46
100	0.604	0.462	0.16	0.300	
110	0.536	0.384		0.248	
120	0.466	0.325		0.209	
130	0.401	0.279		0.178	
140	0.349	0.242		0.153	
150	0.306	0.213		0.134	
160	0.272	0.188		0.117	
170	0.243	0.168		0.102	
180	0.218	0.151		0.093	
190	0.197	0.136		0.083	
200	0.180	0.124		0.075	

【例 11-3】 一圆形木柱高 6 m，直径 $d=20$ cm，两端铰支，承受轴向压力 $F=50$ kN，木材的许用应力 $[\sigma]=10$ MPa，校核该柱的稳定性。

解 (1)计算截面的惯性半径为

$$i=\sqrt{\frac{I}{A}}=\sqrt{\frac{\pi d^4/64}{\pi d^2/4}}=\frac{d}{4}=\frac{20}{4}=5(\mathrm{cm})$$

(2)计算柔度 λ。

因两端铰支，$\mu=1$，所以

$$\lambda=\frac{\mu l}{i}=\frac{1\times600}{5}=120$$

(3)查折减系数 φ。从表 11-2 中查得 $\varphi=0.209$。

(4)稳定校核。

$$\sigma=\frac{F}{A}=\frac{50\times10^3}{\frac{\pi\times200^2}{4}}=1.59(\mathrm{N/mm^2})=1.59\ \mathrm{MPa}$$

$$\varphi[\sigma]=0.209\times10=2.09(\mathrm{MPa})$$

因 $\sigma<\varphi[\sigma]$，故木柱满足稳定条件。

二、提高压杆稳定性的措施

由压杆的稳定条件

$$\sigma=\frac{F}{A}\leqslant\varphi[\sigma]$$

可知，增大 φ 值就相当于提高了压杆的承载能力，即提高了压杆的稳定性。而 φ 值又决定于柔度 λ，由表 11-2 可知，要想使 φ 大就应使 λ 小。又由公式

$$\lambda=\frac{\mu l}{i}$$

可知，要想使柔度 λ 小，压杆长度要尽量小，而惯性半径 i 要尽量大。下面我们来具体讨论。

(一)合理选择截面形状

压杆的临界应力随柔度 λ 的减小而增大，因此减小压杆柔度可以有效地提高压杆的稳定性。由于

$$\lambda=\frac{\mu l}{i}\qquad i=\sqrt{\frac{I}{A}}$$

所以在不增加截面面积的条件下，增大二次矩 I，可使 i 增大，λ 减小。如图 11-4(a)所示的空心环形截面要比实心截面更为合理。对两根槽钢组成的压杆，应采用如图 11-4(b)所示的方式放置，以增大二次矩 I。

图 11-4

压杆总是在柔度大的纵向平面内失稳，为充分利用压杆的抗失稳能力，应使其各个纵向平面内的柔度相同或接近。当压杆在各纵向平面内的支承情况相同时(如球铰链和固定端)，则应使截面的最大和最小惯性矩相等，这时采

用圆形或方形截面比较合理。若压杆在两个相互垂直的平面内支承情况不同(如圆柱铰链),宜采用工字形、矩形等截面,使压杆在两个纵向对称面内有大致相同的柔度和稳定性。

(二)减小压杆的长度、改善杆端的约束情况

减小压杆长度可降低柔度 λ,从而提高稳定性。工程中常用增加中间支座的办法来减小压杆长度。压杆端部支承形式不同,长度系数不同,柔度也将随着改变,降低长度系数 μ 可使 λ 减小。由表 11-1 可知,在各种支承形式中,以两端固定的支承形式的牢固性最好,一端固定一端自由的牢固性最差。因此,压杆与其他构件连接时,应尽可能做成刚性连接或采用较紧密的配合,以加强杆端约束的牢固性。

(三)合理选用材料

对于 $\lambda \geqslant \lambda_p$ 的大柔度压杆,其临界应力与材料的弹性模量 E 成正比,所以宜选用 E 值较大的材料,以提高压杆的稳定性。钢的弹性模量比铝合金、钢合金、铸铁等材料都大,所以细长压杆大多采用钢材制造。但由于各种钢材的 E 值大致相同,因此选用高强度钢并不能提高临界应力,对于 $\lambda < \lambda_p$ 的中柔度压杆,其临界应力 $\sigma_{cr} = a - b\lambda$,由于钢的质量越好,$a$ 值及 σ_s 越大,σ_{cr}值也就越高,故用高强度钢能提高其稳定性。

本章小结

一、压杆失稳的概念

细长压杆在一定的轴向压力作用下,突然丧失其原有的直线平衡状态的现象叫压杆失稳。

二、临界力

细长压杆的临界力(临界应力)用欧拉公式计算。欧拉公式是在材料服从胡克定律的条件下导出的,所以只有当 $\sigma_{cr} < \sigma_p$,即 $\lambda \geqslant \lambda_p$ 时,欧拉公式才能适用。

$$F_{cr} = \frac{\pi^2 EI}{(\mu l)^2} \qquad \sigma_{cr} = \frac{\pi^2 E}{\lambda^2}$$

三、柔度

柔度 λ 是压杆稳定计算中的重要参数。它综合反映了压杆的长度、支承情况、截面形状及尺寸对压杆稳定性的影响。

$$\lambda = \frac{\mu l}{i} \qquad i = \sqrt{\frac{I}{A}}$$

四、压杆稳定计算

压杆稳定在工程中常采用折减系数法进行计算。压杆的稳定条件是

$$\sigma = \frac{F}{A} \leqslant \varphi[\sigma]$$

折减系数 φ 因材料而不同,随柔度而变化。

五、提高压杆稳定性的措施

提高压杆的稳定性可采用以下措施：

(1)选择合理的截面形状；

(2)减小压杆长度；

(3)改善支承情况；

(4)选择适当的材料。

思考题

11-1 压杆的稳定平衡与不稳定平衡分别是指什么状态？

11-2 细长压杆的长度增大一倍而其他条件不变时，其临界力有何变化？圆形截面细长压杆直径增大一倍而其他条件不变时，其临界力有何变化？

11-3 图 11-5 中四根细长压杆材料的截面均相同，哪一根临界力最大？哪一根临界力最小？

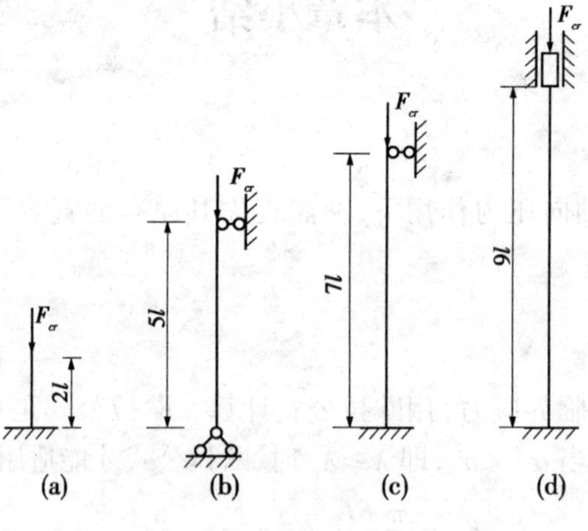

图 11-5

11-4 什么叫柔度？它与哪些因素有关？它怎样影响压杆的稳定性？

习 题

11-1 一圆形截面细长压杆，$l=4$ m，直径 $d=200$ mm，材料的弹性模量 $E=10$ GPa。求下列情况下木柱的临界力和临界应力：

(1)两端铰支；

(2)一端固定、一端自由。

11-2 一矩形截面木柱，$l=4$ m、$h=240$ mm、材料的许用应力 $[\sigma]=10$ MPa。当承受的轴向压力 $F=135$ kN 时，试校核该柱的稳定性。

11-3 图 11-6 所示托架中斜撑 *CD* 杆为圆木，直径 $d=160$ mm，两端铰支，横木 *AB* 承受

均布荷载 $q=50$ kN/m。若木材的许用应力$[\sigma]=10$ MPa,试校核斜撑 CD 杆的稳定性。

11-4　结构的受力情况如图 11-7 所示。梁 ABC 为工字钢 Ⅰ22b,$[\sigma]=160$ MPa;柱 BD 为圆木,直径 $d=160$ mm,$[\sigma]=10$ MPa,两端铰支。试校核梁的强度及柱的稳定性。

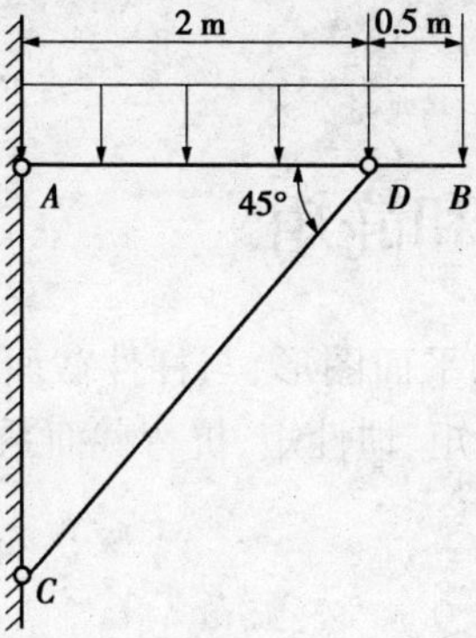

图 11-6

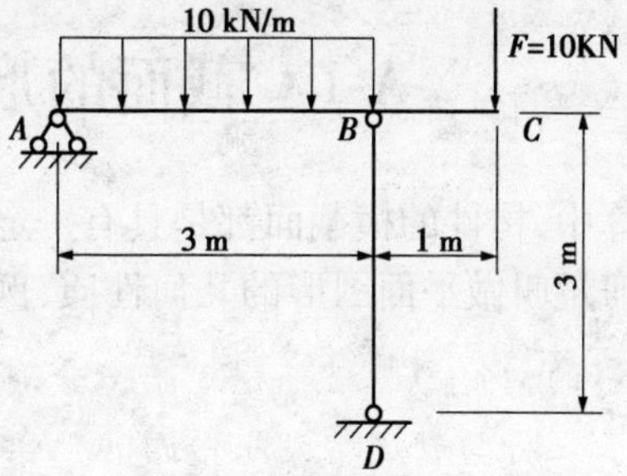

图 11-7

附录 A　平面图形的几何性质

A-1　截面的形心位置和静矩

力学计算中,构件的横截面都是具有一定几何形状的平面图形,与杆件截面的形状、尺寸有关的几何量叫做平面图形的几何性质,例如,面积、静矩、惯性矩、抗弯截面系数等。

一、形心

平面图形的形心就是其几何中心。当平面图形具有对称中心时,对称中心就是形心,例如,圆形、正方形、矩形,它们的对称中心就是形心。当图形具有两个对称轴时,形心就在两个对称轴的交点上;当图形具有一个对称轴时,其形心一定在这个对称轴上,具体在对称轴的哪一点,则需要计算才能确定。例如,对于 T 形截面,其形心一定在对称轴上,而坐标 y_C 值需要计算。

二、静矩

平面图形的面积 A 与其形心到某一坐标轴的距离 y_C(至 z 轴)的乘积,称为该平面图形**对 z 轴的静矩**。

$$S_z = Ay_C \tag{A-1}$$

静矩的单位是长度的三次方,即 mm^3 或 m^3。

由静矩的定义可知,平面图形对其形心轴的静矩一定为零。

三、形心坐标公式

建筑工程中常用构件的截面图形,除简单的平面图形外,还有复杂的平面图形。复杂的图形可分为几个简单图形的叠加。例如,图 A-1 中的 L 形截面,可视为两个矩形的叠加。如果两个矩形的面积是 A_1、A_2,它们到某一坐标轴 z 的形心坐标分别为 y_1、y_2,根据静矩的定义得

$$S_{1z} = A_1y_1$$

$$S_{2z} = A_2y_2$$

若 T 形截面的全面积为 A,整个图形对 z 轴的形心坐标是 y_C,则全面积对 z 轴的静矩就是等于各部分面积对 z 轴静矩的代数和,即

$$Ay_C = A_1y_1 + A_2y_2$$

$$y_C = \frac{A_1y_1 + A_2y_2}{A}$$

利用上式可以确定 T 形截面的形心位置。

当复杂图形可划为若干个简单平面图形时,则有

$$\left.\begin{aligned}Ay_C &= \sum A_i y_i \\ y_C &= \frac{\sum A_i y_i}{A}\end{aligned}\right\} \tag{A-2}$$

式中　A——复杂图形的全面积；

y_C——复杂图形对 z 轴的形心坐标；

A_i——复杂图形中各部分的截面面积；

y_i——复杂图形各部分面积对 z 轴的形心坐标。

同理可得

$$z_C = \frac{\sum A_i z_i}{A}$$

【例 A-1】　试计算图 A-1 所示的不等边角钢的形心。已知 $a = 80$ mm，$b = 50$ mm，$t = 5$ mm。

解　将图形分为两个矩形，坐标如图 A-1 所示。则

$$A_1 = 75 \times 5 = 375\ (\text{mm}^2)$$

$$x_1 = 2.5\ \text{mm}$$

$$y_1 = \frac{75}{2} + 5 = 42.5\ (\text{mm})$$

$$A_2 = 50 \times 5 = 250\ (\text{mm}^2)$$

$$x_2 = 25\ \text{mm}$$

$$y_2 = \frac{5}{2} = 2.5\ (\text{mm})$$

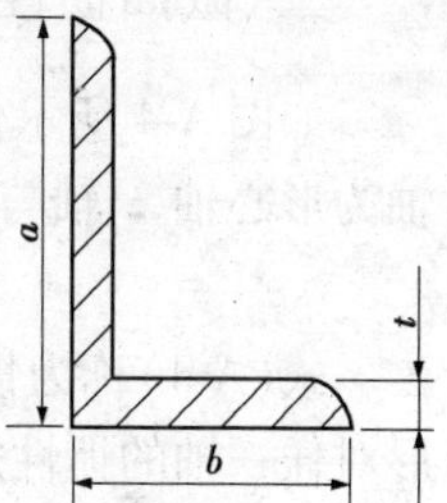

图 A-1

代入形心坐标公式

$$x_C = \frac{\sum A_i x_i}{A} = \frac{2.5 \times 375 + 25 \times 250}{375 + 250} = 11.5\ (\text{mm})$$

$$y_C = \frac{\sum A_i y_i}{A} = \frac{42.5 \times 375 + 2.5 \times 250}{375 + 250} = 26.5\ (\text{mm})$$

A-2　惯性矩

一、惯性矩的定义

如图 A-2 所示任意平面图形的面积为 A。在坐标(y, z)处取微面积 dA，则 $z^2 dA$ 和 $y^2 dA$ 分别为微面积 dA 对 y 轴和 z 轴的惯性矩，而积分 $\int_A z^2 dA$ 和 $\int_A y^2 dA$ 定义为**截面对 y 轴和 z 轴的惯性矩**，分别用 I_z 和 I_y 表示，即

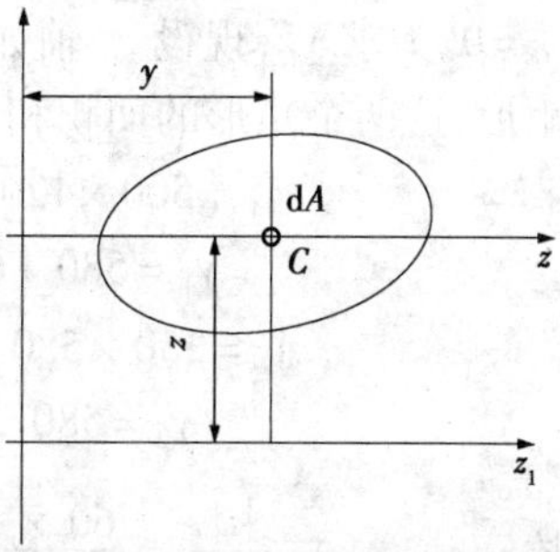

图 A-2

$$\left.\begin{aligned}I_z &= \int_A y^2 dA \\ I_y &= \int_A z^2 dA\end{aligned}\right\} \tag{A-3}$$

惯性矩 I_z 和 I_y 是对坐标而言的,同一截面对不同的坐标轴,其惯性矩不同,惯性矩的单位是长度的四次方,其值恒为正。

二、简单截面的惯性矩

(一)矩形截面(图 A-3)

$$I_z = \int_A y^2 \mathrm{d}A = \int_{-\frac{h}{2}}^{\frac{h}{2}} y^2 (b\mathrm{d}y) = \left[\frac{b}{3}y^3\right]_{-\frac{h}{2}}^{\frac{h}{2}} = \frac{bh^3}{12}$$

同理可得

$$I_y = \frac{hb^3}{12}$$

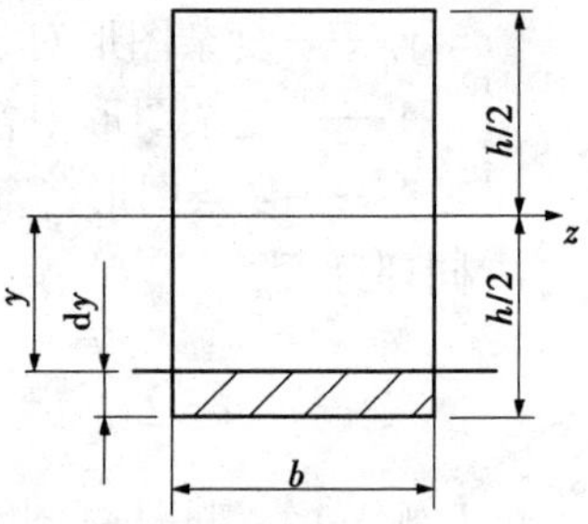

图 A-3

(二)圆形截面

$$I_z = I_y = \frac{\pi d^4}{64}$$

三、截面惯性矩的平行移轴公式

如图 A-4 所示任意平面图形,其面积为 A,形心点为 c 点,z 轴为形心轴,z_1 轴与 z 轴平行,两轴之间的距离为 d,则可以证明 I_z 和 I_{z1} 之间存在如下关系

$$I_{z1} = I_z + Ad^2 \tag{A-4}$$

式(A-4)称为惯性矩的平行移轴公式。该式表明:平面图形对任一轴的惯性矩,等于图形对与该轴平行的形心轴的惯性矩,再加上图形面积与两轴间距离平方的乘积。因为面积为正,所以 $I_z < I_{z1}$,即在所有平行轴中,图形对形心轴的惯性矩最小。

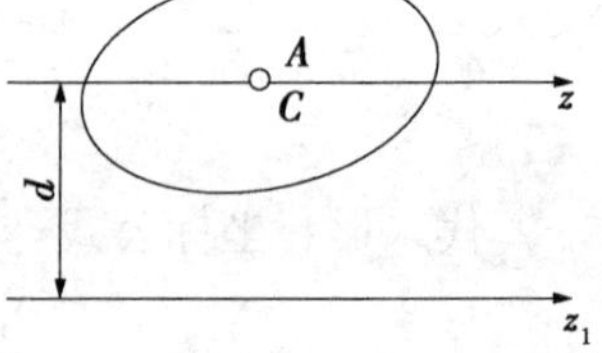

图 A-4

四、组合图形的惯性矩

组合图形有若干个简单的图形组成。由惯性矩的定义可知,组合图形对某轴的惯性矩等于组成组合图形的各简单图形对同一轴的惯性矩的和。

【例 A-2】 试求图 A-5 所示 T 形截面对形心轴的惯性矩。

解 (1)求截面形心位置。

由于截面有一个对称轴 y,故形心一定在该轴上,即 $z_C = 0$。为求 y_C,现设 z_0 轴如图 A-5 所示,将图形分为两个矩形,这两个矩形的面积和形心对 z_0 轴的坐标分别为

$$A_1 = 500 \times 120 = 60 \times 10^3 (\mathrm{mm}^2)$$

$$y_1 = 580 + 60 = 640 (\mathrm{mm})$$

$$A_2 = 250 \times 580 = 145 \times 10^3 (\mathrm{mm}^2)$$

$$y_2 = 580/2 = 290 (\mathrm{mm})$$

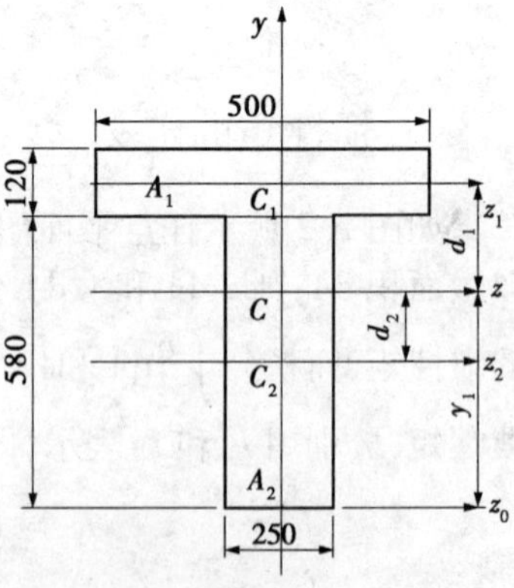

图 A-5

故 $$y_C = \frac{\sum A_i y_i}{A} = \frac{60 \times 10^3 \times 640 + 145 \times 10^3 \times 290}{60 \times 10^3 + 145 \times 10^3}$$

$$= 392 (\mathrm{mm})$$

(2)计算 I_z、I_y。

$$I_{1z_1}=\frac{500\times120^3}{12}=7.2\times10^7(\text{mm}^4)$$

$$I_{1y}=\frac{500^3\times120}{12}=12.5\times10^8(\text{mm}^4)$$

$$I_{2z_2}=\frac{250\times580^3}{12}=40.6\times10^8(\text{mm}^4)$$

$$I_{2y}=\frac{250^3\times580}{12}=7.55\times10^8(\text{mm}^4)$$

$$I_{1z}=I_{1z_1}+A_1d_1^2=7.2\times10^7+60\times10^3\times(640-392)^2=37.6\times10^8(\text{mm}^4)$$

$$I_{2z}=I_{2z_2}+A_2d_2^2=40.6\times10^8+145\times10^3\times(392-290)^2=55.7\times10^8(\text{mm}^4)$$

则

$$I_z=I_{1z}+I_{2z}=37.6\times10^8+55.7\times10^8=93.3\times10^8(\text{mm}^4)$$

$$I_y=I_{1y}+I_{2y}=12.5\times10^8+7.55\times10^8=20.05\times10^8(\text{mm}^4)$$

附录 B　型钢规格表

表 B-1　热轧等边角钢（GB/T 9787—1988）

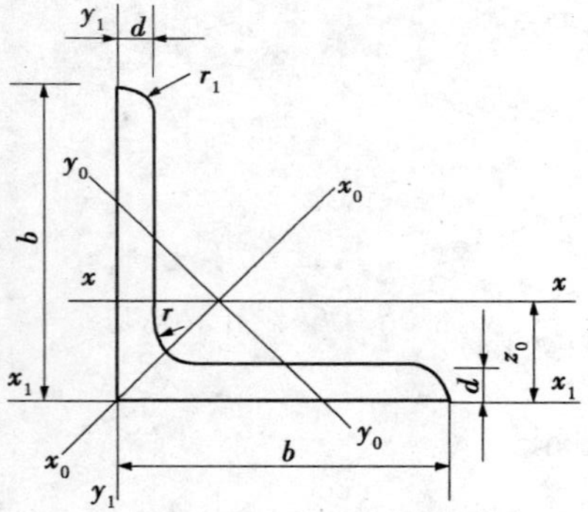

符号意义：

b——边宽度；
d——边厚度；
r——内圆弧半径；
r_1——边端内圆弧半径；
I——惯性矩；
i——惯性半径；
W——截面系数；
z_0——重心距离。

角钢号数	尺寸(mm)			截面面积 (cm^2)	理论重量 (kg/m)	外表面积 (m^2/m)	参考数值										z_0(cm)
							x—x			x_0—x_0			y_0—y_0			x_1—x_1	
	b	d	r				I_x(cm^4)	i_x(cm)	W_x(cm^3)	I_{x0}(cm^4)	i_{x0}(cm)	W_{x0}(cm^3)	I_{y0}(cm^4)	i_{y0}(cm)	W_{y0}(cm^3)	I_{x1}(cm^4)	
2	20	3	3.5	1.132	0.889	0.078	0.40	0.59	0.29	0.63	0.75	0.45	0.17	0.39	0.20	0.81	0.60
		4		1.459	1.145	0.077	0.50	0.58	0.36	0.78	0.73	0.55	0.22	0.38	0.24	1.09	0.64
2.5	25	3		1.432	1.124	0.098	0.82	0.76	0.46	1.29	0.95	0.73	0.34	0.49	0.33	1.57	0.73
		4		1.859	1.459	0.097	1.03	0.74	0.59	1.62	0.93	0.92	0.43	0.48	0.40	2.11	0.76

续表 B-1

角钢号数	尺寸(mm)			截面面积(cm^2)	理论重量(kg/m)	外表面积(m^2/m)	参考数值										
							x—x			x_0—x_0			y_0—y_0			x_1—x_1	z_0(cm)
	b	d	r				I_x(cm^4)	i_x(cm)	W_x(cm^3)	I_{x0}(cm^4)	i_{x0}(cm)	W_{x0}(cm^3)	I_{y0}(cm^4)	i_{y0}(cm)	W_{y0}(cm^3)	I_{x_1}(cm^4)	
3.0	30	3	4.5	1.749	1.373	0.117	1.46	0.91	0.68	2.31	1.15	1.09	0.61	0.59	0.51	2.71	0.85
		4		2.276	1.786	0.117	1.84	0.90	0.87	2.92	1.13	1.37	0.77	0.58	0.62	3.63	0.89
3.6	36	3	4.5	2.109	1.656	0.141	2.58	1.11	0.99	4.09	1.39	1.61	1.07	0.71	0.76	4.68	1.00
		4		2.756	2.163	0.141	3.29	1.09	1.28	5.22	1.38	2.05	1.37	0.70	0.93	6.25	1.04
		5		3.382	2.654	0.141	3.95	1.08	1.56	6.24	1.36	2.45	1.65	0.70	1.09	7.84	1.07
4.0	40	3	5	2.359	1.852	0.157	2.59	1.23	1.23	5.69	1.55	2.01	1.49	0.79	0.96	6.41	1.09
		4		3.086	2.422	0.157	4.60	1.22	1.60	7.29	1.54	2.58	1.91	0.79	1.19	8.56	1.13
		5		3.791	2.976	0.156	5.53	1.21	1.96	8.76	1.52	3.01	2.30	0.78	1.39	10.74	1.17
4.5	45	3	5	2.659	2.088	0.177	5.17	1.40	1.58	8.20	1.76	2.58	2.14	0.90	1.24	9.12	1.22
		4		3.486	2.736	0.177	6.65	1.38	2.05	10.56	1.74	3.32	2.75	0.89	1.54	12.18	1.26
		5		4.292	3.369	0.176	8.04	1.37	2.51	12.74	1.72	4.00	3.33	0.88	1.81	15.25	1.30
		6		5.076	3.985	0.176	9.33	1.36	2.95	14.76	1.70	4.64	3.89	0.88	2.06	18.36	1.33
5	50	3	5.5	2.971	2.332	0.197	7.18	1.55	1.96	11.37	1.96	3.22	2.98	1.00	1.57	12.50	1.34
		4		3.897	3.059	0.197	9.26	1.54	2.56	14.70	1.94	4.16	3.82	0.99	1.96	16.60	1.38
		5		4.803	3.770	0.196	11.21	1.53	3.13	17.79	1.92	5.03	4.64	0.98	2.31	20.90	1.42
		6		5.688	4.465	0.196	13.05	1.52	3.68	20.68	1.91	5.85	5.42	0.98	2.63	25.14	1.46
5.6	56	3	6	3.343	2.624	0.221	10.19	1.75	2.48	16.14	2.20	4.08	4.24	1.13	2.02	17.56	1.48
		4		4.390	3.446	0.220	13.18	1.73	3.24	20.92	2.18	5.28	5.46	1.11	2.52	23.43	1.53
		5	6	5.415	4.251	0.220	16.02	1.72	3.97	25.42	2.17	6.42	6.61	1.10	2.98	29.33	1.57
		8	7	8.367	6.568	0.219	23.63	1.68	6.03	37.37	2.11	9.44	9.89	1.09	4.16	47.24	1.68

续表 B-1

角钢号数	尺寸(mm)			截面面积 (cm^2)	理论重量 (kg/m)	外表面积 (m^2/m)	参考数值										z_0(cm)
							x—x			x_0—x_0			y_0—y_0			x_1—x_1	
	b	d	r				I_x(cm^4)	i_x(cm)	W_x(cm^3)	I_{x0}(cm^4)	i_{x0}(cm)	W_{x0}(cm^3)	I_{y0}(cm^4)	i_{y0}(cm)	W_{y0}(cm^3)	I_{x1}(cm^4)	
6.3	63	4	7	4.978	3.907	0.248	19.03	1.96	4.13	30.17	2.46	6.78	7.89	1.26	3.29	33.35	1.70
		5		6.143	4.822	0.248	23.17	1.94	5.08	34.77	2.45	8.25	9.57	1.25	3.90	41.73	1.74
		6		7.288	5.721	0.247	27.12	1.93	6.00	43.03	2.43	9.66	11.20	1.24	4.46	50.14	1.78
		8		9.515	7.469	0.247	34.46	1.90	7.75	54.56	2.40	12.25	14.33	1.23	5.47	67.11	1.85
		10		11.657	9.151	0.246	41.09	1.88	9.39	64.85	2.36	14.56	17.33	1.22	6.36	84.31	1.93
7	70	4	8	5.570	4.372	0.275	26.39	2.18	5.14	41.80	2.74	8.44	10.99	1.40	4.17	45.74	1.86
		5		6.875	5.397	0.275	32.21	2.16	6.32	51.08	2.73	10.32	13.34	1.39	4.95	57.21	1.91
		6		8.160	6.406	0.275	37.77	2.15	7.48	59.93	2.71	12.11	15.61	1.38	5.67	68.73	1.95
		7		9.424	7.398	0.275	43.09	2.14	8.59	68.35	2.69	13.81	17.82	1.38	6.34	80.29	1.99
		8		10.667	8.373	0.274	48.17	2.12	9.68	76.37	2.68	15.43	19.98	1.37	6.98	91.92	2.03
7.5	75	5	9	7.367	5.818	0.295	39.97	2.33	7.32	63.30	2.92	11.94	16.63	1.50	5.77	70.56	2.04
		6		8.797	6.905	0.294	46.95	2.31	8.64	74.38	2.90	14.02	19.51	1.49	6.67	84.55	2.07
		7		10.160	7.976	0.294	53.57	2.30	9.93	84.96	2.89	16.02	22.18	1.48	7.44	98.71	2.11
		8		11.503	9.030	0.294	59.96	2.28	11.20	95.07	2.88	17.93	24.86	1.47	8.19	112.97	2.15
		10		14.126	11.089	0.293	71.98	2.26	13.64	113.92	2.84	21.48	30.05	1.46	9.56	141.71	2.22
8	80	5	9	7.912	6.211	0.315	48.79	2.48	8.34	77.33	3.13	13.67	20.25	1.60	6.66	85.36	2.15
		6		9.397	7.376	0.314	57.35	2.47	9.87	90.98	3.11	16.08	23.72	1.59	7.65	102.50	2.19
		7		10.860	8.525	0.314	65.58	2.46	11.37	104.07	3.10	18.40	27.09	1.58	8.58	119.70	2.23
		8		12.303	9.658	0.314	73.49	2.44	12.83	116.60	3.08	20.61	30.39	1.57	9.46	136.97	2.27
		10		15.126	11.874	0.313	88.43	2.42	15.64	140.09	3.04	24.76	36.77	1.56	11.08	171.74	2.35

续表 B-1

角钢号数	尺寸(mm)			截面面积 (cm^2)	理论重量 (kg/m)	外表面积 (m^2/m)	参考数值										z_0(cm)
							x—x			x_0—x_0			y_0—y_0			x_1—x_1	
	b	d	r				I_x(cm^4)	i_x(cm)	W_x(cm^3)	I_{x0}(cm^4)	i_{x0}(cm)	W_{x0}(cm^3)	I_{y0}(cm^4)	i_{y0}(cm)	W_{y0}(cm^3)	I_{x1}(cm^4)	
9	90	6	10	10.637	8.350	0.354	82.77	2.79	12.61	131.26	3.51	20.63	34.28	1.80	9.95	145.87	2.44
		7		12.301	9.656	0.354	94.83	2.78	14.54	150.47	3.50	23.64	39.18	1.78	11.19	170.30	2.48
		8		13.944	10.946	0.353	106.47	2.76	16.42	168.97	3.48	26.55	43.97	1.78	12.35	194.80	2.52
		10		17.167	13.476	0.353	128.58	2.74	20.07	203.90	3.45	32.04	53.26	1.76	14.52	244.07	2.59
		12		20.306	15.940	0.352	149.22	2.71	23.57	236.21	3.41	37.12	62.22	1.75	16.49	293.76	2.67
10	100	6	12	11.932	9.366	0.393	114.95	3.01	15.68	181.98	3.90	25.74	47.92	2.00	12.69	200.07	2.67
		7		13.796	10.830	0.393	131.86	3.09	18.10	208.97	3.89	29.55	54.74	1.99	14.26	233.54	2.71
		8		15.638	12.276	0.393	148.24	3.08	20.47	235.07	3.88	33.24	61.41	1.98	15.75	267.09	2.76
		10		19.261	15.120	0.392	179.51	3.05	25.06	284.68	3.84	40.26	74.35	1.96	18.54	334.48	2.84
		12		22.800	17.898	0.391	208.90	3.03	29.48	330.95	3.81	46.80	86.84	1.95	21.08	402.34	2.91
		14		26.256	20.611	0.391	236.53	3.00	33.73	374.06	3.77	52.90	99.00	1.94	23.44	470.75	2.99
		16		29.627	23.257	0.390	262.53	2.98	37.82	414.16	3.74	58.57	110.89	1.94	25.63	539.80	3.06
11	110	7	12	15.196	11.928	0.433	177.16	3.41	22.05	280.94	4.30	36.12	73.38	2.20	17.51	310.64	2.96
		8		17.238	13.532	0.433	199.46	3.40	24.95	316.49	4.28	40.69	82.42	2.19	19.39	355.20	3.01
		10		21.261	16.690	0.432	242.19	3.38	30.60	384.39	4.25	49.42	99.98	2.17	22.91	444.65	3.09
		12		25.200	19.782	0.431	282.55	3.35	36.05	448.17	4.22	57.62	116.93	2.15	26.15	534.60	3.16
		14		29.056	22.809	0.431	320.71	3.32	41.31	508.01	4.18	65.31	133.40	2.14	29.14	625.16	3.24
12.5	125	8	14	19.750	15.504	0.492	297.03	3.88	32.52	470.89	4.88	53.28	123.16	2.50	25.86	521.01	3.37
		10		24.373	19.133	0.491	361.67	3.85	39.97	573.89	4.85	64.93	149.46	2.48	30.62	651.93	3.45
		12		28.912	22.696	0.491	423.16	3.83	41.17	671.44	4.82	75.96	174.88	2.46	35.03	783.42	3.53
		14		33.367	26.193	0.490	481.65	3.80	54.16	763.73	4.78	86.41	199.57	2.45	39.13	915.61	3.61
14	140	10	14	27.373	21.488	0.551	514.65	4.34	50.58	817.27	5.46	82.56	212.04	2.78	39.20	915.11	3.82
		12		32.512	25.522	0.551	603.68	4.31	59.80	958.79	5.43	96.85	248.57	2.76	45.02	1 099.28	3.90
		14		37.567	29.490	0.550	688.81	4.28	68.75	1 093.56	5.40	110.47	284.06	2.75	50.45	1 284.22	3.98
		16		42.539	33.393	0.549	770.24	4.26	77.46	1 221.81	5.36	123.42	318.67	2.74	55.55	1 470.07	4.06

续表 B-1

角钢号数	尺寸(mm)			截面面积 (cm^2)	理论重量 (kg/m)	外表面积 (m^2/m)	参考数值										z_0 (cm)
							$x—x$			$x_0—x_0$			$y_0—y_0$			$x_1—x_1$	
	b	d	r				I_x (cm^4)	i_x (cm)	W_x (cm^3)	I_{x0} (cm^4)	i_{x0} (cm)	W_{x0} (cm^3)	I_{y0} (cm^4)	i_{y0} (cm)	W_{y0} (cm^3)	I_{x1} (cm^4)	
16	160	10	16	31.502	24.729	0.630	779.53	4.98	66.70	1 237.30	6.27	109.36	321.76	3.20	52.76	1 365.33	4.31
		12		37.441	29.391	0.630	916.58	4.95	78.98	1 455.68	6.24	128.67	377.49	3.18	60.74	1 639.57	4.39
		14		43.296	33.987	0.629	1 048.36	4.92	90.95	1 665.02	6.20	147.17	431.70	3.16	68.244	1 914.68	4.47
		16		49.067	38.518	0.629	1 175.08	4.89	102.63	1 865.57	6.17	164.89	484.59	3.14	75.31	2 190.82	4.55
18	180	12	16	42.241	33.159	0.710	1 321.35	5.59	100.82	2 100.10	7.05	165.00	542.61	3.58	78.41	2 332.80	4.89
		14		48.896	38.388	0.709	1 514.48	5.56	116.25	2 407.42	7.02	189.14	625.53	3.56	88.38	2 723.48	4.97
		16		55.467	43.542	0.709	1 700.99	5.54	131.13	2 703.37	6.98	212.40	698.60	3.55	97.83	3 115.29	5.05
		18		61.955	48.634	0.708	1 875.12	5.50	145.64	2 988.24	6.94	234.78	762.01	3.51	105.14	3 502.43	5.13
20	200	14	18	54.642	42.894	0.788	2 103.55	6.20	144.70	3 343.26	7.82	236.40	863.83	3.98	111.82	3 734.10	5.46
		16		62.013	48.680	0.788	2 366.15	6.18	163.65	3 760.89	7.79	265.93	971.41	3.96	123.96	4 270.39	5.54
		18		69.301	54.401	0.787	2 620.64	6.15	182.22	4 164.54	7.75	294.48	1 076.74	3.94	135.52	4 808.13	5.62
		20		76.505	60.056	0.787	2 867.30	6.12	200.42	4 554.55	7.72	322.06	1 180.04	3.93	146.55	5 347.51	5.69
		24		90.661	71.168	0.785	2 338.25	6.07	236.17	5 294.97	7.64	374.41	1 381.53	3.90	166.55	6 457.16	5.87

注：截面图中的 $r_1=\frac{1}{3}d$ 及表中 r 值的数据用于孔型设计，不作交货条件。

表 B-2 热轧不等边角钢(GB/T9788—1988)

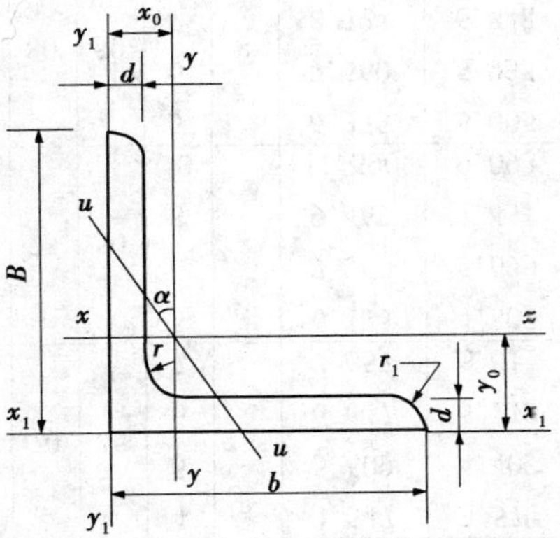

符号意义：

B——长边宽度；
b——短边宽度；
d——边厚度；
r——内圆弧半径；
r_1——边端内圆弧半径；
I——惯性矩；
i——惯性半径；
W——截面系数；
x_0——重心距离；
y_0——重心距离。

角钢号数	尺寸(mm)				截面面积	理论重量	外表面积	参考数值													
								x—x			y—y			x_1—x_1		y_1—y_1		u—u			
	B	b	d	r	(cm^2)	(kg/m)	(m^2/m)	I_x (cm^4)	i_x (cm)	W_x (cm^3)	I_y (cm^4)	i_y (cm)	W_y (cm^3)	I_{x1} (cm^4)	y_0 (cm)	I_{y1} (cm^4)	x_0 (cm)	I_u (cm^4)	i_u (cm)	W_u (cm^3)	tanα
2.5/1.6	25	16	3	3.5	1.162	0.912	0.080	0.70	0.78	0.43	0.22	0.44	0.19	1.56	0.86	0.43	0.42	0.14	0.34	0.16	0.392
			4		1.499	1.176	0.079	0.88	0.77	0.55	0.27	0.43	0.24	2.09	0.90	0.59	0.46	0.17	0.34	0.20	0.381
3.2/2	32	20	3		1.492	1.171	0.102	1.53	1.01	0.72	0.46	0.55	0.30	3.27	1.08	0.82	0.49	0.28	0.43	0.25	0.382
			4		1.939	1.522	0.101	1.93	1.00	0.93	0.57	0.54	0.39	4.37	1.12	1.12	0.53	0.35	0.42	0.32	0.374
4/2.5	40	25	3	4	1.890	1.484	0.127	3.08	1.28	1.15	0.93	0.70	0.49	6.39	1.32	1.59	0.59	0.56	0.54	0.40	0.386
			4		2.467	1.936	0.127	3.93	1.26	1.49	1.18	0.69	0.63	8.53	1.37	2.14	0.63	0.71	0.54	0.52	0.381
4.5/2.8	45	28	3	5	2.149	1.687	0.143	4.45	1.44	1.47	1.34	0.79	0.62	9.10	1.47	2.23	0.64	0.80	0.61	0.51	0.383
			4		2.806	2.203	0.143	5.69	1.42	1.91	1.70	0.78	0.80	12.13	1.51	3.00	0.68	1.02	0.60	0.66	0.380

续表 B-2

角钢号数	尺寸(mm)				截面面积	理论重量	外表面积	参考数值														
								x—x			y—y			x_1—x_1		y_1—y_1		u—u				
	B	b	d	r	(cm^2)	(kg/m)	(m^2/m)	I_x (cm^4)	i_x (cm)	W_x (cm^3)	I_y (cm^4)	i_y (cm)	W_y (cm^3)	I_{x1} (cm^4)	y_0 (cm)	I_{y1} (cm^4)	x_0 (cm)	I_u (cm^4)	i_u (cm)	W_u (cm^3)	tanα
5/3.2	50	32	3	5.5	2.431	1.908	0.161	6.24	1.60	1.84	2.02	0.91	0.82	12.49	1.60	3.31	0.73	1.20	0.70	0.68	0.404
			4		3.177	2.494	0.160	8.02	1.59	2.39	2.58	0.90	1.06	16.65	1.65	4.45	0.77	1.53	0.69	0.87	0.402
5.6/3.6	56	36	3	6	2.743	2.153	0.181	8.88	1.80	2.32	2.92	1.03	1.05	17.54	1.78	4.70	0.80	1.73	0.79	0.87	0.408
			4		3.590	2.818	0.180	11.45	1.79	3.03	3.76	1.02	1.37	23.39	1.82	6.33	0.85	2.23	0.79	1.13	0.408
			5		4.415	3.466	0.180	13.86	1.77	3.71	4.49	1.01	1.65	29.25	1.87	7.94	0.88	2.67	0.78	1.36	0.404
6.3/4	63	40	4	7	4.058	3.185	0.202	16.49	2.02	3.87	5.23	1.14	1.70	33.30	2.04	8.63	0.92	3.12	0.88	1.40	0.398
			5		4.993	3.920	0.202	20.02	2.00	4.74	6.31	1.12	2.71	41.63	2.08	10.86	0.95	3.76	0.87	1.71	0.396
			6		5.908	4.638	0.201	23.36	1.96	5.59	7.29	1.11	2.43	49.98	2.12	13.12	0.99	4.34	0.86	1.99	0.393
			7		6.802	5.339	0.201	26.53	1.98	6.40	8.24	1.10	2.78	58.07	2.15	15.47	1.03	4.97	0.86	2.29	0.389
7/4.5	70	45	4	7.5	4.547	3.570	0.226	23.17	2.26	4.86	7.55	1.29	2.17	45.92	2.24	12.26	1.02	4.40	0.98	1.77	0.410
			5		5.609	4.403	0.225	27.95	2.23	5.92	9.13	1.28	2.65	57.10	2.28	15.39	1.06	5.40	0.98	2.19	0.407
			6		6.647	5.218	0.225	32.54	2.21	6.95	10.62	1.26	3.12	68.35	2.32	18.58	1.09	6.35	0.98	2.59	0.404
			7		7.657	6.011	0.225	37.22	2.20	8.03	12.01	1.25	3.57	79.99	2.36	21.84	1.13	7.16	0.97	2.94	0.402
7.5/5	75	50	5	8	6.125	4.808	0.245	34.86	2.39	6.83	12.61	1.44	3.30	70.00	2.40	21.04	1.17	7.41	1.10	2.74	0.435
			6		7.260	5.699	0.245	41.12	2.38	8.12	14.70	1.42	3.88	84.30	2.44	25.37	1.21	8.54	1.08	3.19	0.435
			8		9.467	7.431	0.244	52.39	2.35	10.52	18.53	1.40	4.99	112.50	2.52	34.23	1.29	10.87	1.07	4.10	0.429
			10		11.590	9.098	0.244	62.71	2.33	12.79	21.96	1.38	6.04	140.80	2.60	43.43	1.36	13.10	1.06	4.99	0.423
8/5	80	50	5	8	6.375	5.005	0.255	41.96	2.56	7.78	12.82	1.42	3.32	85.21	2.60	21.06	1.14	7.66	1.10	2.74	0.388
			6		7.560	5.935	0.255	49.49	2.56	9.25	14.95	1.41	3.91	102.53	2.65	25.41	1.18	8.85	1.08	3.20	0.387
			7		8.724	6.848	0.255	56.16	2.54	10.58	16.96	1.39	4.48	119.33	2.69	29.82	1.21	10.18	1.08	3.70	0.384
			8		9.867	7.745	0.254	62.83	2.52	11.92	18.85	1.38	5.03	136.41	2.73	34.32	1.25	11.38	1.07	4.16	0.381

改

续表 B-2

角钢号数	尺寸(mm) B	b	d	r	截面面积 (cm²)	理论重量 (kg/m)	外表面积 (m²/m)	x—x I_x (cm⁴)	i_x (cm)	W_x (cm³)	y—y I_y (cm⁴)	i_y (cm)	W_y (cm³)	x_1—x_1 I_{x1} (cm⁴)	y_0 (cm)	y_1—y_1 I_{y1} (cm⁴)	x_0 (cm)	u—u I_u (cm⁴)	i_u (cm)	W_u (cm³)	tanα
9/5.6	90	56	5	9	7.212	5.661	0.287	60.45	2.90	9.92	18.32	1.59	4.21	121.32	2.91	29.53	1.25	10.98	1.23	3.49	0.385
			6		8.557	6.717	0.286	71.03	2.88	11.74	21.42	1.58	4.96	145.59	2.95	35.58	1.29	12.90	1.23	4.18	0.384
			7		9.880	7.756	0.286	81.01	2.86	13.49	24.36	1.57	5.70	169.66	3.00	41.71	1.33	14.67	1.22	4.72	0.382
			8		11.183	8.779	0.286	91.03	2.85	15.27	27.15	1.56	6.41	194.17	3.04	47.93	1.36	16.34	1.21	5.29	0.380
10/6.3	100	63	6	10	9.617	7.550	0.320	99.06	3.21	14.64	30.94	1.79	6.35	199.71	3.24	50.50	1.43	18.42	1.38	5.25	0.394
			7		11.111	8.722	0.320	113.45	3.29	16.88	35.26	1.78	7.29	233.00	3.28	59.14	1.47	21.00	1.38	6.02	0.393
			8		12.584	9.878	0.319	127.37	3.18	19.08	39.39	1.77	8.21	266.32	3.32	67.88	1.50	23.50	1.37	6.78	0.391
			10		15.467	12.142	0.319	153.81	3.15	23.32	47.12	1.74	9.98	333.06	3.40	85.73	1.58	28.33	1.35	8.24	0.387
10/8	100	80	6	10	10.637	8.350	0.354	107.04	3.17	15.19	61.24	2.40	10.16	199.83	2.95	102.68	1.97	31.65	1.72	8.37	0.627
			7		12.301	9.656	0.354	122.73	3.16	17.52	70.08	2.39	11.71	233.20	3.00	119.98	2.01	36.17	1.72	9.60	0.626
			8		13.944	10.946	0.353	137.92	3.14	19.81	78.58	2.37	13.21	266.61	3.04	137.37	2.05	40.58	1.71	10.80	0.625
			10		17.167	13.476	0.353	166.87	3.12	24.24	94.65	2.35	16.12	333.63	3.12	172.48	2.13	49.10	1.69	13.12	0.622
11/7	110	70	6	10	10.637	8.350	0.354	133.37	3.54	17.85	42.92	2.01	7.90	265.78	3.53	69.08	1.57	25.36	1.54	6.53	0.403
			7		12.301	9.656	0.354	153.00	3.53	20.60	49.01	2.00	9.09	310.07	3.57	80.82	1.61	28.95	1.53	7.50	0.402
			8		13.944	10.946	0.353	172.04	3.51	23.30	54.87	1.98	10.25	354.39	3.62	92.70	1.65	32.45	1.53	8.45	0.401
			10		17.167	13.476	0.353	208.39	3.48	28.54	65.88	1.96	12.48	443.13	3.70	116.83	1.72	39.20	1.51	10.29	0.397
12.5/8	125	80	7	11	14.096	11.066	0.403	277.98	4.02	26.86	74.42	2.30	12.01	454.99	4.01	120.32	1.80	43.81	1.76	9.92	0.408
			8		15.989	12.551	0.403	256.77	4.01	30.41	83.49	2.28	13.56	519.99	4.06	137.85	1.84	49.15	1.75	11.18	0.407
			10		19.712	15.474	0.402	312.04	3.98	37.33	100.67	2.26	16.56	650.09	4.14	173.40	1.92	59.45	1.74	13.64	0.404
			12		23.351	18.330	0.402	364.41	3.95	44.01	116.67	2.24	19.43	780.39	4.22	209.67	2.00	69.35	1.72	16.01	0.400
14/9	140	90	8	12	18.038	14.160	0.453	365.64	4.50	38.48	120.69	2.59	17.34	730.53	4.50	195.79	2.04	70.83	1.98	14.31	0.411
			10		22.261	17.475	0.452	445.50	4.47	47.31	146.03	2.56	21.22	913.20	4.58	245.92	2.12	85.82	1.96	17.48	0.409
			12		26.400	20.724	0.451	521.59	4.44	55.87	169.79	2.54	24.95	1 096.09	4.66	296.89	2.19	100.21	1.95	20.54	0.406
			14		30.456	23.908	0.451	594.10	4.42	64.18	192.10	2.51	28.54	1 279.26	4.74	348.82	2.27	114.13	1.94	23.52	0.403

续表 B-2

角钢号数	尺寸(mm)				截面面积	理论重量	外表面积	参考数值														
								x—x			y—y			x_1—x_1		y_1—y_1		u—u				
	B	b	d	r	(cm^2)	(kg/m)	(m^2/m)	I_x (cm^4)	i_x (cm)	W_x (cm^3)	I_y (cm^4)	i_y (cm)	W_y (cm^3)	I_{x1} (cm^4)	y_0 (cm)	I_{y1} (cm^4)	x_0 (cm)	I_u (cm^4)	i_u (cm)	W_u (cm^3)	tanα
16/10	160	100	10	13	25.315	19.872	0.512	668.69	5.14	62.13	205.03	2.85	26.56	1 362.89	5.24	336.59	2.28	121.74	2.19	21.92	0.390
			12		30.054	23.592	0.511	784.91	5.11	73.49	239.06	2.82	31.28	1 635.56	5.32	405.94	2.36	142.33	2.17	25.79	0.388
			14		34.709	27.247	0.510	896.30	5.08	84.56	271.20	2.80	35.83	1 908.50	5.40	476.42	2.43	162.23	2.16	29.56	0.385
			16		39.281	30.835	0.510	1 003.04	5.05	95.33	301.60	2.77	40.24	2 181.79	5.48	548.22	2.51	182.57	2.16	33.44	0.382
18/11	180	110	10	14	28.373	22.273	0.571	956.25	5.80	78.96	278.11	3.13	32.49	1 940.40	5.89	447.22	2.44	166.50	2.42	26.88	0.376
			12		33.712	26.464	0.571	1 124.72	5.78	93.53	325.03	3.10	38.32	2 328.38	5.98	538.94	2.52	194.87	2.40	31.66	0.374
			14		38.967	30.589	0.570	1 286.91	5.75	107.76	369.55	3.08	43.97	2 716.60	6.06	631.95	2.59	222.30	2.39	36.32	0.372
			16		44.139	34.649	0.569	1 443.06	5.72	121.64	411.85	3.06	49.44	3 105.15	6.14	726.46	2.67	248.94	2.38	40.87	0.369
20/12.5	200	125	12		37.912	29.761	0.641	1 570.90	6.44	116.73	483.16	3.57	49.99	3 193.85	6.54	787.74	2.83	285.79	2.74	41.23	0.392
			14		43.867	34.436	0.640	1 800.97	6.41	134.65	550.83	3.54	57.44	3 726.17	6.02	922.47	2.91	326.58	2.73	47.34	0.390
			16		49.739	39.045	0.639	2 023.35	6.38	152.18	615.44	3.52	64.69	4 258.86	6.70	1 058.86	2.99	366.21	2.71	53.32	0.388
			18		55.526	43.588	0.639	2 238.30	6.35	169.33	677.19	3.49	71.74	4 792.00	6.78	1 197.13	3.06	404.83	2.70	59.18	0.385

注:(1)括号内型号不推荐使用。

(2)截面图中的 $r_1 = \frac{1}{3}d$ 及表中 r 值的数据用于孔型设计,不作交货条件。

表 B-3 热轧工字钢(GB/T 706—1988)

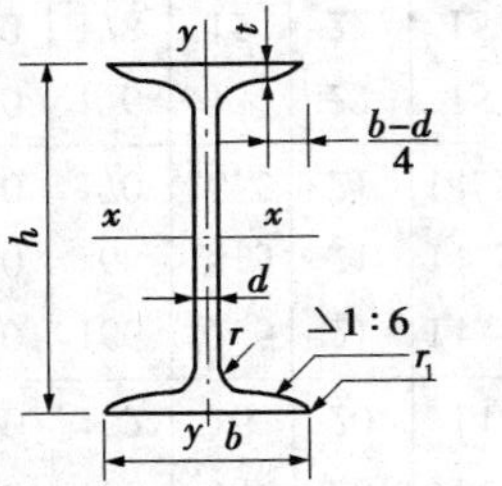

符号意义

h——高度；
b——腿宽度；
d——腰厚度；
t——平均腿厚度；
r——内圆弧兰径；
r_1——腿端圆弧半径；
I——惯性矩；
W——截面系数；
i——惯性半径；
S——半截面的静矩。

型号	尺寸(mm)						截面面积(cm^2)	理论重量(kg/m)	参考数值						
									x—x				y—y		
	h	b	d	t	r	r_1			I_x(cm^4)	W_x(cm^3)	i_x(cm)	$I_x:S_x$(cm)	I_y(cm^4)	W_y(cm^3)	i_y(cm)
10	100	68	4.5	7.6	6.5	3.3	14.3	11.2	245	49	4.14	8.59	33	9.72	1.52
12.6	126	74	8	8.4	7	3.5	18.1	14.2	488.43	77.529	5.195	10.85	46.906	12.677	1.609
14	140	80	5.5	9.1	7.5	3.8	21.5	16.9	712	102	5.76	12	64.4	16.1	1.73
16	160	88	6	9.9	8	4	26.1	20.5	1 130	141	6.58	13.8	93.1	21.2	1.89
18	180	94	6.5	10.7	8.5	4.3	30.6	24.1	1 660	185	7.36	15.4	122	26	2
20a	200	100	7	11.4	9	4.5	35.5	27.9	2 370	237	8.15	17.2	158	31.5	2.12
20b	200	102	9	11.4	9	4.5	39.5	31.1	2 500	250	7.96	16.9	169	33.1	2.06
22a	220	110	7.5	12.3	9.5	4.8	42	33	3 400	309	8.99	18.9	225	40.9	2.31
22b	220	112	9.5	12.3	9.5	4.8	46.4	36.4	3 570	325	8.78	18.7	239	42.7	2.27
25a	250	116	8	13	10	5	48.5	38.1	5 023.54	401.88	10.18	21.58	280.046	48.283	2.403
25b	250	118	10	13	10	5	53.5	42	5 283.96	422.72	9.938	21.27	309.297	52.423	2.404
28a	280	122	8.5	13.7	10.5	5.3	55.45	43.4	7 114.14	508.15	11.32	24.62	345.051	56.565	2.495
28b	280	124	10.5	13.7	10.5	5.3	61.05	47.9	7 480	534.29	11.08	24.24	379.496	61.209	2.493

续表 B-3

型号	尺寸(mm)						截面面积 (cm^2)	理论重量 (kg/m)	参考数值						
									x—x				y—y		
	h	b	d	t	r	r_1			I_x (cm^4)	W_x (cm^3)	i_x (cm)	$I_x : S_x$ (cm)	I_y (cm^4)	W_y (cm^3)	i_y (cm)
32a	320	130	9.5	15	11.5	5.8	67.05	52.7	11 075.5	692.2	12.84	27.46	459.93	70.758	2.619
32b	320	132	11.5	15	11.5	5.8	73.45	52.7	11 621.4	726.33	12.58	27.09	501.53	75.989	2.614
32c	320	134	13.5	15	11.5	5.8	79.95	62.8	12 167.5	760.47	12.34	26.77	543.81	81.166	2.608
36a	360	136	10	15.8	12	6	76.3	59.9	15 760	875	14.4	30.7	552	81.2	2.69
36b	360	138	12	15.8	12	6	83.5	65.6	16 530	919	14.1	30.3	582	84.3	2.64
36c	360	140	14	15.8	12	6	90.7	71.2	17 310	962	13.8	29.9	612	87.4	2.6
40a	400	142	10.5	16.5	12.5	6.3	86.1	67.6	21 720	1 090	15.9	34.1	660	93.2	2.77
40b	400	144	12.5	16.5	12.5	6.3	94.1	73.8	22 780	1 140	15.6	33.6	692	96.2	2.71
40c	400	146	14.5	16.5	12.5	6.3	102	80.1	23 850	1 190	15.2	33.2	727	99.6	2.65
45a	450	150	11.5	18	13.5	6.8	102	80.4	32 240	1 430	17.7	38.6	855	114	2.89
45b	450	152	13.5	18	13.5	6.8	111	87.4	33 760	1 500	17.4	38	894	118	2.84
45c	450	154	15.5	18	13.5	6.8	120	94.5	35 280	1 570	17.1	37.6	938	122	2.79
50a	500	158	12	20	14	7	119	93.6	46 470	1 860	19.7	42.8	1 120	142	3.07
50b	500	160	14	20	14	7	129	101	48 560	1 940	19.4	42.4	1 170	146	3.01
50c	500	162	16	20	14	7	139	109	50 640	2 080	19	41.8	1 220	151	2.96
56a	560	166	12.5	21	14.5	7.3	135.25	106.2	65 585.6	2 342.31	22.02	47.73	1 370.16	165.08	3.182
56b	560	168	14.5	21	14.5	7.3	146.45	115	68 512.5	2 446.69	21.63	47.17	1 486.75	174.25	3.162
56c	560	170	16.5	21	14.5	7.3	157.85	123.9	71 439.4	2 551.41	21.27	46.66	1 558.39	183.34	3.158
63a	630	176	13	22	15	7.5	154.9	121.6	93 916.2	2 981.47	24.62	54.17	1 700.55	193.24	3.314
63b	630	178	15	22	15	7.5	167.5	131.5	98 083.6	3 163.38	24.20	53.51	1 812.07	203.60	3.289
63c	630	180	17	22	15	7.5	180.1	141	102 251.1	3 298.42	23.82	52.92	1 924.91	213.88	3.268

注:截面图和表中标注的圆弧半径 r、r_1 的数据用于孔型设计,不作交货条件。

表 B-4　热轧槽钢(GB/T 707—1988)

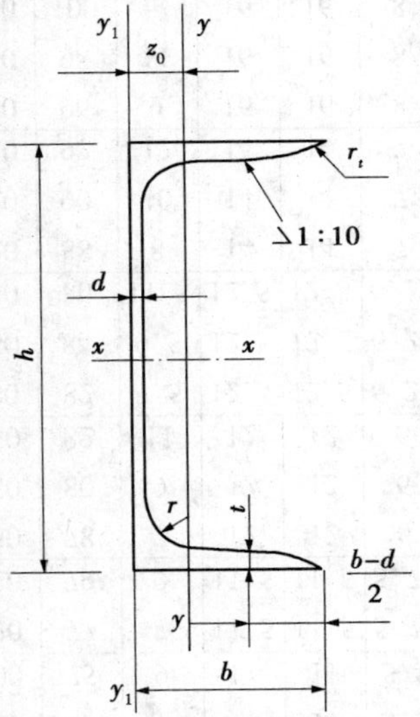

符号意义：

h——高度；

b——腿宽度；

d——腰厚度；

t——平均腿厚度；

r——内圆弧半径；

r_1——腿端圆弧半径；

I——惯性矩；

W——截面系数；

i——惯性半径；

z_0——y—y 轴与 y_1—y_1 轴间距。

型号	尺寸(mm)						截面面积 (cm^2)	理论重量 (kg/m)	参考数值							
									x—x			y—y			y_1—y_1	z_0(cm)
	h	b	d	t	r	r_1			W_x(cm^3)	I_x(cm^4)	i_x(cm)	W_y(cm^3)	I_y(cm^4)	i_y(cm)	I_{y1}(cm^4)	
5	50	37	4.5	7	7	3.5	6.93	5.44	10.4	26	1.94	3.55	8.3	1.1	20.9	1.35
6.3	63	40	4.8	7.5	7.5	3.75	3.444	6.63	16.123	50.786	2.453	4.50	11.872	1.185	28.38	1.36
8	80	43	5	8	8	4	10.24	8.04	25.3	101.3	3.15	5.79	16.6	1.27	37.4	1.43
10	100	48	5.3	8.5	8.5	4.25	12.74	10	39.7	198.3	3.95	7.8	25.6	1.41	54.9	1.52
12.6	126	53	5.5	9	9	4.5	15.69	12.37	62.137	391.466	4.953	10.242	37.99	1.567	77.09	1.59

续表 B-4

型号	尺寸(mm)						截面面积 (cm^2)	理论重量 (kg/m)	参考数值							
									x—x			y—y			y_1—y_1	
	h	b	d	t	r	r_1			W_x (cm^3)	I_x (cm^4)	i_x (cm)	W_y (cm^3)	I_y (cm^4)	i_y (cm)	I_{y1} (cm^4)	z_0 (cm)
14a	140	58	6	9.5	9.5	4.75	18.51	14.53	80.5	563.7	5.52	13.01	53.2	1.7	107.1	1.71
14b	140	60	8	9.5	9.5	4.75	21.31	16.73	87.1	609.4	5.35	14.12	61.1	1.69	120.6	1.67
16a	160	63	6.5	10	10	5	21.95	17.23	108.3	866.2	6.28	16.3	73.3	1.83	144.1	1.8
16	160	65	8.5	10	10	5	25.15	19.74	116.8	934.5	6.1	17.55	83.4	1.82	160.8	1.75
18a	180	68	7	10.5	10.5	5.25	25.69	20.17	141.4	1 272.7	7.04	20.03	98.6	1.96	189.7	1.88
18	180	70	9	10.5	10.5	5.25	29.29	22.99	152.2	1 369.9	6.84	21.52	111	1.95	210.1	1.84
20a	200	73	7	11	11	5.5	28.83	22.63	178	1 780.4	7.86	24.2	128	2.11	244	2.01
20	200	75	9	11	11	5.5	32.83	25.77	191.4	1 913.7	7.64	25.88	143.6	2.09	268.4	1.95
22a	220	77	7	11.5	11.5	5.75	31.84	24.99	217.6	2 393.9	8.67	28.17	157.8	2.23	298.2	2.1
22	220	79	9	11.5	11.5	5.75	36.24	28.45	233.6	2 571.4	8.42	30.05	176.4	2.21	326.3	2.03
25a	250	78	7	12	12	6	34.91	27.47	269.597	3 369.62	9.823	30.607	175.529	2.243	322.256	2.065
25b	250	80	9	12	12	6	39.91	31.39	282.402	3 530.04	9.405	32.657	196.421	2.218	353.187	1.982
25c	250	82	11	12	12	6	44.91	35.32	295.236	3 690.45	9.065	35.926	218.415	2.206	384.133	1.921
28a	280	82	7.5	12.5	12.5	6.25	40.02	31.42	340.328	4 764.59	10.91	35.718	217.989	2.333	387.566	2.097
28b	280	84	9.5	12.5	12.5	6.25	45.62	35.81	366.46	5 130.45	10.6	37.929	242.144	2.304	427.589	2.016
28c	280	86	11.5	12.5	12.5	6.25	51.22	40.21	392.594	5 496.32	10.35	40.301	267.602	2.286	426.597	1.951
32a	320	88	8	14	14	7	48.7	38.22	474.879	7 598.06	12.49	46.473	304.787	2.502	552.31	2.242
32b	320	90	10	14	14	7	55.1	43.25	509.012	8 144.2	12.15	49.157	336.332	2.471	592.933	2.158
32c	320	92	12	14	14	7	61.5	48.28	543.145	8 690.33	11.88	52.642	374.175	2.467	643.299	2.092
36a	360	96	9	16	16	8	60.89	47.8	659.7	11 874.2	13.97	63.54	455	2.73	818.4	2.44
36b	360	98	11	16	16	8	68.09	53.45	702.9	12 651.8	13.63	66.85	496.7	2.7	880.4	2.37
36c	360	100	13	16	16	8	75.29	50.1	746.1	13 429.4	13.36	70.02	536.4	2.67	947.9	2.34

续表 B-4

型号	尺寸(mm)						截面面积(cm^2)	理论重量(kg/m)	参考数值							
									x—x			y—y			y_1—y_1	z_0(cm)
	h	b	d	t	r	r_1			W_x(cm^3)	I_x(cm^4)	i_x(cm)	W_y(cm^3)	I_y(cm^4)	i_y(cm)	I_{y1}(cm^4)	
40a	400	100	10.5	18	18	9	75.05	58.91	878.9	17 577.9	15.30	78.83	592	2.81	1 067.7	2.49
40b	400	102	12.5	18	18	9	83.05	65.19	932.2	18 644.5	14.98	82.52	640	2.78	1 135.6	2.44
40c	400	104	14.5	18	18	9	91.05	71.47	985.6	19 711.2	14.71	86.16	687.8	2.75	1 220.7	2.42

注:截面图和表中标注的圆弧半径 r、r_1 的数据用于孔型设计,不作交货条件。

参 考 文 献

[1] 石立安. 建筑力学[M]. 北京:高等教育出版社,2006.
[2] 范钦珊. 工程力学教程[M]. 北京:高等教育出版社,1998.
[3] 杜建根. 建筑力学[M]. 北京:中国铁道出版社,2002.
[4] 钟光珞. 建筑力学[M]. 北京:中国建材工业出版社,2002.
[5] 刘寿梅. 建筑力学[M]. 北京:高等教育出版社,2002.
[6] 胡少伟,苗同臣. 结构振动理论及其应用[M]. 北京:中国建筑工业出版社,2005.
[7] 胡少伟. 组合梁抗扭分析与设计[M]. 北京:人民交通出版社,2005.